国家一流本科专业建设教材·机电一体化系列

本研贯通一体化人才培养模式教材

智能机电一体化系统设计

温伟刚　主编

北京交通大学出版社
·北京·

内 容 简 介

本书面向智能机电一体化系统设计及机电一体化技术应用，将机械技术、电工电子技术、信息技术、传感器技术、控制技术、接口技术，以及智能机电一体化系统设计与机电一体化技术应用的相关技术进行有机结合，为机电相关专业学生奠定学习机电一体化技术的基础。本书共七章，具体包括机电一体化技术涉及的精密机械、传感检测、信号处理、伺服驱动、计算机控制及机电一体化系统的设计与应用。本书融合基础理论与工程实际进行了深入浅出的阐述，适合作为普通高等院校机电相关专业机电一体化技术、机电一体化系统设计、智能机电系统设计等课程的教材，同时也可作为研究生课程的教材，还可供相关工程技术人员参考。

图书在版编目（CIP）数据

智能机电一体化系统设计 / 温伟刚主编. -- 北京 : 北京交通大学出版社, 2025. 4.
ISBN 978-7-5121-5520-6

Ⅰ. TH-39

中国国家版本馆 CIP 数据核字第 202503CJ84 号

智能机电一体化系统设计
ZHINENG JIDIAN YITIHUA XITONG SHEJI

责任编辑：刘　辉
出版发行：北京交通大学出版社　　电话：010-51686414　　http://www.bjtup.com.cn
地　　址：北京市海淀区高梁桥斜街 44 号　　邮编：100044
印 刷 者：北京鑫海金澳胶印有限公司
经　　销：全国新华书店
开　　本：185 mm×260 mm　　印张：17　　字数：457 千字
版 印 次：2025 年 4 月第 1 版　　2025 年 4 月第 1 次印刷
定　　价：59.80 元

本书如有质量问题，请向北京交通大学出版社质监组反映。对您的意见和批评，我们表示欢迎和感谢。
投诉电话：010-51686043，51686008；传真：010-62225406；E-mail：press@bjtu.edu.cn。

前　言

随着人工智能与机电硬件的深度融合与飞速发展，智能机电一体化系统设计受到了高度的重视。智能机电一体化系统是融合机械工程、电子工程、计算机科学和人工智能的复杂系统，其核心在于将机械装置、传感器、执行器、控制器和智能软件无缝集成，形成一个能够感知环境、自主决策并精确执行任务的智能系统。智能机电一体化系统设计的基础是机电一体化技术，当前伴随着计算机与信息技术的迅猛发展，特别是人工智能技术的不断突破和广泛应用，机电一体化技术已经发展成为综合计算机与信息技术、自动控制技术、传感检测技术、伺服传动技术、机械技术和系统工程技术等多学科交叉的技术，智能机电一体化系统是应用机电一体化技术的新型机电系统。智能机电一体化系统设计必须立足系统的观念，从系统的角度出发应用机电一体化技术，才能设计出完善的智能机电一体化系统，其思想强调各种机电一体化技术在智能机电产品中的相互协调和优化，体现了各领域之间相互结合的学术思想，目前智能机电一体化系统设计得到普遍的重视和广泛的应用，在越来越多的大中专院校机电类专业，都开设了智能机电系统设计的相关专业课程。

智能机电一体化系统设计所涉及的机电一体化技术知识领域非常广泛，本书旨在让读者对机电一体化技术有全面了解和综合认识，因此在谋篇布局上力求系统完整，内容精炼，避免一些不必要的细节。本书面向智能机电一体化系统设计和研发，主要介绍智能机电一体化系统设计中必须掌握的典型与共性知识，以及进行系统分析和开发时能够应用的技术与方法。强调智能机电一体化系统应该具有的整合性和集成性，着重培养智能机电一体化系统设计的实际应用能力。本书是在参考大量现有文献、教材和著作的基础上，结合编者的教学需求和教学经验编写而成的。本书一方面注重基础知识和基本概念的讲解，起到供智能机电一体化系统设计入门学习的作用；另一方面立足于工程技术和应用实践，通过理论联系实际，起到对实际工程设计工作的指导作用。在兼顾智能机电一体化技术的发展和趋势，介绍当前发展的新技术与新理论，开阔读者视野的同时，本书还注重全书各部分内容的有机联系，综合考虑与其他相关课程的合理衔接。本书可作为机械工程、机器人工程等专业的本科教材，也可作为机电类其他专业学生及相关工程技术人员的学习参考书。

本书共分为七章，首先介绍了与智能机电一体化系统相关的机电一体化技术的基本概念和系统组成，重点阐述了智能机电一体化系统设计的基本理论和思路；然后系统介绍了机电一体化系统中的精密机械、传感检测、信息处理、伺服驱动和计算机控制等技术；最后介绍了智能机电一体化系统的设计与应用，较全面地说明了智能机电一体化系统的设计思想和方法。第一章机电一体化技术总论、第二章精密机械技术和第七章机电一体化系统设计和应用由温伟刚负责编写，第三章传感检测技术和第四章信号处理技术由聂蒙负责编写，第五章伺服驱动技术和第六章计算机控制技术由李国正负责编写，温伟刚负责全书统稿工作。

本书得到北京交通大学本科生院、机械与电子控制工程学院、北京交通大学出版社有关领导、老师、工作人员和学生的支持和帮助，在此一并表示衷心的感谢。同时也向本书参考和引用的相关文献、教材和著作的作者表示诚挚的谢意。由于作者水平和经验有限,书中不足之处 ,敬请读者和专家批评指正。

编　者

2025 年 4 月

目　录

第 1 章

总　论

学习要点

理解智能机电一体化系统设计与机电一体化技术的基本概念与基本原理，理解机电一体化技术是多种技术的有机融合与系统集成，了解机电一体化技术的理论基础和关键单元技术，掌握机电一体化系统的功能组成和结构组成。

思政要点

通过对本章的学习，领会以下两个方面的工程伦理思想精髓：（1）整体（系统）与个体（元素）——为了实现整体的功能，整体需要个体的支撑，个体也只有融入整体，才能体现个体的价值；（2）机电一体化技术的本质就是各种技术的有机融合与系统集成，各种技术的交互与协调，机电一体化系统中各个模块的集成融合是机电一体化技术的关键。

引言

机电一体化又称机械电子工程，英语为 mechatronics，它是由英文机械学单词 mechanics 的前半部分与电子学单词 electronics 的后半部分组合而成的。1971 年，日本《机械设计》杂志副刊提出了“mechatronics”这一名词。1981 年“日本机械振兴协会经济研究所”将机电一体化解释为：“机电一体化是在机械主功能、动力功能、信息功能和控制功能上引进微电子技术，并将机械装置与电子装置用相关软件有机结合而构成系统的总称。”目前该种提法被普遍采用。1996 年美国机械工程师学会（ASME）与跨国电气与电子工程师学会（IEEE）将机电一体化定义为：“在工业产品的设计与制造中，机械工程与电子和智能计算机控制的协同集成。”机电一体化技术是将机械技术、电工电子技术、微电子技术、信息技术、传感器技术、接口技术、信号变换技术等多种技术进行有机结合，并综合应用到实际中去的综合技术。随着机电一体化技术的快速发展，机电一体化的概念被我们广泛接受和普遍应用。特别是计算机技术、电子信息技术和人工智能技术的迅猛发展和广泛应用，机电一体化技术获得前所未有的发展，机电一体化技术的发展使冷冰冰的机器有了智能化和人性化的特质，机电产品的设计从此迈入了应用机电一体化技术进行智能机电一体化系统设计的时代。

1.1 智能机电一体化系统设计与机电一体化技术

科学技术的发展，极大地推动了不同学科间的相互交叉、融合与渗透，导致了工程领域的技术革命与改造，微电子技术和计算机技术的飞速发展及其向机械工业的渗透促使了机电一体化的形成。众所周知，力学、机械学、制造工艺学和控制学构成机械技术的 4 大支柱学科。近年来，伴随着超大规模集成电路技术的发展，计算机技术得到迅速发展，机械技术的 4 个支柱学科也随之发生了巨大的变化。例如：计算机辅助工程（CAE）技术的发展，依靠快速、大存储量和高精度的计算机，几乎使任何复杂的力学计算都成为可能；计算机辅助设计（CAD）技术的发展使原来主要靠人工完成的机械设计任务大部分可以由计算机来完成；微电子技术和信息技术成为加工工艺过程的重要支撑，数控技术、计算机辅助制造（CAM）技术的出现带来加工工艺领域的一次革命；而变化最明显的是控制技术，它经历了从古老的手动控制到继电器逻辑控制、计算机自动控制、智能控制的发展历程，其每一次技术进步都是微电子技术和计算机技术发展融合的产物。可见机械技术的 4 个支柱学科无不渗透了电子技术和信息技术。正是由于这些技术的有机融合，机械工业的技术结构、产品结构、功能与构成、生产方式及管理体系均发生了巨大变化，工业生产由“机械电气化”迈入了以“机电一体化”为特征的发展阶段。机电一体化技术正以各种形式渗透到社会的各个角落，社会生产、家庭生活、交通运输、航空航天及海洋开发都离不开机电一体化技术。机电一体化技术是机械技术向自动化、智能化方向发展的必然产物。

机电一体化技术发展至今已经成为一门有着完整体系的新兴学科，机电一体化技术基本特征可概括为：机电一体化是从系统的观点出发，综合运用机械技术、微电子技术、自动控制技术、计算机技术、信息技术、传感测试技术、电力电子技术、接口技术、信号变换技术，以及软件编程技术等群体技术，根据系统功能目标和优化组织结构目标，合理配置与布局各功能单元，在多功能、高质量、高可靠性、低能耗的意义上实现特定功能价值并使整个系统最优的系统工程技术。由此而产生的功能系统，则成为一个以微电子技术为主导，以现代高新技术为支持的机电一体化系统或机电一体化产品。为了强调机电一体化技术的应用和智能化的本质特征，这些产品的设计被称为智能机电一体化系统设计，因此，“机电一体化”涵盖“技术”和“产品”两个方面。

（1）机电一体化技术是基于上述群体技术有机融合的一种综合性技术，而不是机械技术、微电子技术及其他新技术的简单组合、拼凑。机电一体化与传统的机械电气化在概念上具有根本区别，具体表现如下。

① 机械电气化在设计过程中不考虑或少考虑电器与机械的内在联系，基本上是根据机械的要求，选用相应的驱动电动机或电气传动装置；机械和电气装置之间界限分明，它们之间的联结以机械联结为主，整个装置是刚性的；机械电气化装置所需的控制以基于电磁学原理的接触器、继电器等电器来实现，属强电范畴，其主要支撑技术是电工技术；机械电气化仍属传统机械，主要作用是代替和放大人的体力。

② 机电一体化的微电子装置除可取代某些机械部件的原有功能外，还能赋予产品许多新的功能，如自动检测、自动处理信息、自动显示记录、自动调节与控制、自动诊断与保护等；机电一体化不仅是人的手与肢体的延伸，还是人的感官与头脑的延伸，具有“智能化”的特征，这是机电一体化与机械电气化在功能上的本质差别。

（2）机电一体化产品既不同于传统的机械产品，也不同于普通的电子产品，它是机械系统和微电子系统有机结合，从而被赋予了新的功能和性能的一种新产品。机电一体化系统的特点表现为其产品功能的实现是由所有功能单元共同作用的结果，图 1-1 所示为典型的机电一体化产品——移动机器人、工业机械手和数控机床等。

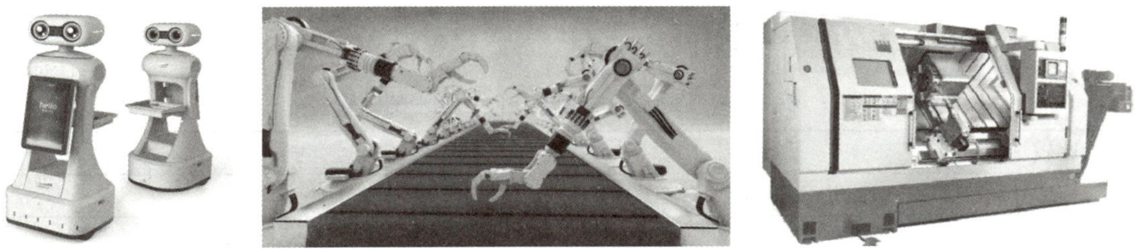

（a）移动机器人　　（b）工业机械手　　（c）数控机床

图 1-1　典型的机电一体化产品

一方面，机电一体化既是机械工程发展的继续延伸，同时也是电子与机械技术融合应用的必然；另一方面，机电一体化的研究方法应该从系统的角度出发，采用现代设计分析方法，充分发挥交叉学科技术的优势。机电一体化这一新兴学科有着独到的技术基础、设计理论和研究方法，只有对其有充分的理解和掌握，才能有效开展机电一体化的设计、开发与研究工作。

1.2　机电一体化技术的理论基础与关键技术

1.2.1　理论基础

系统论、信息论、控制论的建立，微电子技术，尤其是计算机技术的迅猛发展，引起了科学技术的又一次革命。开展机电一体化技术研究时，无论是在工程的构思、规划、设计方面，还是在工程的实施和实现方面，都不能只着眼于机械或电子，不能只看到传感器或计算机，而是要用系统的观点，合理解决信息流与控制机制问题，有效地综合各有关技术，才能形成所需要的系统或产品。毫无疑问，系统论、信息论、控制论是机电一体化技术的三大理论基础，是机电一体化技术的方法论。

1. 系统论

系统论的主要任务是以系统为对象，从整体出发来研究系统整体和组成系统整体的各要素的相互关系，从本质上说明其结构、功能、行为和动态，以把握系统整体，达到最优的目标。系统工程就是应用系统论方法解决现代组织管理工程问题的科学，它对各种复杂的系统进行规划、设计、制造、控制和管理，研究和选取最佳方案，系统工程的概念不仅包括“系统”，即具有特定功能的、相互之间具有有机联系的许多要素所构成的一个整体，也包括“工程”，即产生一定效能的方法。1978 年钱学森指出：“系统工程是组织管理系统的规划、研究、设计、制造、试验和使用的科学方法，是一种对所有系统都具有普遍意义的科学方法。”

系统工程是数学方法和工程方法的汇集，机电一体化技术是系统工程科学在机械电子工程中的具体应用。具体来讲，就是以机械电子系统或产品为对象，以数学方法和计算机等为工具，对系统的构成要素、组织结构、信息交换和反馈控制等功能进行分析、设计、制造和服务，充分发挥人力、物力和财力，并使局部与整体之间协调配合，达到最优设计、最优控制和最优管理的目标，最终实现系统的综合最优化。

机电一体化技术是从系统工程观点出发，应用机械、信息、传感、自动控制等有关技术，使机械与电子有机结合，实现机电一体化系统或产品整体最优的综合性技术。任何一台机电一体化设备，都是由许多要素构成的，为了实现其“目的功能”，需要从系统角度出发，不拘泥于机械技术或电子技术，希望利用能够使各种功能要素构成最佳结合的柔性技术与方法。机电一体化技术就是这种技术和方法的统一，表 1-1 为系统工程与机电一体化技术的比较，它们都具有实用性、综合性、复合性等特点。

表 1-1　系统工程与机电一体化技术的比较

比较项目	系统工程	机电一体化
产生年代	20 世纪 50 年代（美国）	20 世纪 70 年代（日本）
对象	大系统	小系统 机器
基本思想	系统概念	机电一体化概念（系统及接口概念）
技术方法	利用软件进行优化、仿真、鉴定、检查等	硬件的超精密定位、超精密加工、优化设计、微机控制及仿真等
信息处理系统	大型计算机	微型计算机
实例	阿波罗计划、银行在线系统、日本新干线	CNC 机床、ROBOT（机器人）、VTR（录像机）、摄像机等
共同点	应用计算机，具有实用性、综合性、复合性等特点	

2. 信息论

信息论是 20 世纪 40 年代后期从长期通信实践中总结出来的一门学科，是专门研究信息的有效处理和可靠传输的一般规律的科学。信息论将信息的传递作为一种统计现象来考虑，是运用概率论与数理统计的方法研究信息、信息熵、通信系统、数据传输、密码学、数据压缩等问题的应用数学学科。总体来说，信息论是关于信息的理论，信息传输和信息压缩处理是信息论研究中的两大领域。

机电一体化系统是一个包括物质流、能量流和信息流的系统，有效地利用各种信号所携带的丰富信息资源，则有赖于基于信息论的信号处理和信息识别技术。考察所有机电一体化产品，都会看到准确的信息获取、处理、利用在系统中的巨大作用。

3. 控制论

控制论的建立是 20 世纪的伟大科学成就之一，现代社会的许多新概念和新技术几乎都与控制论有着密切关系，控制论的应用范围覆盖了工程、生物、经济、社会、人口等领域，成为研究各类系统中共同的控制规律的一门科学。控制论与信息论有着基本区别，控制论用抽象的方式揭示包括生命系统、工程系统、经济系统和社会系统等在内的一切控制系统的信息传输和信息处理的特性和规律，研究用不同的控制方式达到不同控制目的的可能性和途径，而不涉及具体信号的传输和处理。控制论是从信息和控制两个方面研究系统，其方法主要涉及系统输入输出变量的确定、黑箱方法、模型化方法、统计方法 4 个方面。

将工程控制理论用于机械工程技术为机械技术引入了崭新的理论、思想和语言，把机械设计技术由原来静态的、孤立的传统设计转变为动态的、系统的设计，使科学的辩证法在机械技术中得以体现，形成了现代的机电一体化设计方法。

1.2.2 关键技术

简单来说，微电子技术、精密机械技术就是机电一体化的技术基础。微电子技术的进步，尤其是微型计算机技术的迅速发展，为机电一体化技术的进步与发展创造了前提。正是有了计算机，才使机械、电子、信息的一体化得以实现。有了微型计算机日新月异的发展，才有了机电一体化技术的勃勃生机。同时，在机电一体化技术的发展中，不能低估了精密机械加工技术的贡献。机电一体化产品中的许多重要零部件都是利用超精密加工技术制造的，就连微电子技术本身的发展也离不开精密机械技术。微电子中大规模集成电路（LSI）制造过程中的微细加工就是精密机械技术的进步成果。因此可以说，精密机械加工技术促进了微电子技术的不断发展，微电子技术的不断发展又推动了精密机械技术中加工设备的不断更新。

由于机电一体化是一个系统工程，因此其发展不仅要依靠各种相关技术的发展，同时也受到社会条件、经济基础的重大影响。机电一体化技术内部各种因素的联系及外部条件的影响关系如图1–2所示，机电一体化技术的共性关键技术包括传感检测技术、信息处理技术、自动控制技术、伺服驱动技术、接口技术、精密机械技术及系统总体技术等。

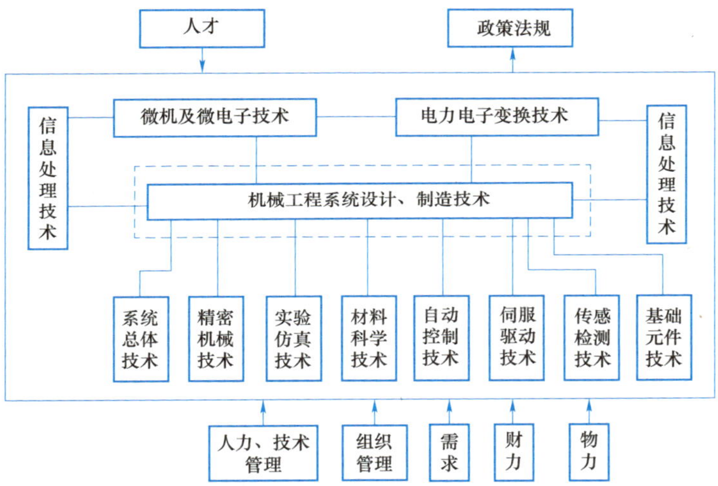

图1–2 机电一体化技术内部各种因素的联系及外部条件的影响关系

1. 传感检测技术

在机电一体化产品中，工作过程的各种参数、工作状态，以及与工作过程有关的相应信息都要通过传感器进行接收，并通过相应的信号检测装置进行测量，然后送入信息处理装置并反馈给控制装置，以实现机电一体化系统工作过程的自动控制。机电一体化系统需要传感器快速和准确地获取信息并且不受外部工作条件和环境的影响，同时需要检测装置不失真地对信息信号进行放大、输送和转换，因此机电一体化技术的发展离不开传感检测技术。

传感检测技术是一门多学科、知识密集的应用技术。传感（检测）技术被列为现代六大核心技术（计算机、激光、通信、半导体、超导和传感技术）和现代信息技术的三大基础（传感、通信、计算机技术）之一。传感原理、传感材料及其加工制造装配技术是传感器开发的三个重要方面。传感器的发展正进入集成化、智能化阶段：将传感器件与信号处理电路集成在一个芯片上，形成信息型传感器；再将微处理器集成到信息型传感器的芯片上，就能够形成所谓的智能型传感器。

2. 信息处理技术

信息处理技术是指在机电一体化系统工作过程中，与工作过程相关的各种参数和状态，以及自动控制相关信息的输入、识别、变换、运算、存储、输出和决策分析等技术。信息处理是否及时、准确，直接影响机电一体化系统或产品的质量和效率，其是机电一体化的关键技术。

在机电一体化产品中，实现信息处理技术的主要工具是计算机。计算机涉及硬件和软件技术、网络和通信技术、数据处理技术以及数据库技术等。在机电一体化产品中，计算机信息处理装置是产品的核心，它控制和指挥整个机电一体化产品的运行，因此计算机应用及信息处理技术已成为促进机电一体化技术发展和变革的最活跃因素。当前计算机信息处理技术的发展又促进了专家系统技术、神经网络技术、人工智能技术等技术的产生与进步，极大地推动了机电一体化技术的智能化发展。

3. 自动控制技术

所谓自动控制，就是在没有人直接参与的情况下，通过控制器使被控对象或过程自动地按照预定的规律运行。自动控制所依据的理论是自动控制原理（包括经典控制理论、现代控制理论和智能控制），自动控制技术就是在此理论的指导下对具体控制装置或控制系统进行设计开发、系统仿真、现场调试等，最后使控制系统能够稳定可靠地运行。自动控制技术的目的在于实现机电一体化系统的功能目标最佳化，由于控制对象种类繁多，自动控制技术的内容极其丰富，机电一体化系统中的自动控制技术主要包括位置控制、速度控制、最优控制、自适应控制和智能控制等。

随着计算机技术的高速发展，自动控制技术与计算机技术越来越密切，并形成了计算机控制技术，成为机电一体化系统中十分重要的关键技术。

4. 伺服驱动技术

伺服驱动技术主要研究解决机电一体化产品中的执行元件和驱动装置设计的技术问题，是关于机电一体化设备执行操作的技术。机电一体化产品中的执行元件一方面通过接口电路与计算机相连，接受控制系统的指令，另一方面通过机械接口与机械传动和执行机构相联，以实现规定的动作。执行元件共有三大类：利用电能的电动机（包括直流电动机、交流电动机、步进电动机和直线电动机等）、利用液压能量和气压能量的液压驱动装置和气压驱动装置等。

随着电力电子技术的发展，电动机驱动控制系统的体积越来越小，控制也越来越方便，实现了直流电动机和交流电动机的快速、高精度控制，电动机驱动电路目前多由电力电子器件及集成化的功能电路模块构成，伺服电机驱动系统在机电一体化系统中应用最为广泛；而液压伺服驱动装置常见于工程机械中，比如修路工地上推土机动力铲的驱动装置，在大型机器人手臂驱动装置中也经常采用液压驱动，液压伺服驱动系统虽然需要液压站系统，但可以实现结构简单的大功率驱动；气动执行装置是一种能够利用工厂的气源，结构简单，且使用安全方便的执行装置，适用于对较轻的物体进行驱动和操作，但用这种执行装置实现高精度控制比较困难。

伺服驱动技术直接影响着机电一体化产品的功能执行和操作，它对产品的动态性能、稳定性、操作精度和质量控制等具有决定性的影响。

5. 接口技术

机电一体化系统是将机械、电子和信息等性能各异的技术融为一体的综合系统，其各要素和子系统之间的接口极其重要。从系统外部看，输入/输出接口是系统与人、环境或其他系统之间的接口；从系统内部看，机电一体化系统是通过许多接口将各组成要素的输入/输出联系成一体的系统。各要素及子系统之间的接口性能成为系统整体性能好坏的决定性因素。机电一体化系统最重要的设计任务之一就是接口设计。

6. 精密机械技术

机械技术是研究机械机构及利用其机构传递运动的技术，机电一体化产品的主功能和构造功能大都以机械技术为主来得以实现，因此它是机电一体化的基础技术。如图 1–3 所示，机械手的机械机构就是要实现与人类手臂同样的功能，机器人就是将实现人类的腰、肩、大臂、小臂、手腕、肘部、手及手指运动的机械组合起来，构造成能够像人类一样运动的机械。

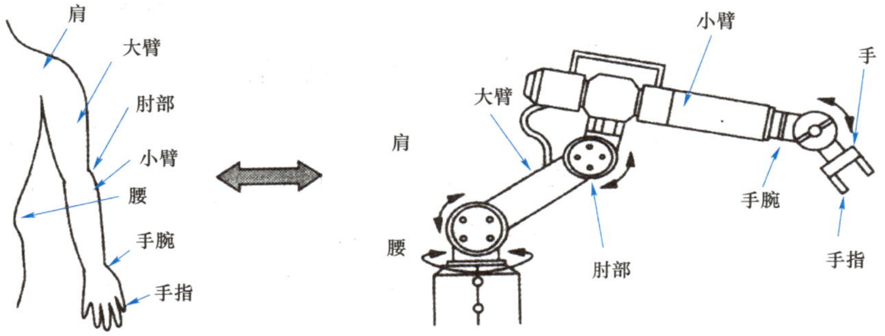

图 1–3 人的胳膊与机械手的机械结构对比

随着高新技术引入机械行业，机械技术面临着挑战和变革。在机电一体化产品中，它不再是单一地实现系统间的连接，而是在系统结构、重量、体积、刚性与耐用性等方面对机电一体化系统有着重要的影响。机电一体化产品对机械部分零部件的静、动态刚度，热变形等机械性能有更高的要求。特别是关键零部件，如导轨、滚珠丝杠、轴承和传动等部件的精度、刚度等对机电一体化产品的性能和控制精度影响极大。精密机械技术的着眼点在于如何与机电一体化技术相适应，实现在结构、材料、性能上的优化设计，满足减轻重量、缩小体积、提高精度和刚度、改善性能的要求。

在制造过程的机电一体化系统中，经典的机械理论与工艺应借助计算机辅助技术，同时采用人工智能与专家系统等，形成新一代的机械制造技术。原有的机械技术以知识和技能的形式存在，是任何其他技术代替不了的。如计算机辅助工艺规划（CAPP）是当前 CAD/CAM 系统研究的瓶颈，其关键问题在于如何将广泛存在于各行业、企业和技术人员中机械制造的标准、习惯和经验进行表达和陈述，从而实现计算机的自动工艺设计与管理。

7. 系统总体技术

系统总体技术是以整体的概念来组织应用各种相关技术的应用技术，即从全局的角度和系统的目标出发，将系统分解为若干个子系统，从实现整个系统技术协调的观点来考虑每个子系统的技术方案，对于子系统间的矛盾或子系统和系统整体之间的矛盾都要根据总体协调的需要来选择解决方案。机电一体化系统是一个技术综合体，它利用系统总体技术将各有关技术协调配合、综合运用从而达到整体系统的最佳化。

在机电一体化产品中，机械、电气和电子是性能、规律截然不同的物理模型，因而存在匹配上的困难；电气、电子又有强电与弱电、模拟与数字之分，必然遇到相互干扰与耦合的问题；系统的复杂性带来的可靠性问题；产品的小型化增加了状态监测与维修的困难；多功能化造成诊断技术的多样性，等等，因此要考虑机电一体化产品整个寿命周期的总体综合技术。

为了开发具有较强竞争能力的机电一体化产品，系统总体设计除考虑优化设计外，还包括可靠性设计、标准化设计、系列化设计及造型设计等。

1.3 智能机电一体化系统的组成

机电一体化系统是一种典型的系统。系统一词来源于英文 system 的音译，即若干部分相互联系、相互作用，形成的具有某些功能的整体。中国著名学者钱学森认为："系统是由相互作用、相互依赖的若干组成部分结合而成的，具有特定功能的有机整体。"因此，系统一般定义为由一些相互联系、相互制约的若干组成部分结合而成的、具有特定功能的一个有机整体（集合）。可以从三个方面理解系统的概念。

（1）系统是由若干要素（部分）组成的。这些要素可能是一些个体、元件、零件，也可能其本身就是一个系统（或称为子系统）。如运算器、控制器、存储器、输入/输出设备组成了计算机的硬件系统，而硬件系统又是计算机系统的一个子系统。

（2）系统有一定的结构。一个系统是其构成要素的集合，这些要素相互联系、相互制约。系统内部各要素之间相对稳定的联系方式、组织秩序及相互关系的内在表现形式，就是系统的结构。

（3）系统有一定的功能，或者说系统要有一定的目的性。系统的功能是指系统在与外部环境相互联系和相互作用中表现出来的性质、能力和功能，分析系统一般都从系统的功能入手。

1.3.1 智能机电一体化系统的功能组成

传统的机械产品主要是解决物质流和能量流的问题，而机电一体化产品除了解决物质流和能量流外，还要解决信息流的问题。如图 1-4 所示，机电一体化系统的主要功能就是对输入的物质、能量与信息（工业三大要素）按照要求进行处理，输出具有所需特性的物质、能量与信息。

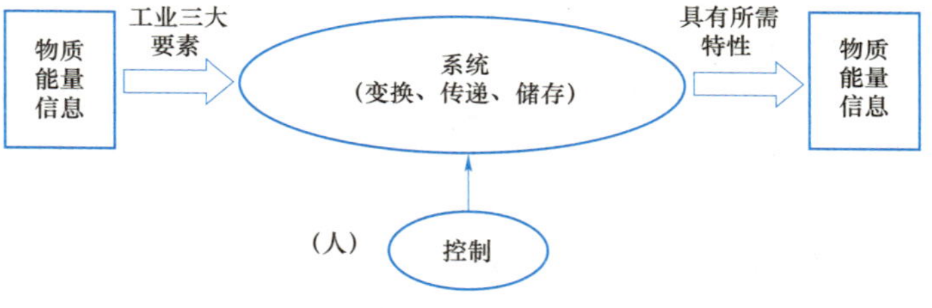

图 1-4 机电一体化系统的主要功能

系统的主功能是系统的主要特征部分，是实现系统目的必需的功能，主要表现为对物质、能量、信息或其相互结合进行变换、传递和储存。因此，主功能主要分为三个目的功能：① 变换（加工、处理）功能；② 传递（移动、输送）功能；③ 储存（保持、积蓄、记录）功能。

功能构成的抽象，既有利于设计或分析各种机电一体化系统或产品，又有利于开拓思路，便于创造发明。根据主功能目标对象的不同，系统可以分为三大类型。

（1）加工机。加工机以物料搬运、加工为主，输入物质（原料、毛坯等）、能量（电能、液能、气能等）和信息（操作及控制指令等），经过加工处理，主要输出改变了位置和形态的物质的系统（或产品），如各种机床、交通运输机械、食品加工机械、起重机械、纺织机械、印刷机械、轻工机械等。

（2）动力机。动力机以能量转换为主。输入能量（或物质）和信息，输出不同能量（或物质）的系统（或产品），称为动力机，其中输出机械能的为原动机，如电动机、水轮机、内燃机等。

（3）信息机。信息机以信息处理为主。输入信息和能量，主要输出某种信息（如数据、图像、文字、声音等）的系统（或产品），称为信息机，如各种仪器、仪表、计算机、传真机，以及各种办公机械等。

可以根据三种不同的主功能及其不同的输入输出，组合起来形成 9 种类型的系统或产品，但不一定都是机电一体化的产品，如表 1–2 所示。

表 1–2 不同主功能及输入输出的组合

主功能		输入输出	组合实例
1	变换	物质	材料加工或处理机
2	传递	物质	交通运输机
3	储存	物质	自动化仓库、包装机
4	变换	能量	动力机械
5	传递	能量	机械或流体传动
6	储存	能量	机械或流体蓄能器
7	变换	信息	电子计算机、仪器
8	传递	信息	通信系统、传真机
9	储存	信息	存储器、录像机

智能机电一体化系统除了具备上述必需的主功能外，还应具备图 1–5 所示的内部功能。即动力功能、检测功能、控制功能和构造功能。动力功能是向系统提供动力、让系统得以运转的功能；检测功能和控制功能的作用是解决各种信息的获取、传输、处理和利用，从而能够根据系统内部信息和外部信息对整个系统进行控制，使系统正常运转。构造功能则是使构成系统的子系统及元、部件维持所规定的时间和空间上的相互关系所必需的功能。

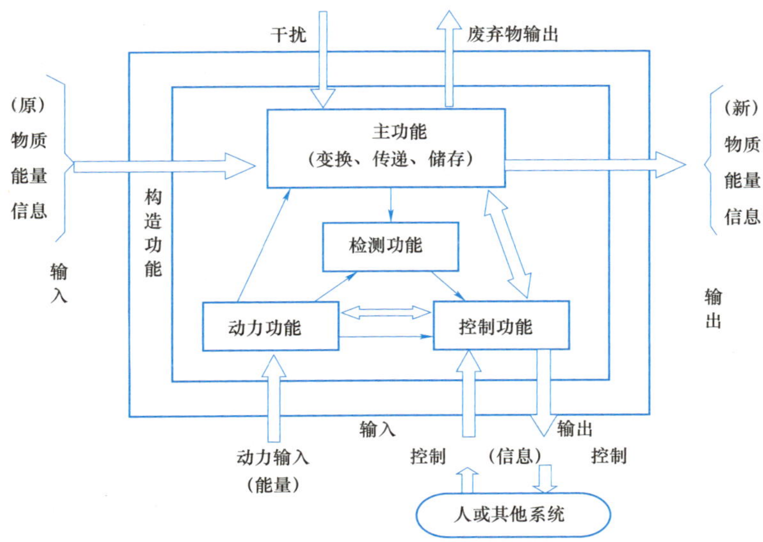

图 1–5 系统的五种内部功能

从系统的输入输出来看，除有主功能的输入输出外，还需要有动力输入和控制信息的输入输出。此外，还有因外部环境引起的干扰输入及非目的性输出（如废弃物等），这些都是系统设计时应当考虑的。例如汽车的废气和噪声对外部环境的影响，从系统设计之初就应予以考虑。

此外，对于同一主功能的加工机构，其运动方式不同，也可构成不同用途的机械。例如，金属切削机床是根据工件与刀具相对运动产生切削作用的原理来进行的，工件与刀具的运动方式不同，就可产生不同用途的机床，比如车床、铣床、磨床等。

对于现有的机电一体化系统，可以利用功能原理图来进行研究分析，图 1–6 是 CNC 数控机床的内部功能构成。由于未指明主功能，该加工机构代表了具有相同主功能的一大类型的机电一体化系统，如金属切削数控机床、电加工数控机床、激光加工数控机床，以及冲压加工数控机床等。显然，由于实现主功能的具体加工机构不同，其他功能的具体装置也会有相应差别，但其本质都是数控加工机床。

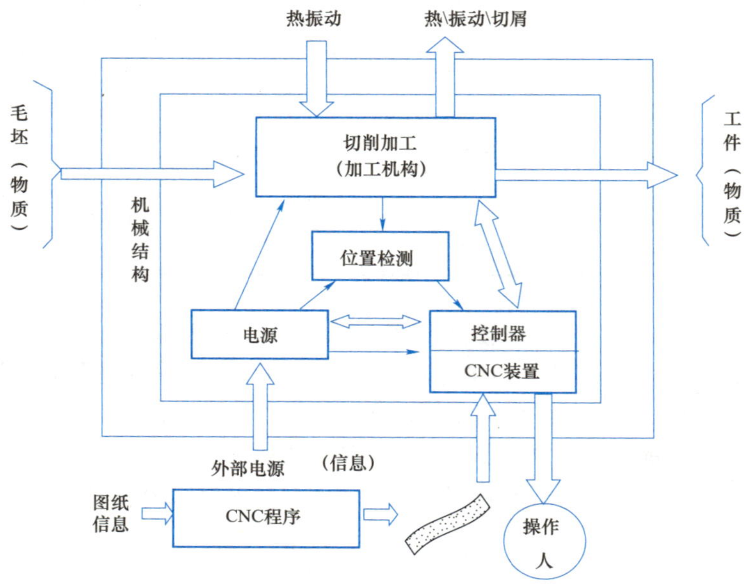

图 1–6　CNC 数控机床的内部功能构成

1.3.2　智能机电一体化系统的结构组成

从智能机电一体化系统的功能看，人体是智能机电一体化系统理想的参照物。构成人体的五大要素分别是大脑和神经、感觉器官（眼、耳、鼻、舌、皮肤）、内脏、骨骼躯体和四肢。一个智能机电一体化系统正如人的身体一样，各个部分都有不同的分工，它们之间有着密切的联系，只有各个部分分工协作才能完成预期的任务。

（1）人的大脑相当于智能机电一体化系统的控制及信息处理单元，它把传感器的反馈信号进行采样、存储、分析、处理和判断，根据人的想法指挥身体和四肢运动，并控制各个器官产生相应的动作。

（2）人的皮肤和耳、鼻、口、舌等器官相当于智能机电一体化系统的传感器，它们把外部信息通过神经系统传递给大脑，为大脑决策提供外部信息，人的神经系统则相当于智能机电一体化系统中的信号传输网络系统。

（3）内脏为人提供人体所需要的能量（动力），维持人体活动，相当于智能机电一体化系统的动力源。

（4）人的骨骼躯体相当于智能机电一体化系统的机械本体，对人的身体起到支撑、造型和美观的作用。

（5）人的四肢相当于智能机电一体化系统的执行装置，通过四肢的运动实现人体的动作功能。

智能机电一体化系统五大要素实例如图1–7所示，表1–3列出了机电一体化系统构成要素与人体构成要素的对应关系。

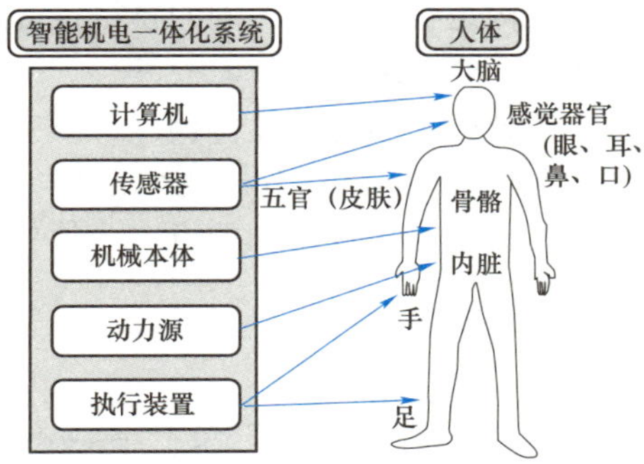

图1–7 智能机电一体化系统五大要素实例

表1–3 智能机电一体化系统构成要素与人体构成要素的对应关系

机电一体化系统要素	功能	人体要素
计算机（控制器）	控制（信息存储、处理、传送）	神经和大脑
传感器	检测（信息收集与变换）	感觉器官
执行装置	驱动（操作）	四肢
动力源	提供动力（能量）	内脏
机械本体	支撑与联接	骨骼躯体

因此，一个较完善的机电一体化系统，应包括以下几个基本结构构成要素：机械本体、动力系统、传感与检测系统、信息处理及控制系统、执行装置，各要素和环节之间通过接口相联系。

（1）机械本体：用于支撑和联接其他要素，并把这些要素合理地结合起来，形成有机的整体。机电一体化技术应用范围很广，其产品及装置的种类繁多，但都离不开机械本体。例如，机器人和数控机床的本体是机身和床身。因此，机械本体是机电一体化系统必要的组成部分。没有它，系统的各部件就支离破碎，无法构成具有特定功能的机电一体化产品或装置。

（2）动力系统：按照系统控制要求，为机电一体化产品提供能量和动力功能，去驱动执行机构工作以完成预定的主功能，动力系统包括电、液、气等多种动力源。

（3）传感与检测系统：将机电一体化产品在运行过程中所需的自身和外界环境的各种参数及状态转换成可以测定的物理量，同时利用检测系统的功能对这些物理量进行测定，为机电一体化产品提供运行控制所需的各种信息。传感与检测系统的功能一般由传感器或仪表来实现，对其要求是体积小、便于安装与联接、检测精度高、抗干扰能力强等。

（4）信息处理及控制系统：根据机电一体化产品的功能和性能要求，信息处理及控制系统接收传感与检测系统反馈的信息，并对其进行相应的处理、运算和决策，以对产品的运行施以按照要求的控制，实现控制功能。在机电一体化产品中，信息处理及控制系统主要是由计算机的软件和硬件以及相应的接口所组成。硬件一般包括输入输出设备、显示器、可编程控制器和数控装置。机电一体化产品要求信息处理速度高，A/D 和 D/A 转换及输入输出可靠，系统的抗干扰能力强。

（5）执行装置：在控制信息的作用下完成要求的动作，实现产品的主功能。执行装置一般是运动部件，常采用机械、电液、气动等机构。执行机构因机电一体化产品的种类和作业对象不同而有较大的差异。执行机构是实现产品功能的直接执行者，其性能好坏决定着整个产品的性能，是机电一体化产品中重要的组成部分。

机电一体化产品的五个组成部分在工作时相互协调，共同完成所规定的目的功能。在结构上，各组成部分通过各种接口及其相应的软件有机地结合在一起，构成一个内部匹配合理、外部效能最佳的完整产品。图 1-8 所示为数控车床的机电一体化系统实例，可以看出其包含机电一体化系统的五大结构组成要素。

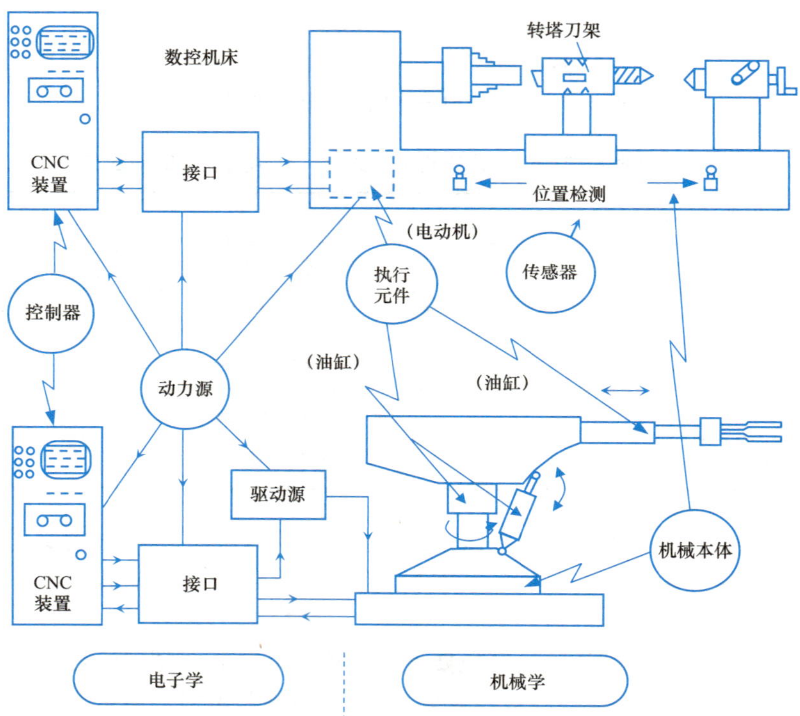

图 1-8　数控车床的机电一体化系统实例

实际上，智能机电一体化系统比较复杂，有时某些构成要素是复合在一起的。应该指出的是，构成机电一体化系统的几个部分并不是并列的。首先，机械部分是主体，不仅是由于机械本体是系统重要的组成部分，而且系统的主要功能由机械装置完成，否则就不能称其为机电一体化产品。如电子计算机、非指针式电子表等，其主要功能已由电子器件和电路等完成，机械已退居次要地位，这类产品应归属于电子产品，而不是机电一体化产品。因此，机械系统是实现机电一体化产品功能的基础，并对其提出了更高的要求，除一般性的机械强度、刚度、精度、体积和重量等指标外，需在结构、材料、工艺加工及几何尺寸等方面满足机电一体化产品高效、可靠、节能、多功能、小型轻量和美观等要求。机械系统技术开发的重点是模块化、标准化和系列化，以便于机械系统的快速组合和更换。其次，机电一体化的核心是电子技术，电子技术包括微电子技术和电力电子技术，但重点是微电子技术，特别是微型计算机或微处理器技术。机电一体化需要多种新技术的结合，但首要的是微电子技术。非数控机床，一般均有电动机驱动，但它不是机电一体化产品。除了微电子技术以外，在机电一体化产品中，其他技术则根据需要进行结合，可以是一种，也可以是多种。综上所述，我们可以做以下总结。

① 机电一体化技术是一种以产品和过程为基础的技术。

② 机电一体化技术以机械为主体。

③ 机电一体化技术以微电子技术，特别是计算机控制技术为核心。

④ 机电一体化技术将工业产品和过程都作为一个完整的系统看待，因此强调各种技术的协同和集成，不是将各个单元或部件简单地拼凑到一起。

⑤ 机电一体化技术贯穿于产品设计和制造的全过程。

1.4 机电一体化技术的发展与趋势

1.4.1 机电一体化技术的发展状况

机电一体化技术是以机械学、电子学和信息科学为主的多门技术学科在机电产品发展过程中相互交叉、相互渗透而形成的一门新兴边缘性技术学科，其中包括了三个层次的含义：首先，机电一体化是机械学、电子学与信息科学等学科相互融合而形成的学科；其次，机电一体化是一个发展中的概念，早期的机电一体化就像其字面所表述的那样，主要强调机械与电子的结合，即将电子技术“溶入”机械技术中而形成新的技术与产品。随着机电一体化技术的发展，以计算机技术、通信技术和控制技术为特征的信息技术“渗透”到机械技术中，丰富了机电一体化的含义，现代的机电一体化不仅指机械、电子与信息技术的结合，还包括光（光学）机电一体化、机电气（气压）一体化、机电液（液压）一体化、机电仪（仪器仪表）一体化等；最后，机电一体化表达了技术之间相互结合的学术思想，强调各种技术在机电产品中的相互协调以达到系统总体最优。

机电一体化技术的发展与其他科学技术一样，经历了一个较长期的发展过程，有学者将这一过程划分为以下三个阶段。

（1）20 世纪 60 年代以前为第一阶段，这一阶段称为初级阶段。在这一时期，人们自觉或不自觉地利用电子技术的初步成果来完善机械产品的性能，特别是在第二次世界大战期间，战争刺激了机械产品与电子技术的结合，这些机电结合的军用技术在战后转为民用，对战后经济的恢复起到了积极的作用。由于当时电子技术的发展尚未达到一定水平，机械技术与电子技术的结合还不可能广泛和深入地开展，已经开发的相关产品也无法大量推广，那时的机电一体化系统的研制和开发从总体上看还处于自发状态。

（2）20 世纪 70—80 年代为第二阶段，可称为蓬勃发展阶段。这一时期，计算机技术、控制技术、通信技术的发展为机电一体化的发展奠定了技术基础。大规模、超大规模集成电路和微型计算机的出现，为机电一体化的发展提供了充分的物质基础。这个时期 mechatronics（机电一体化）一词首先在日本被普遍接受，大约到 20 世纪 80 年代末期在世界范围内得到比较广泛的承认，机电一体化技术和产品得到了极大发展，各国均开始对机电一体化技术和产品给予很大的关注和支持。

（3）20 世纪 90 年代后期开始了机电一体化技术向智能化方向迈进的新阶段。机电一体化进入深入发展时期，一方面，光学、计算机网络技术等融入机电一体化，微细加工技术也在机电一体化中崭露头角，出现了光机电一体化和微机电一体化等新分支；另一方面，机电一体化系统的建模设计、分析和集成方法得到了深入研究，机电一体化的学科体系得到极大的丰富和发展。同时，人工智能技术、神经网络技术及光纤技术等领域取得的巨大进步，为机电一体化技术开辟了发展的广阔天地。这些研究，也使机电一体化进一步建立了坚实的基础，并且逐渐形成完整的学科体系。

1.4.2　机电一体化的发展趋势

机电一体化集机械、电子、光学、控制、计算机和信息等多学科的交叉融合于一体，其发展和进步依赖并促进相关技术的发展和进步。机电一体化的主要发展方向如下。

1. 智能化

高智能化处理就是像人的大脑一样，能够在一些基本知识的基础上对其进行合理的组合和判断。能够进行这种处理的软件称为人工智能软件。智能化处理过程就是将基本知识以知识库的形式存储在计算机的存储器中，自动提取与某一知识相关联的知识数据，再将这些知识进行合理的推理组合。

智能化是 21 世纪机电一体化技术的一个重要发展方向。这里所说的“智能化”是对机器行为的描述，是在控制理论的基础上，吸收人工智能、运筹学、计算机科学、模数学、心理学、生理学和混沌动力学等新思想、新方法，模拟人类智能，使它具有判断推理、逻辑思维、自主决策等能力，以求得更高的控制目标。现在要求机电一体化产品具有与人完全相同的智能是不可能的，也并不是在所有情况下都是必要的，但是，高性能、高速度微处理器使机电一体化产品赋有一定智能或类人的智能，则是完全可能而又必要的。

2. 模块化

模块化是机电一体化发展历程中一项重要而又艰巨的工程。由于机电一体化产品种类和生产厂家繁多，研制和开发具有标准机械接口、电气接口、动力接口、环境接口的机电一体化产品单元是一项十分复杂但又是非常重要的事，如研制集减速、智能调速和电动机于一体的动力单元，具有视觉、图像处理、识别和测距等功能的控制单元，以及各种能完成典型操作的机械装置等，这样可利用标准单元迅速开发新的产品，同时也可扩大生产规模。这需要制订各项标准，以便各部件、单元的匹配。由于利益冲突等原因，近期很难制定国际或国内普遍遵循的相关标准，但可以通过组建一些大企业联合体来逐渐完善。标准化、系列化、模块化将给机电一体化相关行业和企业带来美好的前景。

3. 网络化

20 世纪 90 年代，计算机技术的突出成就是计算机网络技术。网络技术的兴起和飞速发展给科学技术、工业生产、政治、军事、教育，以及人们日常生活都带来了巨大的变革。各种网络将全球经济、生产连成一片，企业间的竞争也全球化。由于网络的普及，基于网络的各种远程控制和监视技术发展迅速，而远程控制的终端设备本身就是机电一体化产品。现场总线和局域网技术使工业网络和家用电器网络化已成大势，利用现场总线构建工业现场总线控制系统（field-bus control system）实现高效的生产与装备控制；利用家庭网络（home net）将各种家用电器连接成以计算机为中心的计算机集成家电系统（computer integrated appliance system，CIAS）为人们在家里充分享受各种高技术带来便利。

计算机网络能够将地理位置不同的具有独立功能的计算机及其相关设备，通过通信线路连接起来，在网络操作系统、网络管理软件及网络通信协议的管理和协调下，实现资源共享和信息传递，随着通信传输手段的进步，计算机网络技术将得到更广泛的应用，机电一体化产品必将朝着网络化方向发展。

4. 微型化

微型化兴起于 20 世纪 80 年代末，是机电一体化向微型机器和微观领域发展的趋势。微型机电一体化系统又被称为微电子机械系统（micro-electromechanical system，MEMS），或微机电一体化系统，泛指几何尺寸不超过 1 cm^3 的机电一体化产品，并向微米、纳米级发展。微机电一体化产品体积小，耗能少，运动灵活，在生物医疗、军事、信息等方面具有不可比拟的优越性。微机电一体化发展的瓶颈在于微机械技术，但随着微细加工技术的发展，出现了超小型的机械结构，例如 1 μm 大小的电动机。

5. 绿色化

工业的发展给人们生活带来了巨大变化。一方面，物质丰富，生活舒适，另一方面，资源减少，生态环境受到严重污染。于是，人们呼吁保护环境资源，回归自然。绿色产品概念在这种呼声下应运而生，绿色化是时代的趋势。绿色产品在其设计、制造、使用和销毁的生命过程中，符合特定的环境保护和人类健康的要求，对生态环境无害或危害极少，资源利用率很高。

机电一体化产品的绿色化主要是指使用时不污染生态环境，“寿寝”时不成为机电垃圾，能回收利用。绿色的机电一体化产品，前景广阔。

6. 人格化

机电一体化的人格化有两层含义。一层是机电一体化产品的最终使用对象是人，如何赋予机电一体化产品人的智能、情感，越来越显得重要，特别是对家用机器人，其高层境界就是人机一体化；另一层是模仿生物机理，研制各种机电一体化产品。

未来的机电一体化技术更加注重产品与人的关系，机电一体化产品可以模仿生命机体。为此，要进一步创新发展机电一体化技术，完善机电一体化产品，最终实现人机一体化。

7. 自适应化

机械在启动以后，不需要人的干预，就能够自动地完成指定的各项任务，并且在整个过程中能够自动适应所处状态和环境的变化。机械一边适应各种变化一边做出新的判断，以决定下一步的动作。例如，自适应移动机器人能够通过自己的眼睛来观察所处的状态和环境，自动寻找目标路线，并沿着路线移动，这也是智能化的一种具体应用。

思 考 题

1. 机电一体化的概念是什么？
2. 机电一体化与传统的机械电气化在概念上的区别有哪些？
3. 传统机电产品与机电一体化产品的主要区别是什么？
4. 机电一体化技术的理论基础是什么？
5. 机电一体化的关键技术有哪些，它们的作用是什么？
6. 请简要概括系统工程与机电一体化技术的共同点。
7. 系统的概念是什么？工业三大要素是什么？
8. 根据主功能目标对象的不同，系统可分为哪几种类型，并举例说明。
9. 举例说明智能机电一体化系统的功能组成和结构组成。
10. 试论述机电一体化的发展趋势。

第 2 章

精密机械技术

学习要点

理解精密机械系统的组成及其基本要求，精密机械技术的关键是传动系统与执行机构的设计，因此要了解机械传动系统的主要特性参数和精密传动系统的种类，理解齿轮传动系统优化设计与调整方法，了解典型的精密传动机构和执行机构。

思政要点

机电一体化是一门发展中的交叉学科，其精髓在于集成创新，但是各个单元技术都具有成熟的学科知识体系，特别是精密机械技术，是在继承传统机械技术的基础上，根据机电一体化系统的需求发展形成的。精密机械技术的本质不仅是继承与发扬，也是精益求精的工匠精神的体现，更是研发大国重器的关键基础。

引言

精密机械技术是由传统机械技术发展起来的满足机电一体化系统要求的机械技术，机电一体化系统中机械本体和执行装置的设计开发都依赖于精密机械技术。精密机械技术的基本要求除了传统机械的功能要求、可靠性要求和安全性要求外，更重要的一点在于精度要求，要求机械系统具有高的几何精度、传动精度和动态精度，保证所组成的精密机械系统机构在加工、安装和使用过程中都能达到高精度。

2.1 精密机械系统的设计

1. 精密机械系统的功能与组成

传统的机械系统和机电一体化系统的主要功能都是完成一系列的机械运动，但由于二者的组成不同，导致其各自实现运动的方式也不同。传统机械系统一般是由动力件、传动件和执行件三部分和电气控制等部分组成，而机电一体化系统中的机械系统则是由计算机协调与控制的、用于完成包括机械力、运动和能量流等动力学任务的、机电部件信息流相互联系的系统，核心是由计算机控制的，涉及机、电、液、光、磁等技术的伺服系统。在机电一体化系统中，由于计算机强大的控制功能，使传统机械中作为动力源的电动机转换为具有动力、变速与执行等多种功能的伺服电机，伺服电机的调速功能在很大程度上代替了机械传动中对传动比有严格要求的变速机构。伺服电机的使用缩短了系统的传动链，减少了机械系统中传动部件的数量，使得系统的机构得到简化，并使动力件、传动件与执行件逐步朝着合为一体的最小系统发展。

总体来说，机电一体化系统对机械系统的精密化要求，促使了精密机械技术的发展。机电一体化系统的机械系统在结构上与传统的机械系统相似，主要由传动机构、导向机构、执行机构、轴系，以及机座或机架五大部分组成，如图 2–1 所示。

（1）传动机构。机电一体化机械系统中传动机构的主要功能是传递转矩和转速，因此，它实际上是一种转矩、转速变换器。机械传动部件对伺服系统的伺服特性有很大影响，特别是其传动类型、传动方式、传动刚性，以及传动的可靠性对系统的精度、稳定性和快速性有重大影响。

（2）导向机构。导向机构的作用是支承和限制运动部件按给定的运动要求和给定的运动方向运动，为机械系统中各运动装置能安全、准确地完成其特定方向的运动提供保障。

（3）执行机构。系统根据操作指令的要求在动力源的带动下，完成预定的操作。一般要求执行机构具有较高的灵敏度、精确度、良好的重复性和可靠性等。

（4）轴系。轴系由轴、轴承，以及安装在轴上的齿轮、带轮等传动部件组成。轴系的主要作用是传递转矩及做精确的回转运动，它直接承受外力（力矩）。

（5）机座或机架。机座或机架是支承其他零部件的基础部件。它既承受其他零部件的重量和工作载荷，又起保证各零部件相对位置的基准作用。

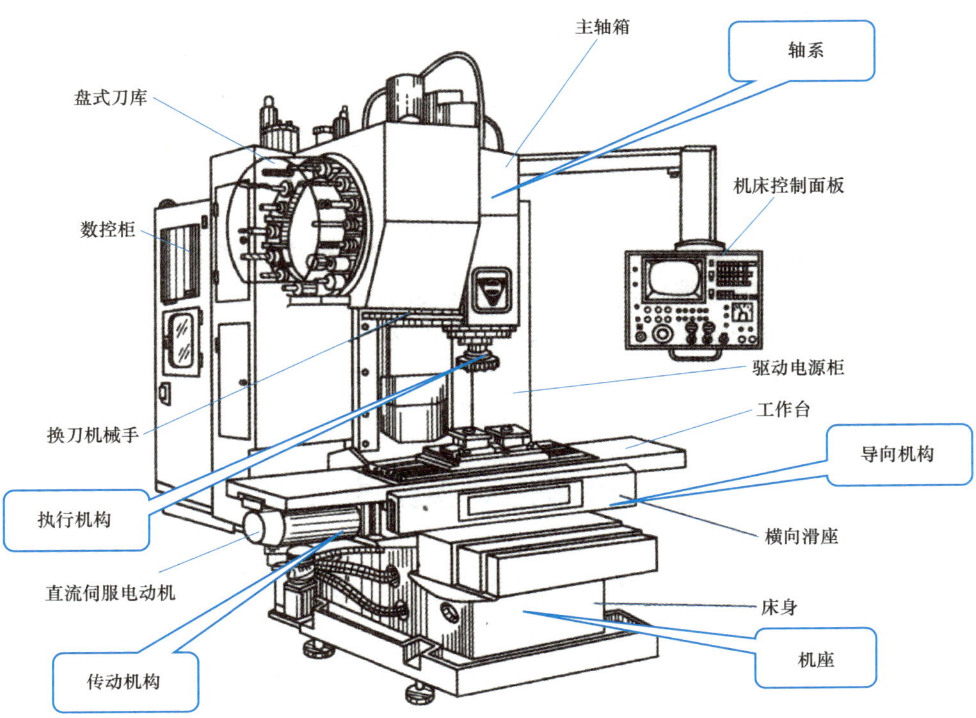

图 2–1　机械系统的构成——JCS–018A 立式加工中心外观图

2. 精密机械系统设计要求

机电一体化系统的精密机械系统与一般的机械系统相比，除了要求具有较高的定位精度等静态特性外，还应具有特别良好的动态响应特性，即动作响应要快、稳定性要好，以满足伺服系统设计要求，具体包含以下三个设计要求。

1）高精度

机电一体化产品的技术性能、功能和工艺水平较普通机械产品均有大幅提高。其中机械系统本身的高精度是首要的要求，如果其精度不能满足要求，则无论采用何种控制方式也不能达到机电产品的设计要求。传动精度主要是由传动件的制造误差、装配误差、传动间隙和弹性变形引起的。

2）良好的稳定性

机电一体化系统的稳定性是指其工作性能不受外界环境的影响和抗干扰的能力。稳定的伺服系统，当扰动信号消失后，系统能够很快恢复到原有的稳定状态下运行。反之则易受干扰，甚至可能产生振荡。机械传动部件的转动惯量、刚度、阻尼、固有频率等因素皆对系统的稳定性产生影响，这些参数要合理选择，做到互相匹配。

3）快速响应性

系统快速响应性是要求机械系统从接到运行指令到开始执行指令之间的时间尽可能短。这样系统的运行情况才能快速反馈到控制系统，以便控制系统能及时下达命令，使机械系统准确运行。影响机械系统快速响应性的主要参数是系统的阻尼比和固有频率。

3. 精密机械系统的主要设计内容

1）机械本体设计

机械本体包括机架、机械连接、机械传动等，它是机电一体化的基础，起着支撑系统中其他功能单元、传递运动和动力的作用。机械本体设计一般由减速装置、蜗杆副、丝杠螺母副等各种线性传动部件，连杆机构、凸轮机构等非线性传动部件，挠性传动部件、间歇传动部件等特殊传动部件和导向支承部件，旋转支承部件，以及机座机架等基础部件组成。为保证机械系统的传动精度和工作稳定性，在设计中应满足无间隙、低惯性、低振动、低噪声和适当阻尼比等要求。

2）机械传动设计

机械传动的主功能是完成机械运动。严格地说机械传动还应该包括液压传动、气动传动等其他形式的机械传动。一部机器必须完成相互协调的若干机械运动，每个机械运动可由单独的电动机驱动、液压驱动或气动驱动，驱动部件可以通过传动件与执行机构相互协调实现执行功能。在机电一体化产品中，这些机械运动通常由计算机来协调与控制，这就要求在机械传动设计时要充分考虑机械传动的控制问题。

2.2 精密机械传动系统的特性分析

机电一体化的机械系统应具有良好的伺服性能，要求机械传动部件有足够的制造精度，满足转动惯量小、摩擦小、阻尼合理、刚度大、振动特性好，以及传动间隙小等要求，还应使机械传动部分的动态特性与执行元件的动态特性相匹配。机械传动系统的主要特性有：转动惯量、阻尼、刚度和传动精度等。

1. 转动惯量

1）转动惯量的影响

机械传动系统的转动惯量大会产生以下不利影响：① 使机械负载增加，功率消耗大；② 系统响应速度变慢，灵敏度降低；③ 系统的固有频率下降，容易产生谐振；④ 电气驱动部件的谐振频率降低、阻尼增大等。因此，在不影响系统刚度的条件下，机械部分的质量和转动惯量应尽可能小。

外载荷对谐振频率的影响如图 2–2 所示，其表明了机械传动部件的转动惯量对小惯量电动机驱动系统谐振频率的影响。图中横坐标为外载荷折算到电动机轴的等效负载转动惯量 J_e 与电动机转子转动惯量 J_m 之比，纵坐标为系统带有折算到电动机轴的外载荷时的谐振频率 f_{oa} 与不带外载荷的谐振频率 f_{oa}^* 之比，其中 J_m 与 f_{oa}^* 可视为常数。从曲线变化趋势可看出，驱动系统实际谐振频率随惯性负载增大而降低。当等效负载转动惯量等于电动机转子惯量时，固有频率下降为空载谐振频率的 50%，当等效负载转动惯量小于电动机转子惯量时，系统有较好的快速性。因此，在设计机械传动系统时，将传动系统的转动惯量作为选择电动机动力参数的依据。

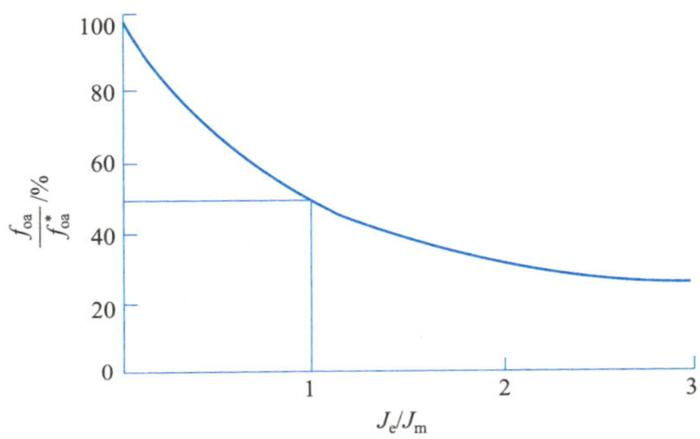

图 2–2 外载荷对谐振频率的影响

2）转动惯量的计算

（1）圆柱体的转动惯量。

在机械传动系统中，齿轮、丝杠等传动件可视为圆柱体来近似地计算转动惯量。其计算公式为：

$$J=\frac{1}{8}md^2 \tag{2-1}$$

式中：m——质量，kg；

d——圆柱体直径，m。

（2）直线运动物体的转动惯量。

如图 2–3（a）所示，由导程为 L_0 的丝杠驱动总质量为 m_r 的工作台和工件，其折算到丝杠轴上的等效转动惯量 J_{er} 为：

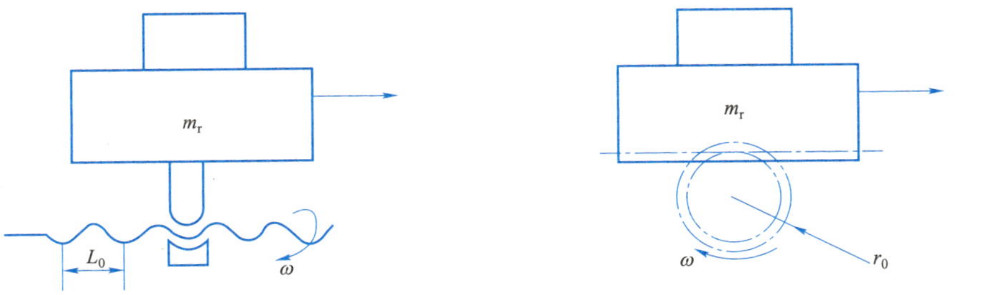

(a) 由导程为 L_0 的丝杠驱动总质量为 m_r 的工作台和工件　(b) 由齿轮齿条机构驱动总质量为 m_r 的工作台和工件

图 2–3 直线运动物体的转动惯量

$$J_{er}=m_r\left(\frac{L_0}{2\pi}\right)^2 \tag{2-2}$$

如图 2-3（b）所示，由齿轮齿条机构驱动总质量为 m_r 的工作台和工件，折算到节圆半径为 r_0 的小齿轮上的等效转动惯量 J_{er} 为：

$$J_{er}=m_r r_0^2 \tag{2-3}$$

例 2.1：某数控机床伺服进给系统的传动机构如图 2-4 所示，已知电动机轴的转动惯量 $J_m=3.2\times10^{-3}\ kg\cdot m^2$，工作台及刀架质量 m=600 kg，滚珠丝杠直径 d=50 mm，导程 L_0=8 mm，丝杠长度 L=1 840 mm。齿轮齿数分别为 z_1=20，z_2=40，z_3=20，z_4=48，模数 m=2.5 mm，齿宽 b=25 mm。试求负载折算到电动机轴上的总等效转动惯量 J_e 及电动机轴上总转动惯量 J（提示：丝杠和齿轮的材料密度 $\rho=7.8\times10^3\ kg/m^3$，齿轮的计算直径按分度圆直径计算，丝杠的计算直径取丝杠中径 ϕ48 mm）。

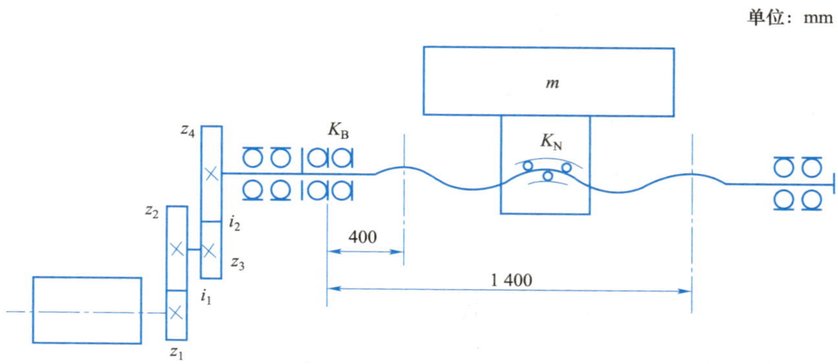

图 2-4　某数控机床伺服进给系统的传动机构

解：（1）计算各传动件的转动惯量。

由式（2-1）得：$J=\frac{1}{8}md^2=\frac{\pi\rho d^4 l}{32}$

齿轮 1、3 的转动惯量为：

$$J_{z1}=J_{z3}=\frac{\pi\times7.8\times10^3\times0.05^4\times0.025}{32}kg\cdot m^2=1.2\times10^{-4}kg\cdot m^2$$

齿轮 2 的转动惯量为：

$$J_{z2}=\frac{\pi\times7.8\times10^3\times0.1^4\times0.025}{32}kg\cdot m^2=1.9\times10^{-3}kg\cdot m^2$$

齿轮 4 的转动惯量为：

$$J_{z4}=\frac{\pi\times7.8\times10^3\times0.12^4\times0.025}{32}kg\cdot m^2=4.0\times10^{-3}kg\cdot m^2$$

丝杠的转动惯量为：

$$J_s=\frac{\pi\times7.8\times10^3\times0.048^4\times1.84}{32}kg\cdot m^2=7.5\times10^{-3}kg\cdot m^2$$

工作台折算到丝杠上的转动惯量为：

$$J_G=m\left(\frac{L_0}{2\pi}\right)^2=600\left(\frac{0.008}{2\pi}\right)^2 kg\cdot m^2=9.7\times10^{-4}kg\cdot m^2$$

（2）计算负载的总等效转动惯量及电动机轴上的总转动惯量。

把以上传动件的转动惯量折算到电动机轴上，可得到总的等效转动惯量：

$$
\begin{aligned}
J_e &= J_{z1} + \frac{1}{i_1^2}(J_{z2} + J_{z3}) + \frac{1}{(i_1 i_2)^2}(J_{z4} + J_s + J_G) \\
&= \left[1.2\times10^{-4} + \frac{1}{2^2}(1.9\times10^{-3} + 1.2\times10^{-4}) + \frac{1}{4.8^2}(4.0\times10^{-3} + 7.5\times10^{-3} + 9.7\times10^{-4})\right]\text{kg}\cdot\text{m}^2 \\
&= 1.17\times10^{-3}\,\text{kg}\cdot\text{m}^2
\end{aligned}
$$

电动机轴上的总转动惯量为

$$
\begin{aligned}
J &= J_m + J_e = (3.2\times10^{-3} + 1.17\times10^{-3})\text{kg}\cdot\text{m}^2 \\
&= 4.37\times10^{-3}\,\text{kg}\cdot\text{m}^2
\end{aligned}
$$

2. 阻尼

由于机械部件具有惯性和摩擦特性，机械传动系统可视为带有阻尼的质量弹簧系统。机械部件振动时，金属材料的内摩擦较小，一般情况下，摩擦阻尼都发生在运动副的构件之间，其中，对机械系统影响最大的是导轨副的摩擦阻尼。阻尼对机械系统的动态特性有多方面的影响。

（1）机械部件产生振动时，系统中阻尼越大，最大振幅越小，且衰减越快，但大阻尼会使系统的失动量增大，稳态误差增大，精度降低，适当的阻尼可提高系统的稳定性。系统的静摩擦阻尼大，会使系统的回程误差增大，定位精度降低。低速运动的滑动力的摩擦特性若为负斜率，则易产生爬行，会降低机械的传动性能。而滚动导轨的摩擦力小，低速运动平稳性好，因而在当前的机电一体化伺服系统中得到了广泛的应用。

（2）系统的黏性阻尼摩擦越大，系统的稳态误差就越大，精度降低。

（3）系统的黏性阻尼摩擦会对系统的快速响应性产生不利影响。

（4）如果机械系统刚度低而质量大，则系统的固有频率较低，此时应增大系统的黏性摩擦阻尼，以减小振幅和加快衰减进程。

机械传动部件若简化为二阶振动系统，其阻尼比为：

$$\xi = \frac{B}{2\sqrt{mK_0}} \tag{2-4}$$

式中：B——黏性阻尼系数，N•s/m；

m——系统质量，kg；

K_0——系统拉压刚度系数，N/m。

机械系统的阻尼比 ξ 是一个无量纲的量，它表示系统相对阻尼的大小。根据自动控制理论，当阻尼比为 $0<\xi<1$ 时，机械系统处于欠阻尼状态。阻尼比 ξ 越小，系统输出响应的速度越快，但振幅增大，振荡衰减慢；当 $\xi=1$ 时，机械系统为临界阻尼状态，系统的输出响应不发生振荡，且达到稳定状态的速度较快。

由式（2-4）知，阻尼比除了与机械系统的黏性阻尼系数 B 有关外，还与系统刚度 K_0 和质量 m 有关。因此，在设计机械结构时，应当通过对机械系统的刚度、质量和摩擦系数等参数的合理匹配，得到阻尼比 ξ 的适当值，以保证系统的良好动态特性。根据经验，阻尼比的最佳取值范围为 $0.4\leqslant\xi\leqslant0.7$。

3. 刚度

刚度是使弹性体产生单位变形量所需的作用力，包括构件产生各种基本变形时的刚度和两接触面的接触刚度。

1）机械系统的刚度对系统动态特性的主要影响

（1）失动量。齿轮传动的啮合间隙会造成一定的传动死区，即主动齿轮要转过一定间隙角后从动齿轮才会转动，传动死区也称为失动量。系统刚度越大，因静摩擦力的作用所产生的传动部件的弹性变形就越小，系统的失动量也越小。

（2）固有频率。机械系统刚度越大，固有频率越高，可远离控制系统或驱动系统的频带区域，从而避免产生共振。

（3）稳定性。刚度对开环伺服系统的稳定性没有影响，而对闭环系统的稳定性有很大影响，提高刚度可增加闭环系统的稳定性。

2）拉压刚度的计算

丝杠螺母机构的拉压刚度由丝杠构件的拉压刚度 K_L、丝杠轴承的支承 K_B 及丝杠螺母间的接触刚度 K_N 三部分组成。丝杠的拉压刚度 K_L 与丝杠几何尺寸和轴向支承形式有关。

（1）一端轴向支承的丝杠，其拉压刚度为：

$$K_L = \frac{\pi d^2 E}{4l}$$

式中：d——丝杠中径，m；

E——材料的拉压弹性模量，N/m^2；

l——受力点到支承端的距离，m。

在机械传动系统工作时，工作台位置的变化使丝杠受力部位也发生相应变化，当工作台位于距丝杠轴向支承端最远的位置时，丝杠全部工作长度 L 都将受力，此时丝杠的拉压刚度取最小值 K_{Lmin}。

$$K_{Lmin} = \frac{\pi d^2 E}{4L}$$

（2）两端轴向支承的丝杠，其拉压刚度为：

$$K_L = \frac{\pi d^2 E}{4}\left(\frac{1}{l} + \frac{1}{L-l}\right)$$

当工作台位于两支承的中点位置时，即 $l=L/2$ 时，丝杠的拉压刚度为最小值 K_{Lmin}。

$$K_{Lmin} = \frac{\pi d^2 E}{L}$$

可见，丝杠采用两端轴向支承形式时，其最小拉压刚度是一端轴向支承的 4 倍。

丝杠轴承的支承刚度 K_B 与所采用的轴承类型、轴承结构有关。当轴承有预紧时，其支承刚度应为无预紧时的两倍。丝杠螺母的轴向接触刚度 K_N 与丝杠螺母副的尺寸和结构有关，丝杠螺母的预紧也可提高轴向接触刚度，以上两刚度数值均可从产品样本中查得。

丝杠螺母机构的总拉压刚度 K_0，可按下式计算：

$$\frac{1}{K_0} = \frac{1}{K_L} + \frac{1}{K'_B} + \frac{1}{K_N} \tag{2-5}$$

式中的 K'_B 与丝杠轴向支承形式有关，一端轴向支承取 $K'_B = K_B$，两端轴向支承取 $K'_B = 2K_B$。

（3）丝杠的扭转刚度计算：

$$K_T = \frac{\pi d^2 G}{32l} \tag{2-6}$$

式中：d——丝杠中径，m；

G——材料的剪切弹性模量，N/m²；

l——扭矩在丝杠上的作用长度，m。

例 2.2：在例 2.1 的数控机床进给系统中，若预紧后丝杠支承轴向刚度 $K_B = 2.14\times10^9$ N/m，丝杠螺母间的接触刚度 $K_N = 1.72\times10^9$ N/m（取丝杠的最大工作长度 L_{max}=1.2 m，拉压弹性模量 $E = 2.1\times10^{11}$ N/m²，剪切弹性模量 $G = 8.1\times10^{10}$ N/m²）。

试求：（1）丝杠螺母系统的最小拉压刚度 K_{0min} 和最小扭转刚度 K_{Tmin}。

（2）丝杠工作台系统纵向振动和扭转振动的最小固有频率 ω_n。

解：（1）计算丝杠螺母系统的刚度丝杠的最小拉压刚度为：

$$K_{L\min} = \frac{\pi d^2 E}{4l_{\max}} = \frac{\pi\times0.048^2\times2.1\times10^{11}}{4\times1.2}\text{N/m} = 3.17\times10^8\text{ N/m}$$

由于丝杠为一端轴向支承，取 $K_B = K'_B = 2.14\times10^9$ N/m，由式（2−5）可计算最小拉压刚度 $K_{0\min}$。

$$\frac{1}{K_{0\min}} = \frac{1}{K_{L\min}} + \frac{1}{K'_B} + \frac{1}{K_N} = \left[\frac{1}{3.17\times10^8} + \frac{1}{2.14\times10^9} + \frac{1}{1.72\times10^9}\right]\text{m/N}$$

得：$K_{0\min} = 2.38\times10^8$ N/m

由式（2−6）可计算丝杠最小扭转刚度为：

$$K_{T\min} = \frac{\pi d^2 G}{32l_{\max}} = \frac{\pi\times0.048^2\times8.1\times10^{10}}{32\times1.2}\text{N·m/rad} = 3.52\times10^4\text{ N·m/rad}$$

（2）系统固有频率的计算，包括系统纵向振动和扭转振动的固有频率的两参数的计算。

① 忽略丝杠本身的质量，工作台纵向振动的最小固有频率为：

$$\omega_n = \sqrt{\frac{K_{0\min}}{m}} = \sqrt{\frac{2.38\times10^8}{600}}\text{rad/s=630 rad/s}$$

由例 2.1 知，电动机轴上的系统总转动惯量 $J = 4.37\times10^{-3}\text{ kg·m}^2$，折算到丝杠轴上的系统总转动惯量 J_{es} 为：

$$J_{es} = Ji^2 = 4.37\times10^{-3}\times4.8^2\text{ kg·m}^2 = 0.1\text{ kg·m}^2$$

② 忽略电动机轴和齿轮轴的扭转变形，系统扭转振动的最小固有频率为：

$$\omega_{nt} = \sqrt{\frac{K_{T\min}}{J_{es}}} = \sqrt{\frac{3.52\times10^4}{0.1}}\text{rad / s} = 593\text{ rad / s}$$

4. 传动精度

1）传动系统的误差分析

机械传动系统中，影响系统传动精度的误差可分为传动误差和回程误差两种。

（1）传动误差。传动误差是指输入轴单向回转时，输出轴转角的实际值相对于理论值的变动量。由于传动误差的存在，使输出轴的运动时而超前，时而滞后。若传动装置的各组成零部件（齿轮、轴、轴承或箱体）的制造和装配绝对准确，同时又忽略使用过程中的温度变形和弹性变形，则在传动过程中，输出轴转角 φ_o 与输入轴转角 φ_i 之间应符合如下关系：

$$\varphi_o = \frac{\varphi_i}{i_t} \tag{2-7}$$

式中：i_t——传动装置的总传动比。

此时，输入轴若均匀回转，输出轴亦均匀回转；输入轴若反向回转，输出轴亦无滞后地立即反向回转。当 i_i=1 时，理想状况下，φ_o 与 φ_i 之间的关系曲线如图 2-5（a）中的直线 1 所示。

实际上，各组成零部件不可能制造和装配得绝对准确，而在使用过程中还会存在温度变形和弹性变形，因此，在传动过程中输出轴的转角总会存在误差。图 2-5（b）中的曲线 2 表示单向回转时，由于存在传动误差 $\Delta\varphi$，输出轴转角 φ_o 与输入轴转角 φ_i 之间的关系。

（2）回程误差。回程误差是与传动误差既有联系又有区别的另一类误差。回程误差是当输入轴由正向回转变为反向回转时，输出轴在转角上的滞后量，也可把它理解成输入轴固定时，输出轴可任意转动的转角量。回程误差使输出轴不能立即随着输入轴反向回转，即当输入轴反向回转时，输出轴产生滞后运动。输入轴转角与输出轴转角的关系曲线与磁滞回线相似，如图 2-5（c）中的曲线 3 所示。

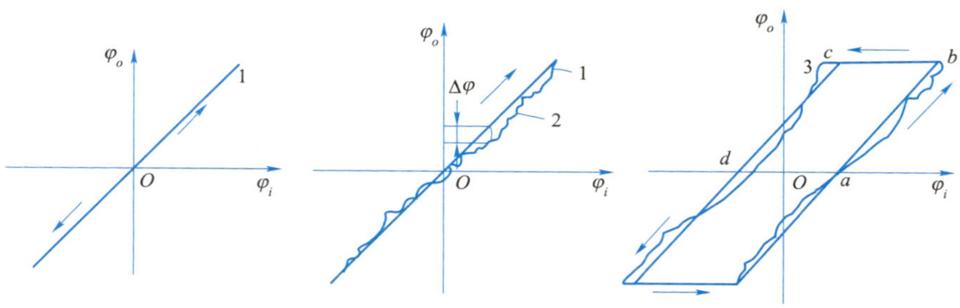

图 2-5　传动误差与回程误差

传动链的传动误差和回程误差对机电传动系统性能的影响，随其在系统中所处的位置不同而不同。

2）减小传动误差的措施

减小传动误差、提高传动精度的结构措施有：适当提高零部件本身的精度；合理设计传动链，减少零部件制造、装配误差对传动精度的影响；采用消隙机构，以减少或消除回程误差。

（1）提高零部件本身精度。

提高各传动零部件本身的制造、装配精度。传动装置的输出轴与负载轴之间的联轴器本身制造、装配的精度，对传动精度的影响也很显著，应予以足够的重视。

（2）合理设计传动链。

① 合理选择传动形式。在传动链的设计中，各种不同形式的传动，能达到的精度是不同的。一般来说，圆柱直齿轮与斜齿轮机构的精度较高，蜗杆、蜗轮机构次之，而圆锥齿轮较差。在行星齿轮机构中，谐波齿轮精度最高；渐开线行星齿轮机构、少齿差行星齿轮机构次之；摆线针轮行星齿轮机构则较差。

② 合理确定传动级数和分配各级传动比。减少传动级数，就可减少零件数量，也就减少了产生误差的环节。因此，在满足使用要求的条件下，应尽可能减少传动级数。对减速传动链，各级传动比宜从高速级开始逐级递增，且在结构空间允许的前提下，尽量提高末级传动比。一般来说，减速传动采用大的传动比，可使从动轮半径增大，从而提高转角精度值。

③ 合理布置传动链。在减速传动中，精度较低的传动机构（如圆锥齿轮机构、蜗轮蜗杆机构）应布置在高速轴上，这样可减小低速轴上的误差。图 2-6 是齿轮和蜗轮蜗杆两个传动链方案的比较。在（a）方案中，*A* 为主动，*D* 为从动；在（b）方案中 *C* 为主动，*B* 为从动。

设齿轮副在小齿轮轴上的角值误差为 Δ_{AB}，齿轮副在蜗轮轴上的角值误差为 Δ_{CD}，并令 $\Delta_{AB}=\Delta_{CD}=\Delta$，则方案（a）中，从动轮轴 D 的误差为：

$$\Delta_a = \Delta_{CD} + \frac{\Delta_{AB}}{i_{CD}} = \left(1+\frac{1}{60}\right)\Delta = \frac{61}{60}\Delta$$

则方案（b）中，从动轴 B 的总误差为：

$$\Delta_b = \Delta_{AB} + \frac{\Delta_{CD}}{i_{AB}} = \left(1+\frac{1}{6}\right)\Delta = \frac{7}{6}\Delta$$

显然，（a）方案要比（b）方案好。一般来说，当要求减小由于传动零件的制造、装配误差所引起从动轴的角值误差时，应在从动轴之前选用较大的减速链，因为这样可使各项误差对从动轮的影响，经过减速的作用而缩小。

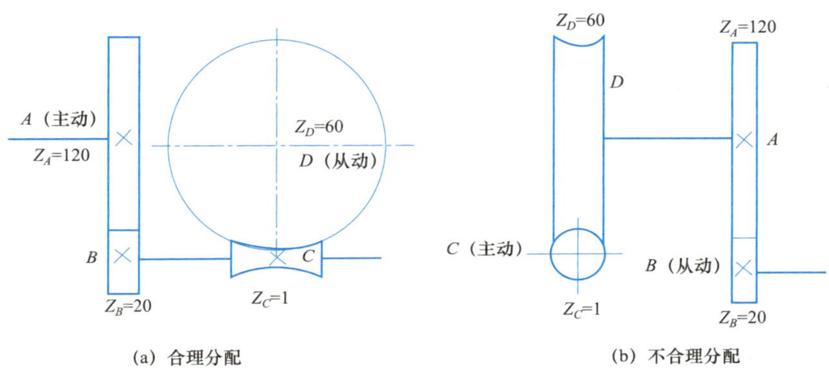

图 2-6　齿轮和蜗轮蜗杆两个传动链方案的比较

（3）采用消除间隙机构。

机械传动系统中，各类传动零部件的传动间隙都会产生回程误差，产生传动死区，影响系统的传动精度和运动平稳性。若在闭环系统中存在传动死区还可能使系统以 1～5 倍的频率产生低频振荡，为此应采用齿侧间隙小、精度较高的齿轮，或采用各种调整齿侧间隙的结构来减小或消除啮合间隙。常见的间隙类型有齿轮传动的齿侧间隙、丝杠螺母的传动间隙、丝杠轴承的轴向间隙和联轴器的扭转间隙等。在机电一体化机械系统中，传动机构的消隙方法有很多种类，常用的齿轮机构和螺旋机构的消隙方法详见本章齿轮传动和螺旋传动部分内容。

2.3　精密机械传动机构设计

1. 精密机械传动机构的基本要求

机电一体化系统中常用的机械传动机构有螺旋传动、齿轮传动、同步带传动、高速带传动、各种非线性传动等。由于传动部件直接影响着机电一体化系统的精度、稳定性和快速响应性，因此，应设计和选择满足传动间隙小、精度高、摩擦少、体积小、重量轻、运动平稳、响应速度快、传递转矩大、谐振频率高，以及与伺服电机等其他环节的动态性能相匹配等要求的传动部件，为此，要从以下几方面采取措施。

（1）减小机电一体化系统传动部件的静摩擦力，动摩擦力应是尽可能小的正斜率，若为负斜率则易产生爬行，精度降低，寿命减少。因此，要求较高的机电一体化系统经常采用低摩擦阻力的传动部件和导向支承部件，如采用滚珠丝杠副、滚动导向支承、动（静）压导向支承等。

（2）缩短传动链，提高传动与支承刚度，如用预紧的方法提高滚珠丝杠副和滚动导轨副的传动与支承刚度；采用大扭矩、宽调速的直流或交流伺服电机直接与丝杠螺母副联接，以减少中间传动机构；丝杠的支承设计中采用两端轴向预紧或预拉伸支承结构等。

（3）选用最佳传动比，以达到提高系统分辨率、减少驱动轴上的等效转动惯量，尽可能提高驱动加速能力。

（4）缩小反向死区误差，如采取消除传动间隙、减少支承变形的措施。

（5）适当的阻尼比。

机电一体化系统中所用的传动机构及其功能如表 2-1 所示，传动机构可以实现运动的变换和动力的变换，一种传动机构可满足一项或同时满足几项变换的功能要求。

不同主功能的机电系统对于传动机构的要求是不同的，对信息机（主功能为信息处理转换的机电装备）的传动机构，则主要要求具有运动的变换功能，只需要克服惯性力（或力矩）和各种摩擦阻力（力矩）及较小的负载；工作机（主功能为物理工件的加工处理转换的机电一体化系统）的传动机构，既要求能实现运动的变换，又要求能实现动力的变换。

表 2-1　传动机构及其功能

传动机构	运动的变换				动力的变换	
	形式	行程	方向	速度	大小	形式
丝杠螺母	√				√	√
齿轮			√	√	√	
齿轮齿条	√					√
链轮链条	√					
带、带轮			√	√		
缆绳、绳轮	√		√	√	√	√
杠杆机构		√		√	√	
连杆机构		√		√	√	
凸轮机构	√	√	√	√		
摩擦轮			√	√	√	
万向节			√			
软轴			√			
蜗轮蜗杆			√	√	√	
间歇机构	√					

随着机电一体化技术的发展，要求传动机构不断适应新的技术要求。

① 精密化。对于机电一体化系统（或产品），应根据其性能的需要提出适当的精密度要求。虽然不是越精密越好，但由于要适应产品的高定位精度等性能的要求，对机械传动机构的精密度要求也越来越高。

② 高速化。产品工作效率的高低，直接与机械传动部件的运动速度相关。因此，机电一体化系统的机械传动机构应能适应高速运动的要求。

③ 小型化、轻量化。随着机电一体化系统（或产品）精密化、高速化的发展，必然要求其传动机构小型化、轻量化，以提高运动灵敏度（快速响应性）、减小冲击、降低能耗。为与微电子部件微型化相适应，也要尽可能做到使机械传动部件短、小、轻、薄。

2. 精密机械传动机构的主要设计内容

机械传动系统的设计任务包括系统设计和结构设计两个方面。其具体设计内容如下。

（1）估算载荷。

（2）选择总传动比，选择伺服电机。

（3）选择传动机构的形式。

（4）确定传动级数，分配各级传动比。

（5）配置传动链、估算传动链精度。

（6）传动机构结构设计。

（7）计算传动装置的刚度和结构固有频率。

（8）做必要的工艺分析和经济分析。

3. 精密齿轮传动设计

齿轮传动部件是转矩、转速和转向的变换器。由于齿轮传动的瞬时传动比为常数，传动精确，并具有结构紧凑、强度大、能承受重载、摩擦小和效率高等优点，在机电一体化产品中得到广泛应用。

用于伺服系统的齿轮减速器是一个力矩变换器，其输入的是电动机的高转速、低转矩，而输出则为低转速、高转矩。因此，齿轮传动系统传递转矩时，不但要求应有足够的刚度，还要求其转动惯量尽量小，以便在获得同一加速度时所需转矩小，即在同一驱动功率时，其加速度响应为最大。此外，在闭环系统中，齿轮副的啮合间隙会造成不明显的传动死区，传动死区能使系统以 1～5 倍的间隙角产生低频振荡，为此，要采用消隙装置，以提高系统的传动精度和稳定性。

1）齿轮传动比的最佳选择及各级传动比的最优分配

常用的齿轮减速装置有一级、二级、三级等传动形式，如图 2-7 所示，设计齿轮系统时，传动比应满足驱动部件与负载之间的位移及转矩、转速的匹配要求，为满足传动的快速响应性、提高传动精度和系统的稳定性，应选择系统的最佳传动比并实现各级传动比的合理分配。

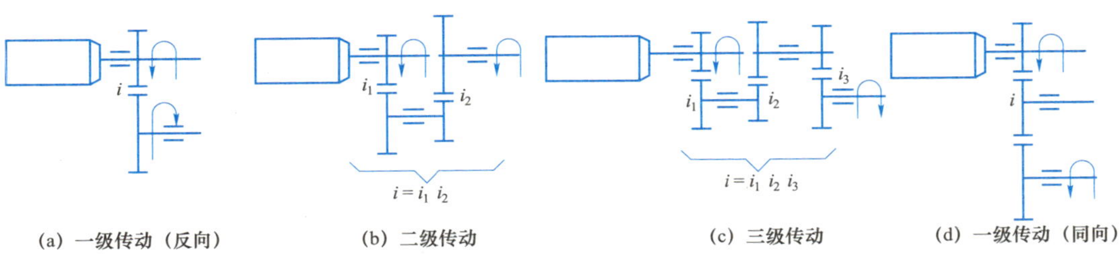

图 2-7　常用的齿轮减速装置传动形式

（1）齿轮传动系统的总传动比。由于负载特性和工作条件不同，最佳传动比有多种选择方法，在伺服电机驱动负载的传动系统中常采用使负载加速度最大的方法。首先把传动系统中的工作负载、惯性负载和摩擦负载综合为系统的总负载，即将各种负载等效到电动机轴上成为综合负载转矩；再计算使等效负载转矩最小时或负载加速度最大时的总传动比，即得出最佳总传动比。

如图 2-8 所示，直流伺服电机 M 的额定转矩为 T_m、转子转动惯量为 J_m，通过减速比为 i 的齿轮系 G 克服负载力矩 T_{LF} 带动转动惯量为 J_L 的负载运动，最佳传动比的计算过程如下：

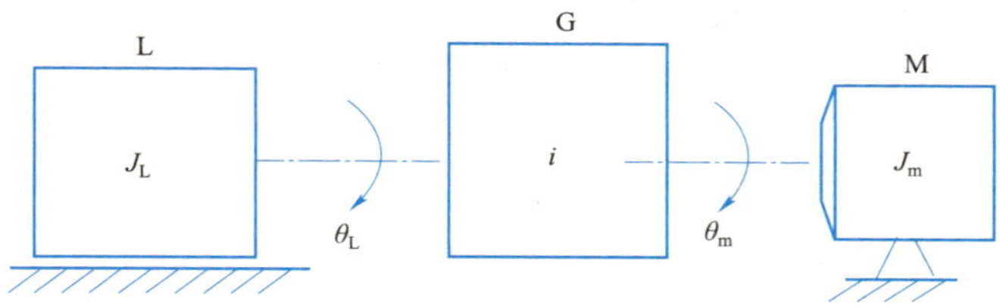

图 2-8　电动机驱动齿轮系统和负载的计算模型

其齿轮传动比为：$i=\dfrac{\theta_m}{\theta_L}=\dfrac{\dot{\theta}_m}{\dot{\theta}_L}=\dfrac{\ddot{\theta}_m}{\ddot{\theta}_L}>1$

式中：θ_m、$\dot{\theta}_m$、$\ddot{\theta}_m$ 分别是电动机的角位移、角速度、角加速度；θ_L、$\dot{\theta}_L$、$\ddot{\theta}_L$ 分别是负载的角位移、角速度、角加速度。换算到电动机轴上的负载力矩为 $\dfrac{T_{LF}}{i}$，换算到电动机轴上的转动惯量为 $\dfrac{J_L}{i^2}$。设电动机轴上的加速度转矩为 T_a，则

$$T_a=T_m-\frac{T_{LF}}{i}=\left(J_m+\frac{J_L}{i^2}\right)\ddot{\theta}_m=\left(J_m+\frac{J_L}{i^2}\right)i\ddot{\theta}_L$$

故

$$\ddot{\theta}_L=\frac{T_m i-T_{LF}}{J_m i^2+J_L}=\frac{T_a i}{J_m i^2+J_L}$$

当 $\dfrac{\partial\ddot{\theta}_L}{\partial i}=0$ 时，即可求得使负载加速度为最大时的传动比 i 值，即

$$i=\frac{T_{LF}}{T_m}+\sqrt{\left(\frac{T_{LF}}{T_m}\right)^2+\frac{J_L}{J_m}}$$

若 $T_{LF}=0$，则有：

$$i=\sqrt{\frac{J_L}{J_m}}$$

在实际工程应用中，为提高抗干扰力矩的能力常选用较大的传动比；一般也会根据机电一体化系统的分辨率需求选择传动比，例如当选定执行元件为步进电机时，其步距角 α、系统脉冲当量 $\varDelta$ 和丝杠基本导程 l_0 确定后，其减速比 i 应满足匹配关系为：

$$i=\frac{\alpha l_0}{360^\circ\delta} \tag{2-8}$$

（2）各级传动比的最佳分配原则。齿轮系统的总传动比确定后，根据对传动链的技术要求，选择传动方案，使驱动部件和负载间的转矩、转速达到合理匹配。在总传动比较大时，若采用单级传动虽然可简化传动系统，但大齿轮的尺寸增大会使整个传动系统的轮廓尺寸变大。为了使减速系统结构紧凑，满足动态性能和提高传动精度的要求，可采用多级传动。首先应确定传动级数，然后对各级传动比进行合理分配。

① 等效转动惯量最小原则。利用该原则所设计的齿轮传动系统，换算到电动机轴上的等效转动惯量为最小。

设有一小功率电动机驱动的二级齿轮减速系统（见图 2–9），设其总传动比为 $i = i_1 i_2$ ，若先假设各主动小齿轮具有相同的转动惯量，各齿轮均近似看成实心圆柱体，齿宽 B 、比重 γ 均相同，其转动惯量为 $J = \dfrac{\pi B\gamma}{32g} d^4$ ，如不计轴和轴承的转动惯量，则根据系统动能不变的原则，等效到电动机轴上的等效转动惯量为： $J_{\mathrm{me}} = J_1 + \dfrac{J_2 + J_3}{i_1^2} + \dfrac{J_4}{i_1^2 i_2^2}$ 。

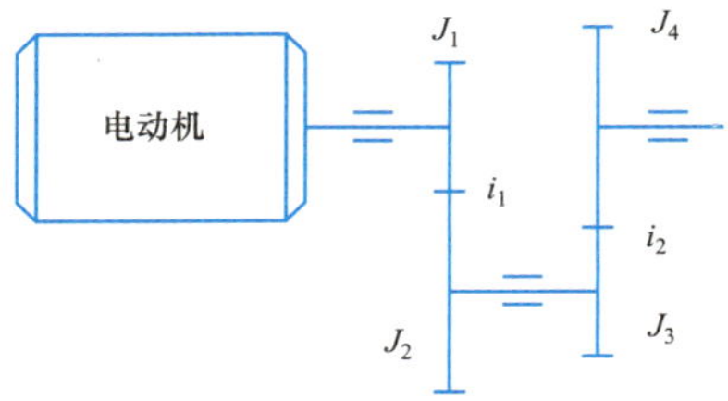

图 2–9　二级齿轮减速系统

因为
$$J_1 = J_3 = \frac{\pi B\gamma}{32g} d_1^4 ,\quad J_2 = \frac{\pi B\gamma}{32g} d_2^4 ,\quad J_4 = \frac{\pi B\gamma}{32g} d_4^4$$

所以
$$\frac{J_2}{J_1} = \left(\frac{d_2}{d_1}\right)^4 = i_1^4 ,\quad \frac{J_4}{J_3} = \frac{J_4}{J_1} = \left(\frac{d_4}{d_1}\right)^4 = \left(\frac{d_4}{d_3}\right)^4 = i_2^4 = (i / i_1)^4$$

即
$$J_2 = J_1 i_1^4 ,\quad J_4 = J_1 i_2^4 = J_1 \left(\frac{i}{i_1}\right)^4$$

$$J_{\mathrm{me}} = J_1 \left(1 + i_1^2 + \frac{1}{i_1^2} + \frac{i^2}{i_1^4}\right)$$

令 $\dfrac{\partial J_{\mathrm{me}}}{\partial i_1} = 0$ ，则
$$i_1^2 (i_1^4 - 1 - 2 i_2^2) = 0 ,$$

得到
$$i_2 = \sqrt{\frac{i_1^4 - 1}{2}}$$

当 $i_1^4 \gg 1$ 时， $i_2 \approx i_1^2 / \sqrt{2}$ ， $i_1 \approx (\sqrt{2}\, i_2)^{1/2} = (\sqrt{2}\, i)^{1/3} = (2 i^2)^{1/6}$ 。

对于 n 级齿轮传动系作同类分析可得： $i_1 = 2^{\frac{2^n - n - 1}{2(2^n - 1)}} i^{\frac{1}{2^n - 1}}$ ， $i_k = \sqrt{2} \left(\dfrac{i}{2^{n/2}}\right)^{\frac{2^{k-1}}{2^n - 1}}$ ，其中，$k = 2,3,4,\cdots,n$ 。

故按此原则计算的各级传动比是按“先小后大”次序分配，可使其结构紧凑。大功率传动装置传递的转矩大，各级齿轮副的模数、齿宽和直径等参数逐级增加。这时大功率的传动假定不适用，其计算公式不能通用。但其分配次序则仍应符合“由小到大”的分配次序。

② 重量最轻原则。对于图 2–9 所示的二级齿轮减速系统，设其总传动比为 $i = i_1 i_2$ ，假设各主动小齿轮具有相同的模数、齿数、齿宽和材料，各齿轮均近似看成实心圆柱体，齿

宽 b、比重 ρ 均相同，每个齿轮的重量为 $\pi\rho b\left(\frac{D}{2}\right)^2$，如不计轴和轴承的重量，则齿轮传动系统的重量为：

$$M=\pi\rho b\left[\left(\frac{D_1}{2}\right)^2+\left(\frac{D_2}{2}\right)^2+\left(\frac{D_3}{2}\right)^2+\left(\frac{D_4}{2}\right)^2\right]$$

由于小齿轮直径 $D_1=D_3$，总传动比为 $i=i_1i_2$，则

$$M=\frac{\pi\rho b}{4}D_1^2\left(2+i_1^2+\frac{i^2}{i_1^2}\right)$$

令 $\partial M/\partial i_1=0$，则可求得：$i_1=i^{1/2}=i_2$。

因此对于小功率传动系统，通过计算使各级传动比 $i_1=i_2=i_3=\cdots=\sqrt[n]{i}$，即可使传动装置的重量最轻。由于这个结论是在假定各主动小齿轮模数、齿数均相同的条件下导出的，故所有大齿轮的齿数、模数也相同，每级齿轮副的中心距离也相同。上述结论对于大功率传动系统是不适用的，因其传递扭矩大，故要考虑齿轮模数、齿轮齿宽等参数逐级增加的情况，此时应根据经验、类比方法，以及结构紧凑之要求进行综合考虑。各级传动比一般应以“先大后小”的原则处理。

③ 输出轴转角误差最小原则。设齿轮传动系统中各级齿轮的转角误差换算到末级输出轴上的总转角误差为 $\Delta\varphi_{\max}$，则

$$\Delta\varphi_{\max}=\sum_{k=1}^{n}(\Delta\varphi_k/i_{kn}) \tag{2-9}$$

式中：$\Delta\varphi_k$——第 k 个齿轮所具有的转角误差；

i_{kn}——第 k 个齿轮的转轴至第 n 级输出轴的传动比。

例如对于一个四级齿轮传动系统，设各齿轮的传动误差分别为 $\Delta\varphi_1,\Delta\varphi_2,\cdots,\Delta\varphi_8$，则换算到末级输出轴上的总转角误差为：

$$\Delta\varphi_{\max}=\frac{\Delta\varphi_1}{i}+\frac{\Delta\varphi_2+\Delta\varphi_3}{i_2i_3i_4}+\frac{\Delta\varphi_4+\Delta\varphi_5}{i_3i_4}+\frac{\Delta\varphi_6+\Delta\varphi_7}{i_4}+\Delta\varphi_8$$

上述计算对于小功率传动比较符合实际，而对于大功率传动，由于转矩较大，需要按其他法则进行计算。为提高机电一体化系统中齿轮传动系统传递运动的精度，各级传动比应按“先小后大”的原则分配，以便降低齿轮的加工误差、安装误差，以及回转误差对输出转角精度的影响。由此可知总转角误差主要取决于最末一级齿轮的转角误差和传动比的大小。在设计中最末两级的传动比应取大一些，并尽量提高最末一级齿轮副的加工精度。

综上所述，在设计中应根据上述原则并结合实际情况的可行性和经济性对转动惯量、结构尺寸和传动精度提出适当要求。① 对于要求体积小、重量轻的齿轮传动系统可用重量最轻原则。② 对于要求运动平稳、起停频繁和动态性能好的伺服系统的减速齿轮系，可按最小等效转动惯量和总转角误差最小的原则来处理。③ 对于提高传动精度和减小回程误差为主的传动齿轮系，可按总转角误差最小原则。④ 对于以较大传动比传动的齿轮系，往往需要将定轴轮系和行星轮系巧妙结合为混合轮系。对于相当大的传动比，并且要求传动精度与传动效率高、传动平稳、体积小、重量轻时，可选用谐波齿轮传动。

2）齿轮传动的消隙机构

齿轮传动中的齿侧间隙的存在，不仅会影响机电一体化系统的传动精度，还会在电动机驱动系统中引起严重的噪声。因此，对于机电一体化的齿轮传动，一般要求采取措施消除齿侧间隙。圆柱齿轮传动侧隙的调整有偏心轴套调整、双片薄齿轮错齿调整和垫片调整等多种方法。各种侧隙调整方法各有优缺点，应根据设计需要合理选用。

（1）偏心套（轴）调整法。如图 2-10 所示，将相互啮合的一对齿轮中的一个齿轮 4 装在电动机输出轴上，并将电动机 2 安装在偏心套 1（或偏心轴）上，通过转动偏心套（偏心轴）的转角，就可调节两啮合齿轮的中心距，从而消除圆柱齿轮正、反转时的齿侧间隙。该法的特点是结构简单，但其侧隙不能自动补偿。

（2）轴向垫片调整法。如图 2-11 所示，齿轮 1 和 2 相啮合，其分度圆弧齿厚沿轴线方向略有锥度，这样就可以用轴向垫片 3 使齿轮 2 沿轴向移动，从而消除两齿轮的齿侧间隙。装配时轴向垫片 3 的厚度应使得齿轮 1 和 2 之间既齿侧间隙小，又运转灵活。其特点同偏心套（轴）调整法。

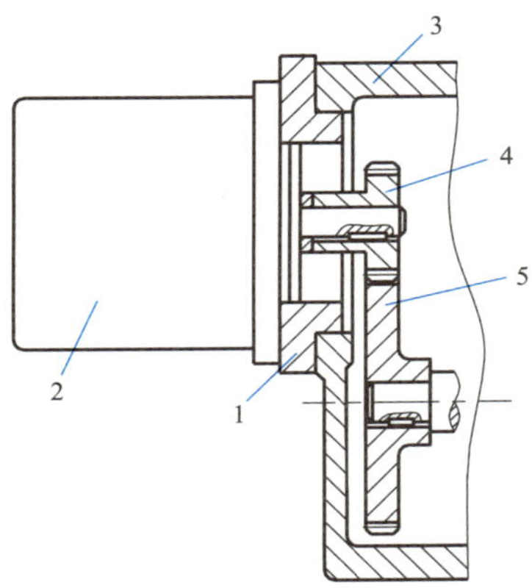

1—偏心套；2—电动机；3—减速箱；4、5—减速齿轮

图 2-10 偏心套式间隙消除机构

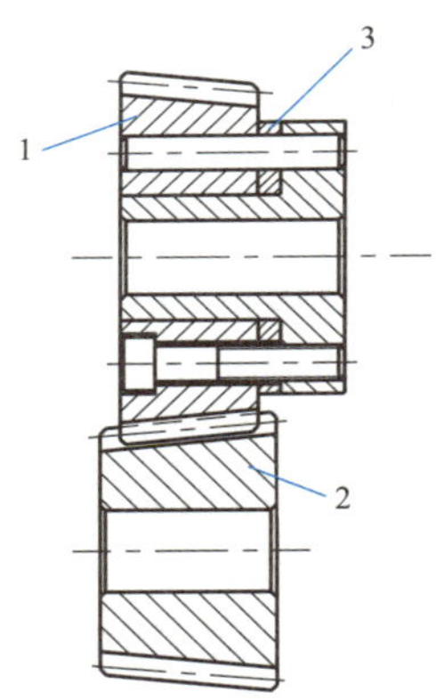

1、2—齿轮；3—轴向垫片

图 2-11 圆柱齿轮轴向垫片间隙消除机构

（3）双片薄齿轮错齿调整法。这种消除齿侧间隙的方法是将其中一个齿轮做成宽齿轮，另一个齿轮用两片薄齿轮组成。采取措施使一个薄齿轮的左齿侧和另一个薄齿轮的右齿侧分别紧贴在宽齿轮齿槽的左、右两侧，以消除齿侧间隙，反向转动时不会出现死区，具体调整措施如下。

薄片齿轮周向拉簧错齿调隙机构如图 2-12 所示，在两个薄片齿轮 3 和 4 上各开了几条周向圆弧槽，并在齿轮 3 和 4 的端面上安装有弹簧 2 的短柱 1。在弹簧 2 的作用下使薄片齿轮 3 和 4 错位而消除齿侧间隙。这种结构形式中的弹簧 2 的拉力必须足以克服驱动转矩才能起作用，但该方法受到周向圆弧槽及弹簧尺寸限制，故仅适用于读数装置而不适用于驱动装置。

为使弹簧拉力可调，可采用可调拉簧式调隙机构（见图 2-13），在两个薄片齿轮 1 上装有凸耳 3，齿轮 2 上装有螺钉 7，弹簧的一端钩在凸耳 3 上，另一端钩在螺钉 7 上。弹簧 4 的拉力大小可用螺母 5 通过调节螺钉 7 的伸出长度，而实现齿侧间隙的消除，调整好后再用螺母 6 锁紧。

各种侧隙调整方法各有优缺点，应根据设计需要合理选用。

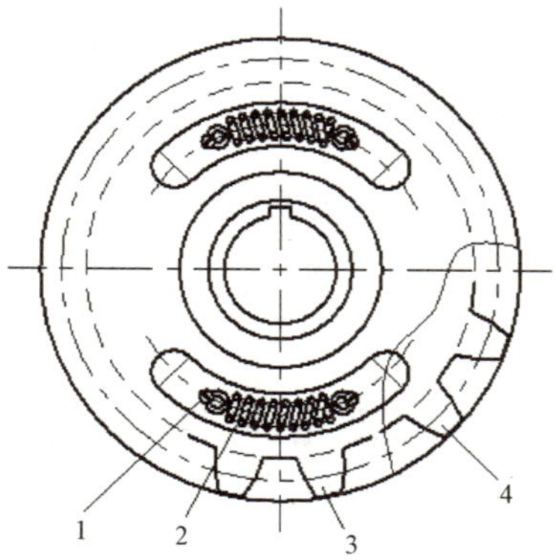

1—短柱；2—弹簧；3、4—薄片齿轮

图 2-12　薄片齿轮周向拉簧错齿调隙机构

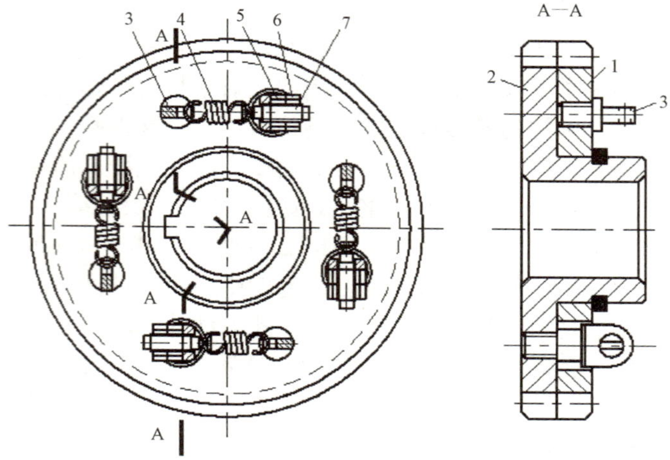

1—薄片齿轮；2—齿轮；3—凸耳；4—弹簧；
5、6—螺母；7—螺钉

图 2-13　可调拉簧式调隙机构

2.4　典型的精密机械传动机构

1. 精密丝杆螺母机构

1）丝杆螺母机构的应用

丝杠螺母机构又称螺旋传动机构，可以将旋转运动变换为直线运动或将直线运动变换为旋转运动。有以传递能量为主的（如螺旋压力机、千斤顶等），也有以传递运动为主的（如机床工作台的进给丝杠），还有调整零件之间相对位置的螺旋传动机构等。

丝杠螺母机构有滑动摩擦机构和滚动摩擦机构之分。滑动丝杠螺母机构结构简单、加工方便、制造成本低、具有自锁功能，但其摩擦阻力矩大、传动效率低（30%～40%）。滚珠丝杠螺母机构虽然结构复杂、制造成本高，但其最大优点是摩擦阻力矩小、传动效率高（92%～98%），因此在机电一体化系统中得到了广泛应用。

根据丝杠和螺母相对运动的组合情况，丝杠螺母机构的基本传动形式有图 2-14 所示的四种类型。

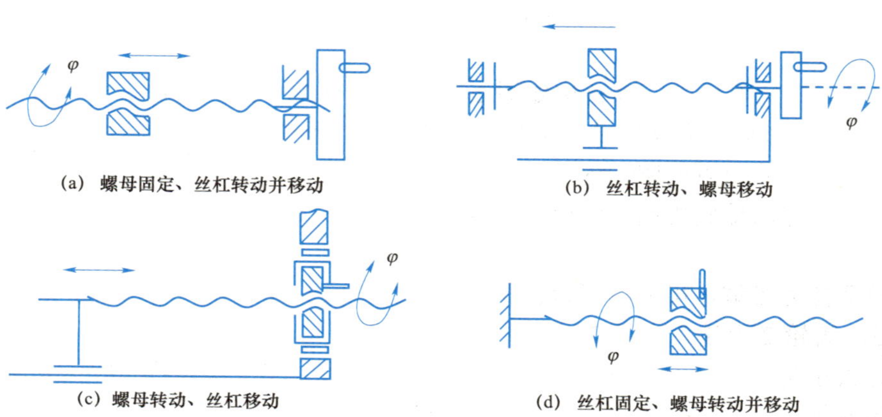

(a)　螺母固定、丝杠转动并移动

(b)　丝杠转动、螺母移动

(c)　螺母转动、丝杠移动

(d)　丝杠固定、螺母转动并移动

图 2-14　丝杠螺母机构的基本传动形式

（1）螺母固定、丝杠转动并移动。如图 2–14（a）所示，该传动形式因螺母本身起着支承作用，消除了丝杠轴承可能产生的附加轴向窜动，结构较简单，可获得较高的传动精度。但其轴向尺寸不宜太长，刚性较差。因此只适用于行程较小的场合。

（2）丝杠转动、螺母移动。如图 2–14（b）所示，该传动形式需要限制螺母的转动，故需导向装置。其特点是结构紧凑、丝杠刚性较好。适用于工作行程较大的场合。

（3）螺母转动、丝杠移动。如图 2–14（c）所示，该传动形式需要限制螺母移动和丝杠的转动，由于结构较复杂且占用轴向空间较大，故应用较少。

（4）丝杠固定、螺母转动并移动。如图 2–14（d）所示，该传动形式结构简单、紧凑，但在多数情况下使用极不方便，故很少应用。

此外，还有差动传动形式。差动传动原理如图 2–15 所示。该方式的丝杠上有基本导程（或螺距）不同的两段螺纹（如 l_{01}、l_{02}），其旋向相同。当丝杠 2 转动几圈时，可动螺母 1 的移动距离为 $S=n\times(l_{01}-l_{02})$，如果两基本导程的大小相差较少，则可获得较小的位移 S。因此，这种传动形式多用于各种微动机构中。

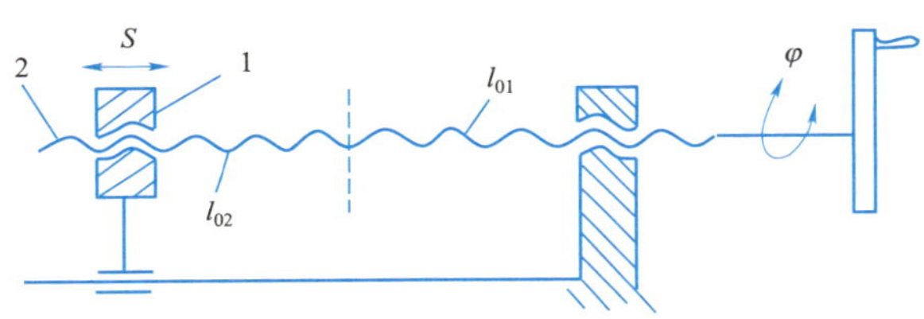

图 2–15　差动传动原理

2）滚珠丝杠副的组成及特点

滚珠丝杠副见图 2–16。具有螺旋槽的丝杠与螺母之间装有中间传动元件——滚珠。图 2–17 为滚珠丝杠螺母机构组成示意图，它由丝杠、螺母、滚珠和反向器（滚珠循环反向装置）等组成。当丝杠转动时，带动滚珠沿螺纹滚道滚动，为防止滚珠从滚道端面掉出，在螺母的螺旋槽两端设有滚珠回程引导装置构成滚珠的循环返回通道，从而形成滚珠流动的闭合通路。

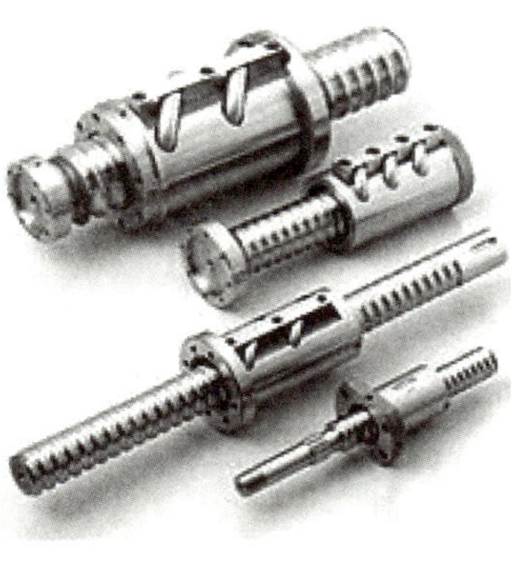

图 2–16　滚珠丝杠副

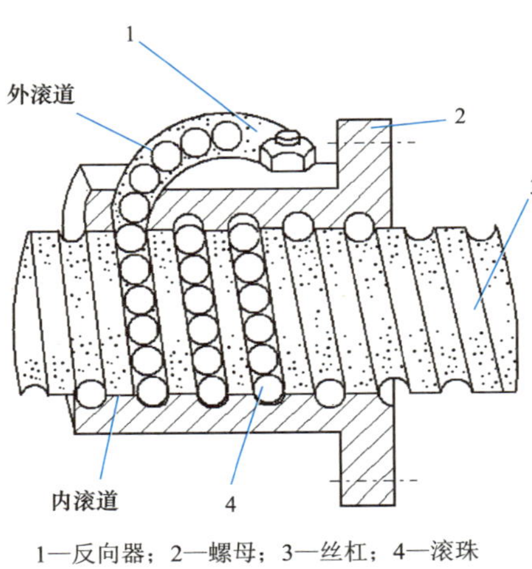

1—反向器；2—螺母；3—丝杠；4—滚珠

图 2–17　滚珠丝杠螺母机构组成示意图

滚珠丝杠副与滑动丝杠副相比，除上述优点外，还具有轴向刚度高（即通过适当预紧可消除丝杠与螺母之间的轴向间隙）、运动平稳、传动精度高、不易磨损、使用寿命长等优点。但由于不能自锁，具有传动的可逆性，在用作升降传动机构时，需要采取制动措施。

滚珠丝杠副的结构类型可从螺纹滚道的截面形状、滚珠的循环方式和消除轴向间隙的调整方法进行区别。

3）滚珠丝杠副的主要尺寸参数

滚珠丝杠副的主要尺寸参数如下。

（1）公称直径 d_0：它指滚珠与螺纹滚道在理论接触角状态时包络滚珠球心的圆柱直径。它是滚珠丝杠副的特征（或名义）尺寸。

（2）基本导程 l_0：它指丝杠相对于螺母旋转 2π 弧度时，螺母上基准点的轴向位移。

（3）行程 l：它指丝杠相对于螺母旋转任意弧度时，螺母上基准点的轴向位移。

此外还有丝杠螺纹大径 d、丝杠螺纹小径 d_1、滚珠直径 d_b、螺母螺纹大径 D、螺母螺纹小径 D_1、丝杠螺纹全长 l_s 等。

滚珠丝杠副的主要尺寸参数如图 2–18 所示。

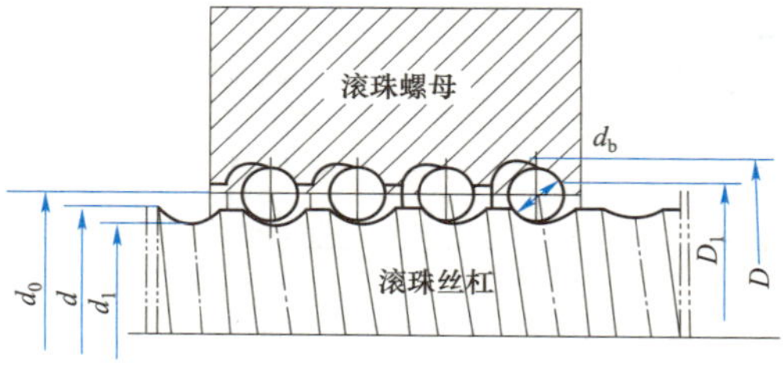

图 2–18　滚珠丝杠副的主要尺寸参数

基本导程的大小应根据机电一体化产品（系统）的精度要求确定。精度要求高时应选取较小的基本导程。滚珠的工作圈（或列）数和工作滚珠的数量 N 由试验可知：第一、第二和第三圈（或列）分别承受轴向载荷的 50%、30%和 20%。因此，工作圈（或列）数一般取 2.5（或 2）～3.5（或 3）。滚珠总数 N 一般不超过 150 个。

4）滚珠丝杠副的选择

（1）滚珠丝杠副结构的选择。

根据防尘防护条件及对调隙及预紧的要求，可选择适当的结构形式。例如当允许有间隙存在时（如垂直运动）可选用具有单圆弧形螺纹滚道的单螺母滚珠丝杠副；当必须有预紧或在使用过程中因磨损而需要定期调整时，应采用双螺母螺纹预紧或齿差预紧式结构；当具备良好的防尘条件，且只需在装配时调整间隙及预紧力时，可采用结构简单的双螺母垫片调整预紧式结构。

（2）滚珠丝杠副结构尺寸的选择。

选用滚珠丝杠副时通常主要选择丝杠的公称直径 d_0 和基本导程 l_0。公称直径 d_0 应根据轴向最大载荷按滚珠丝杠副尺寸系列选择；丝杠螺纹全长 l_s 在允许的情况下要尽量短，一般取 l_s/d_0 小于 30 为宜；基本导程 l_0 应按承载能力、传动精度及传动速度选取，l_0 大则承载能力大，l_0 小则传动精度较高；要求传动速度快时，可选用大导程滚珠丝杠副。

（3）滚珠丝杠副的选择步骤。

在选用滚珠丝杠副时，必须知道实际的工作条件：最大的工作载荷 F_{max}［或平均工作载

荷 F_{cp}（N）作用下的使用寿命 T（h）]、丝杠的工作长度（或螺母的有效行程）l（mm）、丝杠的转速 n（或平均转速 n_{cp}）（r/min）、滚道的硬度 HRC 及丝杠的工况，然后按下列步骤进行选择。

① 承载能力选择。计算作用于丝杠轴向最大动载荷 F_Q，然后根据 F_Q 值选择丝杠副的型号。

$$F_Q = \sqrt[3]{L} f_H f_w F_{\max}$$

式中：L——滚珠丝杠寿命系数（单位为 1×10^6 转，如 1.5 则为 150 万转）。$L=60\ nT/10^6$（其中 T 为使用寿命时间，h），普通机械为 5 000～10 000 h、数控机床及其他机电一体化设备及仪器装置为 15 000 h、航空机械为 1 000 h；

f_w——载荷系数（平稳或轻度冲击时为 1.0～1.2，中等冲击时为 1.2～1.5，较大冲击或振动时为 1.5～2.5）；

f_H——硬度系数（HRC≥58 时为 1.0，等于 55 时为 1.11，等于 52.5 时为 1.35，等于 50 时为 1.56，等于 45 时为 2.40）。

② 压杆稳定性核算。

$$F_k = f_k \pi^2 EI / (K l_s^2) \geqslant F_{\max}$$

式中：F_k——实际承受载荷的能力；

f_k——压杆稳定的支承系数（双推—双推时为 4，单推—单推时为 1，双推—简支时为 2，双推—自由式时为 0.25）；

E——钢的弹性模量 2.1×10^5 MPa；

I——丝杠小径 d_1 的截面惯性矩（$I = \pi d_1^4 / 64$）；

K——压杆稳定安全系数，一般取为 2.5～4，垂直安装时取小值。

如果 $F_k < F_{\max}$ 时，会使丝杠失去稳定易发生翘曲。两端安装止推轴承与向心轴承时，丝杠一般不会发生失稳现象。

对于低速运转（$n<10$ r/min）的滚珠丝杠，无需计算其最大动载荷 F_Q 值，而只考虑其最大静负载是否充分大于最大工作负载 $F_{\max}$。这是因为若最大接触应力超过材料的弹性极限就要产生塑性变形。塑性变形超过一定限度就会破坏滚珠丝杠副的正常工作。一般允许其塑性变形量不超过滚珠直径 d_b 的 1/10 000，产生这样大的塑性变形的载荷称为最大静载荷。

③ 刚度的验算。滚珠丝杠在轴向力的作用下，将产生伸长或缩短，在扭矩的作用下将产生扭转变形而影响丝杠导程的变化，从而影响传动精度及定位精度，故应验算满载时的变形量。滚珠丝杠在工作负载 F 和扭矩 M 共同作用下，所引起的每一导程的变形量 ΔL 为：

$$\Delta L = \pm \frac{F l_0}{ES} \pm \frac{M l_0^2}{2\pi I_p G} \tag{2-10}$$

式中：S——丝杠的最小截面积，cm^2；

M——扭矩，N·cm；

G——钢的抗扭截面模量是 8.24×10^4 MPa；

I_p——截面对圆心的极惯性矩。

ΔL 的单位为 cm。“+”号用于拉伸时，“－”号用于压缩时。

在丝杠副精度标准中一般规定每米弹性变形所允许的基本导程误差值。

2. 谐波齿轮传动

1）谐波齿轮传动的结构原理

谐波齿轮传动机构如图 2-19 所示。谐波齿轮传动啮合原理如图 2-20 所示。谐波减速器三大构件如图 2-21 所示，即具有内齿的刚轮、具有外齿的柔轮和波发生器。这三个构件和少齿差行星传动中的中心内齿轮、行星轮和系杆相当。通常波发生器为主动件，而刚轮和柔轮之一为从动件，另一个为固定件。当波发生器装入柔轮内孔时，由于前者的总长度略大于后者的内孔直径，故柔轮变为椭圆形，于是在椭圆的长轴两端产生了柔轮与刚轮轮齿的两个局部啮合区；同时在椭圆短轴两端，两轮轮齿则完全脱开。至于其余各处，则因柔轮回转方向的不同，或处于啮合状态，或处于非啮合状态。当波发生器连续转动时，柔轮长短轴的位置不断变化，从而使轮齿的啮合处和脱开处也随之不断变化，于是在柔轮与刚轮之间就产生了相对位移，从而传递运动。

图 2-19　谐波齿轮传动机构

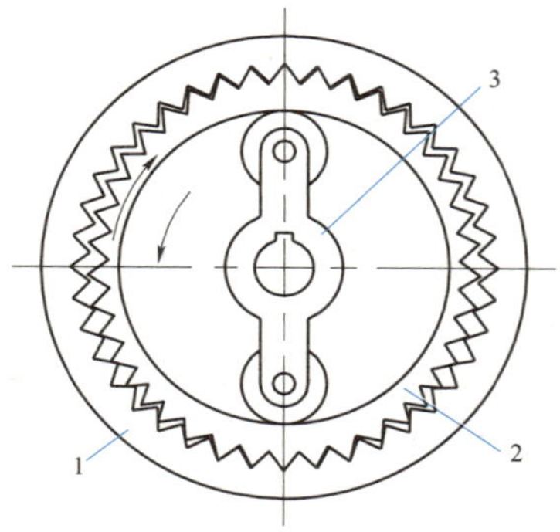

1—刚轮；2—柔轮；3—波发生器

图 2-20　谐波齿轮传动啮合原理

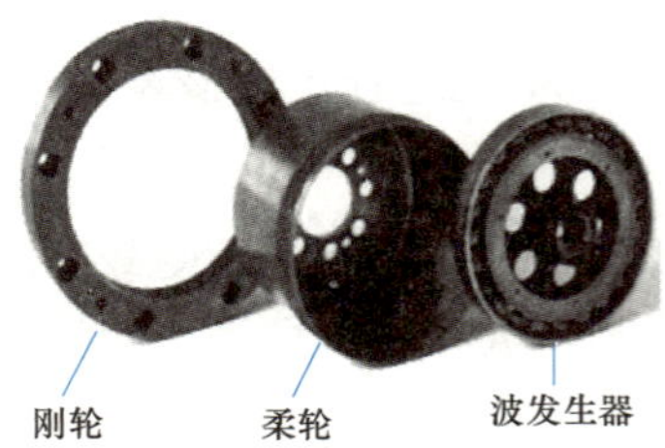

图 2-21　谐波减速器三大构件

为了有利于柔轮的力平衡和防止轮齿干涉，刚轮和柔轮的齿数差应等于波发生器波数（即波发生器上的滚轮数）的整倍数，通常等于波数。有两个触头的即为双波发生器，也有三个触头的。具有双波发生器的谐波减速器，其刚轮和柔轮的齿数之差为 $z_g-z_r=2$。其椭圆长轴的两端柔轮与刚轮的牙齿相啮合，在短轴方向的牙齿完全分离，当波形发生器逆时针转一圈时，两轮相对位移为两个齿距。

谐波齿轮传动机构在工程中可以作为减速器和增速器使用：当以波发生器为主动件，刚轮和柔轮之一为从动件，另一个为固定件时，谐波齿轮为谐波减速器；当以刚轮和柔轮之一为主动件，另一个为固定件，波发生器为从动件时，谐波齿轮为增速器。一般谐波齿轮作为大传动比的减速器应用于机电一体化系统，由于在谐波齿轮传动过程中，柔轮与刚轮的啮合过程与行星齿轮传动类似，故其轮系传动比 i_{rg}^{H} 可按周转轮系的方法进行计算：

$$i_{rg}^{H}=\frac{\omega_r-\omega_H}{\omega_g-\omega_H}=\frac{z_g}{z_r} \tag{2-11}$$

当刚轮固定时，$\omega_g=0$，则波发生器与柔轮间传动比为

$$i_{Hr}=\frac{\omega_H}{\omega_r}=\frac{z_r}{z_r-z_g}$$

式中：ω_r ——柔轮转角；

ω_H ——波发生器转角；

ω_g ——刚轮转角。

由于柔轮的齿数小于刚轮齿数，即 $z_r<z_g$，传动比 i_{Hr} 为负数，说明柔轮的回转方向与波形发生器的旋转方向相反。

当柔轮固定时，$\omega_r=0$，则：

$$i_{Hg}=\frac{\omega_H}{\omega_g}=\frac{z_g}{z_g-z_r}$$

传动比 i_{Hg} 为正数，说明刚轮的回转方向与波形发生器的旋转方向相同。

2）谐波齿轮传动应用特点

谐波齿轮传动广泛应用于工业机器人、航空、航天等领域的机电一体化系统，其具有以下优点。

（1）传动速比大。单级谐波齿轮传动速比范围为 70～320，在某些装置中可达到 1 000，多级传动速比可达 30 000 以上。它不仅可用于减速，也可用于增速的场合。

（2）承载能力高。这是因为谐波齿轮传动中同时啮合的齿数多，双波传动同时啮合的齿数可达总齿数的 30%以上，而且柔轮采用了高强度材料，齿与齿之间是面接触。

（3）传动精度高。这是因为谐波齿轮传动中同时啮合的齿数多，误差平均化，即多齿啮合对误差有相互补偿作用，故传动精度高。在齿轮精度等级相同的情况下，传动误差只有普通圆柱齿轮传动的 1/4 左右。同时可采用微量改变波发生器的半径来增加柔轮的变形使齿隙很小，甚至能做到无侧隙啮合，故谐波齿轮减速机传动空程小，适用于反向转动。

（4）传动效率高、运动平稳。由于柔轮轮齿在传动过程中作均匀的径向移动，因此，即使输入速度很高，轮齿的相对滑移速度仍极低（为普通渐开线齿轮传动的百分之一），所以，轮齿磨损小，效率高（可达 69%～96%）。又由于啮入和啮出时，齿轮的两侧都参加，因而无冲击现象，运动平稳。

（5）结构简单、零件数少、安装方便。由于仅有三个基本构件，且输入与输出轴同轴线，所以结构简单，安装方便。

（6）体积小、重量轻。与一般减速机比较，输出力矩相同时，谐波齿轮减速机的体积可减小 2/3，重量可减轻 1/2。

（7）可向密闭空间传递运动。利用柔轮的柔性特点，轮传动的这一可贵优点是现有其他传动无法比拟的。

在工程应用中，谐波齿轮传动也有以下缺点。

① 柔轮周期性地发生变形，因而产生交变应力，使之易于产生疲劳破坏。

② 转动惯量和起动力矩大，不宜用于小功率的跟踪传动。

③ 不能用于传动速比小于 35 的场合。

④ 采用滚子波发生器（自由变形波）的谐波传动，其瞬时传动比不是常数。

⑤ 散热条件差。

3. 同步带传动

同步带传动是综合了普通带传动和链轮链条传动优点的一种新型传动（同步带结构如图 2–22 所示），它在带的工作面及带轮外周上均制有啮合齿，通过带齿与轮齿作啮合传动。为保证带和带轮做无滑差的同步传动，其齿形带采用了承载后无弹性变形的高强力材料，以保证带的节距不变。故它具有传动比准确、传动效率高（可达 98%）、能吸振、噪声低、传动平稳、能高速传动、维护保养方便等优点，使用范围较广。其主要缺点是安装精度要求高、中心距要求严格，具有一定的蠕变性。同步带带轮齿形有梯形齿形（梯形齿同步带传动如图 2–23 所示）和圆弧齿形。

图 2–22　同步带结构

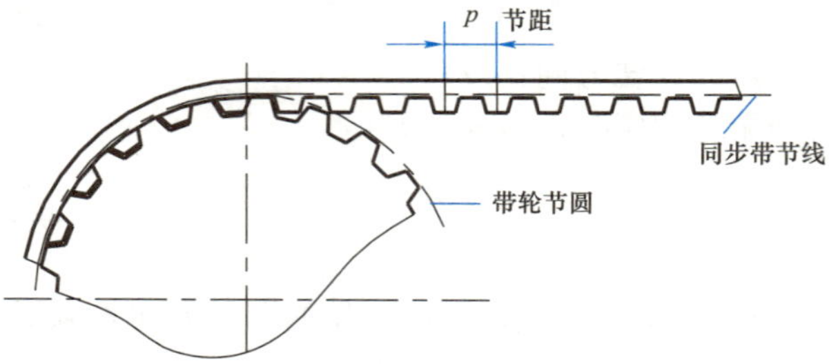

图 2–23　梯形齿同步带传动

4. 精密滚动直线导向支撑机构

机电一体化系统要求其机械系统的各运动机构得到可靠的支承，并能准确地完成特定方向的运动，该任务由导向机构来完成。机电一体化系统的直线导向支撑机构称为导轨副（导轨副实物见图 2–24），简称导轨，其作用是支承和导向。一副导轨主要由两部分组成，在工作时一部分固定不动，称为支承导轨（或导轨），另一部分相对支承导轨作直线或回转运动，称为动导轨（或滑座）。

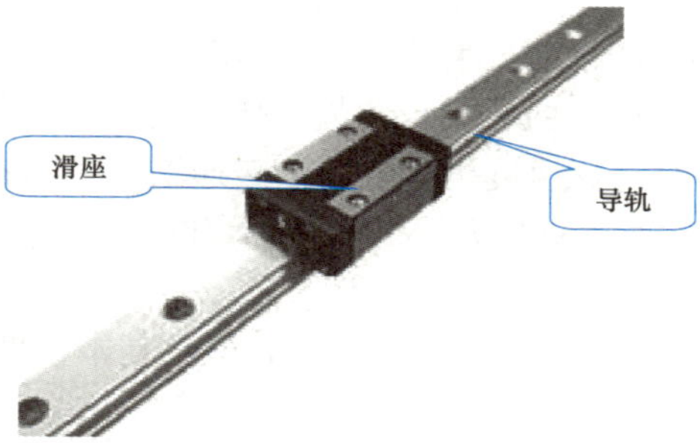

图 2–24　导轨副实物

1）导轨的基本要求

（1）导向精度。导向精度主要是指动导轨沿支承导轨运动的直线度或圆度。影响它的因素有：导轨的几何精度、接触精度、结构形式、刚度、热变形、装配质量，以及液体动压和静压导轨的油膜厚度、油膜刚度等。

（2）耐磨性。耐磨性是指导轨在长期使用过程中能否保持一定的导向精度。因导轨在工作过程中难免有所磨损，所以应力求减少磨损量，并在磨损后能自动补偿或便于调整。

（3）疲劳和压溃。导轨面由于过载或接触应力不均匀而使导轨表面产生弹性变形，反复运行多次后就会形成疲劳点，呈塑性变形，表面形成龟裂、剥落而出现凹坑，这种现象就是压溃。疲劳和压溃是滚动导轨失效的主要原因，为此应控制滚动导轨承受的最大载荷和受载的均匀性。

（4）刚度。导轨受力变形会影响导轨的导向精度及部件之间的相对位置，因此要求导轨应有足够的刚度。为减轻或平衡外力的影响，可采用加大导轨尺寸或添加辅助导轨的方法提高刚度。

（5）低速运动平稳性。低速运动时，作为运动部件的动导轨易产生爬行现象。低速运动的平稳性与导轨的结构和润滑，动、静摩擦系数的差值，以及导轨的刚度等有关。

（6）结构工艺性。设计导轨时，要注意考虑制造、调整和维修的方便，力求结构简单，工艺性及经济性好。

（7）对温度的敏感性。导轨在环境温度变化的情况下，应能正常工作，既不“卡死”，亦不影响系统的运动精度。导轨对温度变化的敏感性，主要取决于导轨材料和导轨配合间隙的选择。

2）导轨的分类和特点

常用的导轨种类很多，按其接触面的摩擦性质可分为滑动导轨、滚动导轨、流体介质摩擦导轨等。滚动导轨的两导轨表面之间为滚动摩擦，导向面之间放置滚珠、滚柱或滚针等滚动体来实现两导轨无滑动地相对运动。这种导轨磨损小，寿命长，定位精度高，灵敏度高，运动平稳可靠，但结构复杂，几何精度要求高，抗振性较差，防护要求高，制造困难，成本高。它适用于工作部件要求移动均匀、动作灵敏，以及定位精度高的场合，因此在高精密的机电一体化产品中应用广泛。滚动导轨具有以下特点。

（1）承载能力大。其滚道采用圆弧形式，增大了滚动体与圆弧滚道接触面积，从而大大地提高了导轨的承载能力，可达到平面滚道形式的 13 倍。

（2）刚性强。在制作滚动导轨时，常需要预加载荷，这使导轨系统刚度得以提高。所以滚动直线导轨在工作时能承受较大的冲击和振动。

（3）寿命长。由于是纯滚动，摩擦系数为滑动导轨的 1/50 左右，磨损小，因而寿命长，功耗低，便于机械小型化。

（4）传动平稳可靠。由于摩擦力小，动作轻便，因而定位精度高，微量移动灵活准确。

（5）具有结构自调整能力。装配调整容易，因此降低了对配件加工精度的要求。

滚动直线导轨有很多种分类方式，可以按滚动体的形状进行分类，主要有钢珠式和滚柱式两种，如图 2–25 所示。滚柱式由于为线接触，故其有较高的承载能力，但摩擦力也较高，同时加工装配也相对复杂。目前使用较多的是钢珠式。

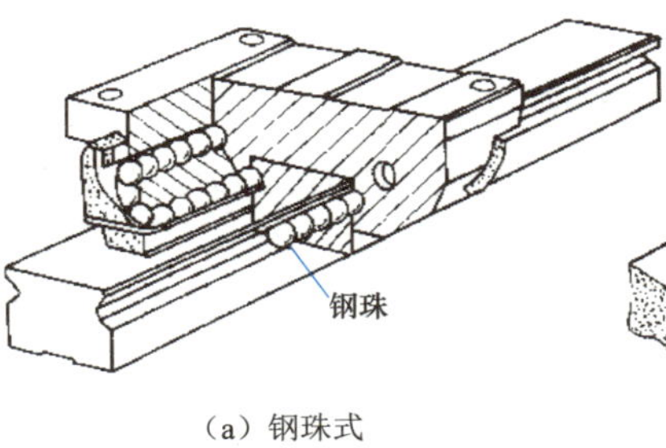

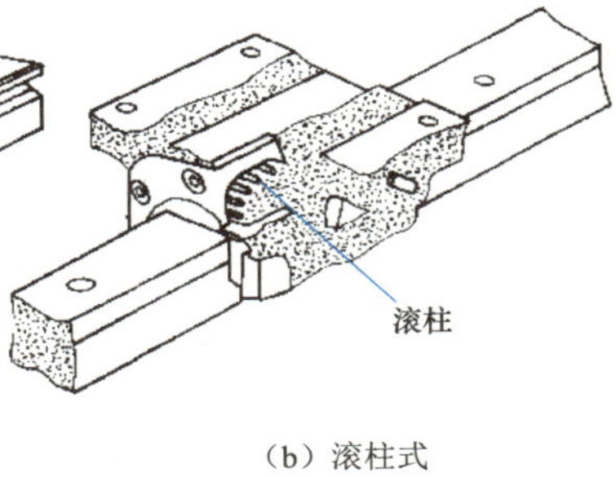

图 2–25　滚动直线导轨滚动体形式

3）滚动直线导轨的选择

导轨的设计应包括下列几方面的内容。

（1）根据工作条件，选择合适的导轨类型。

（2）选择导轨的截面形状，以保证导向精度。

（3）选择适当的导轨结构及尺寸，使其在给定的载荷及工作温度范围内，有足够的刚度、良好的耐磨性，以及运动轻便和低速平稳性。

（4）选择导轨的补偿及调整装置，经长期使用后，通过调整能保持所需要的导向精度。

（5）选择合理的耐磨涂料、润滑方法和防护装置，使导轨有良好的工作条件，以减少摩擦和磨损。

（6）制订保证导轨所必需的技术条件，如选择适当的材料，以及热处理、精加工和测量方法等。

在设计选用滚动直线导轨时，首先应对其使用条件，包括工作载荷、精度要求、速度、工作行程、预期工作寿命进行研究分析，还须对其刚度、摩擦特性及误差平均作用、阻尼特征等进行综合考虑，从而达到正确合理的选用，以满足主机技术性能的要求。滚动直线导轨的选择程序如图 2-26 所示。

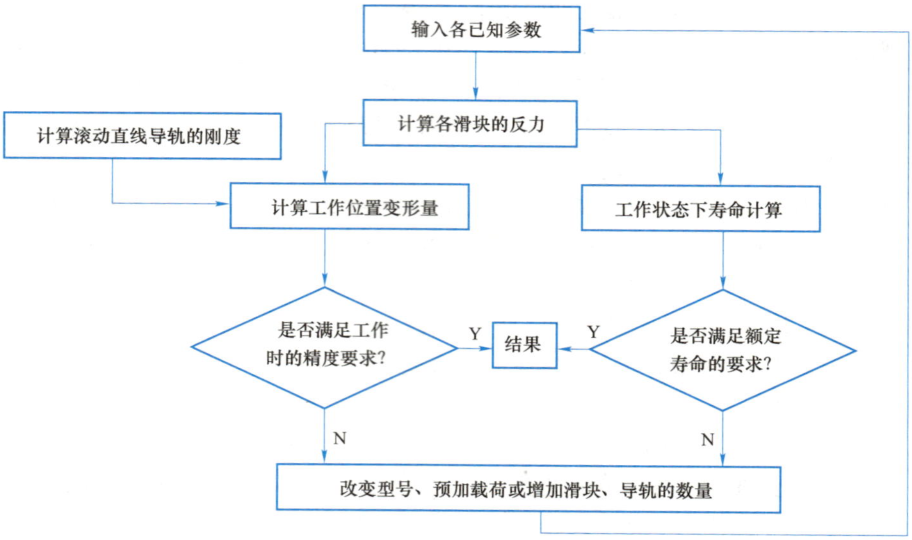

图 2-26　滚动直线导轨的选择程序

5. 精密滚动轴承机构

滚动轴承机构是轴颈与轴套之间放入滚动轴承或圆球、滚柱等滚动体作为介质的轴系。滚动轴承如图 2-27 所示。滚动轴承轴系分为标准滚动轴承轴系和非标准滚动轴承轴系两类。

图 2-27　滚动轴承

直接应用标准滚动轴承的轴系称为标准滚动轴承轴系。标准滚动轴承已标准化、系列化，并由轴承厂成批生产。在轴系设计时，只要根据负荷、转速、精度、刚度及空间大小等即可选用所需轴承。

非标准滚动轴承轴系中不用标准滚动轴承，一般是在轴颈和轴套间直接放入滚动体，因此结构紧凑，在机电一体化系统中，由于结构尺寸的限制，或因标准滚动轴承无法满足轴系精度要求，就可自行设计非标准滚动轴承轴系。

精密滚动轴承机构的主要作用是对轴系的支撑，轴系需要承受工作时的轴向和径向载荷，并要保证所要求的回转精度。因此轴系设计时，还要考虑合适的轴承支撑结构形式，这样才能更好地满足轴系工作的要求。轴系的滚动轴承支撑结构形式很多，常见的有以下几种，如图 2-28 所示。

（1）圆柱-止推支撑如图 2-28（a）所示，其径向载荷和径向回转精度由径向圆柱轴承承受和保证，而轴向载荷和轴向精度则由止推轴承承受和保证，这种轴系结构形式最为常见。

（2）双球支撑如图 2-28（b）所示，一般由两个滚珠轴承构成。

（3）圆锥–止推如图 2–28（c）所示，由两个锥形轴承和一个止推轴承构成。其径向载荷及径向精度由锥形轴承承担及保证，而轴向载荷及轴向精度则由止推轴承承受和保证，其特点是径向间隙可以调整。

（4）双锥如图 2–28（d）所示。轴系两端轴承由两个锥角方向相反的圆锥轴承构成，既能承受径向载荷也能承受轴向载荷。

（5）圆柱–圆球如图 2–28（e）所示。轴系两端轴承一个是径向圆柱轴承，一个是滚珠轴承，滚珠轴承承受径向和轴向载荷。

在进行滚动轴承支撑结构设计时，采用什么样的结构形式，应从多方面考虑，包括轴系的精度要求，轴系的空间位置（立式轴系还是卧式轴系），轴系的承载大小及装配的工艺条件等。

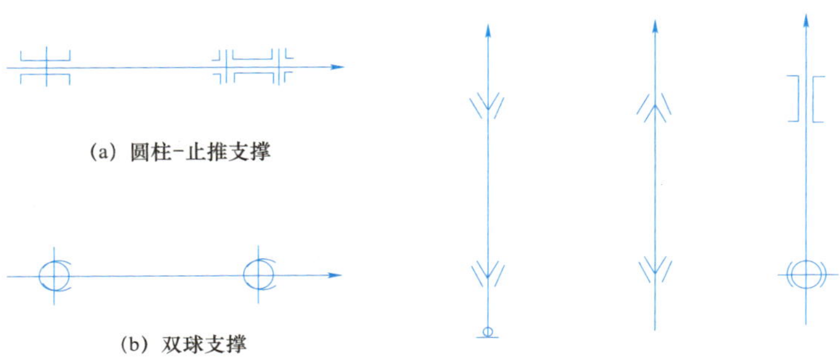

(a) 圆柱–止推支撑　(b) 双球支撑　(c) 圆锥–止推　(d) 双锥　(e) 圆柱–圆球

图 2–28　常见的滚动轴承支撑结构形式

2.5　机电一体化系统的机械执行机构

1. 机械执行机构的基本要求

1）惯量小、动力大

表征执行机构惯量的性能指标：对直线运动为质量 m，对回转运动为转动惯量 J。表征输出动力的性能指标为推力 F、转矩 T 或功率 P。对直线运动来说，设加速度为 a，则推力 $F=ma$，$a=F/m$。对回转运动来说，设角速度为 ω，角加速度为 ε，则 $P=\omega T$，$\varepsilon=T/J$，$T=J\varepsilon$。a 与 ε 表征了执行机构的加速性能。

另一种表征动力大小的综合性能指标称为比功率。它包含了功率、加速性能与转速三种因素，即：

比功率$=P\varepsilon/\omega=\omega TT/J\omega=T^2/J$

2）体积小、重量轻

既要缩小执行机构的体积，减少重量，同时又要增大其动力，故通常用执行机构的单位重量所能达到的输出功率或比功率，即用功率密度或比功率密度来评价这项指标。设执行机构的重量为 G，则：

功率密度$=P/G$

比功率密度$=(T^2/J)/G$

3）便于维修、安装

执行机构需要便于安装和维修，随着技术可靠性的发展，无刷 DC 及 AC 伺服电机等执行机构正在走向无维修化。

4）易于计算机控制

根据这个要求，用计算机控制最方便的是电气式执行机构。因此机电一体化系统所用执行机构的主流是电气式，其次是液压式和气压式，液压式在驱动接口中需要增加电—液变换环节，而气压式需要增加电—气变换环节。

2. 工业机械手末端执行器

工业机械手是一种自动控制、可重复编程、多自由度的操作机；是能搬运物料、工件或操作工具，以及完成其他各种作业的机电一体化设备。工业机械手末端执行器装在操作机械手腕的前端，是直接执行操作功能的机构。

末端执行器因用途不同而结构各异，一般可分为三大类：机械夹持器、特种末端执行器、万能手（或灵巧手）。

1）机械夹持器

机械夹持器是工业机械手中最常用的一种末端执行器。

（1）机械夹持器应具备的基本功能。首先它应具有夹持和松开的功能。夹持器夹持工件时，应有一定的力约束和形状约束，以保证被夹工件在移动、停留和装入过程中，不改变姿态。当需要松开工件时，应完全松开。另外它还应保证工件夹持姿态再现几何偏差在给定的公差带内。

（2）分类和结构形式。机械夹持器常用压缩空气作动力源，经传动机构实现手指的运动。根据手指夹持工件时的运动轨迹的不同，机械夹持器分为圆弧开合型夹持器、圆弧平行开合型夹持器和直线平行开合型夹持器。

① 圆弧开合型夹持器。在传动机构带动下，手指指端的运动轨迹为圆弧。图 2–29（a）所示为采用凸轮机构作为传动件的圆弧开合型夹持器，图 2–29（b）所示为采用连杆机构作为传动件的圆弧开合型夹持器。夹持器工作时，两手指绕支点做圆弧运动，同时对工件进行夹紧和定心。这类夹持器对工件被夹持部位的尺寸有严格要求，否则可能会造成工件状态失常。

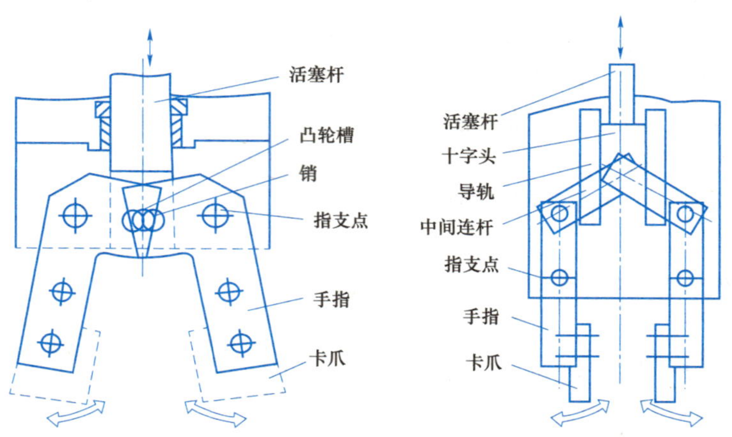

（a）采用凸轮机构作为传动件　（b）采用连杆机构作为传动件

图 2–29　圆弧开合型夹持器

② 圆弧平行开合型夹持器。这类夹持器两手指工作时做平行开合运动，而指端运动轨迹为一圆弧。图 2–30 所示的圆弧平行开合型夹持器是采用平行四边形传动机构带动手指的平行

开合的两种情况，其中图 2–30（a）所示机构在夹持时指端前进，图 2–30（b）所示机构在夹持时指端后退。

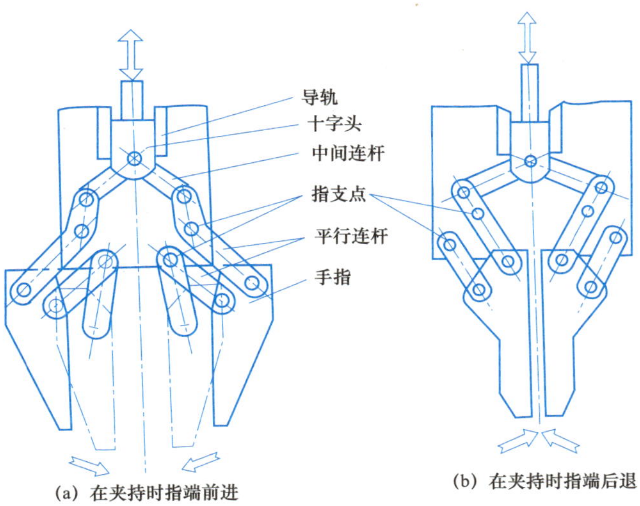

图 2–30　圆弧平行开合型夹持器

③ 直线平行开合型夹持器。这类夹持器两手指的运动轨迹为直线，且两手指夹持面始终保持平行，如图 2–31 所示。图 2–31（a）所示为采用凸轮机构实现两手指的平行开合，在各指的滑动块上开有斜形凸轮槽，当活塞杆上下运动时，通过装在其末端的滚子在凸轮槽中运动；实现手指的平行夹持运动。图 2–31（b）所示为采用齿轮齿条机构实现两手指的平行开合，当活塞杆末端的齿条带动齿轮旋转时，手指上的齿条作直线运动，从而使两手指平行开合，以夹持工件。

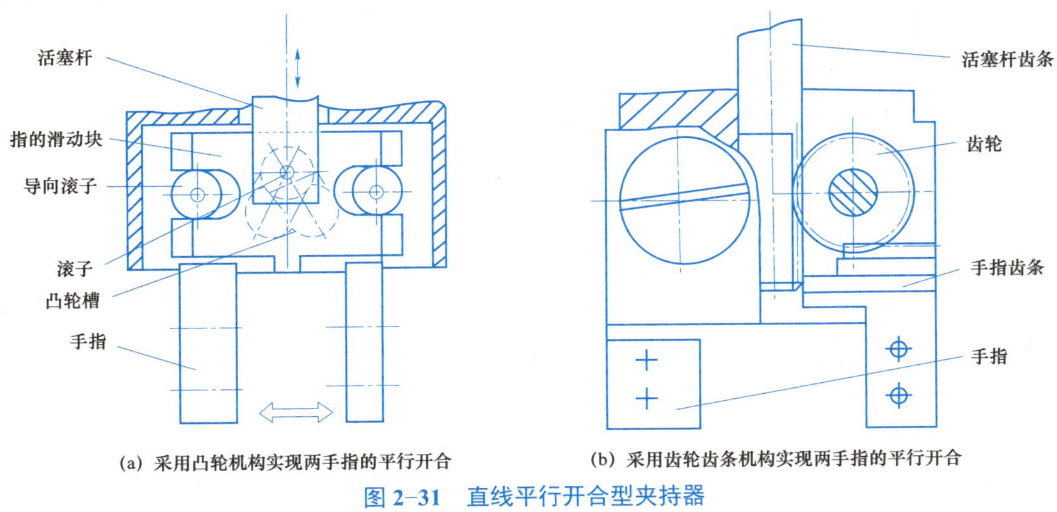

图 2–31　直线平行开合型夹持器

夹持器根据作业的需要形式繁多，有时为了抓取形体特别复杂的工件，还设计有特种手指机构的夹持器，如具有钢丝绳滑轮机构的多关节柔性手指夹持器、膨胀式橡胶手袋手指夹持器等。

2）特种末端执行器

特种末端执行器供工业机器人完成某类特定的作业，下面简单介绍其中的两种。

（1）真空吸附手。工业机器人中常把真空吸附手与负压发生器组成一个工作系统，如图 2–32 所示。控制电磁换向阀的开合可实现对工件的吸附和脱开。它结构简单，价格低廉，且吸附作业具有一定柔顺性，如图 2–33 所示，这样即使工件有尺寸偏差和位置偏差也不会影响吸附手的工作。真空吸附手常用于小件搬运，也可根据工件形状、尺寸、重量的不同将多个真空吸附手组合使用。

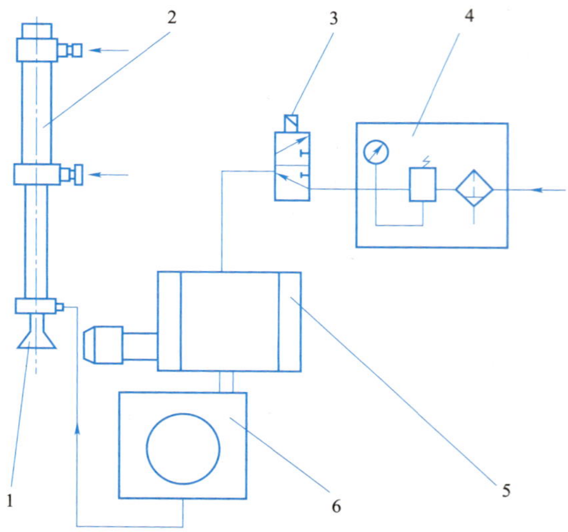

1—吸附手；2—送进缸；3—电磁换向阀；
4—调压单元；5—负压发生器；6—空气净化过滤器

图 2–32　负压真空吸附系统

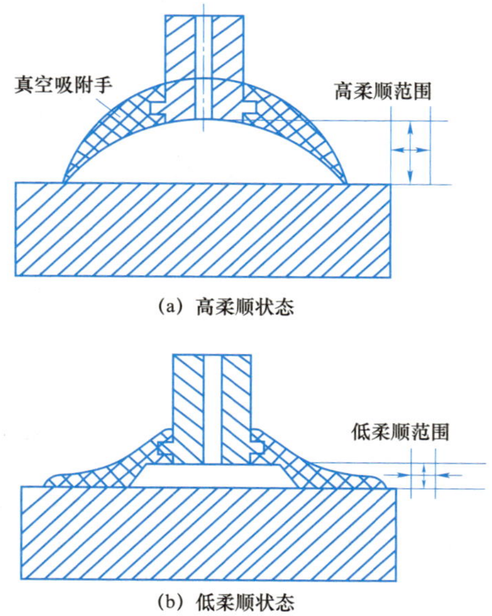

图 2–33　真空吸附手的柔顺性

（2）电磁吸附手。电磁吸附手利用通电线圈的磁场对可磁化材料的作用力来实现对工件的吸附作用。它同样具有结构简单、价格低廉等特点，但其最特殊的是其吸附工件的过程是从不接触工件开始的，工件与吸附手接触之前处于漂浮状态，即吸附过程由极大的柔顺状态突变到低的柔顺状态。这种吸附手的吸附力是由通电线圈的磁场提供的，所以可用于搬运较大的可磁化性材料的工件。

吸附手的形式根据被吸附工件表面形状来设计，用于吸附平坦表面工件的应用场合较多。图 2–34 所示的电磁吸附手可用于吸附不同的曲面工件，这种吸附手在吸附部位装有磁粉袋，线圈通电前将可变形的磁粉袋贴在工件表面上，当线圈通电励磁后，在磁场作用下，磁粉袋端部外形固定成被吸附工件的表面形状，从而达到吸附不同表面形状工件的目的。

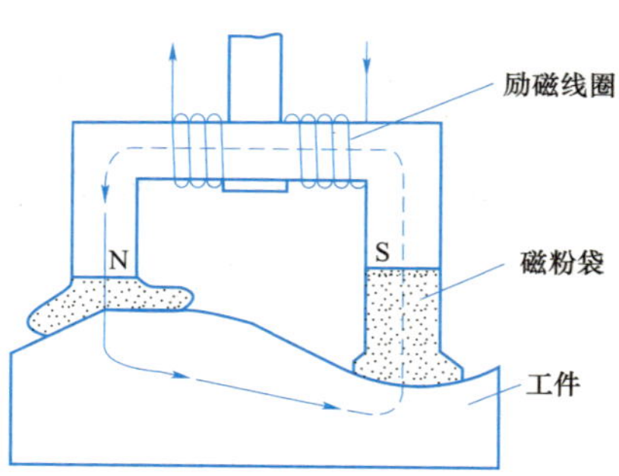

图 2–34　电磁吸附手

3）灵巧手

这是一种模仿人手制作的多指多关节的机器人末端执行器。它可适应物体外形的变化，对物体施加任意方向、任意大小的夹持力，可满足对任意形状、不同材质的物体进行操作和抓持的要求，但其控制、操作系统技术难度较大。图 2–35 为灵巧手的一个实例。

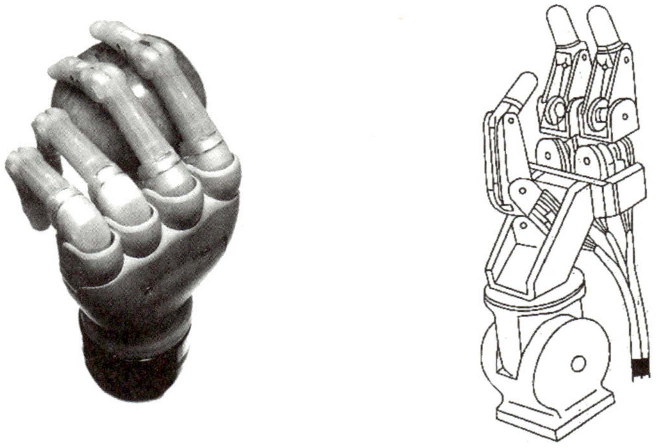

图 2–35　灵巧手的一个实例

3. 超精密微动执行机构

1）热变形式

热变形式执行机构属于微动机构，该类机构利用电热元件作为动力源，电热元件通电后产生的热变形实现微小位移，热变形式微动机构原理如图 2–36 所示。传动杆 1 的一端固定在机座上，另一端固定在沿导轨移动的运动件 3 上。电阻丝 2 通电加热时，传动杆 1 受热伸长，其伸长量ΔL（mm）为：

$$\Delta L=\alpha L(t_1-t_0)=\alpha L\Delta t$$

式中：α——传动杆 1 材料的线性膨胀系数，m/K；

L——传动杆长度，mm；

t_1——加热后的温度，℃；

t_0——加热前的温度，℃；

Δt——加热前后的温度差，℃。

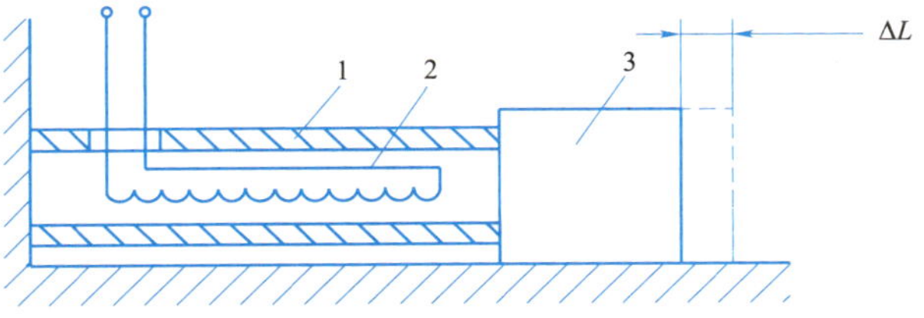

1—传动杆；2—电阻丝；3—运动件

图 2–36　热变形式微动机构原理

当传动杆 1 由于伸长而产生的力大于导轨副中的静摩擦力时，运动件 3 就开始移动。理想情况为运动件的移动量等于传动杆的伸长量；但由于导轨副摩擦力性质、位移速度、运动件质量，以及系统阻尼的影响，实际运动件的移动量与传动件的伸长量有一定差值，称为运动误差ΔS（mm）：

$$\Delta S=\pm\frac{CL}{EA}$$

式中：C——考虑到摩擦阻力、位移速度和阻尼的系数；

E——传动杆材料的弹性模量，Pa；

A——传动杆的截面积，m^2。

所以，位移的相对误差为：

$$\frac{\Delta S}{\Delta L}=\pm\frac{C}{EA\alpha\Delta t} \tag{2-12}$$

为减少微量位移的相对误差，应增加传动杆的弹性模量 E、线膨胀系数 α 和截面积 A，因此作为传动杆的材料，其线性膨胀系数和弹性模量要高。

热变形式微动机构可利用变压器、变阻器等来调节传动杆的加热速度，以实现对位移速度和微进给量的控制。为了使传动杆恢复到原来的位置（或使运动件复位），可利用压缩空气或乳化液流经传动杆的内腔使之冷却。

热变形式微动机构具有高刚度和无间隙的优点，并可通过控制加热电流来得到所需微量位移；但由于热惯性及冷却速度难以精确控制等原因，这种微动系统只适用于行程较短、频率不高的场合。

2）磁致伸缩式

该类机构利用某些材料在磁场作用下具有改变尺寸的磁致伸缩效应，来实现微量位移。其原理如图 2-37 所示。伸缩棒 1 左端固定在机座上，右端与运动件 2 相连；绕在伸缩棒外的磁致线圈通电励磁后，在磁场作用下，伸缩棒 1 产生伸缩变形而使运动件 2 实现微量移动。通过改变线圈的通电电流来改变磁场强度，使伸缩棒 1 产生不同的伸缩变形，从而运动件可得到不同的位移量。在磁场作用下，伸缩棒的变形量ΔL（μm）为：

$$\Delta L=\pm\lambda L$$

式中：λ——材料磁致伸缩系数，μm/m；

L——伸缩棒被磁化部分的长度，m。

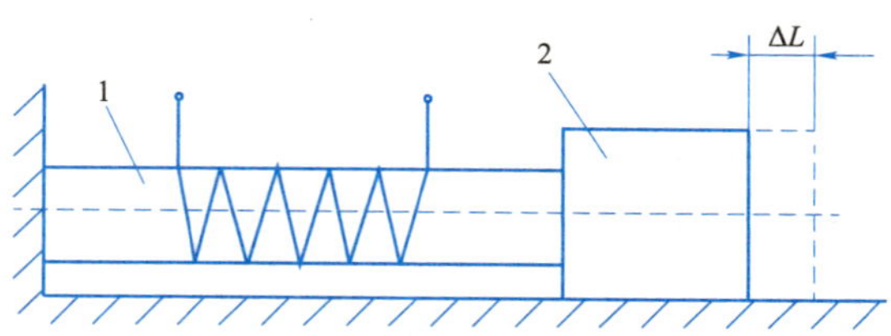

1—伸缩棒；2—运动件

图 2-37　磁致伸缩式原理

当伸缩棒变形时产生的力能克服运动件导轨副的摩擦时，运动件产生位移，其最小位移量ΔL_{min}为：

$$\Delta L_{min}>F_0/K$$

最大位移量ΔL_{max}为：

$$\Delta L_{max}\leqslant\lambda_S L-F_d/K$$

式中：F_0——导轨副的静摩擦力；

F_d——导轨副的动摩擦力；

K——伸缩棒的纵向刚度；

λ_S——磁饱和时伸缩棒的相对磁致伸缩系数。

磁致伸缩式微动机构的特征为重复精度高，无间隙，刚度好，转动惯量小，工作稳定性好，结构简单、紧凑；但由于工程材料的磁致伸缩量有限，该类机构所提供的位移量很小，如 100 mm 长的铁钴矾棒，磁致伸缩只能伸长 7 μm，因而该类机构适用于精确位移调整、切削刀具的磨损补偿及自动调节系统。

思　考　题

1. 机电一体化系统在结构上由哪几个部分组成？
2. 机电一体化系统精密机械的设计要求是什么？
3. 机电一体化系统精密机械的主要设计内容是什么？
4. 机械传动系统的转动惯量大会产生哪些不利的影响？
5. 机械系统的刚度对系统动态特性产生的主要影响表现在哪些方面？
6. 试论述减小传动误差、提高传动精度的措施。
7. 机械传动系统的转动惯量、阻尼、刚度和传动精度等特性参数的计算方法和对机电一体化系统的影响是什么？
8. 滚珠丝杠副的组成及特点是什么？
9. 滚珠丝杠副相对于滑动丝杠副来说有哪些优点？
10. 如何选择滚珠丝杠副？
11. 简要论述导轨的基本要求。
12. 如何确定齿轮传动系统的传动比？
13. 齿轮传动的各级传动比的分配原则是什么？输出轴转角误差最小原则的含义是什么？
14. 谐波齿轮主要由几个部分组成，其传动比如何计算，传动有何特点？
15. 简要概述机械执行机构的基本要求。
16. 齿轮传动齿侧间隙的调整方法有哪些？
17. 机械执行机构的基本要求有哪些？

第 3 章

传感检测技术

学习要点

理解传感器的定义和组成，了解常用传感器的种类，理解传感器的原理与应用，理解传感器的基本特性指标和典型传感检测接口电路，掌握传感检测系统的组成与设计，理解传感器测量的误差以及消除、减小误差的方法。

思政要点

传感检测技术是机电一体化系统的关键技术之一，是一项多学科、知识密集的专用技术。传感检测技术说明了包容与发展的内涵，只有开放胸怀，博采众长，吸取先进理念与方法并应用于实践，才能利于国家建设与个人发展。

引言

传感检测装置是机电一体化系统的感受器，是系统实现自动调节和智能控制的关键环节。随着现代测量与控制，以及自动化与智能化技术的发展，传感器技术的应用也越来越普遍。现代工程要求传感器能够在不同的条件下快速、准确地获取并反映现实环境信息，传感检测技术也在不断地发展和完善。凡是传感器应用的地方，必然需要相应的检测系统，传感器与检测系统可以对各种信息进行测量和计量，从而实现系统的自动控制。尤其是在机电一体化产品中，传感器及其检测系统不仅是一个必不可少的组成部分，而且已成为机电有机结合的一个重要纽带。

3.1 传感检测技术概述

传感检测是以研究系统外部和内部信息提取、转换以及处理的理论和技术为主要内容的一门应用技术学科，覆盖知识面包含了信息获取、信息处理和信息应用三个部分。机电一体化系统中传感检测技术的主要任务在于寻找与检测信息具有对应关系的某种形式的信号，以及明确两者之间的定性、定量关系，并依据系统设计需求，探索最佳的信息获取、变换、处理、传输、存储、显示等方式。其中信息获取是指从诸多被测量（物理量、化学量、生物量等）中提取有用的信息；信息变换主要是将提取的有用信息进行接口方式的统一；信息处理是依据输出环节的需求对统一接口后的信息进行分析，从而得到目标量；信息传输则是在排除干扰的前提下，经济、准确地把信息进行远、近距离传递。完整的传感检测系统主要包括传感器、接口电路、信号调理模块、数据采集器、信息与误差分析处理软件等部分。

图 3-1 所示为传感检测技术在机电一体化系统中的应用，在机电一体化系统中传感器主要用于检测位移、速度、加速度、运动轨迹，以及机器操作和加工过程参数等机械运动参数，监测整个设备的工作过程。传感器还用作控制环节的检测反馈元件，其性能好坏直接影响工作机械的运动性能、控制精度和智能水平。因而要求所选择的传感器灵敏度高、动态特性好，特别要求其稳定、可靠、抗干扰性强且能适应不同环境的要求。

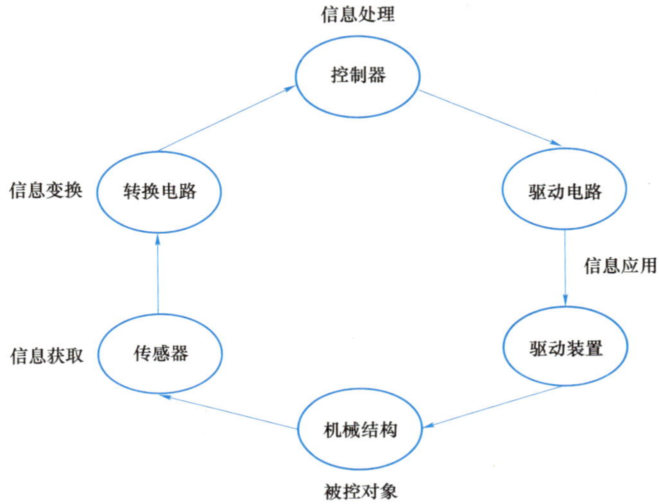

图 3-1　传感检测技术在机电一体化系统中的应用

1. 传感器的组成原理

传感器是人体五官——耳、眼、鼻、舌、皮肤的工程模拟物，其广义概念是一种以一定的精确度将被测量转换为与之有确定对应关系的、易于精确处理和测量的某种物理量的测量部件或装置；而其狭义概念是能把外界非电信号转换为电信号输出的器件或装置。在机电一体化系统中，传感器是指能感受被测量并按照一定的规律转换成可用输出信号的器件或装置，通常由敏感元件和转换元件组成。目前，由于电子技术的进步，使电量具有便于传输、转换、处理、显示等特点，因此普通传感器就是将非电量转换成电量输出的装置。

传感器一般由敏感元件、转换元件和基本转换电路三部分组成，如图 3-2 所示。

（1）敏感元件。直接感受被测量，并以确定关系输出某一物理量。如弹性敏感元件将力转换为位移或应变输出。

（2）转换元件。将敏感元件输出的非电物理量（如位移、应变、光强等）转换成电路参数（如电阻、电感、电容等）量。

（3）基本转换电路。将电路参数量转换成便于测量的电量，如电压、电流、频率等。

图 3-2　传感器的基本组成

实际运用的传感器，有的很简单，有的则较复杂。有些传感器（如热电偶）只有敏感元件，感受被测量并直接输出电势；有些传感器由敏感元件和转换元件组成，无需基本转换电路，如压电式加速度传感器；还有些传感器由敏感元件和基本转换电路组成，如电容式位移传感器；有些传感器，转换元件不止一个，要经过若干次转换才能输出电量；大多数传感器是开环系统，但也有个别的是带反馈的闭环系统。

2. 传感器的种类

传感器的种类各种各样，与许多学科相关，种类繁多，目前广泛采用的分类有以下几种。

（1）按照工作机理，传感器可分为物理型传感器和化学型传感器等，随着生物信息技术的发展，当前还出现了生物型传感器。大多数传感器都是基于物理原理的，包括电参量式传感器（包括电阻式、电感式、电容式等基本形式）、磁电式传感器（包括磁电感应式、霍尔式、磁栅式等）、压电式传感器、光电式传感器、气电式传感器、波式传感器（包括超声波式、微波式等）、射线式传感器、半导体式传感器等，有些传感器的工作原理具有两种以上的复合形式，如一些半导体式传感器。

（2）按照构成原理，传感器可分为结构型传感器和物性型传感器两大类型。

① 结构型传感器是基于某种结构变换的传感器，其利用物理学中场的定律构成，包括动力场的运动定律，电磁场的电磁定律等。结构型传感器以传感器中元件相对位置（结构）变化引起场的变化为基础，而不是以材料特性变化为基础。例如电容式压力传感器，当被测压力作用在电容式敏感元件的动极板上时，引起电容间隙的变化导致电容值的变化，从而实现对压力的测量。

② 物性型传感器是利用物质定律构成的传感器，如胡克定律、欧姆定律等。物性型传感器基于转换元件的物理特性发生变化而实现信号转换，比如：压阻式传感器（压阻效应，压阻系数改变）、光电式传感器（光电效应）、压电式传感器（压电效应）、热电式传感器（热电效应）等。

（3）按能量转换情况，传感器可分为能量控制型传感器和能量转换型传感器。

① 能量控制型传感器在信息变换过程中，其能量靠外电源供给，如电阻、电感、电容等传感器都属于这一类传感器。

② 能量转换型传感器主要是由能量变换元件构成，它不需要外电源，如基于压电效应、热电效应、光电效应、霍尔效应等原理构成的传感器属于此类传感器。

（4）按应用，传感器可分为位移传感器、压力传感器、振动传感器、温度传感器等。

（5）按输出信号的性质，传感器可分为开关型传感器、模拟型传感器和数字型传感器，如图 3-3 所示。

- 传感器
  - 开关型传感器
    - 接触型传感器（如微动开关、行程开关、接触开关）
    - 非接触型传感器（如光电开关、接近开关）
  - 模拟型传感器
    - 电阻型传感器（如电位器、电阻应变片等）
    - 电压、电流型传感器（如热电偶、光电池等）
    - 电感、电容型传感器（如电感、电容式位移传感器）
  - 数字型传感器
    - 计数型传感器（光栅检测器和增量式光电编码器）
    - 代码型传感器（绝对值型光电编码器等）

图 3-3 传感器按输出信号性质分类

① 开关型传感器只输出“1”和“0”或开（ON）和关（OFF）两个值。如果传感器的

输入物理量达到某个值以上时，其输出为“1”（ON 状态），在该值以下时输出为“0”（OFF 状态），其临界值就是开、关的设定值。这种“1”和“0”的数字信号可直接送入微型计算机进行处理。

② 模拟型传感器的输出是与输入物理量变化相对应的连续变化的电量。传感器的输入/输出关系可能是线性的，也可能是非线性的。线性输出信号可直接采用，而非线性输出信号则需进行线性化处理。这些信号一般需进行模拟/数字转换（A/D），将其转换成数字信号后再送给计算机处理。

③ 数字型传感器有计数型和代码型两大类。计数型又称脉冲计数型，它可以是任何一种脉冲发生器，所发出的脉冲数与输入量成正比。计数型传感器可用来检测通过输送带上的产品个数，也可用来检测执行机构的位移量，执行机构每移动一定距离或转动一定角度就会发出一个脉冲信号，例如光栅检测器和增量式光电编码器。代码型传感器输出的信号是二进制数字代码，每个代码相当于一个特定的输入量值，通常被用来检测执行元件的位置或速度，例如绝对值型光电编码器、接触型编码器等。

在工程运用中，习惯上常把工作原理和用途结合起来命名传感器。如电感式位移传感器、压电式加速度传感器等。

3.2　机电一体化系统中的典型传感器

机电一体化系统中常用的传感器根据被测物理量的不同，主要包括：位移传感器，速度传感器，加速度传感器，力、力矩传感器，以及温度、湿度，等等。

3.2.1　温度检测传感器

能够用于测量温度的传感器的种类与方式有很多，其中，热电偶与热电阻是机电装备中常用的典型温度传感器。

1）热电偶传感器

热电偶是工程上应用最广泛的温度传感器，它构造简单，使用方便，具有较高的准确度、稳定性及复现性，温度测量范围宽，在温度测量中占有重要的地位。图 3-4 中所示两种导体组成的回路称为“热电偶”，这两种导体称为“热电极”，产生的电势则称为“热电势”。热电偶的两个结点，一个称为测量端 T（工作端或热端），另一个称为参考端 T_0（自由端或冷端）。一部分是两种导体的接触电势，另一部分是单一导体的温差电势 $T-T_0$。

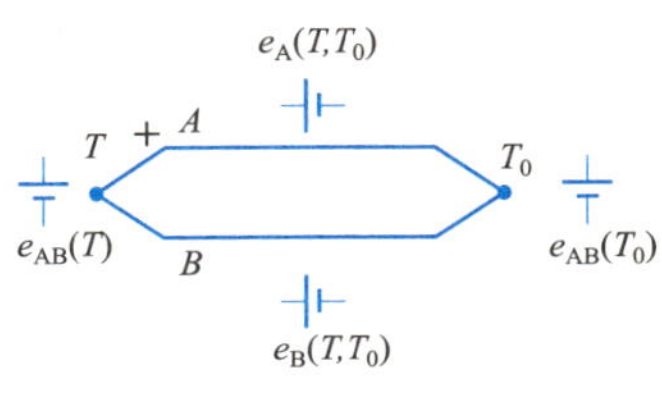

图 3-4　热电偶原理

热电偶的结构形式有普通型热电偶、铠装型热电偶和薄膜热电偶等。热电偶的种类虽然很多，但通常由金属热电极、绝缘子、保护套管及接线装置等部分组成，如图 3-5 所示。

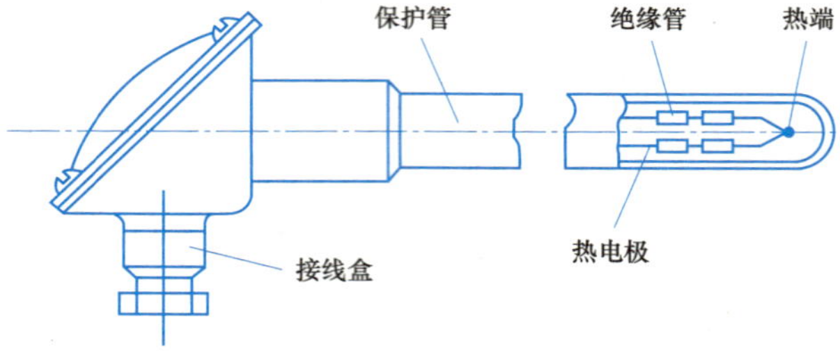

图 3-5　热电偶结构

（1）工作原理。电偶的工作原理是热电效应，即将两种不同成分的导体组成一个闭合回路，当闭合回路的两个结点分别置于不同的温度场中时，回路中将产生一个电势。这种现象是 1821 年由塞贝克（Seebeck）发现的，故又称为塞贝克效应。

将某一导体两端分别置于不同的温度场 T、T_0 中，在导体内部，热端自由电子具有较大的动能，向冷端移动，从而使热端失去电子带正电荷，冷端得到电子带负电荷。导体两端便产生了一个由热端指向冷端的静电场，该静电场阻止电子从热端向冷端移动，最后达到动态平衡。这样，导体两端便产生了电势，我们称为温差电动势。

$$e_A(T,\ T_0)=\int_{T_0}^{T}\sigma_A\mathrm{d}T \tag{3-1}$$

设导体 A、B 组成热电偶的两结点温度分别为 T 和 T_0，热电偶回路所产生的总电动势为：

$$E_{AB}(T,T_0)=e_{AB}(T)-e_{AB}(T_0)-e_A(T,T_0)+e_B(T,T_0) \tag{3-2}$$

热电偶回路中接触电动势远大于温差电动势，所以温差电动势可以忽略不计。

$$E_{AB}(T,T_0)=e_{AB}(T)-e_{AB}(T_0)=\frac{kT}{e}\ln\frac{n_A}{n_B}-\frac{kT_0}{e}\ln\frac{n_A}{n_B}=\frac{k}{e}(T,T_0)\ln\frac{n_A}{n_B} \tag{3-3}$$

若温差电动势可以忽略不计，则

$$\begin{aligned}E_{AB}(T,T_0)&=e_{AB}(T)-e_{AB}(T_0)\\&=\frac{kT}{e}\ln\frac{n_A(T)}{n_B(T)}-\frac{kT_0}{e}\ln\frac{N_A(T_0)}{N_B(T_0)}\end{aligned} \tag{3-4}$$

式中：k——玻尔兹曼常量，$k=1.38\times10^{-23}$ J/K；

e——单个电子的电荷量，$e=1.6\times10^{-19}$ C；

$n_A(T)$，$n_B(T)$，$n_A(T_0)$，$n_B(T_0)$——材料 A、B 分别在温度 T、T_0 下的自由电子密度。

当温度对材料自由电子密度影响忽略不计时：

$$E_{AB}(T,T_0)=\frac{k}{e}\ln\frac{n_A}{n_B}(T-T_0)$$

热电偶、热电势的大小，只与组成热电偶的材料和两结点的温度有关，而与热电偶的形状尺寸无关，当热电偶两电极材料固定后，热电势便是两结点电势差。如果使冷端温度 T_0 保持不变，则热电动势便成为热端温度 T 的单一函数。

（2）工业标准。根据热电偶的工作原理，对热电极材料有如下要求。

① 配对的热电偶应有较大的热电势，并且热电势对温度尽可能有良好的线性关系。

② 能在较宽的温度范围内应用，并且在长时间工作后，不会发生明显的化学及物理性能

的变化。

③ 电阻温度系数小，电导率高。

④ 易于复制，工艺性与互换性好，便于制定统一的分度表，材料要有一定的韧性，焊接性能好，以利于制作。

热电偶可分为标准化热电偶和非标准化热电偶两种类型。标准化热电偶是指国家已经定型批量生产的热电偶；非标准化热电偶是指特殊用途试生产的热电偶，非标准型热电偶包括铂铑系、铱铑系及钨铼系热电偶等。目前工业上常用的有 4 种标准化热电偶，即铂铑 30–铂铑 6，铂铑 10–铂，镍铬–镍硅和镍铬–铜镍（我国通常称为镍铬–康铜）热电偶。从 1988 年 1 月 1 日起，我国热电偶和热电阻的生产全部按国际电工委员会（IEC）的标准，并指定 S、B、E、K、R、J、T 等 7 种标准化热电偶为我国统一设计型热电偶。

2）热电阻传感器

热电阻（thermal resistor）是中低温检测最常用的一种温度传感器。热电阻测温是基于金属导体的电阻值随温度的增加而增加这一特性来进行温度测量的。它的主要特点是测量精度高，性能稳定。其中铂热电阻的测量精确度是最高的，它不仅广泛应用于工业测温，而且被制成标准的基准仪。热电阻大都由纯金属材料制成，目前应用最多的是铂和铜，此外，现在已开始采用镍、锰和铑等材料制造热电阻。金属热电阻常用的感温材料种类较多，最常用的是铂丝。工业测量用金属热电阻材料除铂丝外，还有铜、镍、铁、铁–镍等。

热电阻的测温原理与热电偶的测温原理不同的是：热电阻是基于电阻的热效应进行温度测量的，即基于电阻体的阻值随温度的变化而变化的特性。因此，只要测量出感温热电阻的阻值变化，就可以测量出温度。目前国际上最常见的热电阻有铂、铜及半导体热敏电阻等。考虑灵敏度高、重复性好、稳定性好等特点，制成热电阻应用最多的是铜（Cu）、铂（Pt）。

（1）铜电阻。铜电阻的特点是电阻值与温度关系几乎线性，电阻温度系数较大，材料易提纯，价格较便宜。铜电阻的测温范围一般在−50～150℃，经常被应用在测量准确度要求不是很高，温度较低的场合。由于 250℃以上容易氧化，故只能在低温及没有腐蚀的介质中应用，并且铜的电阻率较小，ρ=0.017 2 Ω • m，铜的热电阻体积较大。

（2）铂电阻。铂电阻的特点是稳定性好、准确度高、性能可靠。这是因为铂在氧化气体，甚至高温下物理、化学性质非常稳定，铂电阻的输出/输入特性接近线性，且测量精度高，所以它能用作工业测温元件和作为温度标准。按国际实用温标 IPTS–68 规定，在−259.34～630.73℃温域内，以铂电阻温度计作基准器。通常来说，铂电阻的测温范围为 −200～850℃，广泛应用于工业和实验室中。需要注意的是铂在还原性气体尤其在高温还原性气体中，容易被污染，导致铂丝变脆，并改变电阻与温度间的关系。因此必须用保护套管把电阻体与有害气体隔离。

3.2.2　位移检测传感器

位移测量传感器分为线性位移传感器和角位移传感器，位移测量在机电一体化领域中应用十分广泛。

1. 直线位移传感器

机电一体化系统中常用的直线位移传感器有光栅、感应同步器、磁栅、电感传感器和电容传感器等，以下重点介绍光栅位移传感器。

光栅是一种新型的位移检测元件，是一种将机械位移或模拟量转变为数字脉冲的测量装置。它的特点是测量精确度高（可达±1 μm）、响应速度快、量程范围大并可进行非接触测量等。其易于实现数字化测量和自动化控制，广泛用于数控机床和精密测量设备中。

1）光栅的结构

所谓光栅就是在透明的玻璃板上，均匀地刻出许多明暗相间的条纹，或在金属镜面上均匀地划出许多间隔相等的条纹，通常线条的间隙和宽度是相等的。以透光的玻璃为载体的称为透射光栅，不透光的金属为载体的称为反射光栅；根据光栅的外形可分为直线光栅和圆光栅。直线光栅位移传感器的结构如图 3-6 所示。它主要由标尺光栅、指示光栅、光电器件和光源等组成。通常，标尺光栅和被测物体相连，随被测物体的直线位移而产生位移。一般标尺光栅和指示光栅的刻线密度是相同的，而刻线之间的距离 W 称为栅距。光栅条纹密度一般为 25，50，100，250 条/mm 等。

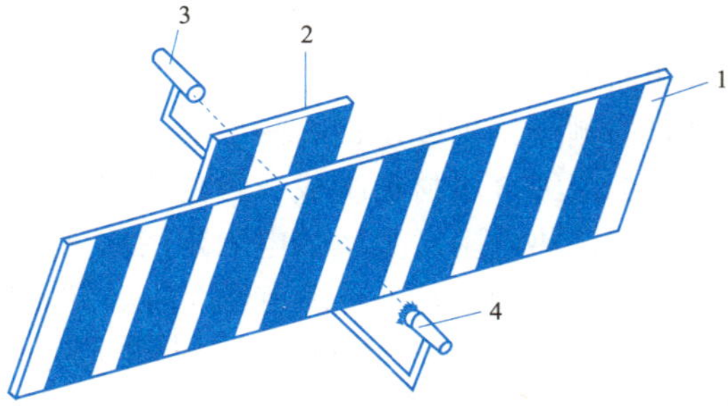

1—标尺光栅；2—指示光栅；3—光电器件；4—光源。

图 3-6　直线光栅位移传感器的结构

2）工作原理

如果把两块栅距 W 相等的光栅平行安装，且让它们的刻痕之间有较小的夹角 θ，这时光栅上会出现若干条明暗相间的条纹，这种条纹称莫尔条纹，它们沿着与光栅条纹几乎垂直的方向排列，如图 3-7 所示。莫尔条纹是光栅非重合部分光线透过而形成的亮带，它由一系列四菱形图案组成，由 d—d 线区所示。f—f 线区则是由于光栅的遮光效应形成的。

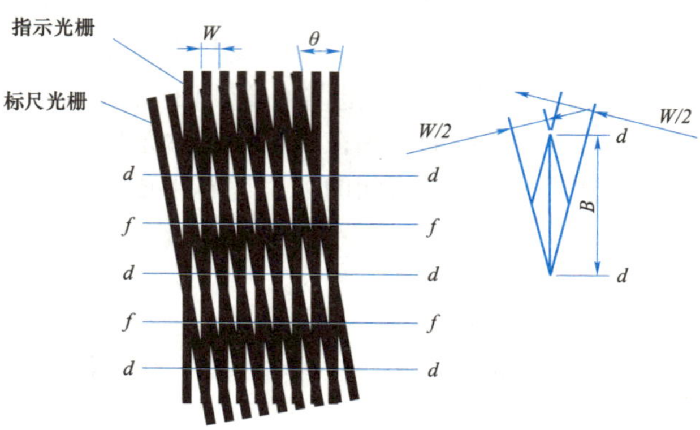

图 3-7　莫尔条纹

莫尔条纹具有以下特点。

（1）莫尔条纹的位移与光栅的移动成比例。当指示光栅不动，标尺光栅向左右移动时，莫尔条纹将沿着近于栅线的方向上下移动；光栅每移动过一个栅距 W，莫尔条纹就移动过一个条纹间距 B，查看莫尔条纹的移动方向，即可确定主光栅的移动方向。

（2）莫尔条纹具有位移放大作用。莫尔条纹的间距 B 与两光栅条纹夹角 θ 之间的关系为：

$$B=\frac{W}{2\sin\frac{\theta}{2}}\approx\frac{W}{\theta} \tag{3-5}$$

式中夹角 θ 的单位为 rad，B、W 的单位为 mm。所以莫尔条纹的放大倍数为：

$$K=\frac{B}{W}\approx\frac{1}{\theta} \tag{3-6}$$

可见夹角 θ 越小，放大倍数越大。在实际应用中，夹角 θ 的取值范围都很小。例如当夹角 $\theta=10'$ 时，$K=1/\theta=1/0.029\ \text{rad}\approx345$。也就是说指示光栅与标尺光栅相对移动一个很小的 W 距离时，可以得到一个很大的莫尔条纹移动量 B，可以用测量条纹的移动来检测光栅微小的位移，从而实现高灵敏度的位移测量。

（3）莫尔条纹具有平均光栅误差的作用。莫尔条纹是由一系列刻线的交点组成的，它反映了形成条纹的光栅刻线的平均位置，对各栅距误差起了平均作用，减弱了光栅制造中的局部误差和短周期误差对检测精度的影响。

通过光电元件，可将莫尔条纹移动时光强的变化转换为近似正弦变化的电信号，如图 3-8 所示。其电压为：

$$U=U_0+U_m\sin\frac{2\pi x}{W} \tag{3-7}$$

式中：U_0——输出信号的直流分量；

U_m——输出信号的幅值；

x——两光栅的相对位移。

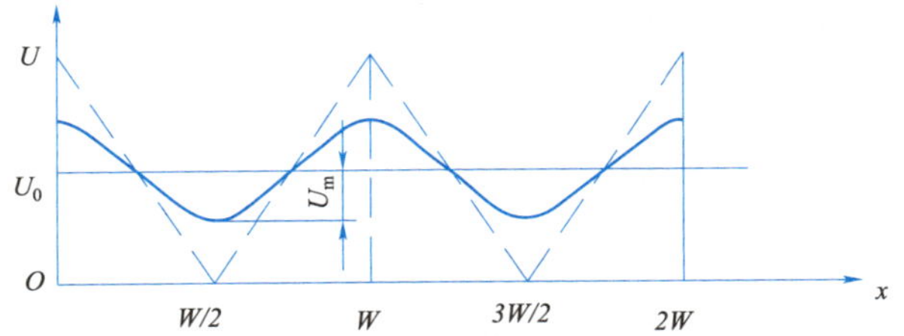

图 3-8 光栅输出波形

将此电压信号放大、整形变换为方波，经微分转换为脉冲信号，再经辨向电路和可逆计数器计数，则可用数字形式显示出位移量，位移量等于脉冲与栅距乘积。测量分辨率等于栅距。

提高测量分辨率的常用方法是细分，且电子细分应用较广。这样可在光栅相对移动一个栅距的位移（即电压波形在一个周期内）时，得到 4 个计数脉冲，将分辨率提高 4 倍，这就是通常说的电子 4 倍频细分。

2. 角位移检测传感器

机电一体化系统中常用的角位移检测传感器有旋转变压器、光电编码器和电容传感器等。

1）旋转变压器

旋转变压器是一种利用电磁感应原理将转角变换为电压信号的传感器。由于它结构简单，动作灵敏，对环境无特殊要求，输出信号大，抗干扰好，因此被广泛应用于机电一体化产品中。

（1）旋转变压器的构造和工作原理。旋转变压器在结构上与两相绕组式异步电动机相似，由定子和转子组成。当一定频率（频率通常为 400 Hz、500 Hz、1 000 Hz 或 5 000 Hz 等）的激磁电压加于定子绕组时，转子绕组的电压幅值与转子转角成正弦、余弦函数关系，或在一定转角范围内与转角成正比关系。前一种旋转变压器称为正余弦旋转变压器，适用于大角位移的绝对测量；后一种称为线性旋转变压器，适用于小角位移的相对测量。

如图 3–9 所示，旋转变压器一般做成两极发电机的形式。在定子上有激磁绕组和辅助绕组，它们的轴线相互成 90°。在转子上有两个输出绕组——正弦输出绕组和余弦输出绕组，这两个绕组的轴线也互成 90°，一般将其中一个绕组（如 Z_1、Z_2）短接。

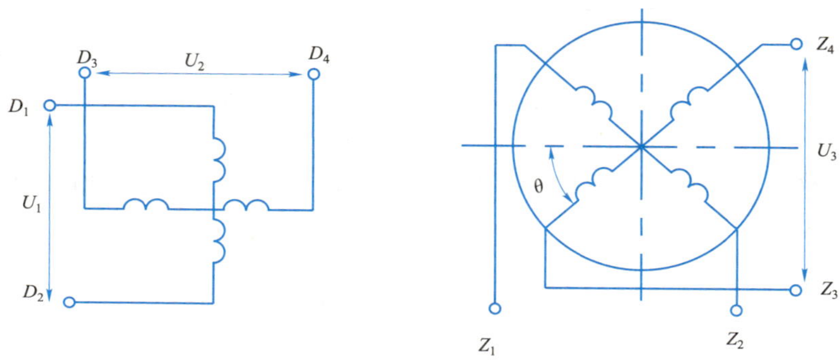

D_1D_2—激磁绕组；D_3D_4—辅助绕组；Z_1Z_2—余弦输出绕组；Z_3Z_4—正弦输出绕组

图 3–9　正余弦变压器原理图

（2）旋转变压器的测量方式。当定子绕组中分别通以幅值和频率相同、相位相差为 90° 的交变激磁电压时，便可在转子绕组中得到感应电势 U_3，根据线性叠加原理，U_3 值为激磁电压 U_1 和 U_2 的感应电势之和，即：

$$U_1 = U_m \sin \omega t \tag{3-8}$$

$$U_2 = U_m \cos \omega t \tag{3-9}$$

$$U_3 = kU_1 \sin\theta + kU_2 \sin(90° + \theta) = kU_m \cos(\omega t - \theta) \tag{3-10}$$

式中：U_m——激磁电压幅值；

ω——激磁电压角频率；

k——旋转变压器的变压比。

可见，测得转子绕组感应电压的幅值和相位，可间接测得转子转角θ的变化。

线性旋转变压器实际上也是正余弦旋转变压器，不同的是线性旋转变压器采用了特定的变压比 k 和接线方式，如图 3–10 所示。这样使得在一定转角范围内（一般为±60°），其输出电压和转子转角θ成线性关系，即：

$$U_3 = kU_1 \frac{\sin\theta}{1+k\cos\theta} \tag{3-11}$$

根据此式，选定变压比 k 及允许的非线性度，则可推算出满足线性关系的转角范围（转

子转角 θ 与输出电压 U_3 的关系曲线见图 3-11）。如取 k=0.54，非线性度不超过±0.1%，则转子转角范围可以达到±60°。

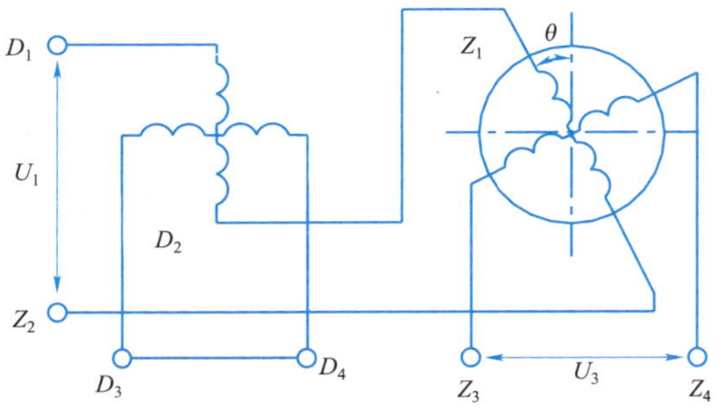

图 3-10　线性旋转变压器原理图

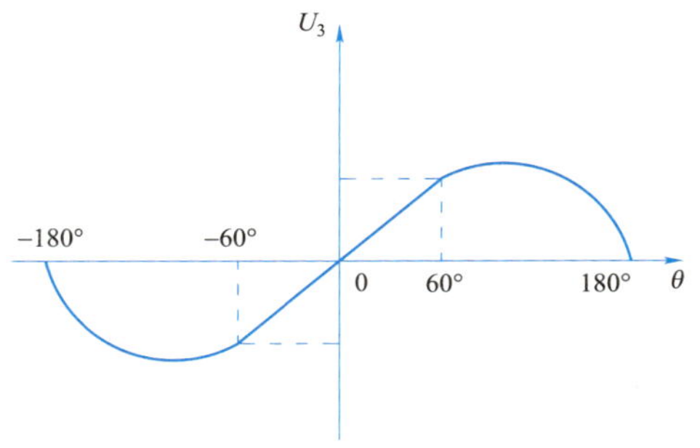

图 3-11　转子转角 θ 与输出电压 U_3 的关系曲线

2）光电编码器

光电编码器是一种码盘式角度—数字检测元件。它有两种基本类型：一种是增量式编码器，一种是绝对式编码器。增量式编码器具有结构简单、价格低、精度易于保证等优点，目前应用最多；绝对式编码器能直接给出对应于每个转角的数字信息，便于计算机处理，但当进给数大于一转时，须作特别处理，可用减速齿轮将两个以上的编码器连接起来，组成多级检测装置，使其结构复杂、成本高。

（1）增量式编码器。增量式编码器是指随转轴旋转的码盘给出一系列脉冲，然后根据旋转方向用计数器对这些脉冲进行加减计数，以此来表示转过的角位移量。增量式编码器的工作原理如图 3-12 所示。

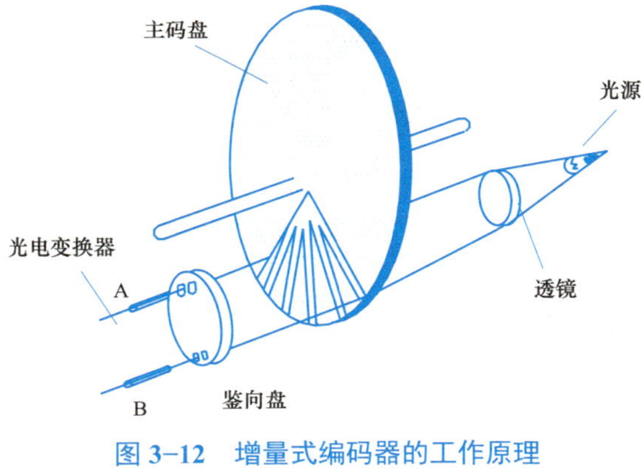

图 3-12　增量式编码器的工作原理

增量式编码器由主码盘、鉴向盘、光学系统和光电变换器组成。在主码盘周边刻有节距相等的辐射状窄缝，形成均匀分布的透明区和不透明区。鉴向盘与主码盘平行，并刻有两组透明检测窄缝，它们彼此错开 1/4 节距，以使 A、B 两个光电变换器的输出信号在相位上相差 90°。工作时，鉴向盘静止不动，主码盘与转轴一起转动，光源发出的光投射到主码盘与鉴向盘上。当主码盘上的不透明区正好与鉴向盘上的透明窄缝对齐时，光线被全部遮住，光电变换器输出电压为最小；当主码盘上的透明区正好与鉴向盘上的透明窄缝对齐时，光线全部通过，光电变换器输出电压为最大。主码盘每转过一个刻线，光电变换器将输出一个近似的正弦波电压，且光电变换器 A、B 的输出电压相位差为 90°，经逻辑电路处理就可以测出被测轴的相对转角和转动方向。通过测量增量式编码器输出脉冲的频率或周期的方式，还可以检测轴的转速。

（2）绝对式编码器。绝对式编码器是把被测转角通过读取码盘上的图案信息直接转换成相应代码的检测元件。编码盘有光电式、接触式和电磁式三种。

光电式码盘是目前应用较多的一种，它是在透明材料的圆盘上精确地印制二进制编码。图 3-13 所示为四位二进制的码盘，码盘上各圈圆环分别代表一位二进制的数字码道，在同一个码道上印制黑白等间隔图案，形成一套编码。黑色不透光区和白色透光区分别代表二进制的“0”和“1”。在一个四位光电码盘上，有四圈数字码道，每一个码道表示二进制的一位，里侧是高位，外侧是低位，在 360° 范围内可编码数为 2^4=16 个。

绝对式编码器码盘的一侧放置光源，另一边放置光电接收装置，每个码道都对应有一个光电元件及放大、整形电路。码盘转到不同位置，光电元件接收不同的光信号，并转换成相应的电信号，经放大整形后，成为相应数码电信号。但由于制造和安装精度的影响，当码盘回转在两码段交替过程中，会产生读数误差。例如，当码盘顺时针方向旋转，由位置“0111”变为“1000”时，这四位数要同时都变化，可能会将数码误读成 16 种代码中的任意一种，产生无法估计的很大的数值误差，这种误差称非单值性误差。为了消除非单值性误差，可采用循环码盘和带判位光电装置的二进制循环码盘来实现。

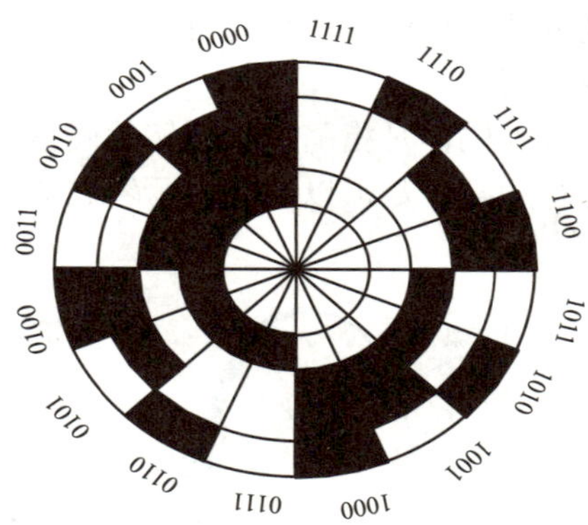

图 3-13　四位二进制的码盘

3.2.3　速度、加速度检测传感器

1. 速度检测传感器

1）直流测速发电机

直流测速发电机是一种测速元件，实际上它就是一台微型的直流发电机。根据定子磁极激磁方式的不同，直流测速发电机可分为电磁式和永磁式两种。如以电枢的结构不同来分，有无槽电枢、有槽电枢、空心杯电枢和圆盘电枢等。测速发电机的结构不同，但原理基本相同。图 3-14 所示为永磁式测速发电机原理电路图。恒定磁通由定子产生，当转子在磁场中旋转时，电枢绕组中即产生交变的电势，经换向器和电刷转换成与转速成正比的直流电势。

直流测速发电机的输出特性曲线如图 3-15 所示。从图中可以看出，当负载电阻 $R_L \to \infty$ 时，其输出电压 V_0 与转速 n 成正比。随着负载电阻 R_L 变小，其输出电压下降，而且输出电压与转速之间并不能严格保持线性关系。由此可见，对于要求精度比较高的直流测速发电机，除采取其他措施外，负载电阻 R_L 应尽量大。

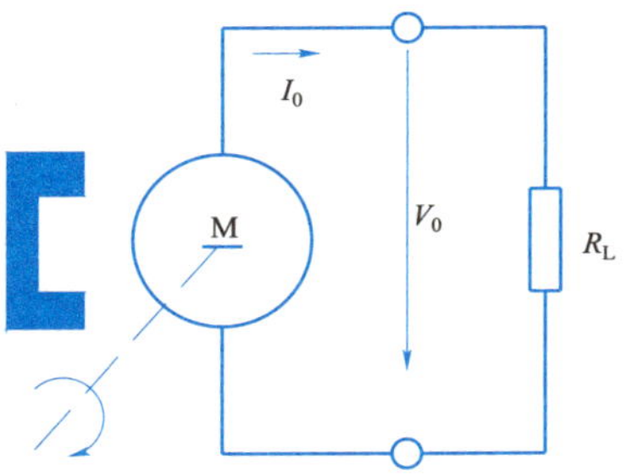

图 3-14　永磁式测速发电机原理电路图

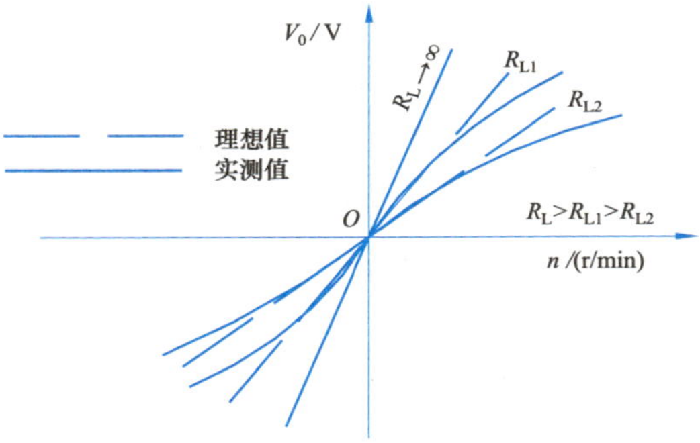

图 3-15　直流测速发电机的输出特性曲线

直流测速发电机的特点是输出特性曲线斜率大、线性好，但由于有电刷和换向器、其构造和维护比较复杂，摩擦转矩较大。

直流测速发电机在机电一体化控制系统中应用时，为了提高检测灵敏度，应尽量把它直接连接到电动机轴上。

2）光电式速度传感器

光电脉冲测速原理如图 3-16 所示。物体以速度 V 经过光电池的遮挡板时，光电池输出阶跃电压信号，经微分电路形成两个脉冲输出，测出两脉冲之间的时间间隔 Δt，则可测得速度为：

$$V = \Delta x / \Delta t \tag{3-12}$$

式中：Δx——光电池挡板上两孔间距。

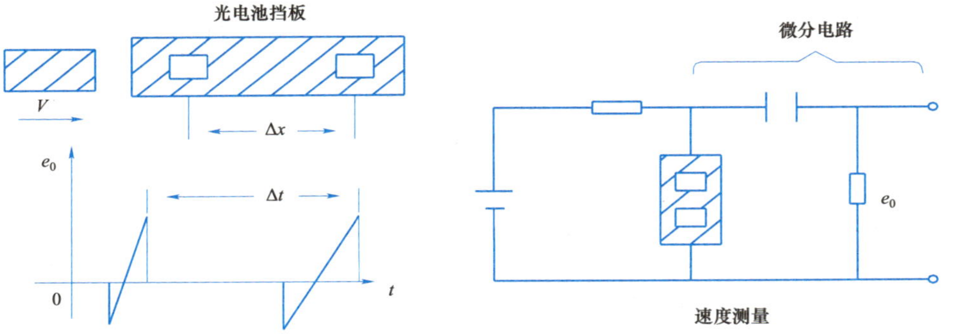

图 3-16　光电脉冲测速原理

光电式转速传感器为增量式编码器，主码盘每转一周，光电器件输出与主码盘缝隙数相等的电脉冲，根据测量时间 t 内的脉冲数 N，则可测得转速为：

$$n = \frac{60N}{Zt} \tag{3-13}$$

式中：Z——圆盘上的缝隙数；

n——转速，r/min；

t——测量时间，s。

3）差动变压器式速度传感器

差动变压器式速度传感器除了可测量位移外，还可测量速度。差动变压器式速度传感器工作原理如图 3-17 所示。差动变压器式速度传感器的原边线圈同时供以直流和交流电流，即：

$$i(t)=I_0+I_m\sin\omega t \tag{3-14}$$

式中：I_0——直流电流，A；

I_m——交流电流的最大值，A；

ω——交流电流的角频率，rad/s。

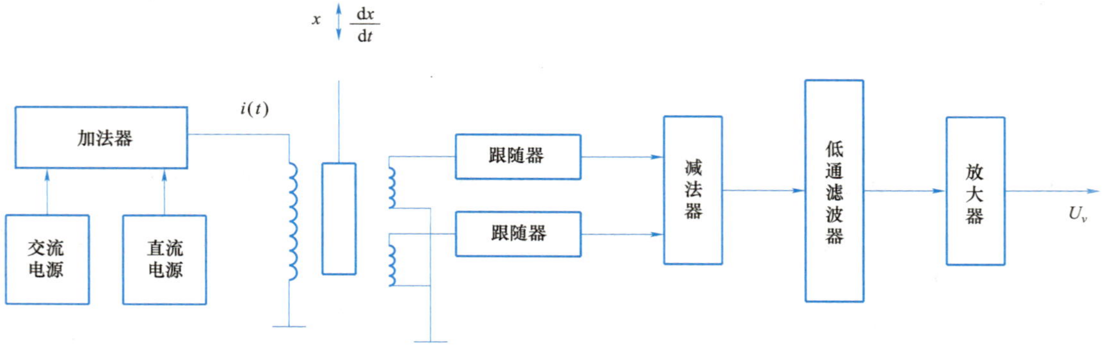

图 3-17　差动变压器式速度传感器工作原理

当差动变压器以被测速度 V=dx/dt 移动时，在其副边两个线圈中产生感应电势，将它们的差值通过低通滤波器滤除励磁高频角频率后，则可得到与速度 v（m/s）相对应的电压输出，即：

$$U_v=2kI_0v \tag{3-15}$$

式中：k——磁芯单位位移互感系数的增量，H/m。

2. 加速度检测传感器

检测加速度的传感器有多种形式，它们的工作原理大多是利用物体因受加速度所产生的惯性力而造成的各种物理效应，并将加速度进一步转化成电量，来间接度量被测加速度。最常用的有应变片式、压电式和电容式加速度传感器等。

电阻应变式加速度传感器的结构原理如图 3-18 所示，它由重块、悬臂梁、应变片和阻尼液体等构成，壳体内灌满的黏性液体作为阻尼之用，可以使系统的固有频率很低。当有加速度时，重块受力，悬臂梁弯曲，根据梁上固定的应变片的变形量测出力的大小，在已知质量的情况下即可计算出被测加速度。

压电加速度传感器结构原理如图 3-19 所示。使用时，传感器固定在被测物体上，并随物体的振动，惯性质量块产生惯性力，使压电元件产生变形。压电元件产生的变形和由此产生的电荷与加速度成正比。压电加速度传感器可以做得很小，重量很轻，对被测机构的影响小。压电加速度传感器的频率范围广、动态范围宽、灵敏度高且应用较为广泛。

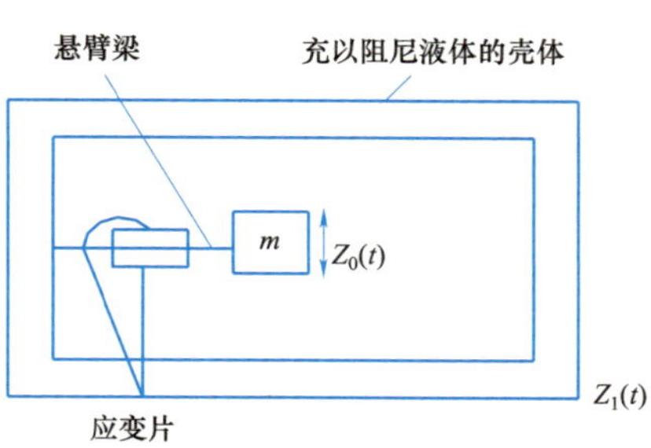

图 3-18　电阻应变式加速度传感器的结构原理

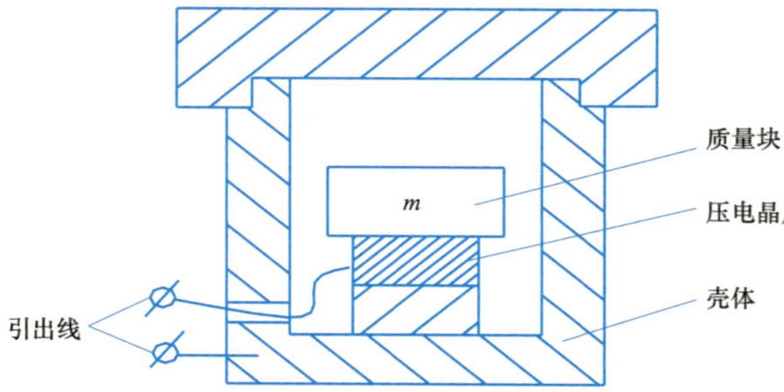

图 3-19　压电加速度传感器结构原理

3.2.4　力、力矩检测传感器

在机电一体化系统中，力、压力和扭矩也是很常用的机械参量。近年来，各种高精度力、压力和扭矩传感器不断出现，凭借惯性小、响应快等优点得到了广泛的应用。按其工作原理可分为弹性式、电阻应变式、电感式、电容式、压电式和磁电式等，而电阻应变式传感器应用较为广泛。电阻应变式测力传感器基于电阻应变效应原理，粘贴有应变片的弹性元件受力作用时产生变形，应变片将弹性元件的应变转换为电阻值的变化，经过转换电路输出电压或电流信号。

1）测力传感器

测力传感器按其量程大小和测量精度不同而有很多规格，它们的主要差别是弹性元件的结构形式不同，以及应变片在弹性元件上粘贴的位置不同。通常测力传感器的弹性元件有柱式、梁式等。

（1）柱式弹性元件。柱式弹性元件有圆柱形、圆筒形等几种，如图 3–20 所示。这种弹性元件结构简单、承载能力大，主要用于中等载荷和大载荷（可达数兆牛）的拉（压）力传感器。其受力后，产生应变：

$$\varepsilon = \frac{P}{AE} \tag{3-16}$$

用电阻应变仪测出的指示应变为：

$$\varepsilon_i = 2(1+\mu)\varepsilon \tag{3-17}$$

式中：P——作用力；

A——弹性体的横截面积；

E——弹性材料的弹性模量；

μ——弹性材料的泊松比。

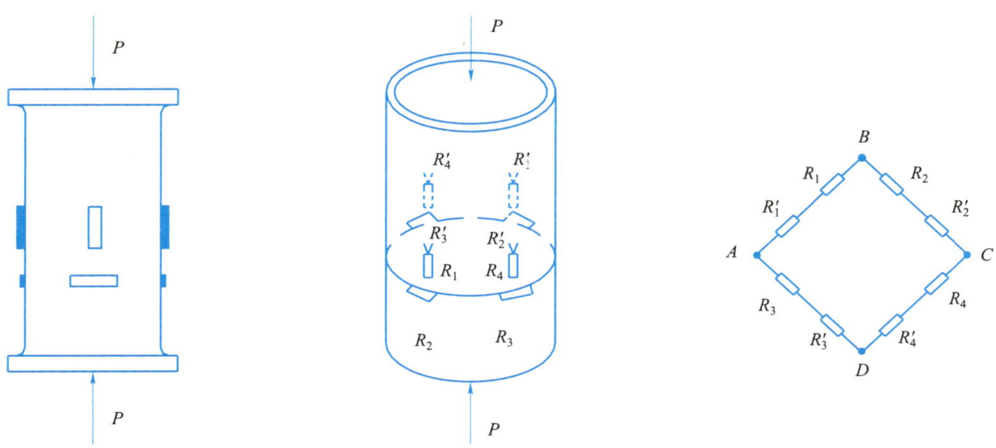

图 3–20　柱式弹性元件及其电桥

（2）悬臂梁式弹性元件。如图 3–21 所示，悬臂梁式弹性元件的特点是结构简单、加工方便、应变片粘贴容易且灵敏度较高。其主要用于小载荷、高精度的拉、压力传感器中，可测量 0.01 N 到几千牛的拉、压力。在同一截面正反两面粘贴应变片，并应贴在该截面中性轴的对称表面上。若梁的自由端有一被测力 P，则应变与 P 的关系为：

$$\varepsilon = \frac{6Pl}{bh^2E} \tag{3-18}$$

指示应变与表面弯曲应变之间的关系为：

$$\varepsilon_i = 4\varepsilon$$

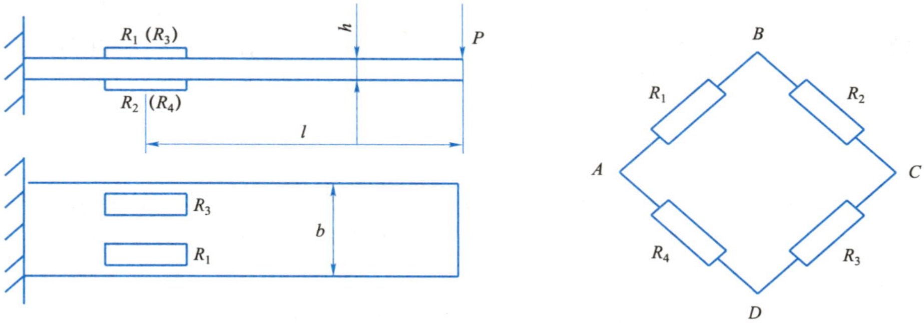

图 3-21　悬臂梁式弹性元件及其电桥

2）压力传感器

电阻应变压力传感器主要用于测量流体压力，有时也用于测量土壤压力。同样，按传感器所用弹性元件的不同有膜式、筒式压力传感器等。

（1）膜式压力传感器。膜式压力传感器的弹性元件为四周固定的等截面圆形薄板，又称平膜板或膜片，其中一表面承受被测的分布压力，另一侧面粘有应变片或专用的箔式应变花，并组成电桥，如图 3-22 所示。膜片在被测压力 p 作用下发生弹性变形，应变片在任意半径 r 的径向应变 ε_r 和切向应变 ε_t 分别为：

$$\varepsilon_r = \frac{3p}{8h^2E}(1-\mu^2)(r_0^2 - 3r^2) \tag{3-19}$$

$$\varepsilon_t = \frac{3p}{8h^2E}(1-\mu^2)(r_0^2 - r^2) \tag{3-20}$$

式中：p——被测压力；

h——膜片厚度；

r——膜片任意半径；

E——膜片材料的弹性模量；

μ——膜片材料的泊松比；

r_0——膜片有效工作半径。

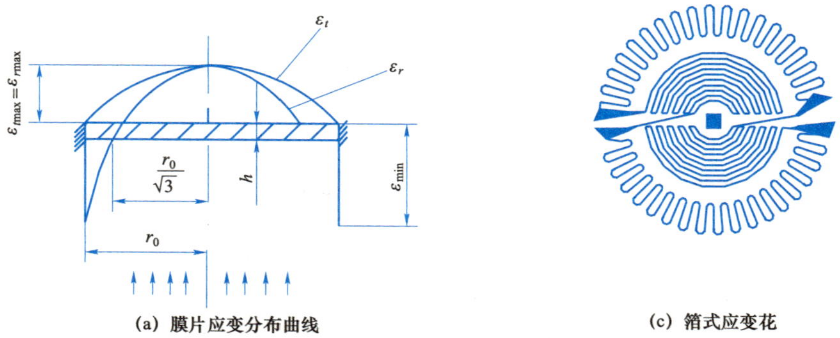

(a) 膜片应变分布曲线　　(c) 箔式应变花

图 3-22　膜式压力传感器

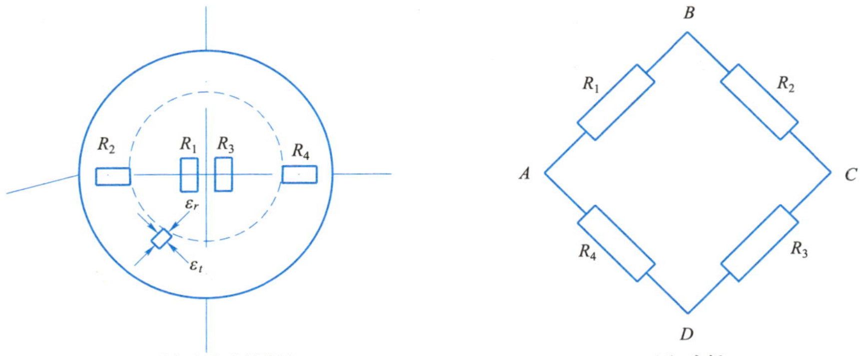

(b) 贴有应变片的膜片　　(d) 电桥

图 3–22　膜式压力传感器（续）

由分布曲线可知，电阻 R_1 和 R_3 的阻值增大（受正的切向应变 ε_t ）；而电阻 R_2 和 R_4 的阻值减小（受负的径向应变 ε_r ）。因此，电桥有电压输出，且输出电压与压力成比例。

（2）筒式压力传感器。筒式压力传感器的弹性元件为薄壁圆筒，筒的底部较厚。这种弹性元件的特点是：圆筒受到被测压力后表面各处的应变是相同的。因此应变片的粘贴位置对所测的应变没有影响，如图 3–23 所示。工作应变片 R_1、R_3 沿圆周方向粘贴在筒壁，温度补偿片 R_2、R_4 贴在筒底外壁上，并连接成全桥线路，这种传感器适用于测量较大的压力。

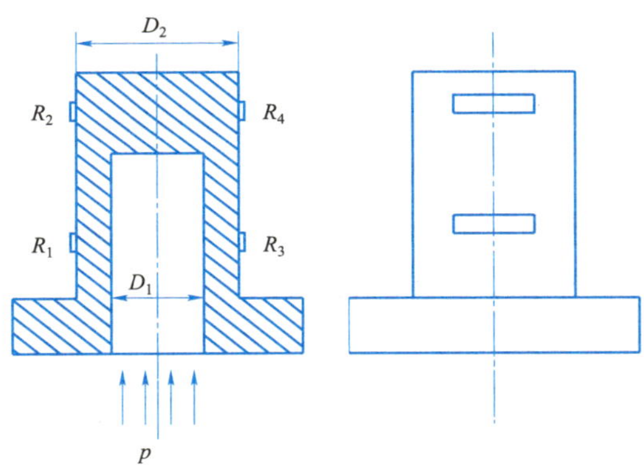

图 3–23　筒式压力传感器工作原理

对于薄壁圆筒（壁厚与壁的中面曲率半径之比＜1/20），筒壁上工作应变片的切向应变 ε_t 与被测压力 p 的关系，可用下式求得：

$$\varepsilon_t = \frac{(2-\mu)D_1}{2(D_2-D_1)E}p \tag{3-21}$$

对于厚壁圆筒（壁厚与壁的中面曲率半径之比＞1/20），则有：

$$\varepsilon_t = \frac{(2-\mu)D_1^2}{2(D_2^2-D_1^2)E}p \tag{3-22}$$

式中：D_1——圆筒内孔直径；

D_2——圆筒外壁直径；

E——圆筒材料的弹性模量；

μ——圆筒材料的泊松比。

3）力矩传感器

图 3–24 所示为机器人手腕用的力矩传感器工作原理，它是检测机器人终端环节（如小臂）

与手爪之间力矩的传感器。目前国内外研制的腕力传感器种类较多，但使用的敏感元件几乎全都是应变片，只是弹性结构有差异。图中驱动轴 B 通过装有应变片 A 的腕部与手部 C 联接。当驱动轴回转并带动手部回转而拧紧螺丝钉 D 时，手部所受力矩的大小可通过应变片电压的输出测得。

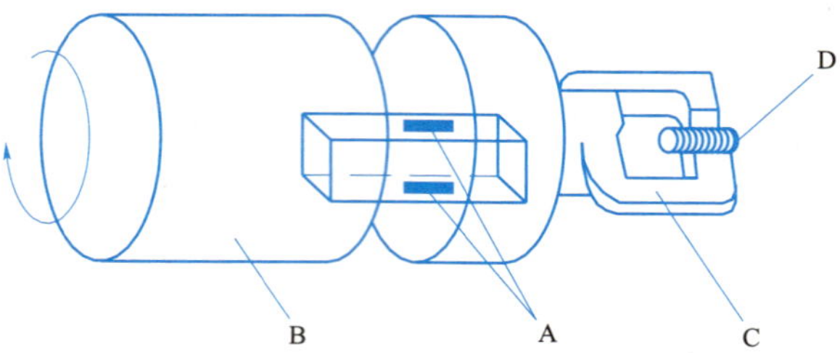

图 3-24　机器人手腕用的力矩传感器工作原理

图 3-25 为无触点力矩测量工作原理。传动轴的两端安装上磁分度圆盘 A，分别用磁头 B 检测两圆盘之间的转角差，用转角差与负荷 M 成比例的关系，即可测量负荷力矩的大小。

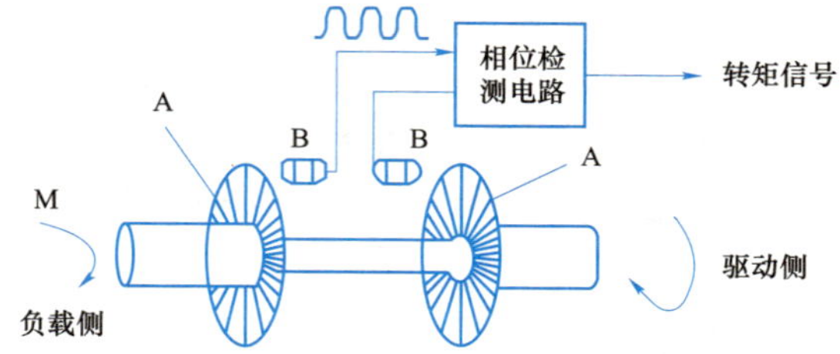

图 3-25　无触点力矩测量工作原理

4）力与力矩复合传感器

图 3-26 为机器人十字架式腕力传感器工作原理。这是一种用来测量机械手与支座间的作用力，从而推算出机械手施加在工件上力的传感器。

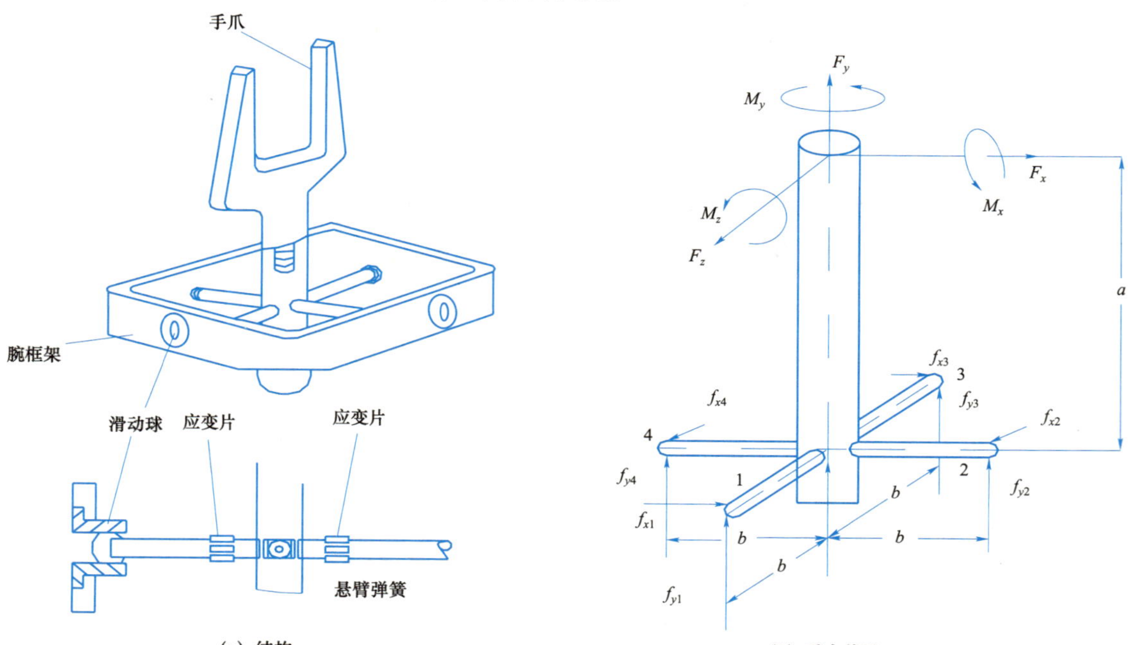

图 3-26　机器人十字架式腕力传感器工作原理

由图 3–26（a）可知，四根悬臂梁以十字架结构固定在手腕轴上，各悬臂外端插入腕框架内侧的孔中。为使悬臂在相对弯曲时易于滑动，悬臂端部装有尼龙球。悬臂梁的截面可为圆形或正方形，每根梁的上下左右侧面各贴一片应变片，相对面上的两片应变片构成一组半桥。通过测量一个半桥的输出，即可测出一个参数。整个手腕通过应变片，可检测出 8 个参数，即 f_{x1}、f_{x2}、f_{x3}、f_{x4}、f_{y1}、f_{y2}、f_{y3}、f_{y4}。利用这些参数可计算出手腕顶端 x、y、z 三个方向上的力 F_x、F_y、F_z 和力矩 M_x、M_y、M_z。作用在手腕上各力或力矩的参数如图 3–26（b）所示，可由下式计算：

$$
\begin{aligned}
F_x &= -f_{x1} - f_{x3} \\
F_y &= -f_{y1} - f_{y2} - f_{y3} - f_{y4} \\
F_z &= -f_{x2} - f_{x4} \\
M_x &= af_{x2} + af_{x4} + bf_{y1} - bf_{y3} \\
M_y &= -bf_{x1} + bf_{x3} + bf_{x2} - bf_{x4} \\
M_z &= -af_{x1} - af_{x3} - bf_{y2} + bf_{y4}
\end{aligned}
$$

3.3 传感器的基础特征

3.3.1 传感器的静态特征

在机电一体化系统中有各种不同的物理量需要测量，这就要求传感器能感受被测非电量并将其转换成与被测量有一定函数关系的电量。传感器所测量的非电量处在不断变化之中，传感器能否将这些非电量的变化不失真地转换成相应的电量，取决于传感器的输入/输出特性，传感器的这些基本特性可用静态特性和动态特性来描述。

其中，传感器的静态特性是指当被测量处于稳定状态下，传感器的输入值与输出值之间的关系。传感器静态特性的主要技术指标有：线性度、灵敏度、迟滞、重复性、分辨率、零点漂移和温度漂移等技术指标。

1. 线性度

传感器的线性度就是其输出量与输入量之间的实际关系曲线偏离拟合直线的程度，又称为非线性误差。非线性误差 δ_L 可用下式表示：

$$\delta_L = \frac{\Delta L_{\text{max}}}{Y_{\text{FS}}} \times 100\% \tag{3–23}$$

式中：ΔL_{max}——输出量和输入量实际曲线与拟合直线间的最大偏差；

Y_{FS}——输出满量程值。

实际上许多传感器的输出—输入特性是非线性的，如果不考虑迟滞和蠕变效应，一般可用下列多项式表示输出 y 与输入 x 的关系：

$$y = a_0 + a_1 x + a_2 x^2 + \cdots + a_n x^x \tag{3–24}$$

式中：a_0——零位输出；

a_1——传感器先行灵敏度；

$a_2, a_3, \cdots, a_n$——待定系数。

在研究线性特征时，不考虑零位输出。传感器的输出—输入特性曲线如图 3–27 所示。下面介绍式（3–24）的三种特殊情况。

（1）理想线性特征，如图 3–27(a)所示的直线，在这种情况下，有 $a_0=a_2=a_3=\cdots=a_n=0$，因此得到：

$$y=a_1x \tag{3-25}$$

直线上任何点的斜率都相等，为 a_1 常数（即为传感器的灵敏度）。

（2）仅有偶次非线性项，如图 3–27（b）所示的直线。其输出/输入特征方程为：

$$y=a_0+a_2x^2+a_4x^4+\cdots \tag{3-26}$$

因为没有对称性，所以其线性范围较窄，一般传感器设计很少采用这种特征。

（3）仅有奇次非线性项，如图 3–27（c）所示的直线。其输出/输入特征方程为：

$$y=a_1x+a_3x^3+a_5x^5+\cdots \tag{3-27}$$

具有这种特性的传感器，一般在输入量 x 相当大的范围内具有较宽的准线性，这是比较接近于理想直线的非线性特征，它的坐标原点是对称的，即 $y(x)=-y(-x)$，所以它具有相当宽的近似线性范围。

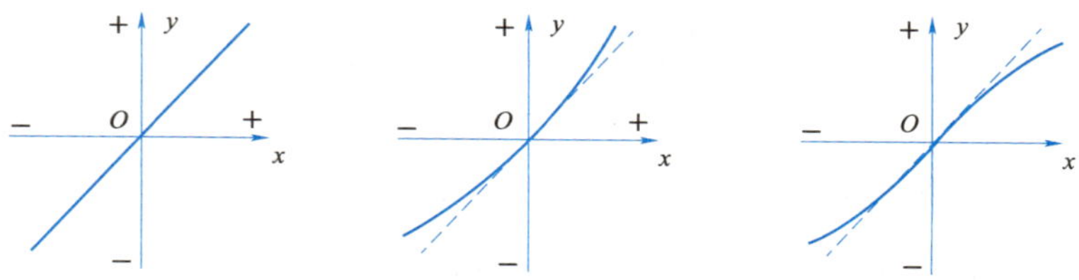

（a）理想线性特征　（b）仅有偶次非线性项　（c）仅有奇次非线性项

图 3–27　传感器的输出—输入特性曲线

传感器的输出—输入特性的线性度除受输入（敏感元件）特性影响外，也受电气元件输出特性的影响。使电气元件对称排列，差动工作方式可以消除电气元件中的偶次分量，显著地改善线性范围。

在使用非线性特性的传感器时，如果非线性项的方次不高，在输入量变化范围不大的条件下，可以用切线或割线等直线来近似地代表实际曲线的一段，这种方法称为传感器非线性特征的“线性化”，所采用的直线为拟合直线。实际特征曲线与拟合直线之间的偏差称为传感器的非线性误差，取其中最大值 ΔL_{max} 与输出满量程值之比作为评价非线性误差（或线性度）的指标。

传感器的输入—输出特性曲线（静态特征）是在静态标准条件下进行校准的。静态标准条件是指没有加速度、振动、冲击（除非其是被测量），环境温度为（20±5）℃，相对湿度不大于 85%，气压为（101±7）kPa 的情况。在此标准工作状态下，利用一定等级的校准设备，对传感器往复循环测试，得到输出—输入数据，画成曲线。拟合直线的获得有多种标准，一般在标称输出范围内和标定曲线的各点偏差平方之和最小（即最小二乘法）的直线作为拟合直线（也称参考直线）。

2. 灵敏度

传感器的灵敏度是指稳态时，输出增量 Δy 与输入增量 Δx 的比值，常用 S_n 表示：

$$S_n=\frac{\Delta y}{\Delta x} \tag{3-28}$$

对于线性传感器，其灵敏度为静态特性的斜率，为常量 k，即：

$$k=\frac{y-y_0}{x} \tag{3-29}$$

而非线性传感器的灵敏度是一个变量，如图 3-28（b）所示，即 $\Delta y/\Delta x$ 表示传感器在某一工作点的灵敏度。

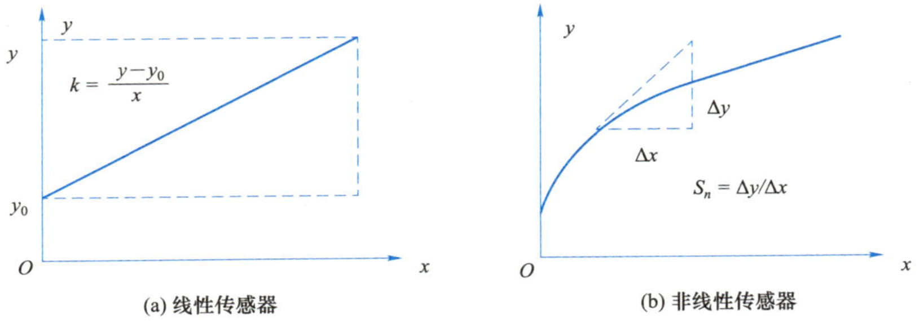

图 3-28　灵敏度定义

3. 迟滞

迟滞（回差滞环）特性能表明传感器在正向行程（输入量增大）和反向行程（输入量减少）期间，输入—输出特性曲线不重合的程度。迟滞现象如图 3-29 所示。

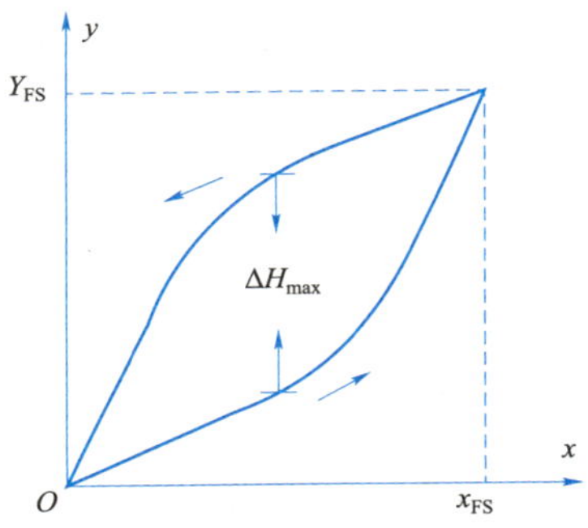

图 3-29　迟滞现象

对于同一大小的输入信号 x，在 x 连续增大的行程中，对应某一输出量程为 y_i，在 x 连续减弱过程中，对应于输出量为 y_j 之间的差值叫作滞环误差，这就是迟滞现象，该误差用 ΔH 表示为：

$$\Delta H=|y_i-y_j| \tag{3-30}$$

整个测量范围内的最大滞环误差用 ΔH_{max} 表示，产生这种现象的主要原因类似重复误差的产生原因。最大滞环误差与满量程输出值 Y_{FS} 的比值称为最大滞环率 δ_H，即：

$$\delta_H=\frac{\Delta H_{max}}{Y_{FS}}\times 100\% \tag{3-31}$$

4. 重复性

重复性表示传感器在输入量按同一方向做全量程多次测量时，所得输入—输出曲线不重合的程度，如图 3-30 所示。多次按相同条件的输入—输出特性曲线越重合，其重复性越好，误差也越小。传感器输出特性的不重复性主要有传感器机械部分的磨损、间隙、松动、部件的内部摩擦、积尘，以及辅助电路老化和漂移等原因。

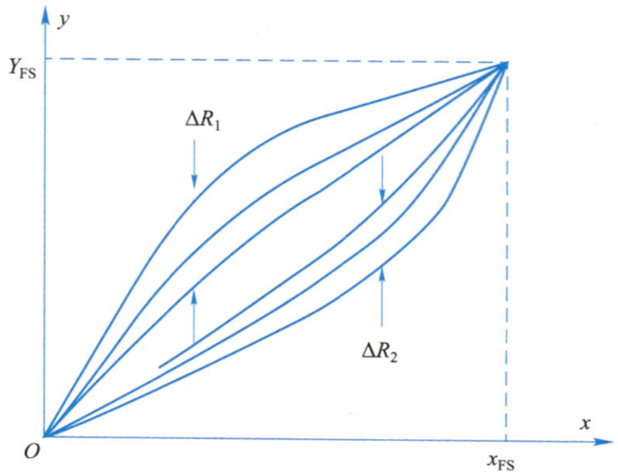

图 3-30　重复性

不重复性指标一般采用输出 ΔR_1 和 ΔR_2 中最大不重复误差 ΔR_{max} 与满量程输出 Y_{FS} 百分比表示：

$$\delta_R = \frac{\Delta R_{max}}{Y_{FS}} \times 100\% \tag{3-32}$$

不重复性误差属于随机误差性质，按上述算法计算不太合理。校准数据的离散程度与随机误差相关，应根据标准误差计算重复性指标。因此，重复性误差可按下式计算：

$$\delta_R = \pm \frac{(2 \sim 3)\delta}{Y_{FS}} \times 100\% \tag{3-33}$$

式中：δ——标准误差。

5. 漂移

传感器的漂移是指在输入量不变的情况下，传感器输出量随着时间变化的现象。产生漂移的原因有两个方面：一是传感器自身结构参数；二是周围环境（如温度、湿度等）的影响。漂移量的大小是表征传感器稳定性的重要性能指标。

（1）零点漂移：当传感器无输入时，在一定时间内，其输出偏离零点值，即为零点漂移，其值为：

$$y_{0t} = \frac{\Delta Y_0}{Y_{FS} \cdot \Delta t} \times 100\% \tag{3-34}$$

式中：ΔY_0——最大零点偏差；

Δt——零点漂移时间。

（2）温度漂移：温度变化范围为 ΔT 时，传感器输出值的偏移程度。一般以温度变化 1℃，输出最大偏差 ΔY 与满量程的百分比表示，即：

$$y_{0T} = \frac{\Delta Y}{Y_{FS} \cdot \Delta T} \times 100\% \tag{3-35}$$

6. 分辨率

分辨率是指传感器可感受到的被测量的最小变化的能力。如果输入量从某一非零值缓慢地变化，当输入变化值未超过某一数值时，传感器的输出不会发生变化，即传感器对此输入量的变化是分辨不出来的。只有当输入量的变化超过分辨率时，其输出才会发生变化。在输入零点附近的分辨力称为阈值。

3.3.2　传感器的动态特征

传感器的动态特性是指传感器在某种输入激励时，输出随时间变化的响应特性。一个动态特性好的传感器，随时间变化的输出曲线能同时再现输入随时间变化的曲线，即输出与输入具有相同类型的传递函数。动态输入信号时，传感器输出信号一般不会与输入信号具有完全相同的时间函数，这种输出与输入间的动态差异就称为动态误差。有良好静态特性的传感器，未必有良好的动态特性。这是由于在动态（快速变化）输入信号时，要有较好的动态特性，不仅要求传感器能精确地测量信号的幅值变化，而且能测量出信号变化的过程，即要求传感器能迅速、准确地响应信号幅值的变化和无失真地再现被测信号随时间变化的波形。

由于激励传感器信号的时间函数是多种多样的，在时域内研究传感器的响应特性，同自动控制系统一样，只能通过几种特殊的输入时间函数，如阶跃函数、脉冲函数和斜坡函数等来研究其响应特性。为了便于比较和评价，最常用的输入信号为阶跃信号和正弦信号。在频域内通常利用正弦函数研究传感器的频域响应特性，此方法称为瞬态响应法和频率响应法。

1. 动态响应特性

任何传感器都有影响其动态特征的“固有因素”，但表现形式和作用都是不同的。研究传感器的动态特性，主要是为了从测量误差角度分析产生动态误差的原因及提出改善措施，具体研究时通常从时域和频域两个方面采用瞬态响应法和频率响应法分析。

1）瞬态响应特征

瞬态响应，指系统在某一典型输入激励信号作用下，其系统输出量从初始状态到稳定状态的变化过程。瞬态响应也称为动态响应或过渡过程或暂态响应。在时域内研究传感器的动态特征时，常用的激励信号有阶跃信号、脉冲信号和斜坡信号等。一般认为，阶跃输入对于一个传感器是最严格的工作状态。如在阶跃函数的作用下，传感器能满足动态性能指标，则在其他函数作用下，其动态性能指标必定会令人满意。理想情况下，阶跃输入信号的大小对其过渡过程的曲线形状无影响，但在实际的过渡过程实验时，应保持阶跃输入信号在传感器特性曲线范围内，用单位阶跃响应评价传感器的瞬态响应性能时，常用延迟时间、上升时间、峰值时间、响应时间、超调量等来表征传感器的动态特征。

2）频域响应特征

传感器对正弦输入信号的响应特征称为频域响应特征。频域响应特征是从传感器的频域特性出发研究传感器动态特性的方法。$A(\omega)$ 表示传感器的输出与输入的幅值比值随频率变化的情况，也称传感器的幅频特性，也称为动态灵敏度（或增益）。$\Phi(\omega)$ 为传感器的相频特性，通常为负值，表示传感器输出滞后于输入的相位角度。研究传感器的频域特性时，主要用通频带、时间常数、固有频率、阻尼比等指标来表征。

2. 动态特性的数学模型

为了便于分析传感器动态特性，必须建立数学模型，线性系统的数学模型为常系数线性微分方程。对线性系统动态特性的研究，就是在时域 t 中，分析数学模型的输入量 x 与输出量 y 之间的关系，通过对微分方程求解，得到动态性能指标。

对于线性定常（时间不变）系统，其数学模型为高阶常系数微分方程，即：

$$
\begin{aligned}
&a_n\frac{\mathrm{d}^n y}{\mathrm{d}t^n}+a_{n-1}\frac{\mathrm{d}^{n-1} y}{\mathrm{d}t^{n-1}}+\cdots+a_1\frac{\mathrm{d}y}{\mathrm{d}t}+a_0 y\\
&=b_m\frac{\mathrm{d}^m x}{\mathrm{d}t^m}+b_{m-1}\frac{\mathrm{d}^{m-1} x}{\mathrm{d}t^{m-1}}+\cdots+b_1\frac{\mathrm{d}x}{\mathrm{d}t}+b_0 x
\end{aligned}
\tag{3-36}
$$

式中：a_i——常数，$i=0,1,\cdots,n$；

b_i——常数，$i=0,1,\cdots,m$；

$\frac{\mathrm{d}^n y}{\mathrm{d}t^n}$——输出量对时间 t 的 n 阶导数；

$\frac{\mathrm{d}^m x}{\mathrm{d}t^m}$——输入量对时间 t 的 m 阶导数。

3. 传递函数

在线性（或线性化）定常系统中，当初始条件为 0 时，系统输出量的拉氏变换与输入量的拉氏变换之比称为动态特性的传递函数。

在传感器的一般方程式（1−14）中，当其初始值为 0 时，对式（1−14）进行拉氏变换，即可得到系统的传递函数 $H(s)$ 的一般式为：

$$
H(s)=\frac{Y(s)}{X(s)}=\frac{b_m s^m+b_{m-1}s^{m-1}+\cdots+b_1 s^1+b_0}{a_n s^n+a_{n-1}s^{n-1}+\cdots+a_1 s^1+a_0}
\tag{3-37}
$$

式中：$Y(s)$——传感器输出量的拉氏变换式；

$X(s)$——传感器输入量的拉氏变换式。

上式的分母是传感器的特征多项式，决定系统的“阶”数。由上式可知，对定常系统，当系统微分方程已知，只要把方程式中各阶导数用相应的 s 变量来替换，即可求得传感器的传递函数。正弦输入时传感器的动态特性（即频率特性）即可由上式导出：

$$
H(\mathrm{j}\omega)=\frac{y(\mathrm{j}\omega)}{x(\mathrm{j}\omega)}=\frac{b_m(\mathrm{j}\omega)^m+b_{m-1}(\mathrm{j}\omega)^{m-1}+\cdots+b_1(\mathrm{j}\omega)+b_0}{a_n(\mathrm{j}\omega)^n+a_{n-1}(\mathrm{j}\omega)^{n-1}+\cdots+a_1(\mathrm{j}\omega)+a_0}
\tag{3-38}
$$

下面分别对零阶、一阶和二阶传感器系统的动态特性进行分析。

4. 零阶传递函数

在零阶传感器中，式（3−37）中只剩下 a_0 与 b_0 两系数，于是微分方程变为：

$$
y=kx
\tag{3-39}
$$

式中：k——静态灵敏度，等于 b_0/a_0。

零阶传感器的传递函数为：

$$
H(s)=Y(s)/X(s)=k
\tag{3-40}
$$

当输入为单位阶跃信号时，零阶传感器单位阶跃响应为 $y(t)=k$，通常该环节为比例环节。其微分特性为：

$$
H(\mathrm{j}\omega)=k
\tag{3-41}
$$

由此可知，零阶传感器的输入和输出成正比，与信号频率无关，在时间上也不滞后，幅角 φ 等于零，无幅值和相位失真，具有理想动态特性，电位器式传感器就是零阶系统。在实际应用中，许多高阶系统在变化缓慢、频率不高时，都可以近似当成零阶系统处理。

5. 一阶传感器的动态特性

1）一阶传感器的微分方程

当式（3-37）除系数 a_1、a_0、b_0 外其他系数均为 0 时，式（3-36）可写成：

$$a_1\frac{\mathrm{d}y}{\mathrm{d}t}+a_0y=b_0x \tag{3-42}$$

上式两边各除以 a_0，并令 $\tau=a_1/a_0$，$k=b_0/a_0$，可得：

$$\tau\frac{\mathrm{d}y}{\mathrm{d}t}+y=kx \tag{3-43}$$

式中：τ——时间常数；

k——静态灵敏度。

2）一阶传感器的瞬态特性

由上式可得一阶传感器的传递函数为：

$$H(s)=\frac{Y(s)}{X(s)}=\frac{k}{\tau s+1} \tag{3-44}$$

由于在线性传感器中灵敏度为常数，k 只起输出量增加到 k 倍的作用，为方便起见，这里采用 $k=1$ 进行讨论。对于初始状态为零的传感器，当输入为单位阶跃信号时，$X(s)=1/s$，传感器输出拉氏变换为：

$$Y(s)=H(s)X(s)=\frac{1}{\tau s+1}\cdot\frac{1}{s} \tag{3-45}$$

则一阶传感器单位阶跃响应为：

$$y(t)=L^{-1}[Y(s)]=1-\mathrm{e}^{-\frac{t}{\tau}} \tag{3-46}$$

一阶传感器的单位阶跃响应曲线如图 3-31 所示，传感器存在惯性，输出初始斜率为 $1/\tau$，实际响应速率随时间的增加而减慢，当 $t=4\tau$ 时，其输出值为稳态值的 98.2%时，可以认为已达到稳态值。τ 越小，响应曲线越接近输入阶跃曲线，因此时间常数越小越好，热电偶是典型的一阶传感器。

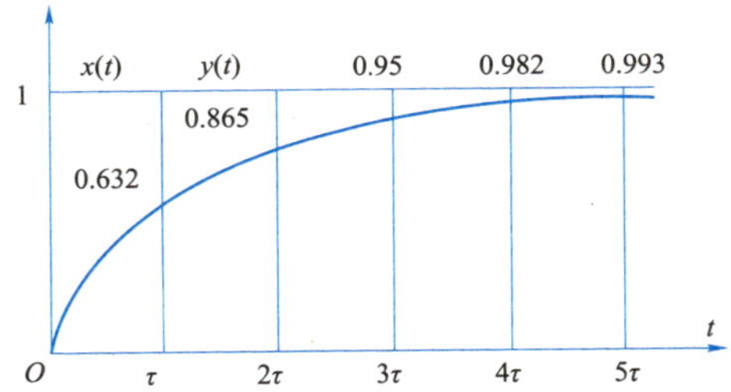

图 3-31　一阶传感器的单位阶跃响应曲线

3）一阶传感器瞬态响应特性指标

当一阶传感器输入一个单位阶跃函数给定信号时，如图 3-32 所示，其为一阶传感器的典型单位阶跃响应曲线对应性能指标。

时间常数 τ——一阶传感器输出上升到稳态值的 63.2%所需时间。

延迟时间 t_d——传感器输出达到稳态值的 50%所需时间。

上升时间 t_r——传感器输出达到稳态值的 90%所需时间。

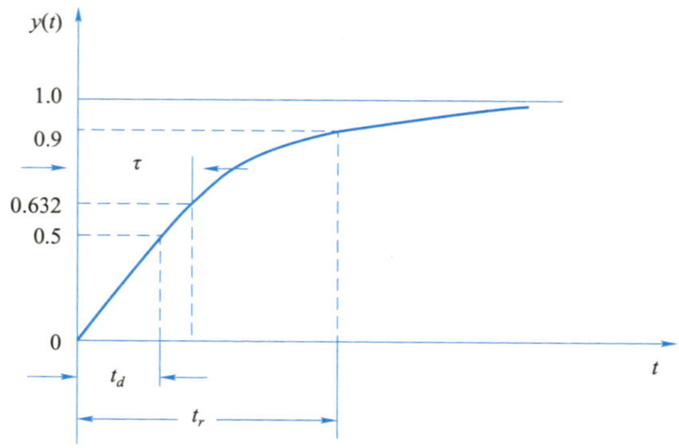

图 3-32　一阶传感器的典型单位阶跃响应曲线对应性能指标

4）一阶传感器的频率特性

将一阶传感器传递函数中的 s 用 $\mathrm{j}\omega$ 代替，即可得到频率特性表达式：

$$H(\mathrm{j}\omega)=\frac{k}{\tau(\mathrm{j}\omega)+1} \tag{3-47}$$

幅频特征为：

$$A(\omega)=\frac{k}{\sqrt{1+(\omega\tau)^2}} \tag{3-48}$$

相频特性为：

$$\Phi(\omega)=-\arctan(\omega\tau) \tag{3-49}$$

图 3-33 所示为一阶传感器的频率响应特性曲线，从图和公式可看出，时间常数 τ 越小，频率响应特性越好。当 $\omega\tau\leqslant 1$ 时，$A(\omega)\approx k$，$\Phi(\omega)\approx\omega\tau$，传感器的输出与输入关系为线性，相位差与频率成线性关系，输出 $y(t)$ 比较真实地反映了输入 $x(t)$ 的变化规律。因此，减小时间常数 τ 可以改善传感器的频率特性。

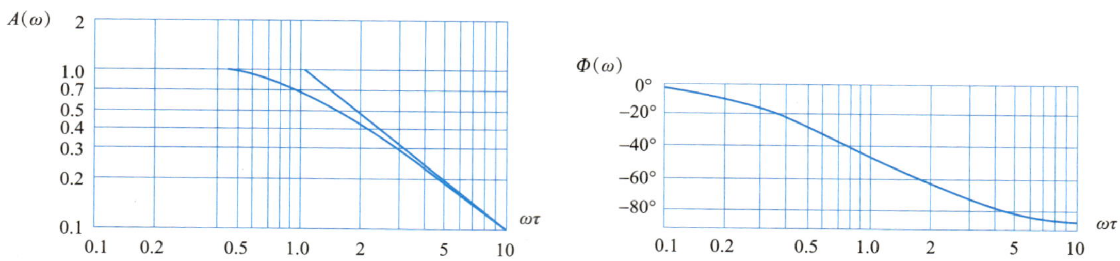

(a) 对数幅频特性　　(b) 对数相频特性

图 3-33　一阶传感器的频率响应特性曲线

如果忽略质量，由弹簧（刚度 k_1）和阻尼器（阻尼系数 c）组成的机械系统是典型的一阶传感器，如图 3-34 所示。这个系统的运动微分方程为 $c\dot{y}+k_1y=x$，可写成 $\tau\dot{y}+y=kx$，其中 τ 为时间常数（$\tau=c/k_1$），k 为静态灵敏度（$k=1/k_1$ 即可写出频率特性、幅频特性和相频特性的表达式。由频率特性公式可以看出，时间常数 τ 越小，系统的频率特性越好，且要求系统的阻尼系数小，而刚度要求大一些。除了弹簧—阻尼系统属于一阶系统，还有 RC、RL 电路、液体温度计等也属于一阶系统。

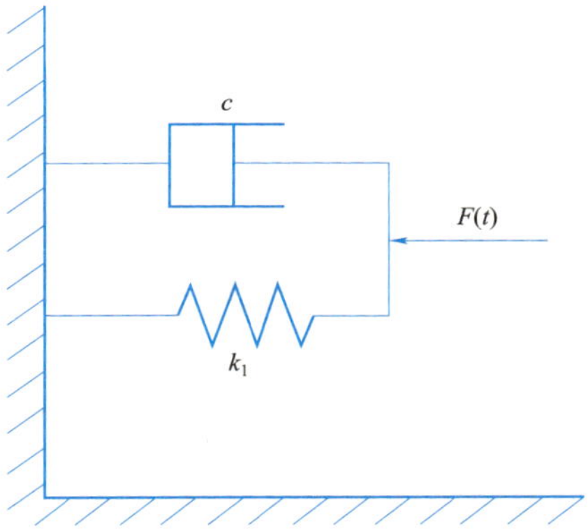

图 3-34　弹簧—阻尼—阶系统示意图

6. 二阶传感器的动态特性

1）二阶传感器的微分方程

振动传感器、压力传感器等很多传感器都属于二阶传感器，可得：

$$a_2\frac{d^2y}{dt^2}+a_1\frac{dy}{dt}+a_0y=b_0x \tag{3-50}$$

2）二阶传感器的瞬态响应

二阶传感器的传递函数为：

$$H(s)=\frac{Y(s)}{X(s)}=\frac{k\omega_0^2}{s^2+2\xi\omega_0 s+\omega_0^2} \tag{3-51}$$

式中：k——静态灵敏度，$k=b_0/a_0$；

ω_0——传感器无阻尼时的固有频率，$\omega_0=\sqrt{\frac{a_0}{a_2}}$；

ξ——传感器阻尼比系数，$\xi=\frac{a_1}{2\sqrt{a_0a_2}}$。

在单位阶跃信号时，设 k=1，可得传感器输出拉式变换：

$$Y(s)=H(s)X(s)=\frac{\omega_0^2}{s^2+2\xi\omega_0 s+\omega_0^2}\cdot\frac{1}{s} \tag{3-52}$$

对 $Y(s)$进行拉氏反变换，即可得到单位阶跃响应。图 3-35 为二阶传感器的单位阶跃响应曲线。由图可知，传感器的响应在很大程度上取决于阻尼比 ξ 和固有频率 ω_0，ω_0 取决于传感器的主要结构参数，ω_0 越大响应越快。阻尼比直接影响超调量和振荡次数。

- ξ=1 为临界阻尼，响应时间最短。
- ξ>1 为过阻尼，无超调也无振荡，但反应迟钝，动作缓慢，达到稳态所需的时间较长。
- ξ<1 为欠阻尼，衰减振荡，达到稳态所需的时间随着 ξ 减少而加长。
- ξ=0 为零阻尼，超调量为 100%，产生等幅振荡，达不到稳态。

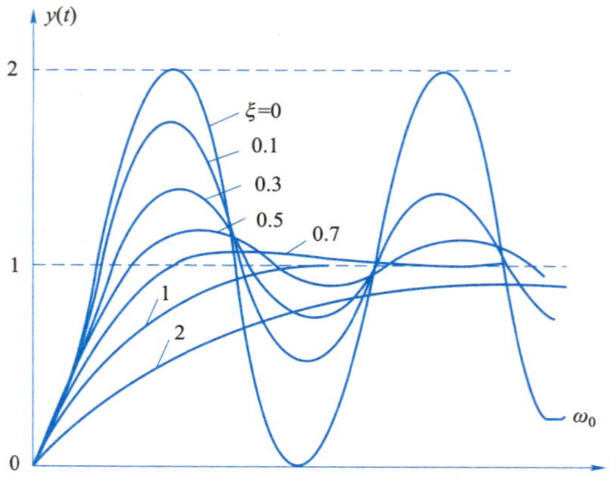

图 3-35　二阶传感器的单位阶跃响应曲线

在实际设计中，为兼顾上升时间短和超调量小，一般设计成欠阻尼式的传感器，阻尼比 ξ 一般取 0.6～0.8。弹簧、质量和阻尼振动系统、RLC 串联电路及带保护套的热电偶是典型的二阶传感器。

3）二阶传感器瞬态响应特性指标

当静止传感器输入一个单位阶跃函数给定信号时，二阶传感器的典型阶跃响应特性曲线如图 3-36 所示，其输出特性称为阶跃响应特性。

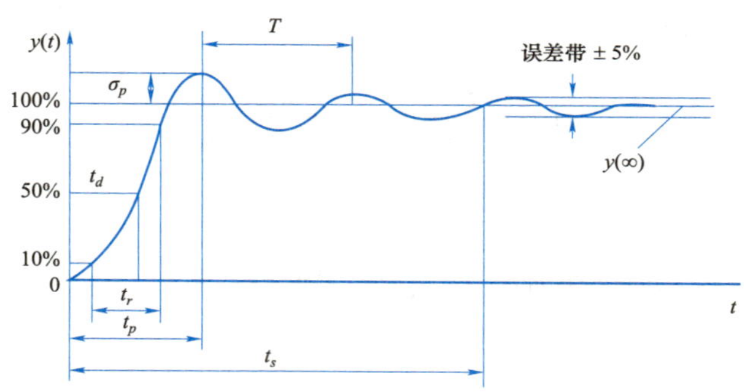

图 3-36　二阶传感器的典型阶跃响应特性曲线

衡量阶跃响应特性的几项指标具体含义如下。

（1）超调量 σ_p。最大超调量就是响应曲线偏离阶跃曲线的最大值，常用百分数表示。

当稳态值为 1，则最大百分比超调量 $\sigma_p = \dfrac{y(t_p) - y(\infty)}{y(\infty)} \times 100\%$，最大超调量能说明传感器的相对稳定性。

（2）延滞时间 t_d。t_d 是阶跃响应达到稳态值 50%所需要的时间。

（3）上升时间 t_r。有几种定义：响应曲线从稳态值的 10%～90%，无振荡的传感器常用该描述；从稳态值的 5%～95%，从零上升到第一次到达稳态值所需的时间，对有振荡的传感器常用此种描述。

（4）峰值时间 t_p。从零到第一个峰值所需的时间，通常等于振荡峰值所对应的时间。

（5）响应时间 t_s。响应曲线衰减到稳态值之差不超过±5%或±2%时所需要的时间，有时称为过渡过程时间。

上述是时域响应的主要指标，对于实际应用，可只提出被认为是重要的性能指标。

4）二阶传感器的频率特性

将二阶传感器的传递函数中的 s 用 $\mathrm{j}\omega$ 代替，并设 k=1，可得二阶传感器的频率特性、幅频特性、相频特性表达式分别为：

$$H(\mathrm{j}\omega)=\left[1-\left(\frac{w}{w_0}\right)^2+2\mathrm{j}\xi\frac{\omega}{\omega_0}\right]^{-1} \tag{3-53}$$

$$A(\omega)=\left\{\left[1-\left(\frac{w}{w_0}\right)^2\right]^2+\left(2\xi\frac{\omega}{\omega_0}\right)^2\right\}^{-\frac{1}{2}} \tag{3-54}$$

$$\Phi(\omega)=-\arctan\left\{\left(2\xi\frac{\omega}{\omega_0}\right)\Big/\left[1-\left(\frac{w}{w_0}\right)^2\right]\right\} \tag{3-55}$$

图 3-37 所示为二阶传感器的频率响应特性曲线。由图和公式可知，传感器频率特性主要取决于其固有频率 ω_0 和阻尼比 ξ。当 ξ<1、$\omega_0\geqslant\omega$ 且 ω_0 为 ∞ 时，$A(\omega)\approx1$，$\Phi(\omega)$ 很小，此时，传感器的输出 $y(t)$ 再现输入 $x(t)$的波形，通常固有频率至少应大于被测信号频率的 3～5 倍。

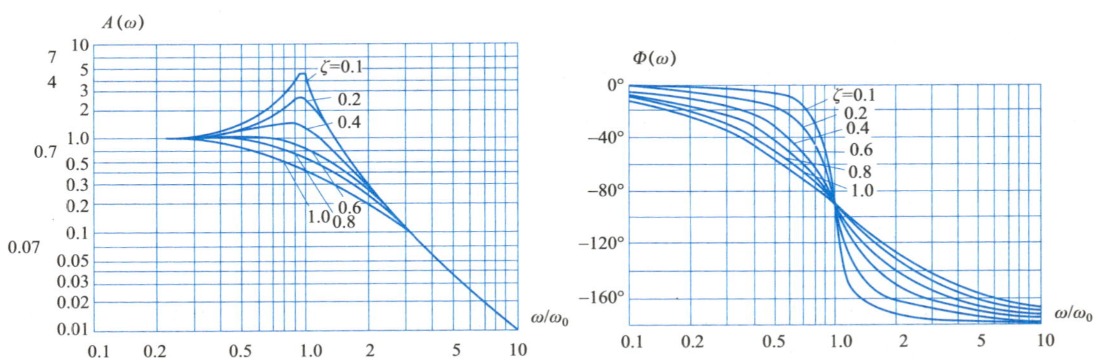

(a) 幅频特性　　(b) 相频特性

图 3-37　二阶传感器的频率响应特性曲线

由以上分析可知，为减小动态误差和增大频率响应，一般提高传感器的固有频率 ω_0，但固有频率过高可能会使其他指标变差。因此，在实际应用中，应综合考虑传感器的各特征参数。

5）频率响应特性指标

（1）频带。传感器增益保持在一定值内的频率范围，即对数幅频特性曲线上幅值衰减 3 dB 所对应的频率范围，称为传感器的频带或通频带，对应有上、下截止频率。

（2）时间参数 τ。用时间常数 τ 表征一阶传感器的动态特性，τ 越小，频带越宽。

（3）固有频率 ω_0。二阶传感器的固有频率 ω_0 表征了其动态特性。

（4）阻尼比 ξ。阻尼比 ξ 直接影响超调量和振荡次数，从而影响其动态特征。

3.4 传感检测系统设计

3.4.1 传感器的选择和使用

1. 传感器的选择

对于不同的传感器，应根据实际需要，确定其主要性能参数。有些指标可要求低些或可以不予考虑，以便使传感器成本较低又能达到满意的测量精度。使用传感器时，应考虑的主要因素如下。

（1）高精度、低成本；

（2）灵敏度应根据需要合理确定；

（3）工作可靠、稳定性好，应能长期稳定工作；

（4）抗腐蚀性好，抗干扰能力强；

（5）动态测量应具有良好的动态特性；

（6）结构简单、小巧，使用维护方便，通用性强，功耗低等。

因此，选择传感器应从以下几个方面考虑。

（1）测试要求：测量目的、被测物理量选择、测量范围、输入信号频率最大值和频带宽度、测量精度要求、测量所需时间要求等。

（2）传感器特性：精度、稳定性、响应速度、输出量性质、对被测物体产生的负载效应、校正周期、输入端保护等。

（3）使用条件：安装条件、工作场地的环境条件（温度、湿度、振动等）、测量时间、所需功率容量、与其他设备的连接、备件与维修服务等。

2. 传感器的正确使用

传感器的正确使用主要包括对传感器的输出特性进行线性化处理和补偿，传感器的标定及采取适当的抗干扰措施等几个方面。

1）线性化处理与补偿

在机电一体化测控系统中，特别是需对被测参量进行显示时，总是希望传感器及检测电路的输入/输出特性呈线性关系，使测量对象在整个刻度范围内灵敏度一致，以便读数和对其进行分析处理，但是大多数传感器具有不同程度的非线性特性，导致较大范围的动态检测存在较大的误差。在使用模拟电路组成检测回路时，为了进行非线性补偿，通常采用与传感器输入/输出特性相反的元件，通过硬件进行线性化处理。另外，在含有微型计算机的测量系统中，这种非线性补偿可以用软件来完成，其补偿过程较简单，精确度也很高，又减少了硬件电路的复杂性。

当输出量中包含有被测物理量之外的因素时，为克服这些因素的影响需要采取相应的措施加以补偿。如外界环境温度变化，将会使测量系统产生附加误差，影响测量精度，因此有必要对温度进行补偿。

2）传感器的标定

传感器的标定，就是利用精度高一级的标准量具对传感器进行定度的过程，从而确定其输出量和输入量之间的对应关系，同时也确定不同使用条件下的误差关系。传感器使用前要进行标定，使用一段时间后还要定期进行校正，检查精度是否满足原设计指标。

3）抗干扰措施

传感器大多要在现场工作，而现场的条件往往是不可预料的，有时是极其恶劣的。各种外界因素会影响传感器的精度和性能，所以在检测系统中，尤其是在微弱输入信号的系统中，抗干扰是非常重要的。常采用的抗干扰措施有屏蔽、接地、隔离和滤波等。

3.4.2 传感器检测接口电路设计

1. 电压类信号的检测

从测量的观点看，测量的主要参量是电压，因为在标准电阻两端若测出电压值，那么就可通过计算求得电流与功率，此外，包括测量仪器在内的电子设备，它们的许多工作特性均可视为电压的派生量，如调幅度、非线性失真系数等，可以说，电压测量是其他许多电参量，也包括非电参量测量的基础。

对电压类信号检测的基本要求如下。

（1）频率范围宽：被测电压的频率可以是直流、超低频、低频、高频或超高频，其频率范围为 0 Hz 到几百 MHz，甚至达到 GHz 量级。

（2）电压测量范围广：被测电压值可以小到 μV，甚至毫微伏级，也可以大到几千伏，几十千伏。

（3）输入阻抗高：传感检测仪器的输入阻抗就是被测电路的额外负载，为了使仪器接入电路时，尽量减小它的影响，要求仪器具有高的输入阻抗。

（4）测量准确度高：由于电压测量的基准是直流标准，在直流测量中，各种分布性参量的影响极小，直流电压的测量可获得极高的准确度。

（5）抗干扰能力强：当测量仪器工作在高灵敏度时，干扰会引入测量误差，故要有高的抗干扰能力。

对于电压类信号又可分为直流电压和交流电压两类，比较简便的方法是将直流电压和交流电压分别对待，对直流电压直接处理，对交流电压，依据不同的响应变换为直流电压再进行处理。

交流电压的测量规定如下。

一个交流电压的大小，可以用它的峰值、平均值、有效值 U 及波形因数、波峰因数来表征。

（1）峰值定义：任何一个交变电压在所观测的时间或一个周期内，其电压所能达到的最大值。

（2）平均值定义：数学上的定义为 $U_{avg}=\frac{1}{T}\int_0^T U(t)\,dt$，$T$ 为该交流电压的周期。

（3）有效值 U 定义：该交流电压在一个周期内通过某纯阻负载所产生的热量与一个直流电压在同样条件下产生的热量相等时，该直流电压的数值。

（4）波形因数：交流电压的波形因素定义为该电压的有效值与平均值之比。

（5）波峰因数：交流电压的波峰因数定义为该电压的峰值与有效值之比。

进行交流/直流变换，必须首先知道变换电路的输出与被测交流电压大小的关系，根据上述交流电压的三种表征，分别有峰值响应、平均值响应和有效值响应三种检波器电路，对应能够得到交流电压的峰值、平均值、有效值的数值。以有效值为例，可以采用热电变换和模拟计算电路两种方法来实现其测量。热电变换就是根据有效值的定义，将交流电压通过某纯阻负载所产生的热量依托热电偶变换为直流信号。模拟计算可以采用图 3–38 所示的交流电压有效值采集电路进行计算。

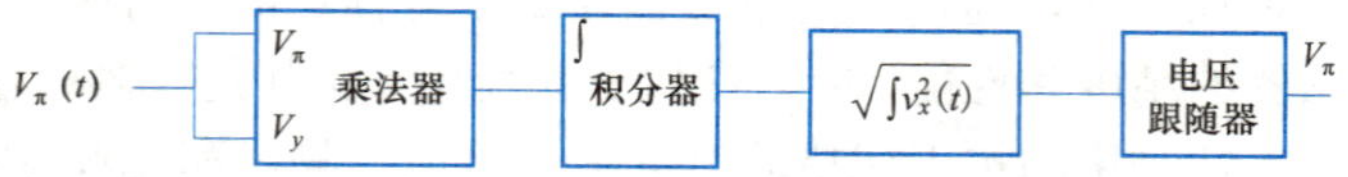

图 3–38　交流电压有效值采集电路

2. 电流类信号的检测

传统电流类信号会采用手动分档测量的方式，测量电流的基本原理是将被测电流通过已知电阻（取样电阻），在其两端产生电压，这个电压与被测电流成正比。如用数字电压表分档测量直流电流的基本电路，该电路将输入电流分为 20 A、200 mA、20 mA、2 mA 四个量程，转换电阻用 0.01 Ω、0.99 Ω、9 Ω、90 Ω四个电阻串连，将四种量程的电流接入电路的不同点，使得每种量程的电流在满量程时得到的电压都是 0.2 V（尽量选取数字电压表电压量程的最低档，以便做到尽可能小的电流测量的内阻），从而用 0.2 V 的数字电压表配合不同的显示单位及小数点位置指示被测电流的大小。手动分档测电流方法如图 3–39 所示。

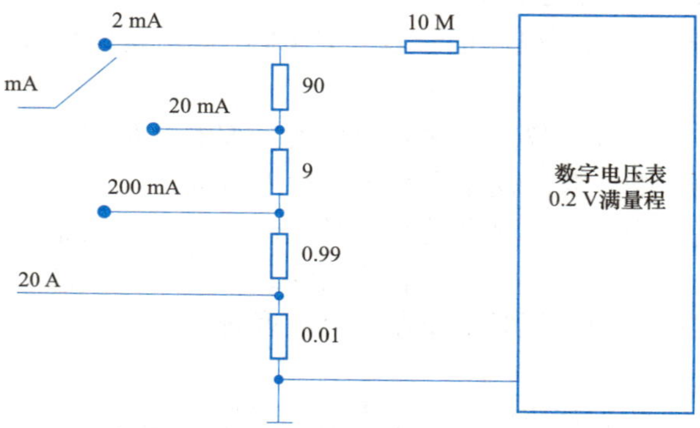

图 3–39　手动分档测电流方法

在自动测试系统中一般以电流信号的最大值确定所需电阻，如最大值为 100 mA，A/D 的输入最大值为 10 V，可选电阻为 0.1 kΩ，如果将自动量程分为四个档位，可用 4 个 25 欧的电阻串联，通过模拟开关引出不同的信号，自动分档测电流方法如图 3–40 所示，图中运算放大器起输入缓冲作用。这种方法对于直流电流和交流电流的测量都适用。

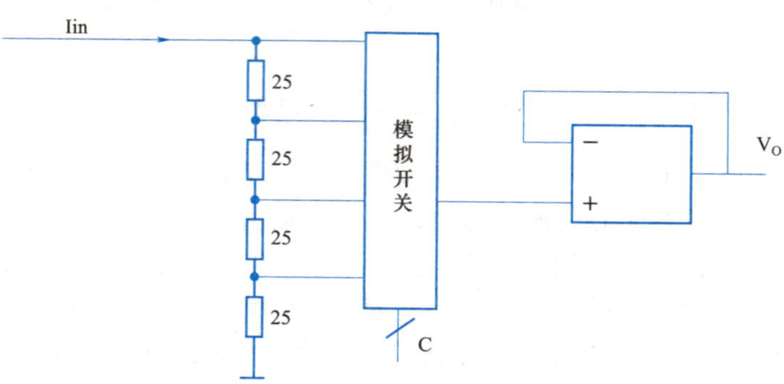

图 3–40　自动分档测电流方法

3. 相位型信号的检测

在检测系统中相位定义为同频的两路信号之间的相位之差，严格来讲是指两路正弦信号的相位差，但如果是方波、三角波等均匀波形时也可求其基波的相位差。

1）软件分析法

如图 3–41 所示，假如被测信号是不含直流分量的标准的正弦波 X1 和 X2，用同步采样的方法将两路信号量化，对其进行分析，求得 X1 的两个同类过零点、求得 X2 的一个同类过零点（这里同类过零点是指都是由正到负或都是由负到正的过零点），由采样频率和采样点数通过 X1 的两个同类过零点求得信号的周期 T，通过 X1 的过零点与 X2 的过零点之间的时间差 ΔT 求得相位差。

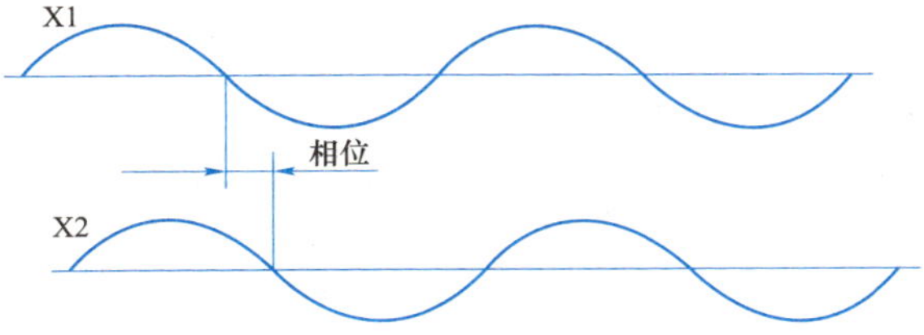

图 3–41　相位型被测信号

软件分析法是借助数据采集来完成的，其精度受采样点数和采样频率的限制，但在需要同步采样的场合可以兼而求得，图 3–42 展示了一种对相位信号进行检测的方法，图中 SHA 为采样保持放大器，AD 为 A/D 转换器，μP 为微处理器。

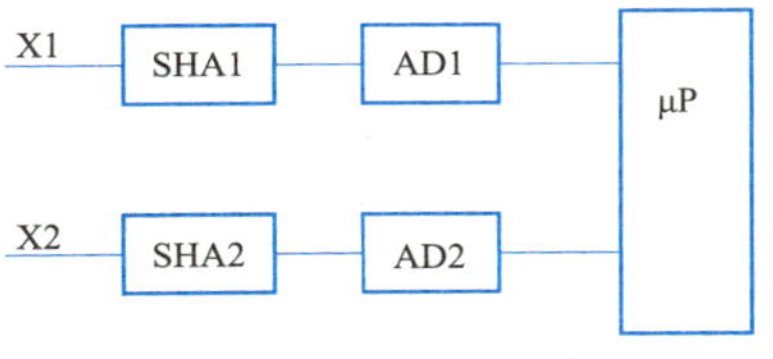

图 3–42　微处理器软件分析法求相位的电路

2）过零比较法

设 X1、X2 为不含直流分量的正弦波或三角波，将 X1、X2 分别经过两个过零比较器变为方波，利用两个方波的上升沿或下降沿的时间差和其中一个方波的周期可求得相位。图 3–43 为用中断法通过过零比较器输出的下降沿求相位的电路，所采用运算放大器无特殊要求。这里要求单片机内部定时器的计数频率与被测信号频率相比足够高，例如相位测试分辨率为 0.1°，定时器的时钟频率应为被测信号频率的 3 600 倍。

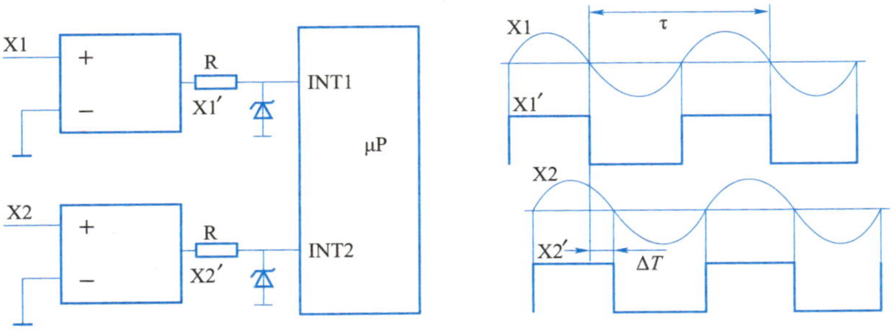

图 3–43　微处理器中断法求相位的电路

4. 时间型信号的检测

时间型信号的检测又称为时间间隔的测量，可以是一个周期信号波形上的同相位两点间的时间间隔；也可以是同一信号波形上两个不同点之间的时间间隔；还可以是两个信号波形上，两点之间的时间间隔。一个周期信号波形上，同相位两点间的时间间隔的测量其实就是波形周期的测量，而相位差的测量也是两个信号波形上，两点之间的时间间隔测量的一种情况，只不过是将计算的时间距离差值通过信号角频率换算为相位差。

时间间隔的基本测量模式如图 3–44 所示，两个独立的输入通道（B 和 C）可分别设置触发电平和触发极性（触发沿）。输入通道 B 为起始通道，用来开通主门，而来自输入通道 C 的信号为计数器的终止信号，计数脉冲（时标）通过主门计数。

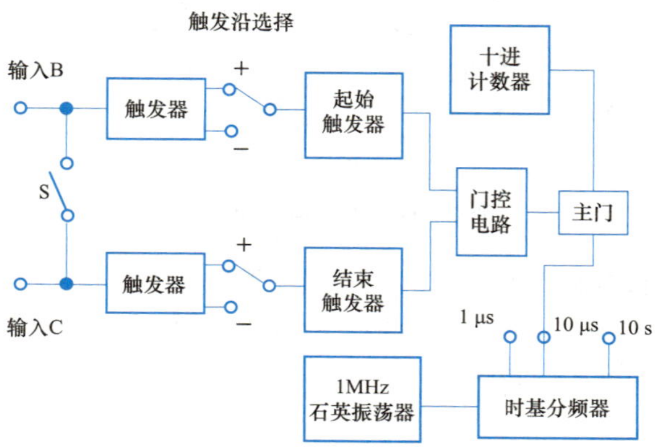

图 3–44　时间间隔的基本测量模式

这种测量模式有两种工作方式：当跨接于两个输入端的选择开关 S 断开时，两个通道是完全独立的，来自两个信号源的信号分别作为起始触发和结束触发控制主门的开闭，以控制计数器工作；当 S 闭合时，两个输入端并联，仅一个信号加到计数器，但可独立地选择触发电平和触发极性的设置，以完成起始和结束控制的功能。

工作波形如图 3–45 所示。例如测量脉冲宽度，只需要接入一个信号，将触发电平设置为 50%的脉冲幅度，触发极性在起始触发一路中设置为上升沿，在结束触发一路中设置为下降沿，则在上升沿、脉冲幅度 50%电平处开始计数，在下降沿、脉冲幅度 50%电平处结束计数，所计时标数为脉冲宽度所经历的时间。

在智能仪器中，可以将被测信号经电平转换为适合微处理器处理的信号，如果待测时间适合微处理器的定时器处理，可直接利用微处理器的定时器求得。图 3–46 所示的电路可以用查询的方式采样电平求取时间：在信号的上升沿启动内部定时器，在信号的下降沿关闭定时器，最后用定时器的计数值和时基确定所求的时间值。

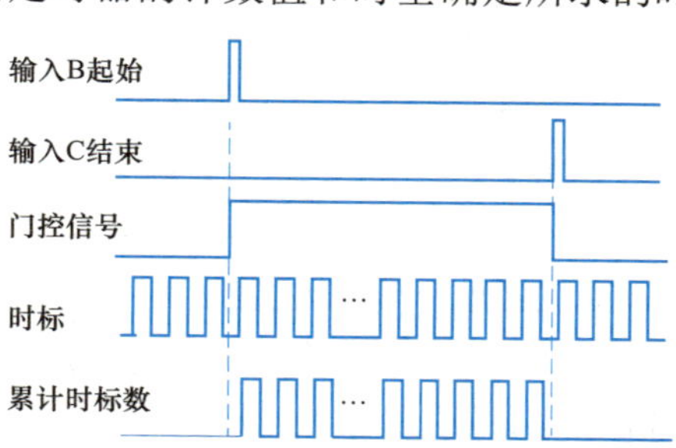

图 3–45　工作波形

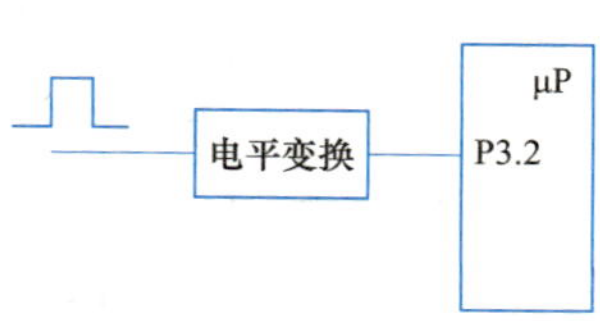

图 3–46　查询方式采样电平

5. 频率及周期型信号的检测

由于频率和周期互成倒数关系，对于智能检测系统来说，计算倒数等不需要作为主要问题考虑，主要考虑的因素是测量精度要高，电路尽可能要简单。使用电子计数器可以直接按照 $f=N/T$ 所表达的频率的定义进行测量，考虑到电子计数器在计数时必然存在的±1 误差，测量低频信号时不宜采用直接测频的方法，否则±1 误差带来的影响比较显著甚至会很惊人。此时可以改为先测量信号的周期，然后计算其倒数得到频率值，此被称为测周的方法。测周的方法同样不具有普遍的适用性，它可以用于测量较低频率的信号，而不适用于测量较高频率信号的场合。

频率量和周期量是数字脉冲型信号，其幅值的大小与被测值无关，但幅值过小达不到 TTL 电平时微处理器将不能识别，幅值过大时又会损伤测量电路，所以该类信号也要有前置放大及衰减电路，以使测量仪器具有较宽的适应性，此外被测信号也可能带有一定的干扰信号，因此需要使用适当的低通滤波。图 3–47 为基本的频率测量电路，适合于测量频率适中的频率量，将被测信号 V_f 经过放大、衰减、滤波及整形电路后变成一个标准的 TTL 信号，直接加在微处理器的计数端，用被测脉冲作为时钟触发微处理器内部计数器进行计数，微处理器内部另设一个定时器，在规定的时间，根据计数数目，求得被测信号的频率，设规定时间为 T_0，计数器的计数值为 N，则被测信号的频率为 f，那么 $f=N/T_0$（Hz）。

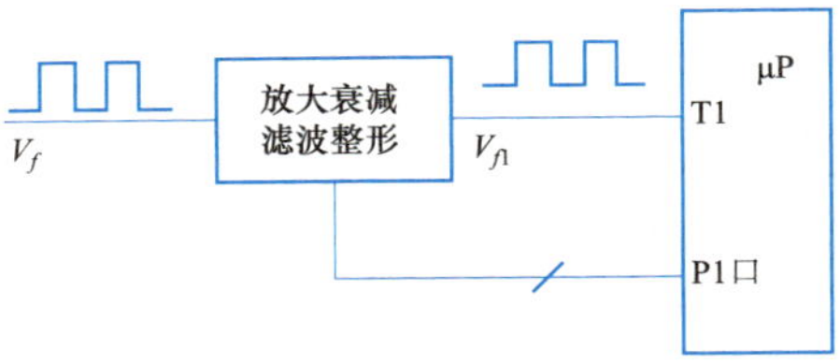

图 3–47　基本的频率测量电路

当被测信号的频率较高时，如 $f>20$ MHz，有可能单片机的速度不能支持计数器正常工作，此时可采用图 3–48 所示的高频信号测量电路，将被测信号经过一个针对高频信号设计的放大、衰减、滤波及整形电路后，先进入一个高速分频器（如 10 分频）后再进入单片机计数端，选择合适的分频数可处理较高的频率信号。

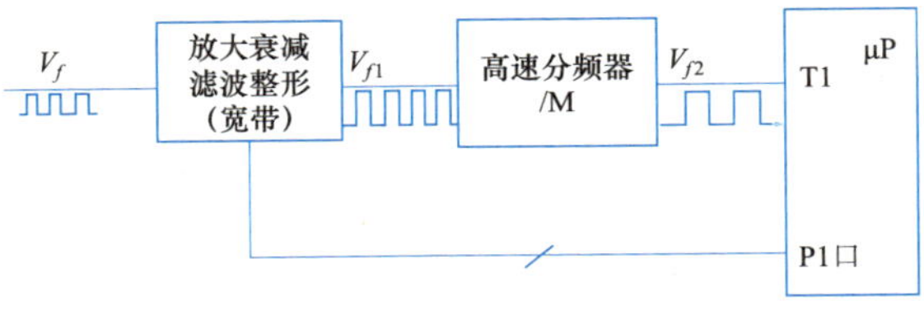

图 3–48　高频信号测量电路

当被测信号频率较低时，测其频率，不但刷新时间长而且测量精度也将变低，比如 50 Hz 的频率在 1 s 内只能计 50 个数，按 1 s 刷新一次的设置其测试精度只有±1 Hz。所以当被测信号的频率较低时我们应该反过来测信号的周期，这样才能提高测量精度和刷新频率。无论要得到频率值还是周期值，都可以遵循高频则测频率，低频则测周期的原则，这样做的结果是不管被测信号在什么频段内都可以达到要求的测量精度。

图 3–49 为测量周期的基本电路，信号 V_t 经过放大、衰减、滤波及整形电路后变为 TTL 电平 V_{t1}，然后 V_{t1} 再经过 2 分频变为 50%占空比的对称方波 V_{t2}，V_{t2} 接入微处理器的中断口

如 INT1 时，VT2 的正脉冲宽度正好是被测信号的周期值，微处理器可用 INT1 上升沿启动内部计数器开始计数，再用 INT1 下降沿结束计数器，由此计算被测信号周期，设内部计数器时钟周期为 T_c，计数值为 N，则被测信号的周期为 T_c/N，如果要得到被测信号的频率求其倒数即可。

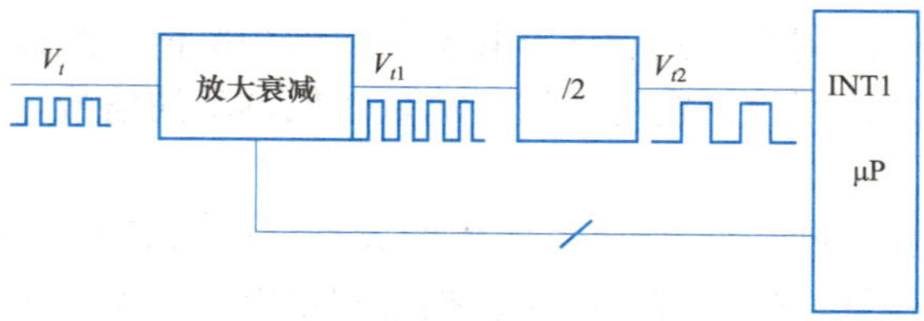

图 3-49　测量周期的基本电路

图 3-50 为通用频率计或计数器的基本电路示意图，该方案可测频率也可测周期，也可做计数器，通过键盘选择和数码显示。可预置高速分频器，由 I/O1 口控制；程控放大、衰减电路由 I/O2 口控制；键盘及显示由微处理器的 I/O3 控制；操作指令由键盘人工给定。输入信号经放大、衰减、滤波及整形电路后先通过可预置数的高速分频器再进入微处理器的 T1 和 INT1 的并联口，在检测时微处理器用试探法初步判断信号频率的高低，然后决定是用测频法还是用测周法测量频率或周期。

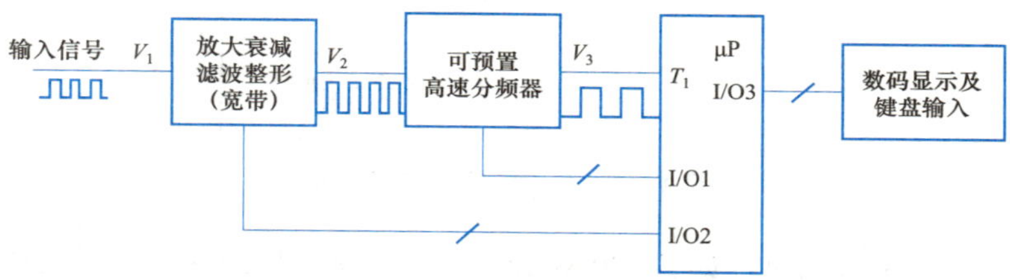

图 3-50　通用频率计或计数器的基本电路示意图

6. 电阻型信号的检测

1）恒流法测电阻

测量电阻的最简单的方法是根据欧姆定理利用一个恒定电流通过电阻先变成电压。图 3-51（a）为恒流法测电阻的基本电路，Rx 为被测电阻，Ic 是已知的恒流源。图 3-51（b）为常见的恒流源产生电路之一，图中 Ve 为基准电压源，R_0 为标准电阻，Ic 为流过负载的电流。

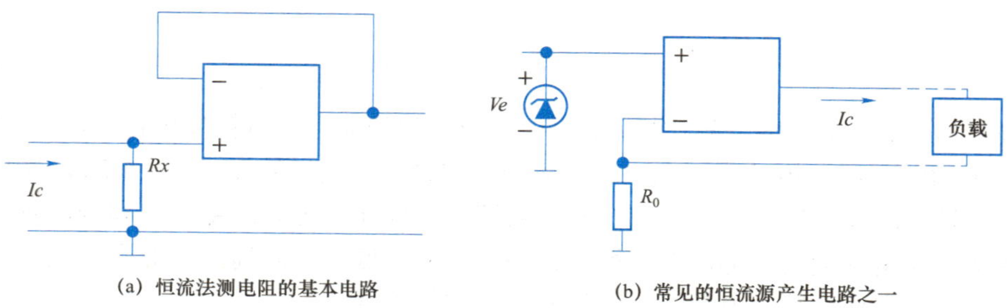

图 3-51　恒流法测电阻

2）恒压法测电阻

如图 3–52 所示，设 V_{ref} 为恒定的电压，R_0 为标准电阻，则：

$$V_0=\frac{V_{\text{ref}}R_0}{R_x+R_0} \tag{3-56}$$

$$R_x=\frac{V_{\text{ref}}R_0}{V_0}-R_0 \tag{3-57}$$

用恒压法测电阻时，参考电压、标准电阻的误差会直接反映在测量值中。

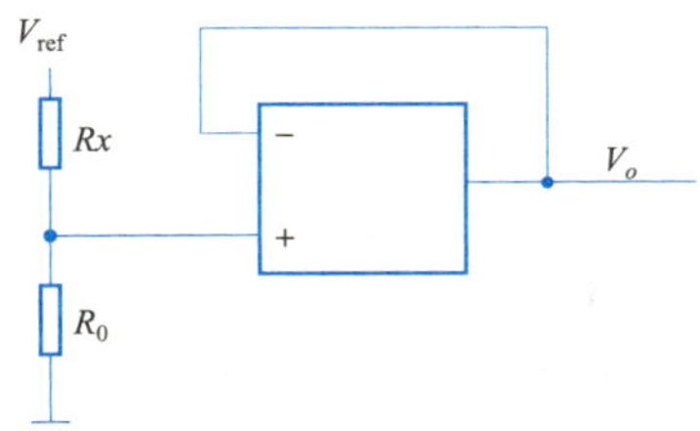

图 3–52　恒压法测电阻

3）恒阻法测电阻

如图 3–53 所示，Ic 为电流源，先让 Ic 通过 R_0 产生电压经 A/D 转换得 D_0，再让 Ic 通过要测电阻 R_{xi} 产生电压经 A/D 转换得 D_i，设 A/D 转换的系数为 K，即 $D=KV_0$，或 $V_0=D/K$，设 V_{oi} 为 Ic 流过 R_x 产生的电压，V_{o0} 为 Ic 流过 R_0 产生的电压。

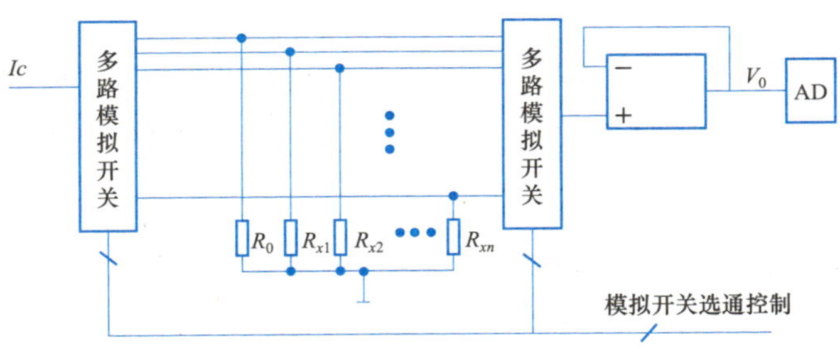

图 3–53　恒阻法测电阻

因 $I_c*R_{xi}=V_{oi}$，$I_c*R_0=V_{o0}$

$$\frac{V_{oi}}{R_{xi}}=\frac{V_{o0}}{R_0}=I_c, R_{xi}=\frac{V_{oi}}{V_{o0}}R_0=\frac{D_i/k}{D_0/k}R_0=\frac{D_i}{D_0}R_0 \tag{3-58}$$

可见电阻的测试结果与电流源 Ic 无关而只与标准电阻有关，这是采用恒阻法测量的一个突出优点，此外该方法测试结果与模拟开关的导通电阻也无关系，而且非常适用于同时检测多个电阻。

4）积分法测电阻

积分法的基本原理是用同一个直流电压、同一电容通过不同的电阻使积分值达到同一值，记录各次积分的时间值，用标准电阻的积分时间和被测电阻的积分时间计算被测电阻值。事实上积分法也是一种恒阻法。图 3–54 为积分电路，其中 R_0 是标准电阻，R_{xn} 为被测电阻，后面再加上比较器及单片机电路就可以用程序来实现求电阻功能。

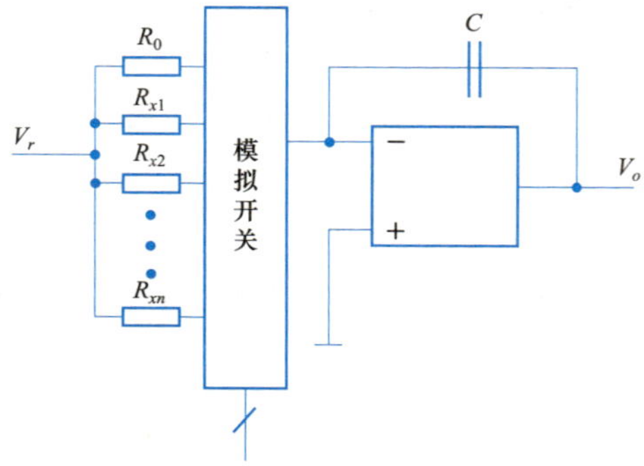

图 3-54　积分电路

设输入电压为 V_r，比较器的参考电压为 V_h，计数器的时基为 T_c，标准电阻积分时间为 T_1，计数值为 D_1，被测电阻积分时间为 T_2，计数值为 D_2，则：

标准电阻积分：$V_h=\frac{1}{R_0C}\int_0^{T_1}\mathrm{d}t=\frac{V_r}{R_0C}T_1=\frac{V_r}{R_0C}T_cD_1$

被测电阻积分：$V_h=\frac{1}{R_{xi}C}\int_0^{T_2}V_r\mathrm{d}t=\frac{V_r}{R_{xi}C}T_2=\frac{V_r}{R_{xi}C}T_cD_2$

因此：$R_{xi}=\frac{D_2}{D_1}R_0$

7. 电容型信号的检测

电容型信号的基本检测方法是采用积分法求电容，其思路和积分法求电阻的思路相同，图 3-55 为积分器的部分电路。除此以外，还有频率法、相位法等方法被用于对电容型信号的检测。

1）频率法测电容

频率法测电容是将电容组成振荡电路，利用振荡频率与电容的关系，通过频率求电容的值。图 3-56 所示为频率法测电容方案之一，用 Cx 和运放组成一个方波发生器，通过求振荡周期 T 或振荡频率 f 都可以求电容 Cx。

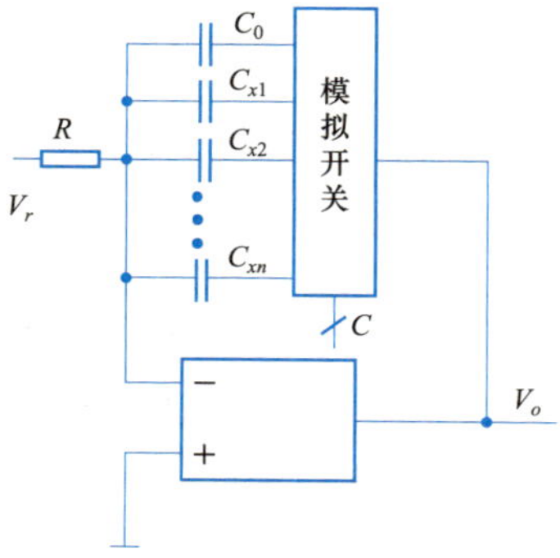

图 3-55　积分器的部分电路

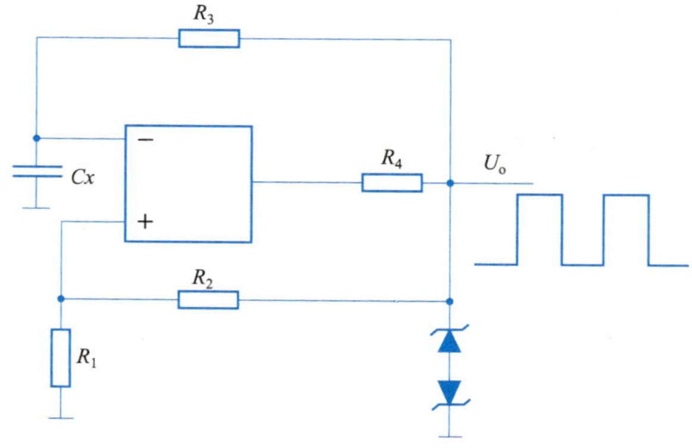

图 3-56　频率法测电容方案之一

2）相位法测电容

相位法测电容如图 3−57 所示，先由微处理器控制 D/A 变换器产生正弦波 A_0，A_0 一路通过纯电阻分压电路产生电压信号 A_1，一路通过被测电容 C_x 与标准电阻 R_0 的分压电路产生电压 A_2，A_2 与 A_1 之间必产生相位差，设 A_1 的相位为 0，A_2 与 A_1 的相位差为：

$$A_2 = A_0 \frac{1/\mathrm{j}\omega C_x}{R_0 + (1/\mathrm{j}\omega C_x)} = A_0 \frac{1}{1+\mathrm{j}\omega R_0 C_x}$$

则相位：$\varphi = -\arctan \omega R_0 C_x$

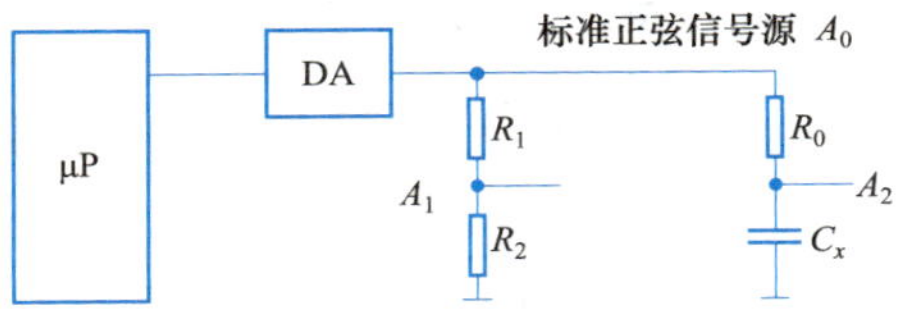

图 3−57 相位法测电容

3.4.3 测量方案的选择

从不同角度出发，有不同的测量分类方法。本节重点通过测量方案案例阐述直接测量、间接测量和联立测量等不同的测量方案。

1. 直接测量

在使用仪表进行测量时，对仪表读数不需要经过任何运算，就能直接表示测量所需的结果，称为直接测量。例如，用磁电式电流表测量电路的支路电流即直接测量。这种测量方法在工程上被大量采用。

2. 间接测量

在使用仪表进行测量时，首先对与被测物理量有确定函数关系的几个量进行测量，将测量值代入函数关系式，经过计算得到所需要的结果，即间接测量。例如，欲测量导线的电阻率，由 $\rho = \frac{\pi d^2 R}{4l}$ 知，只有先经过直接测量，得到导线的 R、l、d 以后，再代入 ρ 的表达式，经计算得到最后所需要的结果 ρ 值。这种测量方法，手续较多，花费时间较长，但与直接测量相比，可以得到较高的测量精度，主要用于实验室测量。

3. 联立测量

在应用传感器进行测量时，若被测物理量必须经过求解联立方程组，才能得到最后结果，则称这样的测量为联立测量。在进行联立测量时，一般要改变测试条件，才能获得联立方程所需要的数据。

例：已知数控机床的进给工作台采用齿轮和丝杠螺母传动机构，工作台的行程 S=250 mm，丝杠的导程 p=4 mm，齿轮的传动比 i=10，要求测量进给工作台的直线位移，测量精度为 0.005 mm，试确定测量方案和选择传感器。

解：有三种测量方案：高速端间接测量、低速端间接测量、低速端直接测量。

（1）高速端间接测量。

高速端间接测量方案如图 3−58 所示，采用增量式光电编码器测量伺服电机的高速轴的转角，然后计算进给工作台的直线位移。设传感器每转的脉冲数为 n_s，则每个脉冲对应的位移为：

$$\Delta l = \frac{p}{i \cdot n_s}$$

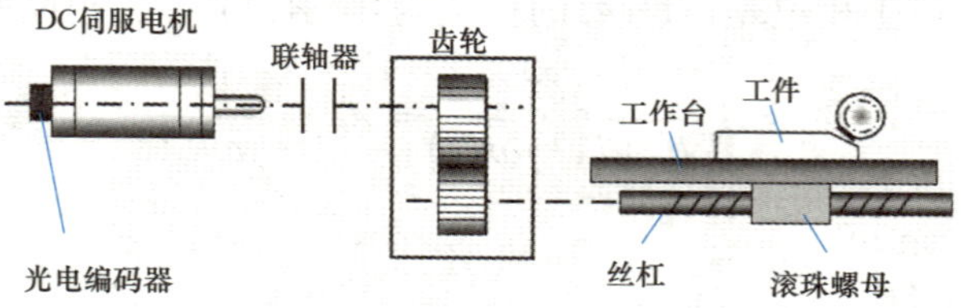

图 3-58　高速端间接测量方案

测量了脉冲数就可以计算测量的工作台直线位移，则对应 0.005 mm 精度的每转的脉冲数为：

$$n_s = \frac{p}{i \cdot \Delta l} = \frac{4}{10 \times 0.005} = 80 p / r$$

参照样本选增量式光电编码器，可以选每转脉冲数为 n_s=100 p/r 的光电编码器。

（2）低速端间接测量。

低速端间接测量方案如图 3-59 所示，采用增量式光电编码器测量低速轴丝杆的转角，然后计算出进给工作台的直线位移。设传感器每转的脉冲数为 n_s，则每个脉冲对应的位移为：

$$\Delta l = \frac{p}{n_s}$$

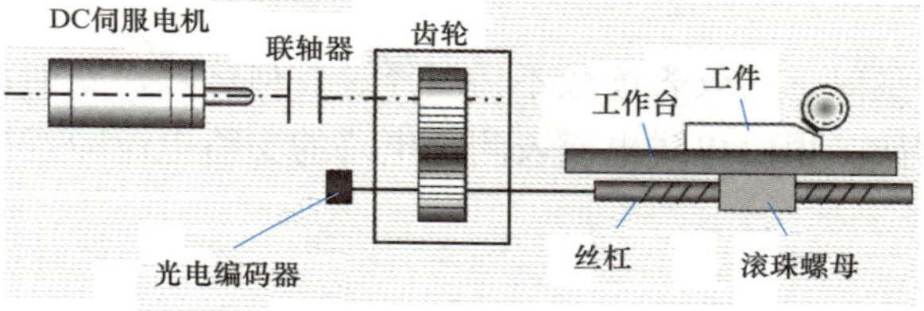

图 3-59　低速端间接测量方案

测量出脉冲数就可以计算测量的工作台的直线位移，则对应 0.005 mm 精度的每转的脉冲数为：

$$n_s = \frac{p}{\Delta l} = \frac{4}{0.005} = 800 p / r$$

参照样本选增量式光电编码器，可以选每转脉冲数为 n_s=1 000 p/r 的光电编码器。

（3）低速端直接测量。

低速端直接测量方案如图 3-60 所示。采用光栅或磁栅直接测量工作台的直线位移，则对应 0.005 mm 测量精度的光栅或磁栅的线性度需要为：

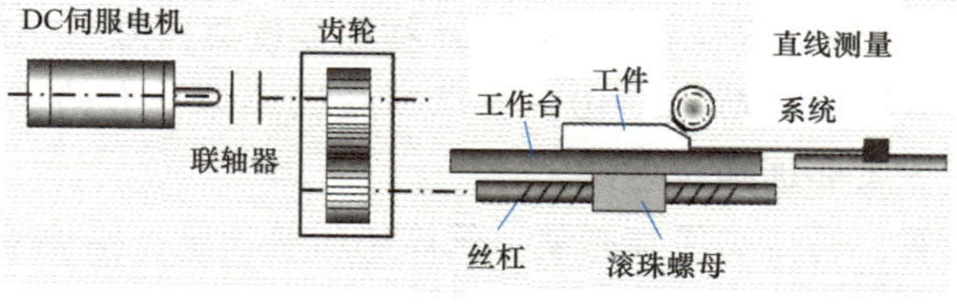

图 3-60　低速端直接测量方案

$$\delta = \frac{\Delta l}{S} = \frac{0.005}{250} = \frac{2}{1\,000\,000}$$

可以看出，直线位移测量对传感器的线性度要求很高。

测量方案对比如下。

（1）高速端间接测量。

优点：传感器安装方便，甚至可以直接使用伺服电机自带的角位移传感器，精度要求低。

缺点：齿轮和丝杆均在控制闭环外，齿轮和丝杆的传动误差不能自动补偿。

（2）低速端间接测量。

优点：增量式旋转编码器可以安装在丝杆或者齿轮箱的输出轴上，精度要求较低。

缺点：齿轮机构含在闭环内，其传动误差可自动补偿；但是丝杆在闭环外，其传动误差不能自动补偿，滚珠丝杆的传动精度很高，若采用滚珠丝杠时采取本方案。

（3）低速端直接测量。

优点：传动机构都在控制闭环内，传动误差可自动补偿，精度不受传动机构误差影响。

缺点：传感器的精度要求较高，安装不方便，较大行程位移测量不适用。

3.5 测量误差的分析与处理

在测量过程中，首先因为测量设备、仪表、测量对象、测量方法、测量者都不同程度受到本身和周围各种因素的影响，而且这些影响因素会不断地变化。其次，测量对象对测量系统施加作用之后，才能使测量系统给出测量结果，也就是说，测量过程一般都会改变测量对象原有的状态。因此，测量结果所反映的并不是测量对象的本来面貌，而只是一种近似结果，故测量不可避免地存在误差。

3.5.1 误差理论中的部分名词

（1）等精度测量：在同一条件下所进行的一系列重复测量称为等精度测量。

（2）非等精度测量：在多次测量中，对测量结果精确度有影响的一切条件而不能完全维持不变的测量称为非等精度测量。

（3）真值：被测量本身所具有的真正值称为真值，真值是一个理想的概念，一般是不知道的，但在某些特定情况下，真值又是可知的，如一个整圆圆周角为 360° 等。

（4）实际值：在排除系统误差的前提下，对于精密测量，当测量次数无限多时，测量结果的算术平均值接近真值，因而可将它视为被测量的真值。但是测量次数是有限的，故按有限测量次数得到的算术平均值，只是统计平均值的近似值，而且由于系统误差不可能完全被排除，因此通常只能把精度更高一级的标准器具所测得的值作为真值。

（5）标称值：测量器具上所标出来的数值。

（6）示值：由测量器具读数装置所指示出来的被测量的数值。

（7）测量误差：用测量器具进行测量时，所测量出来的数值与被测量的实际值（或真值）之差。

（8）精度：反映测量结果与真值接近程度的量。

3.5.2 测量误差的概念

按照误差性质分类（即出现的规律），可把误差分为系统误差、随机误差（也称为偶然误差）和粗大误差；按照测量结果与真值接近程度，可把误差分为准确度、精密度、精确度等；误差从使用角度出发可分为基本误差和附加误差；通常误差用特定的数字形式表示，即按表示方法分类，其可分为绝对误差、相对误差和引用误差 3 种。

1. 系统误差、随机误差和粗大误差

1）系统误差

在相同条件下多次测量同一物理量时，其误差的绝对值和符号保持恒定；或者在条件改变时，按某一确定的规律变化的误差，称为系统误差。其误差值不变的又称为定值系统误差，变化的则称为变值系统误差，如图 3−61 所示，其中 1 为定值系统误差，2 为线性系统误差，3 为周期系统误差，4 为按复杂规律变化的系统误差。

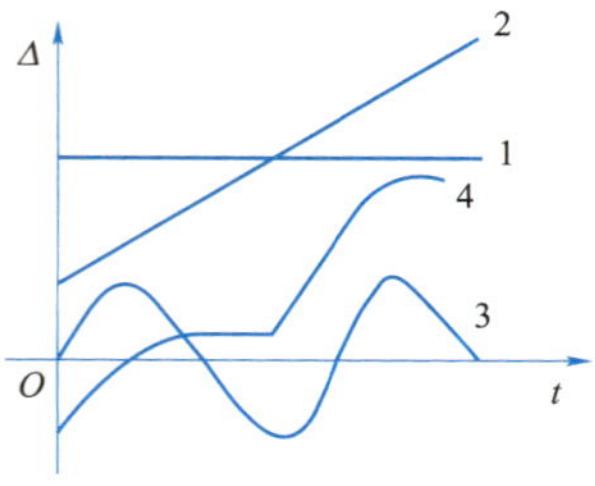

图 3−61 系统误差示意图

系统误差产生的原因主要有：测量工具本身性能不完善；测量设备和电路等安装、布置、调整不当；测量过程中因温度、气压等环境条件发生变化；测量方法或者测量所依据的理论本身不完善等，总之系统误差的特征是出现的规律性和产生原因的可知性。

2）随机误差

在相同条件下和短时间内，多次测量同一物理量时，在已经消除引起系统误差的因素之后，测量结果仍有误差，而其变化是无规律的随机变化，这类误差称为随机误差。随机误差服从统计规律，如正态分布、均匀分布等。引起随机误差的原因都是一些微小且无法控制的因素，只能用概率论和数理统计的方法去计算它出现的可能性，随机误差具有下列特性。

（1）绝对值相等、符号相反的误差在多次重复测量中出现的可能性相等。

（2）在一定测量条件下，随机误差的绝对值不会超出某一限度。

（3）绝对值小的随机误差比绝对值大的随机误差在多次重复测量中出现的机会多。

3）粗大误差

粗大误差的产生是由于测量者在测量时疏忽大意或环境条件的突变而造成的，粗大误差一般都比较大，没有规律性。

在测量中，系统误差、随机误差、粗大误差三者同时存在，但其对测量过程及结果的影响不同，因此测量精度也有不同的划分。

2. 精度

1）精密度

精密度是随机误差大小的标志，说明传感器输出值的分散性，如某测温传感器的精密度为 0.5℃，即表示多次测量结果的分散程度不大于 0.5℃。

2）准确度

准确度是传感器系统误差大小的标志，即输出值与真值的偏离程度。如某流量传感器的准确度为 0.3 m/s，表示输出值与真值偏离 0.3 m/s。准确度高的传感器精密度不一定高。

3）精确度

精密度与准确度两者的总和为精确度，精确度高表示精密度和准确度都比较高。在最简单的情况下，可取两者的代数和。精确度常以测量误差的相对值表示。

在测量中，若系统误差小，称测量的准确度高；若随机误差小，称测量的精密度高；若

二者综合影响小，称测量的精确度高。

3. 基本误差和附加误差

1）基本误差

基本误差是指测量系统（仪表）在规定的标准条件下所具有的误差。例如，仪表是在电源电压（220±5）V、电网频率（50±2）Hz、环境温度（20±5）℃、大气压（1.013×10^5 $\pm1.0\times10^8$）Pa、湿度（65±5）%的条件下标定的，如果这台仪表今后也在这个条件下工作，则仪表所具有的误差为基本误差。

2）附加误差

当传感器测量系统（仪表）的使用条件偏离额定条件时，就会出现附加误差。附加误差是指传感器或仪表的使用条件偏离额定条件下出现的误差。例如，温度附加误差、频率附加误差、电源电压波动附加误差等。

3.5.3　一般测量误差的表示方法

1. 绝对误差

某一被测量的测量值 X 与真值 A_0 的差值为绝对误差 ΔX。

$$\Delta X = X - A_0 \tag{3-59}$$

由于真值是无法求得的，在实际测量中、常用多次测量的平均值，或上级标准仪器测量所得的示值 A 代替真值 A_0，其中 A 称为约定真值。

2. 相对误差

相对误差常用来表示测量精度的高低，有实际相对误差和示值相对误差两种。

（1）实际相对误差。实际相对误差是用绝对误差 ΔX 与被测量的约定值 A 的百分比来表示的相对误差，即：

$$\delta_A = \frac{\Delta X}{A}\times100\% \tag{3-60}$$

（2）示值相对误差。示值相对误差是用绝对误差 ΔX 与仪器示值 X 的百分比来表示的相对误差，即：

$$\delta_X = \frac{\Delta X}{X}\times100\% \tag{3-61}$$

3. 引用误差

引用误差是仪表中通用的一种误差表示方法，是用绝对误差 ΔX 与仪器满度值 X_{FS} 的百分比来表示的相对误差，又称满量程相对误差，即：

$$\delta_F = \frac{\Delta X}{X_{FS}}\times100\% \tag{3-62}$$

当 ΔX 取最大值时的满度相对误差常用来确定仪表的精度等级。国家规定电工仪表精确度等级分为 0.1、0.2、0.5、1.0、1.5、2.5、5.0 七级。例如 0.2 级表的引用误差的最大值不超过±0.2%。

3.5.4　测量误差的来源

1. 方法误差

方法误差是指由于测量方法不合理所引起的误差。如用电压表测量电压时，没有正确地估计电压表的内阻对测量结果的影响而造成的误差。在选择测量方法时，应考虑现有测量设备及测量的精度要求，并根据被测量本身的特性来确定采用何种测量方法和测量设备。正确的测量方法，可以得到精确的测量结果，否则不但无法得到正确的测量结果，还可能损坏仪器和元器件等。

2. 理论误差

理论误差是由于测量理论本身不够完善而采用近似公式或近似值计算测量结果时所引起的误差。例如，传感器输入输出特性为非线性但简化为线性特性，传感器内阻大而转换电路输入阻抗不够高，或是处理时采用略去高次项的近似经验公式，以及简化的电路模型等都会产生理论误差。

3. 测量装置误差

测量装置误差是指测量仪表系统本身不完善而引入的误差。如仪表刻度不准确或非线性，测量仪表中所用的标准量具的误差，测量装置本身电气或机械性能不完善，仪器、仪表的零位偏移等。

4. 环境误差

环境误差是测量仪表的工作环境与要求条件不一致所造成的误差。如温度、湿度、大气压力、振动、电磁场干扰、气流扰动等引起的误差。

5. 人身误差

人身误差是由于测量者本人的不良习惯、操作不熟练或疏忽大意所引起的误差。如念错读数、读刻度示值时总是偏大或偏小等。在测量工作中，对于误差的来源必须认真分析，采取相应措施，以减小误差对测量结果的影响。

3.5.5 测量误差的估计与校正

测量误差的性质不同，对测量结果的影响及处理方法也不同。定值系统误差一般可用实验对比法发现，并用修正法等予以消除；变值系统误差一般可用残余误差观察法发现，并从硬件和软件两个方面采取措施进行消除。比如从软件上采用“对称法”，可消除线性变值系统误差，采用“半周期法”，可消除周期性变值系统误差等。

在测量中，随机误差对测量过程及结果的影响是必然的，但有明显的不确定性，借助概率与数理统计，以及必要的数据处理，只能描述随机误差的影响极限范围，进而给出最接近真值的测量结果，但随机误差无法消除。

在测量中，有粗大误差的测量结果是不可取的，即有粗大误差影响的测量值必须根据一定的规则（如拉依达准则、肖维纳准则等）判断出来，并予剔除。

1. 系统误差估计与校正

1）系统误差的发现与判别

由于系统误差对测量精度影响比较大，必须消除系统误差的影响，才能有效地提高测量精度，下面介绍发现系统误差的常用方法。

（1）实验对比法。该方法通过改变产生系统误差的条件进行测量，以发现系统误差，此法适用于发现固定的系统误差。如一台测量仪表本身存在固定系统误差，即使进行多次测量也难发现。只有用更高一级精度的测量仪表测量，才能发现这台测量仪表的系统误差。

（2）剩余误差观察法。剩余误差为某测量值与测量平均值之差，即 $v_i = x_i - \bar{x}$ ，根据测量数据的各个剩余误差大小和符号的变化规律，可以直接由误差数据或误差曲线图形来判断有无系统误差。这种方法主要适用于发现有规律变化的系统误差。若剩余误差如图 3-62（a）

所示，有规律地递增或递减，且在测量开始与结束时误差相反，则存在线性系统误差；若剩余误差如图 3-62（b）所示，符号有规律地逐渐由负变正，再由正变负，且循环交替重复变化，则存在周期性系统误差；若剩余误差有图 3-62（c）所示的变化规律，则应怀疑同时存在线性系统误差和周期性系统误差。

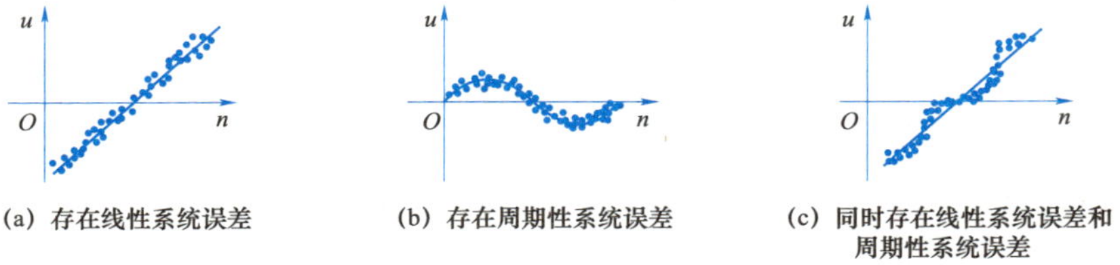

图 3-62　剩余误差变化规律

（3）不同公式计算标准误差比较法。对等精度测量可用不同公式计算标准误差，通过比较可发现系统误差。常采用贝塞尔公式得到重复性标准偏差σ_1，将σ_1和佩捷斯公式计算的σ_2进行比较。

$$\sigma_1=\sqrt{\frac{\sum_{i=1}^{n}(x_i-\bar{x})^2}{n-1}}$$

$$\sigma_2=\sqrt{\frac{\pi}{2}}\frac{\sum_{i=1}^{n}|v_i|}{\sqrt{n(n-1)}} \tag{3-63}$$

其中，残余误差$v_i=x_i-\bar{x}$，令$\sigma_1/\sigma_2=1+u$，若

$$|u|\geqslant\frac{2}{\sqrt{n-1}} \tag{3-64}$$

则怀疑测量中存在系统误差。

（4）计算数据比较法。对同一量进行测量得到多组数据，通过比较数据，判断是否满足随机误差条件，以发现系统误差。例如，对同一量独立测量 m 组结果，求得算术平均值和均方根误差为$\bar{x}_1$，σ_1；$\bar{x}_2$，σ_2；…；$\bar{x}_i$，σ_i；…；$\bar{x}_j$，σ_j；…；$\bar{x}_m$，σ_m。任意两数据（$\bar{x}_i$，$\bar{x}_j$ 的均方根误差为$\sqrt{\sigma_i^2+\sigma_j^2}$。任意两组数据$\bar{x}_i$和$\bar{x}_j$之间不存在系统误差的条件是：

$$|\bar{x}_i-\bar{x}_j|<2\sqrt{\sigma_i^2+\sigma_j^2} \tag{3-65}$$

（5）马利科夫准则。马利科夫准则适用于判断、发现和确定线性系统误差。此准则的实际操作方法是将在同一条件下顺序重复测量得到的一组测量值 x_1，x_2，…，x_n 顺序排列，并求出它们相应的残差 v_1，v_2，…，v_i，…，v_n。将这些残差序列以中间值 v_k 为界分为前后两组，分别求和，然后把两组残差和相减，即

$$M=\sum_{i=1}^{k}v_i-\sum_{i=k+1}^{n}v_i \quad 当为偶数时，k=\frac{n}{2}$$
$$当为奇数时，k=\frac{n+1}{2} \tag{3-66}$$

若 M 近似等于零，说明测量中不含线性系统误差；若 M 明显不为零（且大于 v_i），则表

明这组测量中存在线性系统误差。

（6）阿贝–赫梅特准则。

阿贝–赫梅特准则适用于判断、发现和确定周期性系统误差。此准则的实际操作方法也是将在同一条件下重复测量得到的一组测量值 x_1，x_2，…，x_n 顺序排列，并求出它们相应的残差 v_1，v_2，…，v_i，…，v_n，然后计算：

$$A=\left|\sum_{i=1}^{n-1}v_i v_{i+1}\right|=\left|v_1v_2+v_3v_4+\cdots+v_{n-1}v_n\right| \tag{3-67}$$

如果 $A>\sigma^2\sqrt{n-1}$ 成立（σ^2 为本测量数据序列的方差），则表明测量值中存在周期性系统误差。

2）系统误差的校正

当存在系统误差时，针对产生系统误差的主要原因采取相应措施对测量过程中可能产生系统误差的环节做仔细分析，找出产生系统误差的主要原因，并采取相应措施。可从电路设计、测量方法和测量数据处理等方面进行修正，通常采用以下方法。

（1）补偿法。在电路和传感器结构设计中，常选用在同一有干扰变量作用下、能产生误差相等而符号相反的零部件或元器件作为补偿元件。例如，采用负温度系数的热敏电阻补偿正温度系数电阻的温度变化；采用负温度系数的电容补偿正温度系数的电阻引起的时间常数的变化；采用磁分流器补偿磁路气隙中因温度变化引起的磁感应强度的变化等。

（2）差动法。相同的参数变换器（如电阻、电容、电感变换器）具有相同温度系数，若将其接入电桥相邻不同端的两桥臂，它们在同一温度场，参数和温度系数相同，则温度变化引起的参数变化值相等，电桥输出不受影响。在检测仪器中，几乎都采用差动电桥的形式，既可提高灵敏度，又可降低温度和由零位引起的误差。

（3）比值补偿法。测量电路中常采用分压器和放大器，其变换系数与所用电阻元件的电阻比值有关。为保证系统精确，要求每个电阻精确度高，但代价很高。如选用的电阻具有相等相对误差和相同温度系数时，温度变化虽使电阻值变化，但仍能保证比值精确性。

（4）测量数据的修正。测量传感器和仪器经过检定后，可以准确测量误差，当再次测量时，可以将已知的测量误差作为修正值，对测量数据进行修正，从而获得更精确的测量结果。

（5）选择恰当的测量方法消除系统误差。

对置法：消除恒值系统误差。

对称法：消除累进系统误差。

若选定整个测量时间范围内的某时刻为中点，则对称于此点的各对测量值的和都相同。根据这一特点，可在时间上将测量顺序等间隔对称安排，取各对称点两次交叉读入测量值，然后取其算术平均值作为测量值，即可有效地减小测量的线性系统误差。

（6）半周期法。对周期性系统误差，可以相隔半个周期进行一次测量。取两次读数的算术平均值，即可有效地减小周期性系统误差。因为相差半周期的两次测量，其误差在理论上具有大小相等、符号相反的特征，这种方法在理论上能很好地减小和消除周期性系统误差。

2. 随机误差估计与处理

在测量中，当系统误差被尽力消除或减小到可忽略的程度后，仍会出现重复多次测量同一被测量，有读数不稳定的现象，说明存在随机误差。由随机误差性质可知，它服从统计规律，它对测量结果的影响可用均方根误差 σ（又称标准误差）表示。

$$\sigma = \sqrt{\frac{\sum_{i=1}^{n} \Delta x_i^2}{n}} \tag{3-68}$$

式中：n——测量次数；

Δx_i——第 i 次的绝对误差，$\Delta x_i = x_i - A_0$，A_0——真值，x_i——第 i 次的测量值。

在实际测量中，测量次数 n 是有限的，真值 A_0 不易得到，因而用 n 次测量值的算术均值 $\overline{x}$ 代替真值，第 i 次测量误差，这时均方根误差为：

$$\sigma = \sqrt{\frac{\sum_{i=1}^{n} (\Delta x_i - \overline{x})^2}{n-1}}$$

用 $\overline{x}$ 代替 A_0 产生的算术平均值的标准误差为：

$$\overline{\sigma} = \sigma / \sqrt{n} \tag{3-69}$$

测量结果可表示为 $x_i = \overline{x} \pm \overline{\sigma}$ 或 $x_i = \overline{x} \pm 3\overline{\sigma}$

均方根误差 σ 的物理意义是：在测量结果中随机误差出现在 $-\sigma$～$+\sigma$ 范围内的概率是 68.3%，出现在 -3σ～$+3\sigma$ 范围内的概率是 99.7%。3σ 是置信限，大于 3σ 的随机误差被认为是粗大误差，则该测量结果无效，此数据予以剔除。

思　考　题

1. 传感器是如何构成的？
2. 简述传感器的种类及不同传感器的检测原理。
3. 简述传感器的特性及选用原则。
4. 简述电压型、电流型、电阻型和电容型传感器的检测接口电路。
5. 如何利用传感器构建传感检测系统，实现机床工作台的位移和速度的检测？
6. 传感器的测量误差有几种类型？如何判别不同的误差？
7. 如何消除和减小系统误差？
8. 如何减小随机误差？

第 4 章

信号处理技术

学习要点

理解信号放大技术和信号滤波技术，了解信号的调制解调，了解信号的种类，理解信号的频谱特性分析，掌握信号的数字化处理方法。

思政要点

信号处理技术的发展是一个漫长的过程，十九世纪初法国数学家傅里叶提出的傅里叶变换，经过了一个多世纪，才被广泛应用于信号处理。本章通过介绍信号处理相关理论的起源和应用，激励学生树立为追求真理敢于坐冷板凳的坚韧精神。

引言

信号处理（signal processing）是对各种类型的电信号按各种预期目的及要求进行提取、变换、分析、综合等处理的过程。人们对于信号处理的需求和实践自古就有，随着电子计算机的出现和应用，从 20 世纪 60 年代开始，傅里叶变换、衍生的拉普拉斯变换、Z 变换，到现代的快速傅里叶变换等，广泛地与高速计算机结合，促进了数字信号处理技术的发展，开启了信号处理的一个崭新时代。现代信号处理技术以强大的渗透力，应用于许多工程领域。机械制造业利用信号处理分析机械结构振动的模型，从而改进振动性能及结构；飞机制造业应用信号处理检查发动机的传动特性及磨损情况；航天遥感利用信号处理检测地面植被情况的分类及气象云层的分布；医学领域利用信号处理实现 B 超、X 光片，以及生理电信号的分析诊断等。信号处理技术的应用已发展到不次于电子计算机应用的广泛程度。机电一体化系统通过传感器将相关信息转换为电信号，为了更好地利用信号，就要对信号进行处理，例如电信号弱小时，需要对它进行放大；混有噪声时，需要对它进行滤波；当频率不适应于传输时，需要进行调制及解调；信号遇到失真畸变时，需要对它进行均衡；当信号类型复杂，信息量大时，需要进行识别等。

4.1 信号处理技术概述

利用传感器把采集到的信息转化为电信号传送给控制器，使控制器能够感知被测对象的状态和特征等信息，但是利用传感技术采集到的有用信号总是和各种噪声混杂在一起，有时本身也不明显，难以直接识别和利用。只有分离信号与噪声，并经过必要的处理和分析、清除和修正系统误差之后，才能准确地提取信号中所含的有用信息。因此，采集到的传感信号需要通过信号处理技术分析信号噪声，提高信噪比；需要从信号中提取有用信息，掌握实际的真实信息及修正传感系统诸如线性误差、温度影响等干扰因素带来的信息偏差等。

4.1.1　信号的分类与描述

通常来说，信息是指存在于客观世界的一种事物形象，一般泛指消息、情报、指令、数据和信号等有关周围环境的知识。消息是指用来表达信息的某种客观对象，如电报中的电文、电话中的声音、电视中的图像和雷达探测的目标距离等都是消息。信号，是指消息的表现形式，是带有信息的某种物理量，如电信号、光信号和声信号，等等。信号代表着消息，消息中又含有信息，因此信号可以看作是信息的载体。信号的分类如图 4-1 所示。

- 信号
  - 确定性信号
    - 周期信号
      - 谐波信号
      - 一般周期信号
    - 非周期信号
      - 准周期信号
      - 一般非周期信号
  - 非确定性信号
    - 平稳随机信号
      - 各态历经信号
      - 非各态历经信号
    - 非平稳随机信号

图 4-1　信号的分类

1. 确定性信号与随机信号

确定性信号：对于指定的某一时刻 t，可确定相应的函数值 $f(t)$ 与之对应的信号（有限个不连续点除外）。

随机信号（非确定性信号）：不能以明确的数学表达式表示的信号，只能知道该信号的统计特性。

2. 连续时间信号与离散时间信号

连续时间信号：自变量时间 t 在其定义域上除有限个间断点外，其余是连续可变的信号，简称连续信号。幅值和时间都是连续的信号，又称为模拟信号。

离散时间信号：时间（其定义域为一个整数集）是离散的，只在某些不连续的时刻给出函数值，在其他时间没有定义的信号（或称序列），简称离散信号，时间与幅值都具有离散性的信号为数字信号。

3. 实信号与复信号

实信号：用物理方法可实现的信号都是时间的实函数，即在各时刻的函数值均为实数。

复信号：信号由实部和虚部组成，虽然在实际中不能产生复信号，但是为了便于理论分析，有时采用复信号来代表某些物理量。

4. 周期信号与非周期信号

周期信号：一个连续信号 $f(t)$，若对所有 t 均有 $f(t)=f(t+mT), m=0,\pm1,\pm2,\cdots$，则称 $f(t)$ 为连续周期信号，满足上式的最小 T 值称为 $f(t)$ 的周期。

非周期信号：当 $T\to\infty$ 时，$f(t)$ 变为非周期信号。

5. 能量信号与功率信号

能量信号：能量为有限值的信号称为能量有限信号，简称能量信号。

功率信号：功率为有限值的信号称为功率有限信号，简称功率信号。

有些信号既不属于能量信号，也不属于功率信号。

6. 普通信号与奇异信号

信号包含不连续点，或者其导数与积分存在不连续点的信号称为奇异信号；而不包含这些点的信号即为普通信号。

7. 一维信号与多维信号

一维信号：可以由一个自变量描述的信号。

多维信号：需要由多个自变量描述的信号。

4.1.2 信号处理的基本过程

信号处理过程由模拟信号处理和数字信号处理两部分组成，模拟信号处理过程由一系列能实现模拟运算的电路，诸如模拟滤波器、乘法器、微分放大器等环节组成，模拟信号处理可以作为数字信号处理的前奏，例如滤波、限幅、隔直、解调等预处理；数字信号处理是用数字方法处理信号，它既可在通用计算机上借助程序来实现，也可以用专用信号处理器来完成。数字信号处理的基本步骤包括 4 个环节。

1. 信号调整

信号调整的目的是把信号调整成为便于数字处理的形式，具体包括以下 4 个方面。

（1）电压幅值调整，使信号幅值与 A/D 转换器的测量范围相适应。

（2）必要的滤波，以提高信噪比，并衰减信号中不感兴趣的高频成分，减小频混的影响。

（3）隔离信号中不应有的直流分量。

（4）如果原信号为调制信号，还应先行解调。

2. 模数（A/D）转换

A/D 转换是将预处理的模拟信号变为数字信号，为数字信号采集装置，数字信号处理系统的性能指标与信号采集装置有密切关系。

3. 数字信号分析计算

对采集到的数字信号进行分析和计算，可用数字运算器件组成的信号处理器完成，也可以在通用电子计算机上通过程序软件或采用软硬件结合的方法完成。

对于信号的分析计算，主要包括时域中的概率统计、相关分析，建模和识别，以及频域中的频谱分析、功率谱分析、频率响应函数分析等。

4. 输出结果

运算结果可以直接显示或打印，若后接 D/A，还可以得到模拟信号输出。如有需要还可以将数字信号处理结果送入后接计算机或通过后续程序做其他处理。

4.2 信号的放大处理

信号的放大技术是信号调理过程的重要环节，模拟信号的方法常选用运算放大器（简称运放）来实现。随着电子技术的发展，运放的集成度越来越高，通用性和精度也越来越高。

4.2.1 运算放大器基本原理

运算放大器是目前应用最广泛的一种器件，当外部接入不同的线性或非线性元器件组成输入和负反馈电路时，可以灵活地实现各种特定的函数功能，如可组成比例、加法、减法、积分、微分、对数等模拟运算电路。运算放大器一般由四部分组成：偏置电路、输入级、中间级、输出级。

运算放大器 U_-对应的端子为“−”，当输入 U_-单独加于该端子时，输出电压与输入电压 U_-反相，故称它为反相输入端。U_+对应的端子为“+”，当输入 U_+单独由该端加入时，输出电压与 U_+同相，故称它为同相输入端。

运算放大器的输出 $U_o=A(U_+-U_-)$；A 称为运算放大器的开环增益（开环电压放大倍数）。实际运用中经常将运放理想化，这是由于一般来说，运放的输入电阻很大，开环增益也很大，输出电阻很小，可以将之视为理想化的，即开环电压增益→∞；输入阻抗→∞；输出阻抗=0；带宽→∞；失调与漂移均为零等。

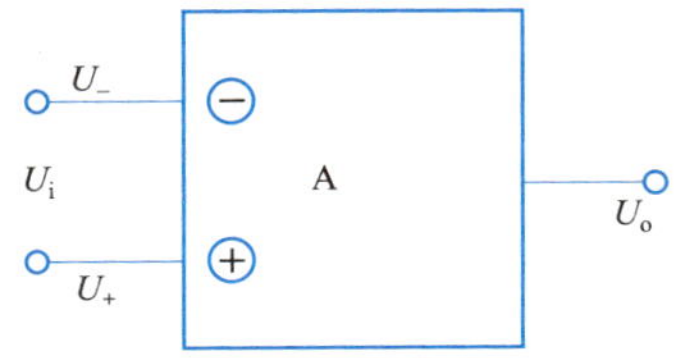

图 4-2　运算放大器示图

运算放大器输出电压 U_o 与输入电压之间满足 $U_o=A\times(U_+-U_-)$，由于开环增益 $A\to\infty$，而 U_o 为有限值，因此，$U_+-U_-\approx 0$。即 $U_+\approx U_-$，称为“虚短”。

由于输入阻抗→∞，故流进运放两个输入端的电流可视为零，称为“虚断”，这说明运放对其前级的吸取电流极小。

“虚短”和“虚断”的两个特性是分析理想运放应用电路的基本原则，可简化运放电路的计算。

4.2.2　放大电路的典型应用

1. 比例电路

所谓的比例电路就是将输入信号按比例放大的电路，比例电路主要分为反相比例电路和同相比例电路。

1）反相比例电路

反相比例电路如图 4-3 所示，输入信号加在反相输入端。

对于理想运放，该电路的输出电压与输入电压之间的关系为：

$$U_o=-\frac{R_f}{R_1}U_i \tag{4-1}$$

为了减小输入级偏置电流引起的运算误差，在同相输入端应接入平衡电阻 $R'=R_1//R_f$。

输出电压 U_o 与输入电压 U_i 成比例关系，方向相反，改变比例系数，即改变两个电阻的阻值就可以改变输出电压的值。

2）同相比例电路

同相比例电路如图 4-4 所示，跟反相比例电路本质上差不多，而输入信号加在同相输入端。

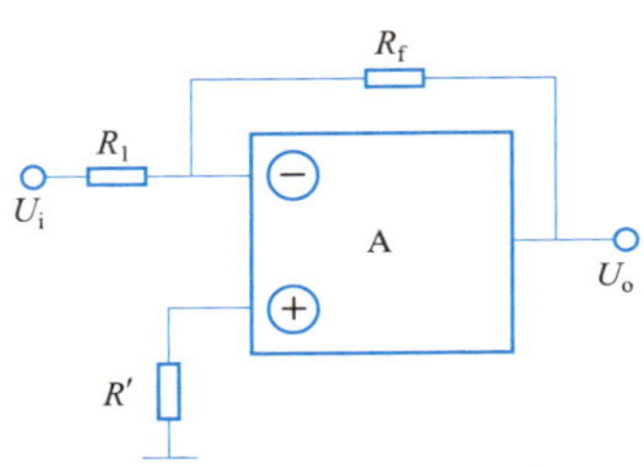

图 4-3　反相比例电路

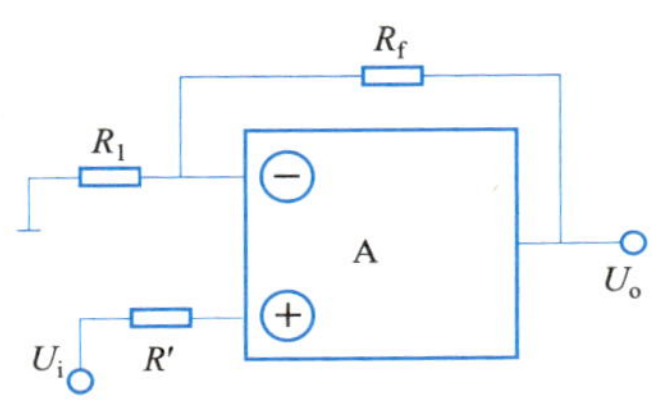

图 4-4　同相比例电路

它的输出电压与输入电压之间的关系为：

$$U_o = \left(1 + \frac{R_f}{R_1}\right) U_i \qquad (4\text{-}2)$$

$$R' = R_1 // R_f \qquad (4\text{-}3)$$

只要改变比例系数就能改变输出电压，且 U_i 与 U_o 的方向相同，同相比例电路对集成运放的共模抑制比要求高。

2. 和/差电路

1）反相求和电路

反相求和电路如图 4–5 所示（输入端的个数可根据需要进行调整）：

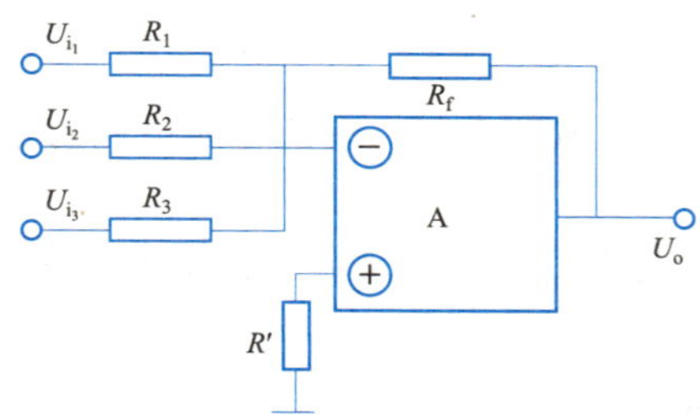

图 4–5 反相求和电路

其中电阻 R'满足：

$$R' = R_1 // R_2 // R_3 // R_f \qquad (4\text{-}4)$$

反相求和电路的输出电压与输入电压的关系为：

$$U_o = -R_f\left(\frac{U_{i_1}}{R_1} + \frac{U_{i_2}}{R_2} + \frac{U_{i_3}}{R_3}\right) \qquad (4\text{-}5)$$

反相求和电路的特点与反相比例电路相同，可以十分方便地通过改变某一电路的输入电阻，来改变电路的比例关系，而不影响其他支路的比例关系。

2）同相求和电路

同相求和电路如图 4–6 所示（输入端的个数可根据需要进行调整）。

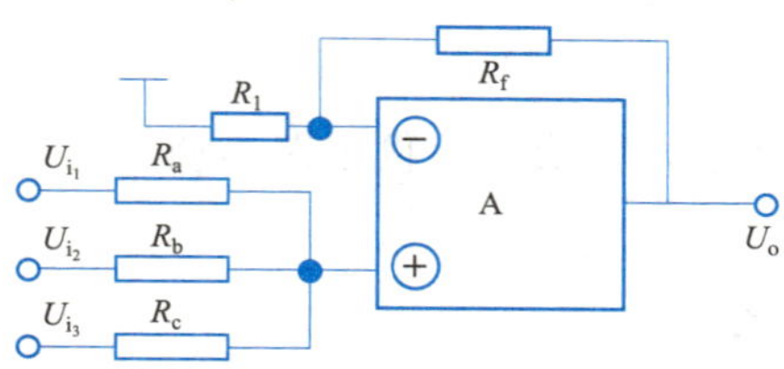

图 4–6 同相求和电路

同相求和电路的输出电压与输入电压的关系为：

$$U_o = \left(1 + \frac{R_f}{R_1}\right) R_f \left(\frac{R_b // R_c}{R_a + R_b // R_c} U_{i_1} + \frac{R_a // R_c}{R_b + R_a // R_c} U_{i_2} + \frac{R_a // R_b}{R_c + R_a // R_b} U_{i_3}\right) \qquad (4\text{-}6)$$

同相求和电路的调节不如反相求和电路，而且它的共模输入信号大，因此它的应用不是很广泛。

3. 积分电路和微分电路

1）积分电路

积分电路如图 4–7 所示，它是利用电容的充放电来实现积分运算，可实现积分运算及产生三角波形等。

它的输入、输出电压的关系为：

$$u_o = \frac{-1}{RC}\int_0^{t_1} u_i \mathrm{d}t + u_C\big|_{t=0} \tag{4-7}$$

其中：$u_C\big|_{t=0}$ 表示电容两端的初始电压值，如果电路输入的电压波形是方形，则产生三角波形输出。

2）微分电路

微分是积分的逆运算，它的输出电压与输入电压呈微分关系。微分电路如图 4–8 所示。

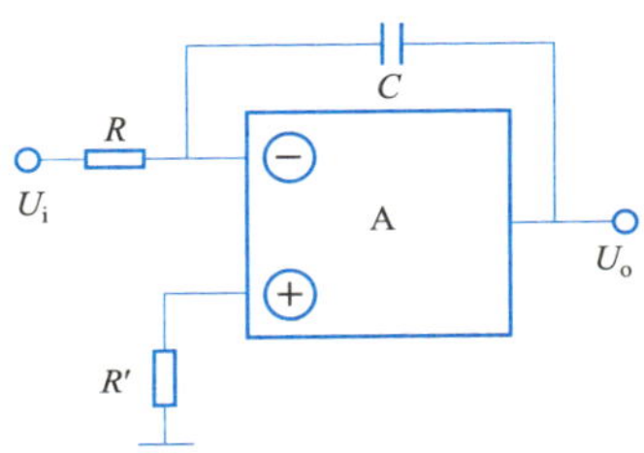

图 4–7　积分电路

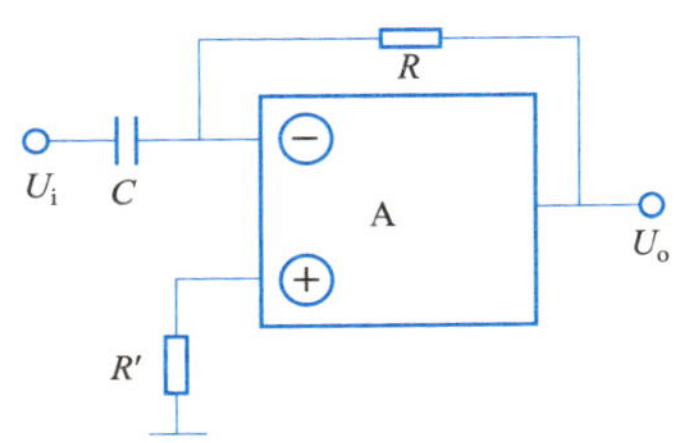

图 4–8　微分电路

它的输入、输出电压的关系为：

$$u_o = -RC\frac{\mathrm{d}u_i}{\mathrm{d}t} \tag{4-8}$$

4.3　信号的滤波处理

4.3.1　滤波的基础知识

滤波器的功能：滤波器是具有频率选择作用的电路或运算处理系统，具有滤除噪声和分离各种不同信号的功能。

滤波器按处理信号形式分类，可以分为：模拟滤波器和数字滤波器；按功能分类，可以分为：低通、高通、带通、带阻；按电路组成分类，可以分为：LC 无源、RC 无源、RC 有源滤波器；按传递函数的阶数分类，可以分为：一阶、二阶、高阶滤波器。

4.3.2　RC 无源滤波器

滤波电路的作用：允许规定范围内的信号通过，使规定范围之外的信号不能通过。

（1）低通滤波器：允许低频率的信号通过，将高频信号衰减。

（2）高通滤波器：允许高频信号通过，将低频信号衰减。

（3）带通滤波器：允许一定频带范围内的信号通过，将此频带外的信号衰减。

（4）带阻滤波器：阻止某一频带范围内的信号通过，允许此频带以外的信号衰减。

仅由无源元件（电阻、电容、电感）组成的滤波电路，为无源滤波电路。无源滤波器的电路增益小，驱动负载能力差。将无源滤波器和有源放大器组合成为有源滤波器，其中无源滤波器用于频率选择，有源放大器提供电压增益，有源滤波器所使用的基本元件主要是电阻器、电容器、晶体管和运算放大器。有些有源滤波器还使用特殊的有源器件，如电荷耦合器件（CCD）、电流传送器等。

在传感检测系统中，常用 RC 滤波器。因为在这一领域中，信号频率相对来说不高。而 RC 滤波器电路简单，抗干扰性强，有较好的低频性能，并且选用标准的阻容元件，所以在工程测试领域中经常使用。

1. 一阶 RC 低通滤波器

RC 低通滤波器的电路及其幅频、相频特性如图 4-9 所示。

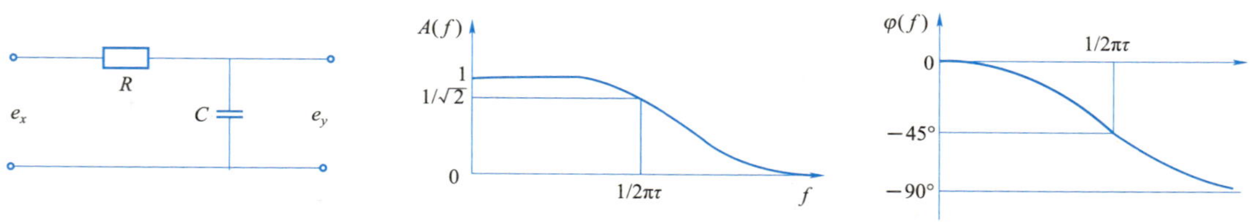

图 4-9　RC 低通滤波器的电路及其幅频、相频特性

设滤波器的输入电压为 e_x，输出电压为 e_y，电路的微分方程为：

$$RC\frac{\mathrm{d}e_y}{\mathrm{d}t}+e_y=e_x \tag{4-9}$$

这是一个典型的一阶系统。令 $\tau=RC$，称为时间常数，对上式取拉氏变换，有：$\tau sE_y+E_y=E_x$，令传递函数为 $H(s)=\dfrac{E_y}{E_x}=\dfrac{1}{\tau s+1}$ 或 $H(f)=\dfrac{1}{\mathrm{j}2\pi\tau f+1}$。

其幅频、相频特性公式为：

$$A(f)=|H(f)|=\frac{1}{\sqrt{(2\pi\tau f)^2+1}} \tag{4-10}$$

$$\varphi(f)=-\arctan(2\pi\tau f) \tag{4-11}$$

通过其幅频、相频特性公式分析可知，当 f 很小时，$A(f)=1$，信号不受衰减的通过；当 f 很大时，$A(f)=0$，信号完全被阻挡，不能通过。

2. 一阶 RC 高通滤波器

RC 高通滤波器的电路及其幅频、相频特性如图 4-10 所示。

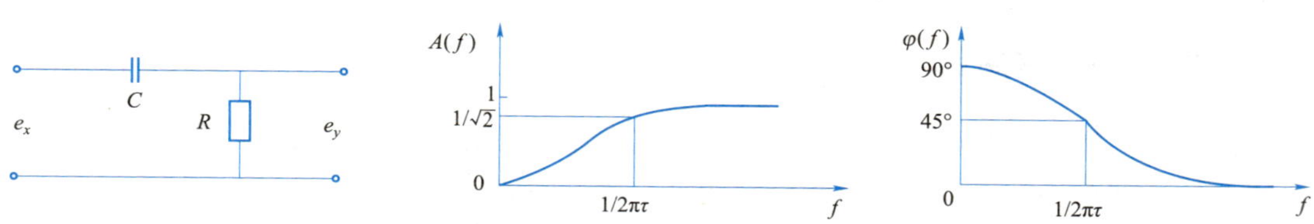

图 4-10　RC 高通滤波器的电路及其幅频、相频特性

设滤波器的输入电压为 e_x，输出电压为 e_y，电路的微分方程为：$\dfrac{1}{RC}\int e_y\mathrm{d}t+e_y=e_x$。

同理，令 $\tau=RC$，对上式取拉氏变换，有 $H(s)=\frac{E_y}{E_x}=\frac{\tau s}{\tau s+1}$ 或 $H(f)=\frac{j2\pi\tau f}{j2\pi\tau f+1}$

其幅频、相频特性公式为：

$$A(f)=|H(f)|=\frac{2\pi\tau f}{\sqrt{(2\pi\tau f)^2+1}} \tag{4-12}$$

$$\varphi(f)=-\arctan\left(\frac{1}{2\pi\tau f}\right) \tag{4-13}$$

通过其幅频、相频特性公式分析可知，当 f 很小时，$A(f)=0$，信号完全被阻挡，不能通过；当 f 很大时，$A(f)=1$，信号不受衰减地通过。

3. RC 带通滤波器

带通滤波器可以看作为低通滤波器和高通滤波器的串联。RC 带通滤波器的电路及其幅频、相频特性如图 4-11 所示。

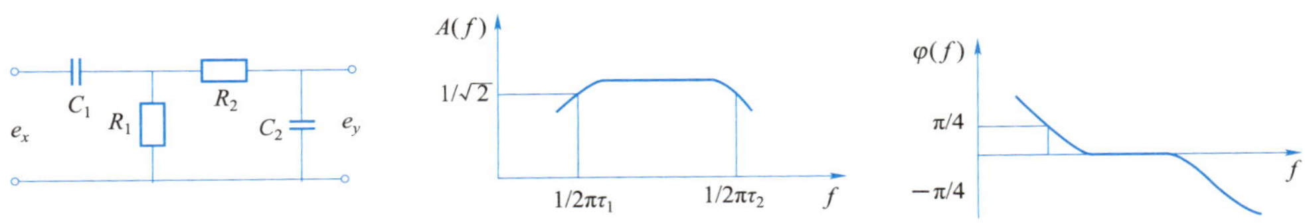

图 4-11　RC 带通滤波器的电路及其幅频、相频特性

其幅频、相频特性公式为：$H(s)=H_1(s)*H_2(s)$

式中 $H_1(s)$为高通滤波器的传递函数，$H_2(s)$为低通滤波器的传递函数。有：

$$A(f)=|H(f)|=\frac{2\pi\tau_1 f}{\sqrt{(2\pi\tau_1 f)^2+1}}\frac{1}{\sqrt{(2\pi\tau_2 f)^2+1}} \tag{4-14}$$

$$\varphi(f)=\arctan\left(\frac{1}{2\pi\tau_1 f}\right)-\arctan(2\pi\tau_2 f) \tag{4-15}$$

这时极低和极高的频率成分都完全被阻挡，此信号频率成分不能通过；只有位于频率通带内的信号频率成分能通过。

当高、低通两级串联时，应消除两级耦合时的相互影响，因为后一级成为前一级的“负载”，而前一级又是后一级的信号源内阻，实际上两级间常用射极输出器或者用运算放大器进行隔离，所以实际的带通滤波器常常是有源滤波器，其中的运算放大器既可起级间隔离作用，又可起信号幅值的放大作用。

4.3.3　RC 有源滤波器

有源滤波器是指利用运算放大器、电阻和电容组成的滤波电路，可用在信息处理、数据传输、抑制干扰等方面。因受运算放大器频带限制，这种滤波器主要用于低频范围，一阶有源低通滤波器是最基本的滤波器，其电路如图 4-12（a）所示，它是由一级 RC 低通电路的输出再接上一个同相输入比例放大器构成，其幅频特性如图 4-12（b）所示，通带以外以−20 dB/10 倍频程衰减。

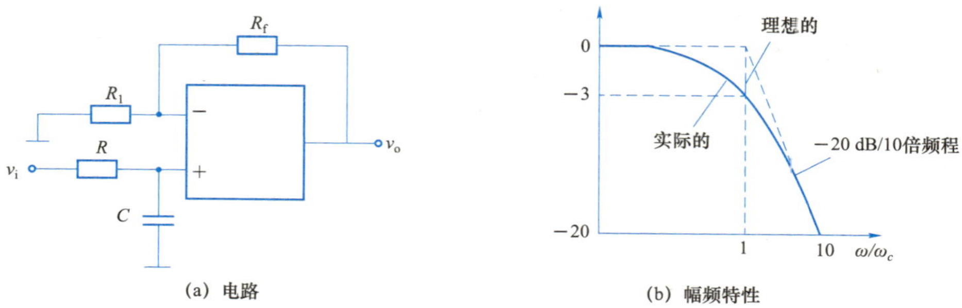

图 4-12 一阶有源低通滤波器

该电路的传递函数为：

$$A_v(j\omega)=\frac{V_o(j\omega)}{V_i(j\omega)}=\frac{1+R_f/R_1}{1+j\omega/\omega_c}=\frac{A_{vo}}{1+j\omega/\omega_c} \tag{4-16}$$

式中 $\omega_c=\frac{1}{RC}$ 称为截止角频率，传递函数的模为 $|A_v(j\omega)|=\frac{A_{vo}}{\sqrt{1+(\omega/\omega_c)^2}}$，幅角为 $\varphi(\omega_c)=-\arctan\omega/\omega_c$。

4.4 信号的调制与解调

4.4.1 信号调制的基本概念

用一个信号（称为调制信号）去控制另一个信号（称为载波信号），让后者的某一特征参数如幅值、频率、相位，按前者变化的过程，就称为调制。调制的作用是把消息置入消息载体，便于传输或处理。调制是各种通信系统的重要基础，也广泛用于广播、电视、雷达、测量仪等电子设备。在通信系统中为了适应不同的信道情况（如数字信道或模拟信道、单路信道或多路信道等），常常要在发信端对原始信号进行调制，得到便于信道传输的信号，然后在收信端完成调制的逆过程——解调，还原出原始信号。

用来传送消息的信号叫作载波信号，代表被传送消息的信号叫作调制信号，调制后的信号叫作已调信号。用调制信号控制载波的参数，使之随调制信号而变化，就可实现调制。载波信号可以是正弦波或脉冲波，所传送的消息可以是话音、图像或其他物理量，也可以是数据、电报和编码等信号，其中前几种是模拟信号，后者是数字信号。调制是一种非线性过程。载波被调制后产生新的频率分量，通常它们分布在载频 f_c 的两边，占有一定的频带，分别叫作上边带和下边带。这些新频率分量与调制信号有关，是携带着消息的有用信号。调制的目的是实现频谱搬移，即把被传送消息的频谱，变换到载波附近的频带，使消息更便于传输或处理。

调制的种类很多，分类方法也不一致。

（1）按调制信号的形式可分为模拟调制和数字调制：用模拟信号调制称为模拟调制；用数据或数字信号调制称为数字调制。

（2）按载波信号的种类可分为脉冲调制、正弦波调制和强度调制（如对非相干光调制）等。调制的载波分别是脉冲、正弦波和光波等。正弦波调制有幅度调制、频率调制和相位调制三种基本方式，后两者合称为角度调制。此外还有一些变异的调制，如单边带调幅、残留边带调幅等。脉冲调制也可以按类似的方法分类。

（3）此外还有复合调制和多重调制等，不同的调制方式有不同的特点和性能。

4.4.2 幅度调制与解调

幅度调制是一种广泛使用的模拟调制方式。正弦载波幅度随调制信号而变化的调制，叫作正弦波幅度调制，简称调幅（AM）。它是用低频调制电压去控制高频载波信号的幅度，如图 4-13 所示。调幅的技术和设备比较简单，频谱较窄，抗干扰性能较差，广泛应用于长中短波广播、小型无线电话、电报等电子设备中。

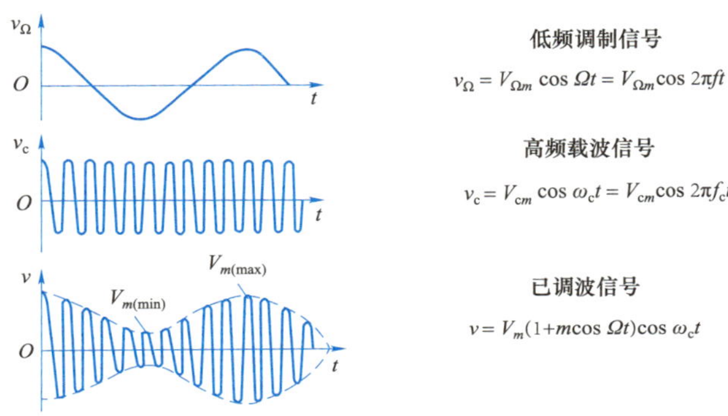

图 4-13　低频信号经高频载波信号调制波形图

既然高频载波的幅度随低频调制波而变，所以已调波同样随时间而变。即有：

$$v=\left(V_{cm}+kV_{\Omega m}\cos \Omega t\right)\cos \omega_c t=V_{cm}\left(1+\frac{kV_{\Omega m}}{V_{cm}}m\cos \Omega t\right)\cos \omega_c t=V_{cm}\left(1+m\cos \Omega t\right)\cos \omega_c t$$

式中 m 是调幅波的调制系数（调幅度），当 $m<1$ 时，实现了不失真的调制，而当 $m>1$ 时，调制后的波形包络线将与调制波不同，即产生了失真，或称超调。

利用三角公式将调制波表达式展开，可得

$$v=V_{cm}\left(1+m\cos \Omega t\right)\cos\omega_c t$$
$$=V_{cm}\cos\omega_c t+\frac{m}{2}V_{cm}\cos\left(\omega_c+\Omega\right)t+\frac{m}{2}V_{cm}\cos\left(\omega_c-\Omega\right)t$$

上式表明，载波信号经单一信号调制后将出现三个频率分量，即载波频率分量 f_c，上边频分量 f_c+F，下边频分量 f_c-F。载波信号经单一信号调制后的频谱图如图 4-14 所示。

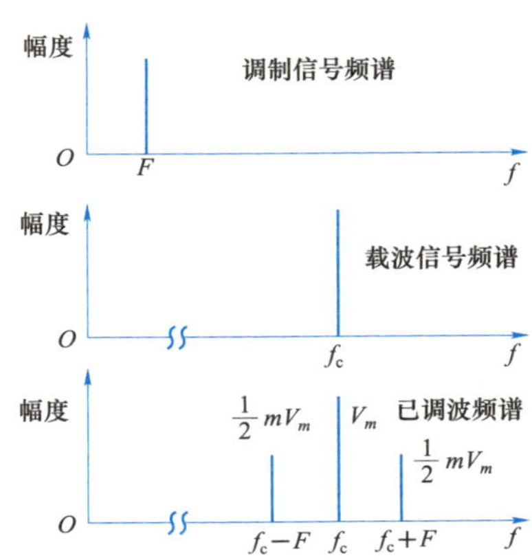

图 4-14　载波信号经单一信号调制后的频谱图

由频谱图可见，幅度调制在频域上是将调制信号 F 搬移到了载频的两边，其实质是一种频率变换。其带宽为：$BW=2F\left(\text{Hz}\right)$。

在实际应用中，调制信号不是单一频率，例如：我们讲话的语音信号，其信号频率为几百至几千赫，经调制后，各个频率产生了各自的上边频和下边频，叠加后形成了上边带和下边带，如图 4–15 所示。

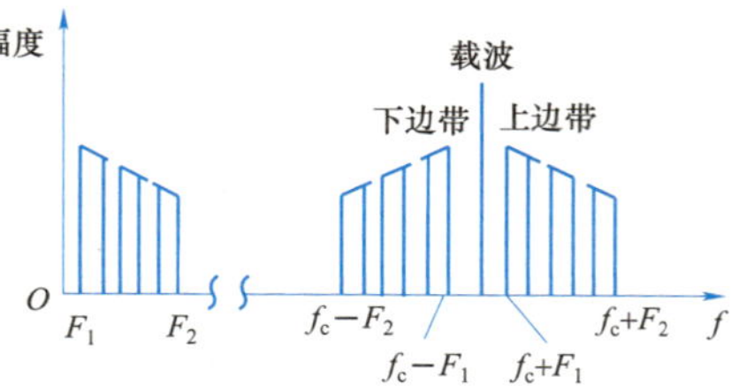

图 4–15　实际调制信号

图 4–15 中上下边频幅度相等，对称出现，这时调幅波的带宽为：$BW=2F_{max}$，是调制信号最高频率的二倍。

由于载波只是运载信息的工具，不包含有用信息。所以在发送时为节约功率，可以只发送边带信号，而不发送载波，称为抑制载波的双边带（DSB）信号发送。

$$v=V_{cm}\left[\cos\left(\omega_c+\Omega\right)t+\cos\left(\omega_c-\Omega\right)t\right] \tag{4–17}$$

它可以看成调制信号和高频载波信号相乘得到：

$$v=Kv_c v_\Omega=KV_{cm}V_{cm}\cos\Omega t\cos\omega_c t=v_\Omega=\frac{1}{2}KV_{cm}V_{cm}\left[\cos\left(\omega_c+\Omega\right)t+\cos\left(\omega_c-\Omega\right)t\right]$$

式中 K 为乘法系数。由于上下边带对称，为节省频带，采用抑制载波的单边带（SSB）信号发送，其表达式为：$v=V_{cm}\cos\left(\omega_c+\Omega\right)t$ 或 $v=V_{cm}\cos\left(\omega_c-\Omega\right)t$。

我们的最终目的是要实现调制信号的远距离传送，所以还必须在接收侧将已调制的信号解读出来，这个解调的过程就称为检波。有个很形象的比喻：将书信绑在箭上射出去的过程叫调制和发射，找到箭后取下书信就叫接收和检波。

调幅波的解调（不失真地还原信息）功能电路也称振幅检波器（简称检波器），它也是一种频谱搬移过程。从原理上讲，要在包含调制波信息的已调波中还原出调制波信息，必须有非线性器件，使之产生新的频率分量，并把高频载波的高频分量滤除，因此，振幅检波器的组成框图如图 4–16 所示。

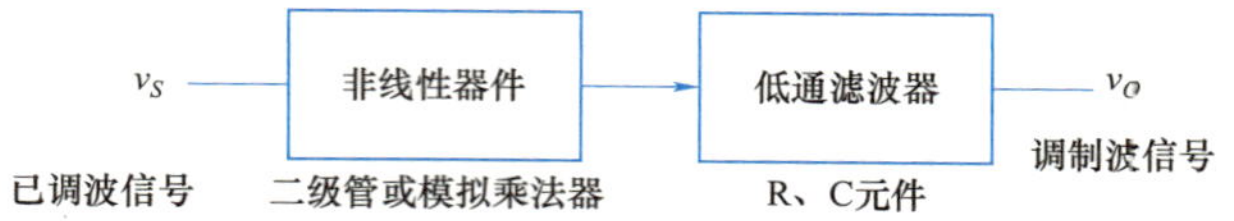

图 4–16　振幅检波器的组成框图

在各种幅度调制中，由于波形差异和频谱结构的不同，其调制方法也不同，但最基本的调制方法有两种：包络检波和同步检波。

1. 包络检波

调制后的信号是一个以载波频率为其频率，振幅与调制信号同步变化的上下对称的波，即其振幅变化的包络就是我们需要的信号，包络检波也得名于此。因为这个包络是上下对称互相抵消，为了得到它就必须将 AM 信号削去一半，可以通过使用具有单向导电特性的半导体二极管等整流元件实现，只需 AM 信号的正半周或负半周通过，即可得到半个 AM 信号，再用电容等将细密振动的载波成分通过旁路吸收，得到最终信号，完成整个检波过程，使用简单的二极管就能达到目的，一般收音机都是采用这种检波方式。

2. 同步检波

同步检波主要用于对抑制载波的双边带调幅波和单边带调幅波进行解调，也可以用来解调普通调幅波。同步检波器由乘法器和低通滤波器两部分组成，它与包络检波器的区别在于检波器的输入除了有需要进行解调的调幅信号电压外，还必须外加一个频率和相位与输入信号载频完全相同的本地载频信号，经过相乘和滤波后得到原调制信号。

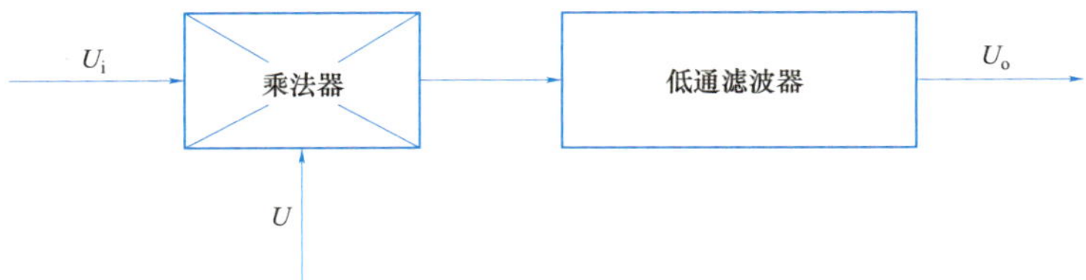

图 4-17　同步检波器的组成框图

4.4.3　频率调制与解调

角度调制与线性调制不同，已调信号频谱不再是原调制信号频谱的线性搬移，而是频谱的非线性变换，会产生与频谱搬移不同的新的频率成分，故又称非线性调制。角度调制可分为频率调制（FM）和相位调制（PM），即载波的幅度保持不变，而载波的频率或相位随基带信号变化的调制方式。如果载波的频率变化量与调制信号电压成正比，则称为调频（FM）；如果载波的相位变化量与调制信号电压成正比，则称为调相（PM）。由于载波频率的变化和相位的变化都表现为载波总相角的变化，因此将调频和调相统称为调角，本节将介绍频率调制（FM）。

1. 调制原理

角度调制是用调制信号去控制载波信号角度（频率或相位）变化的一种信号变换方式，当信号经过频率调制后，频率结构将发生变化。也就是说，比如在调频信号中，载波信号的频率随着基带调制信号的幅度变化而变化。调制信号幅度变大时，载波信号的频率也变大（或变小），调制信号幅度变小时，载波信号的频率也变小（或变大）；在频率调制中，载波的幅度保持不变。

在模拟调制中，一个连续波有三个参数可以用来携带信息而构成已调信号。当幅度和相位保持不变时，改变载波的频率使之随调制信号的大小而改变，这就是调频的概念。

角度调制的一般原理：

$$\begin{aligned} s(t) &= A\cos\left[\omega_c t+\theta(t)\right] \\ &= A\cos\left[\left(\omega_c+\frac{\mathrm{d}\varphi(t)}{\mathrm{d}t}\right)t\right] \end{aligned} \tag{4-18}$$

式中：　A——载波的振幅；

$\theta(t)$——已调信号的瞬时相位，rad；

$\varphi(t)$——已调信号的瞬时相位偏移，rad；

$\omega_c+\frac{\mathrm{d}\varphi(t)}{\mathrm{d}t}$——已调信号的瞬时角频率，rad/s；

$\frac{\mathrm{d}\varphi(t)}{\mathrm{d}t}$——已调信号的瞬时角频率偏移，rad/s。

频率调制（FM）是已调信号的瞬时角频率偏移随原始基带信号线性变化，即 $\frac{d\varphi(t)}{dt}=k_f m(t)$，其中 k_f 为调频灵敏度，m（t）为原始基带信号，则：

$$s_{FM}(t)=A\cos\left[\omega_c t+k_f\int_{-\infty}^{t}m(t)dt\right] \tag{4-19}$$

2. 解调原理

频率调制的非相干解调（鉴频法）主要就是设计一个具有线性频率—电压转换特性的鉴频器，其作用是输出一个与输入信号频率成线频率成性关系的信号，分为斜率鉴频器、锁相环鉴频器、频率负反馈解调器等类型，理想鉴频器可以等效成带微分器的包络检波器，信号过微分器后，可得：

$$s(t)=-k_d A\left[\omega_c+k_f m(t)\right]\sin\left[\omega_c t+k_f\int_{-\infty}^{\infty}m(t)dt\right] \tag{4-20}$$

最终解调输出：$m_o(t)=k_d k_f m(t)$。

k_d 为鉴频器灵敏度。鉴频器的缺点是对信道噪声及其他因素引起的已调信号幅度畸变有反应，故常在鉴频器前加限幅器和带通滤波器。

4.5 信号分析技术

4.5.1 信号分析技术概述

信号分析是指利用物理或数学的方法从信号中提取有用信息的过程，通常来说，用四种变量域来描述信号，即时间域、幅值域、频率域和时频域，对应的信号分析方式为时域分析、幅域分析、频域分析和时频分析。

1. 信号的时域分析

直接观测或记录的信号一般是随时间变化的物理量，以时间为自变量的信号表达，称为信号的时域描述，信号的时域分析是求取信号在时域中的特征参量及信号波形在不同时刻的相似性和关联性。常用的信号时域特征参量有峰值、峰峰值、均值、方差、均方值和均方根值等。

（1）峰值与峰峰值：峰值是指信号在时间间隔 T 内的最大值，用 x_f 表示，即：

$$x_f=\left|x(t)\right|_{\max} \tag{4-21}$$

峰峰值是信号在时间间隔 T 内的最大值和最小值之差，用 x_{f-f} 表示，即：

$$x_{f-f}=\left|x(t)\right|_{\max}-\left|x(t)\right|_{\min} \tag{4-22}$$

峰值与峰峰值表示了信号的动态范围，即信号的分布区间。

（2）均值：均值只是信号在时间间隔 T 内的平均值，用 μ_x 表示，即：

$$\mu_x=\frac{1}{T}\int_0^T x(t)dt \tag{4-23}$$

均值表示了信号大小的中心位置或常值分量，也称固定分量或直流分量。

（3）方差：信号的方差表示信号的分散程度或波动程度，用 σ_x^2 表示，即：

$$\sigma_x^{\ 2}=\frac{1}{T}\int_0^T\left[x(t)-\mu_x\right]^2\mathrm{d}t \tag{4-24}$$

为了与其他信号量纲一致，经常采用方差的平方根均方差（标准差）σ_x 来表示信号的分散程度。

（4）均方值和均方根值：信号的均方值也称平均功率，表示了信号的强度，用 φ_x^2 表示，即：

$$\varphi_x^{\ 2}=\frac{1}{T}\int_0^T x^2(t)\mathrm{d}t \tag{4-25}$$

信号的均方根值是均方值的平方根，也称有效值，它表示了信号的平均能量。

（5）自相关函数。

① 相关是指两个随机变量之间在统计意义上的线性关系。

② 相关系数：可定量说明随机变量 x 和 y 之间的相关程度，即：

$$\rho_{xy}=\frac{E\left[\left(x-\mu_x\right)\left(y-\mu_y\right)\right]}{\sigma_x\sigma_y} \tag{4-26}$$

信号 $x(t)$ 的自相关函数定义为：

$$R_x(\tau)=\lim_{T\to\infty}\frac{1}{T}\int_0^T x(t)x(t-\tau)\mathrm{d}t \tag{4-27}$$

（6）互相关函数：两个信号之间依赖关系的相关统计量。

信号 $x(t)$， $y(t)$ 的互相关函数定义为：

$$R_{xy}(\tau)=\lim_{T\to\infty}\frac{1}{T}\int_0^T x(t)y(t-\tau)\mathrm{d}t \tag{4-28}$$

2. 信号的频域分析

描述信号的自变量若是频率，则称其为信号的频域描述。将时域信号变换至频域加以分析的方法，即以频率作为独立变量建立信号与频率的函数关系，称为频域分析或频谱分析。

1）周期信号概述

周期信号是经过一定时间可以重复出现的信号，它满足条件

$$x(t)=x(t+nT) \tag{4-29}$$

式中：T 为周期，$n=0,\pm1,\pm2,\cdots$

谐波信号的一般表达式为：

$$x(t)=A\cos(\omega t+\varphi) \tag{4-30}$$

式中：A——谐波信号的幅值；

ω——谐波信号的角频率；

φ——谐波信号的初相位。

周期和圆频率之间的关系为：

$$\omega T=2\pi \tag{4-31}$$

周期的倒数称为频率，记为 f。

$$f=\frac{1}{T}=\frac{\omega}{2\pi} \tag{4-32}$$

2）傅里叶级数与周期信号的展开

（1）傅里叶级数的三角函数展开式。

设周期信号 $x(t)$，其周期为 T_0，傅里叶级数的三角函数形式为：

$$\begin{aligned}x(t)&=a_0+a_1\cos\omega_0 t+b_1\sin\omega_0 t+a_2\cos2\omega_0 t+b_2\sin2\omega_0 t+\cdots+a_n\cos n\omega_0 t+b_n\sin n\omega_0 t\\&=a_0+\sum_{n=1}^{\infty}(a_n\cos n\omega_0 t+b_n\sin n\omega_0 t)\end{aligned} \tag{4-33}$$

其中：

$$a_0=\frac{1}{T_0}\int_0^{t_0+T}x(t)\mathrm{d}t \tag{4-34}$$

$$a_n=\frac{2}{T_0}\int_0^{t_0+T}x(t)\cos n\omega_0 t\mathrm{d}t \tag{4-35}$$

$$b_n=\frac{2}{T_0}\int_0^{t_0+T}x(t)\sin n\omega_0 t\mathrm{d}t \tag{4-36}$$

（2）傅里叶级数的复指数函数展开式。

根据欧拉公式

$$\mathrm{e}^{\pm \mathrm{j}\omega t}=\cos\omega t\pm \mathrm{j}\sin\omega t \tag{4-37}$$

$$\cos\omega t=\frac{1}{2}(\mathrm{e}^{-\mathrm{j}\omega t}+\mathrm{e}^{\mathrm{j}\omega t}) \tag{4-38}$$

$$\sin\omega t=\frac{1}{2}(\mathrm{e}^{-\mathrm{j}\omega t}-\mathrm{e}^{\mathrm{j}\omega t}) \tag{4-39}$$

式中：$j=\sqrt{-1}$

$$x(t)=a_0+\sum_{n=1}^{\infty}\left[\frac{1}{2}(a_n+\mathrm{j}b_n)\mathrm{e}^{-\mathrm{j}n\omega_0 t}+\frac{1}{2}(a_n-\mathrm{j}b_n)\mathrm{e}^{-\mathrm{j}n\omega_0 t}\right] \tag{4-40}$$

令

$$c_n=\frac{1}{2}(a_n-\mathrm{j}b_n)$$

$$c_{-n}=\frac{1}{2}(a_n+\mathrm{j}b_n)$$

$$c_0=a_0$$

则

$$x(t)=c_0+\sum_{n=1}^{\infty}c_{-n}\mathrm{e}^{-\mathrm{j}n\omega_0 t}+\sum_{n=1}^{\infty}c_n\mathrm{e}^{\mathrm{j}n\omega_0 t} \tag{4-41}$$

或

$$x(t)=\sum_{n=-\infty}^{+\infty}c_n\mathrm{e}^{\mathrm{j}n\omega_0 t}\quad n=0,\pm1,\pm2,\cdots \tag{4-42}$$

因此

$$c_n = \frac{1}{T_0}\int_{-\frac{T_0}{2}}^{\frac{T_0}{2}} x(t)\mathrm{e}^{-\mathrm{j}n\omega_0 t}\mathrm{d}t \tag{4-43}$$

（3）周期信号的频谱。

通过数学分析，已知任何周期函数 $f(t)$，其周期是 T，如果它在一个周期内处处连续，或者只存在有限个间断点，而且在间断点处函数值不跳变到无穷大，即满足狄利克雷（Dirichlet）条件，则此函数可展开为傅里叶级数。

周期信号的频谱如图 4-18 所示，图 4-18（a）为信号 $f(t)$ 的幅值频谱，简称幅频。每条线代表某一频率分量的幅度值，称其为谱线；连接各谱线的顶点即为谱的包络线，直观地反映了各分量幅度变化的情况，图 4-18（b）为信号 $f(t)$ 的相位频谱，简称相谱。每条表示相应频率分量的相位值，连接其顶点而形成的包络线，直观地反映了各分量相位变化的情况。

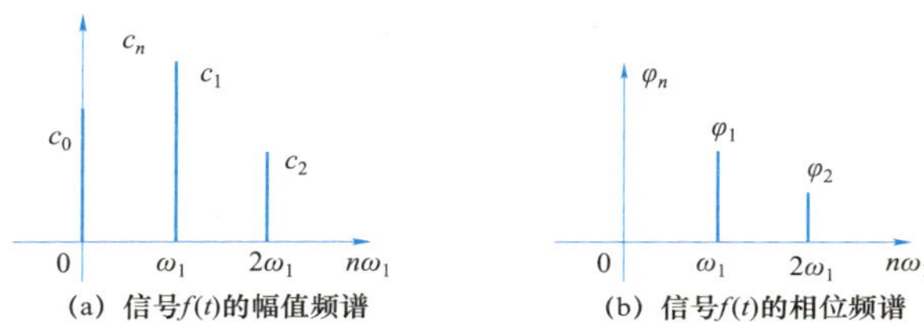

图 4-18　周期信号的频谱

3）非周期信号的频谱

非周期信号和周期信号经过傅里叶变换后的频谱是不一样的，非周期信号可以从周期信号衍生出来，当周期信号的重复周期 T 无限增大，周期信号就转化为非周期信号（单个不重复信号）。如图 4-19 所示，根据 $\omega = 2\pi / T$ 可知，$T \to \infty$时信号频谱间隔趋于零，即谱线从离散转向连续。非周期信号的傅里叶变换的频谱特点是时域信号无限长，则频谱宽度有限；时域信号有限长，则频谱无限宽。

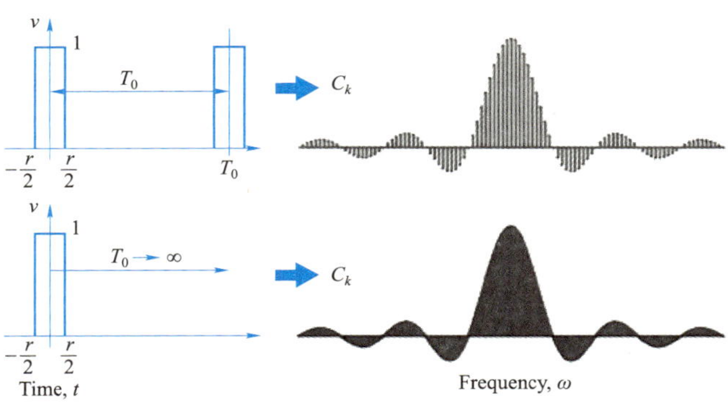

图 4-19　周期方波信号和非周期方波信号的频谱图

4.5.2　典型数字信号分析方法

1. 相关分析及其应用

1）相关分析及其物理意义

相关：两个随机变量 x 与 y 之间在统计意义上的线性关系，即 $y = kx + b$。

对于确定性信号来说，两个变量之间可用函数关系来描述，两者一一对应并为确定的数值。两个随机变量之间就不具有这样确定的关系。但是如果两个变量之间具有某种内在的物理联系，那么通过大量统计就能发现它们之间存在着某种虽不精确却具有相应的表征其特性的近似关系。图 4–20 所示为两个随机变量 x 和 y 组成的数据点的分布情况，图 4–20（a）中变量 x 和 y 有较好的线性关系；图 4–20（b）中变量 x 和 y 虽线性关系不明显，但从总体上看，两变量间具有某种程度的相关关系；图 4–20（c）中各点分布很散乱，可以说变量 x 和 y 之间是无关的。

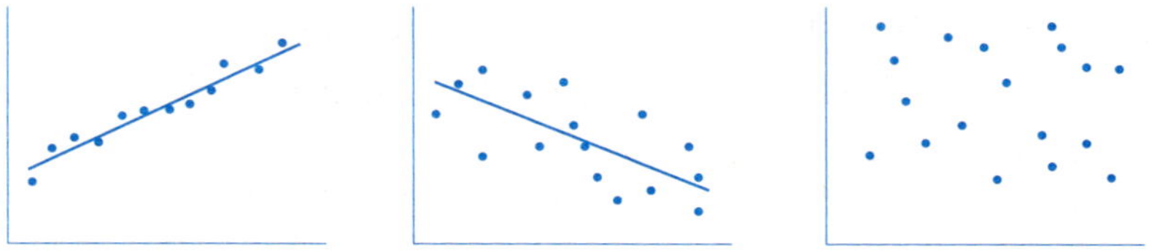

(a) 变量x和y有较好的线性关系　(b) 变量x和y具有某种程度的相关关系　(c) 变量x和y之间是无关的

图 4–20　两个随机变量 x 和 y 组成的数据点的分布情况

相关系数：为了定量说明随机变量 x 和 y 之间的相关程度，在概率论与数理统计中常用相关系数 ρ_{xy} 表示，其定义式为：

$$\rho_{xy}=\frac{E\left[\left(x-\mu_x\right)\left(y-\mu_y\right)\right]}{\sigma_x\sigma_y} \tag{4–44}$$

若 x 和 y 严格满足

$$y=kx+b \tag{4–45}$$

的线性函数关系，则有：

$$\rho_{xy}=1(k>0) \tag{4–46}$$

或

$$\rho_{xy}=-1(k<0) \tag{4–47}$$

若 x 和 y 之间完全无关，则 $\rho_{xy}=0$

2）自相关函数

信号 $x(t)$ 的自相关函数 $R_x(\tau)$ 定义为：

$$R_x(\tau)=\lim_{T\to\infty}\frac{1}{T}\int_{-\frac{T}{2}}^{\frac{T}{2}}x(t)x(t+\tau)\mathrm{d}t \tag{4–48}$$

式中：τ 为时差（延）(s)，$-\infty<\tau<\infty$，$R_x(\tau)$ 的估值表达式为：

$$\hat{R}_x(\tau)=\frac{1}{T}\int_{-\frac{T}{2}}^{\frac{T}{2}}x(t)x(t+\tau)\mathrm{d}t \tag{4–49}$$

自相关函数有下列性质：

（1）当 $\tau=0$ 时，信号 $R_x(\tau)$ 就是信号的均方值 φ_x^2，即：

$$R_x(0)=\frac{1}{T}\int_{-\frac{T}{2}}^{\frac{T}{2}}x(t)x(t+0)\mathrm{d}t=\varphi_x^2 \tag{4–50}$$

（2） $R_x(0) \geqslant R_x(\tau)$ ，即在 $\tau = 0$ 处取得最大值；

（3） $R_x(\tau)$ 为偶函数，即 $R_x(-\tau) = R_x(\tau)$ ；

（4）周期信号的自相关函数必呈同周期性。

显然，自相关函数描述了信号现在值与未来值之间的依赖关系，能反映信号变化的剧烈程度，也是信号的基本统计特征之一。如果信号越是“随机”，则 τ 离开零点时，因 $x(t)$ 和 $x(t+\tau)$ 两者相关性就越小， $R_x(\tau)$ 的衰减也越快，可由信号的自相关函数判断信号的随机程度。

3）互相关函数

信号 $x(t)$ ， $y(t)$ 的互相关函数定义为：

$$R_{xy}(\tau) = \lim_{T\to\infty}\frac{1}{T}\int_0^T x(t)\,y(t-\tau)\,\mathrm{d}t \tag{4-51}$$

互相关函数是表示两个信号之间依赖关系的相关统计量。两个相互独立的信号的互相关函数等于零。互相关函数主要应用于检测和识别存在于噪声中的有用信号。

互相关函数的性质如下。

（1）两信号是同频率的周期信号或包含有同频率的周期成分，才有互相关函数，即同频相关，不同频不相关。

（2）两个相同周期的信号的互相关函数仍为周期函数，其周期与原信号的周期相同，并保留了原来两个信号的幅值和相位差信息。

（3）两信号在相隔一时间间隔 $t = \tau_0$ 处，$R_{xy}(\tau)$ 可能有最大值，它反映了 $x(t)$ 和 $y(t)$ 之间主传输通道的滞后时间。

（4） $R_{xy}(\tau)$ 不是偶函数，即 $R_{xy}(-\tau) \neq R_{xy}(\tau)$ 。

（5） $R_{xy}(\tau) \neq R_{yx}(\tau)$ 。

4）互相关技术的工程应用

（1）相关测速。工程中常用两个间隔一定距离的传感器进行非接触测量运动物体的速度。图 4-21 所示为非接触测定热轧钢带运动速度系统示意图，测试系统由性能相同的两组光电池、透镜、可调延时器和相关器组成。当运动的热轧钢轨表面的反射光晶透镜聚焦到相距为 d 的两个光电池上时，反射光通过光电池转换为电信号，经可调延时器延时，再进行相关处理。当可调延时 τ 等于钢带上某点在两测量点之间经过所需的时间 τ_d 时，互相关函数为最大值，所测钢带的运动速度为 $v = d / \tau_d$ 。

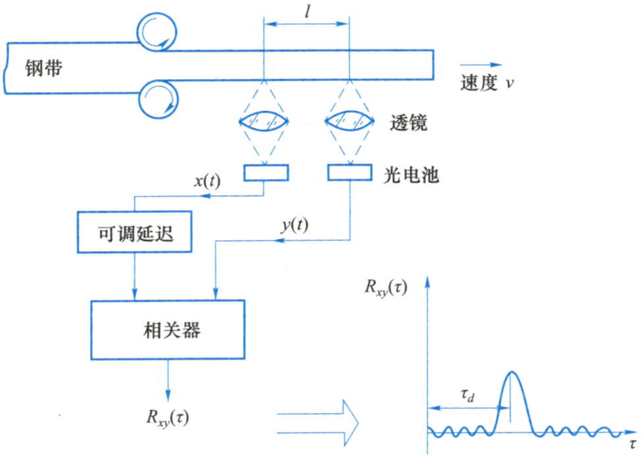

图 4-21　非接触测定热轧钢带运动速度系统示意图

利用相关测速原理，在汽车前、后轴上安装传感器，可以测量汽车在冰面上行驶时，车轮滑动加滚动的车速；在船体底部前后一定距离安装两套向水底发射、接收声呐的装置，可以测量航船的速度；在高炉输送煤粉的管道中，在相距一定距离安装两套电容式相关测速装置，可以测量煤粉的流动速度和流量。

（2）相关分析在故障诊断中的应用。假设要检测深埋在地下的输油管的裂损位置，漏损处 K 为向两侧传播声响的声源，在两侧管道上分别放置传感器 1 和传感器 2，由于两个传感器的放置位置与漏损处的距离不相等，所以漏油的声响传至两传感器就有时差 τ_m，在互相关图上 $\tau=\tau_m$ 处 $R_{x_1x_2}(\tau)$ 有最大值。由 τ_m 可确定漏损处的位置 $s=\dfrac{1}{2}v\tau_m$。

（3）传递通道的相关测定。相关分析方法可以应用于工业噪声传递通道的分析和隔离，剧场音响传递通道的分析和音响效果的完善、复杂管路振动的传递和振源的判别等。

（4）相关分析的声学应用。相关分析在声学测量中有很多应用，它可以区分不同时间到达的声音，测定物体的吸声系数和衰减系数，从多个独立声源或振动源中测出某一声源到一定地点的声功率等。

2. 功率谱分析及其应用

1）自功率谱密度函数

（1）定义及其物理意义。假定 $x(t)$ 为零均值的随机过程，即 $\mu_x=0$（如果原随机过程是非零均值的，可以进行适当处理使其均值为零），又假定 $x(t)$ 中没有周期分量，那么，当 $\tau\to\infty$ 时，$R_x(\tau)\to 0$。这样，自相关函数 $R_x(\tau)$ 便可满足傅里叶变换的条件 $\int_{-\infty}^{+\infty}\left|R_x(\tau)\right|\mathrm{d}\tau<\infty$。

则 $R_x(\tau)$ 的傅里叶变换为：

$$S_x(f)=\int_{-\infty}^{+\infty}R_x(\tau)\mathrm{e}^{-\mathrm{j}2\pi f\tau}\mathrm{d}\tau \tag{4-52}$$

和逆变换

$$R_x(\tau)=\int_{-\infty}^{+\infty}S_x(f)\mathrm{e}^{\mathrm{j}2\pi f\tau}\mathrm{d}f \tag{4-53}$$

定义 $S_x(f)$ 为 $x(t)$ 的自功率谱密度函数，简称自谱或自功率谱。由于 $S_x(f)$ 和 $R_x(\tau)$ 之间是傅里叶变换对的关系，两者是一一对应的，$S_x(f)$ 中包含着 $R_x(\tau)$ 的全部信息。因为 $R_x(\tau)$ 为实偶函数，$S_x(f)$ 亦为实偶函数。由此常用在 $f=0\sim+\infty$ 范围内 $G_x(f)=2S_x(f)$ 来表示信号的全部功率谱，并把 $G_x(f)$ 称为 $x(t)$ 的单边功率谱。若 $\tau=0$，根据自相关函数 $R_x(\tau)$ 和自功率谱密度函数 $S_x(f)$ 的定义，可得到：

$$R_x(0)=\lim_{T\to\infty}\frac{1}{T}\int_0^T x^2(t)\mathrm{d}t=\int_{-\infty}^{+\infty}S_x(f)\mathrm{d}f \tag{4-54}$$

由此可见，$S_x(f)$ 曲线下和频率轴所包围的面积就是信号的平均功率，$S_x(f)$ 就是信号的功率密度沿频率轴的分布。故称 $S_x(f)$ 为自功率谱密度函数。

（2）巴塞伐尔定理。在时域中计算的信号总能量，等于在频域中计算的信号总能量，这就是巴塞伐尔定理，又称能量等式。即：

$$\int_{-\infty}^{+\infty}x^2(t)\mathrm{d}t=\int_{-\infty}^{+\infty}\left|X(f)\right|^2\mathrm{d}f \tag{4-55}$$

这个定理可由傅里叶变换的卷积公式导出。

$\left|X(f)\right|^2$ 称为能谱，它是沿频率轴的能量分布密度。在整个时间轴上信号平均功率为：

$$P_\omega=\lim_{T\to\infty}\frac{1}{T}\int_0^T x^2(t)\,\mathrm{d}t=\int_{-\infty}^{+\infty}\lim_{T\to\infty}\frac{1}{T}\left|X(f)\right|^2\mathrm{d}f \tag{4-56}$$

因此，自功率谱密度函数和幅值谱的关系为：

$$S_x(f)=\lim_{T\to\infty}\frac{1}{T}\left|X(f)\right|^2 \tag{4-57}$$

2）互功率谱密度函数

如果互相关函数 $R_{xy}(\tau)$ 满足傅里叶变换的条件 $\int_{-\infty}^{+\infty}\left|R_{xy}(\tau)\right|\mathrm{d}\tau<\infty$，则定义：

$$S_{xy}(f)=\int_{-\infty}^{+\infty}R_{xy}(\tau)\mathrm{e}^{-\mathrm{j}2\pi f\tau}\mathrm{d}\tau \tag{4-58}$$

$S_{xy}(f)$ 称为信号 $x(t)$ 和 $y(t)$ 的互功率谱密度函数，简称互谱。根据傅里叶逆变换，有：

$$R_{xy}(\tau)=\int_{-\infty}^{+\infty}S_{xy}(f)\mathrm{e}^{\mathrm{j}2\pi f\tau}\mathrm{d}f \tag{4-59}$$

互相关函数 $R_{xy}(\tau)$ 并非偶函数。因此 $S_{xy}(f)$ 具有虚、实两部分。同样，$S_{xy}(f)$ 保留了 $R_{xy}(\tau)$ 中的全部信息。

对于模拟信号，互谱估计的计算式为：

$$\left.\begin{aligned}\hat{S}_{xy}(f)&=\frac{1}{T}X^*(f)Y(f)\\ \hat{S}_{yx}(f)&=\frac{1}{T}X(f)Y^*(f)\end{aligned}\right\} \tag{4-60}$$

式中：$X^*(f),Y^*(f)$ 分别为 $X(f),Y(f)$ 的共轭复数。

对于数字信号，互谱估计的计算式为：

$$\left.\begin{aligned}\hat{S}_{xy}(k)&=\frac{1}{T}X^*(k)Y(k)\\ \hat{S}_{yx}(k)&=\frac{1}{T}X(k)Y^*(k)\end{aligned}\right\} \tag{4-61}$$

3）功率谱分析的应用

（1）自功率谱的应用。

自功率谱密度函数 $S_x(f)$ 为自相关函数 $R_x(\tau)$ 的傅里叶变换，故 $S_x(f)$ 包含 $R_x(\tau)$ 中的全部信息。$S_x(f)$ 反映信号的频域结构，这一点和幅值谱 $\left|X(f)\right|$ 一致，但是自功率谱密度函数所反映的是信号幅值的二次方，因此其频域结构特征更为明显。

（2）互功率谱的应用。

对线性系统，可证明有：

$$S_{xy}(f)=H(f)S_x(f) \tag{4-62}$$

故从输入的自谱和输入、输出的互谱就可以得到系统的频率响应函数。

3. 相干函数分析及其应用

1）相干函数的定义

$$\gamma_{xy}^2(f)=\frac{\left|S_{xy}(f)\right|^2}{S_x(f)S_y(f)} \tag{4-63}$$

物理含义：

相干函数是在频域内反映两信号相关程度的指标。例如，在一测试系统中，为了评价其输入信号与输出信号间的因果性（即输出信号的功率谱中有多少是由输入信号引起的）就可以使用相干函数。

假设一个系统的输入信号为$x(t)$，输出信号为$y(t)$，如果该系统是一个线性系统，则两信号的功率谱与系统频率响应函数之间存在线性关系，代入上式得：

$$\gamma_{xy}^2(f)=\frac{\left|H(f)S_x(f)\right|^2}{S_x(f)S_y(f)}=\frac{S_y(f)S_x(f)}{S_x(f)S_y(f)}=1 \tag{4-64}$$

可见，对于一个线性系统，其输出和输入之间的功率谱关系是相关系数为 1，这表明输出完全是由输入引起的线性响应。

若一系统的输出与输入完全不相关，即$R_{xy}(\tau)=0$，则$S_{xy}(f)=0$，从而使$\gamma_{xy}^2(f)=0$，这表明输出$y(t)$完全不是输入$x(t)$所引起的线性响应。

通常，$0<\gamma_{xy}^2(f)<1$，这表明有下列三种可能性。

（1）测试中有外界噪声干扰。

（2）输出$y(t)$是输入$x(t)$和其他输入的综合输出。

（3）联系$x(t)$和$y(t)$的系统是非线性的。

$\gamma_{xy}^2(f)$的数值标志$y(t)$由$x(t)$引起的线性响应程度。

2）相干分析应用

（1）系统因果性检验。

在对测试的输出信号处理之前，使用相干函数鉴别该信号是否真是被测信号的线性响应。

（2）鉴别物理结构的不同响应信号间的联系。

4. 倒频谱分析及其应用

1）倒频谱定义

倒频谱是由于语音分析的需要而出现的，近年来在许多领域已得到越来越多的应用。对于倒频谱的定义，目前主要有两类：一是功率倒频谱，二是复倒频谱。

（1）功率倒频谱。

若时域信号$x(t)$的自谱为$S_x(f)$，则其功率倒频谱定义为：

$$C(\tau)=\left|F[\lg S_x(f)]\right|^2 \tag{4-65}$$

式中F表示傅里叶变换。工程上常取其正二次方根作为信号$x(t)$的有效幅值倒频谱，即：

$$C_a(\tau)=\sqrt{C(\tau)}=\left|F[\lg S_x(f)]\right| \tag{4-66}$$

可见，倒频谱实质是对频域中自功率谱再做一次谱分析。

（2）复倒频谱。

信号$x(t)$的复倒频谱可定义为：

$$C_c(\tau)=F^{-1}[\lg S_x(f)] \tag{4-67}$$

式中F^{-1}表示反傅里叶变换。

2）倒频谱分析应用

倒频谱可以十分有效地检测出功率谱中的周期分量。前面介绍的自相关函数分析虽然也能检测出周期分量，但对于混合不同谐波的复杂信号是无能为力的，而倒频谱却可以方便地将其区分出来。

4.5.3　典型数字信号处理方法

1. 时域采样、混叠和采样定理

1）时域采样

采样是指模数转换时以一定时间间隔对连续时间信号进行取值的过程。它的数字描述就是用间隔为T的周期单位脉冲序列$g(t)$去乘模拟信号$x(t)$。$g(t)$可以写为：

$$g(t)=\sum_{n=-\infty}^{\infty}\delta(t-nT_s) \tag{4-68}$$

由函数的性质可知

$$\int_{-\infty}^{+\infty}x(t)\delta(t-nT_s)\mathrm{d}t=x(nT_s) \tag{4-69}$$

上式表明，经时域采样后各采样点的信号幅值为$x(nT_s)$，其中T_s为采样间隔。采样结果$x(t)$乘$g(t)$必须唯一确定原始信号$x(t)$，所以采样间隔的选择是一个很重要的问题。采样间隔太小（采样频率高），对定长的时间记录来说其数字序列就很长，使计算工作量增大；如果数字序列长度一定，则只能处理很短的时间历程，可能产生较大的误差。若采样间隔太大（采样频率低），则可能丢掉有用的信息，以致不能复现原始信号。

2）混叠和采样定理

采样函数为一周期脉冲信号，可写为：

$$g(t)=\delta(t-nT_s) \tag{4-70}$$

写成傅里叶级数形式，有：

$$g(t)=\frac{1}{T_s}\sum_{n=-\infty}^{\infty}\mathrm{e}^{\mathrm{j}2\pi nf_st} \tag{4-71}$$

式中：$f_s=1/T_s$称为采样频率。

由卷积定理，并考虑δ函数与其他函数卷积的特性，有：

$$F\left[x(t)g(t)\right]=X(f)*G(f)=\frac{1}{T_s}\sum_{n=-\infty}^{\infty}X\left(f-\frac{n}{T_s}\right) \tag{4-72}$$

上式为信号$x(t)$经过间隔T_s的采样之后所形成的采样信号的频谱。如果采样间隔T_s太大，那么，由于频域中平移距离$1/T_s$太小，移至各采样脉冲对应的序列点的频谱$\frac{X(f)}{T(s)}$就会有一部分相互交叠，新合成的$X(f)*G(f)$图形与$X(f)/T_s$不一致，这种现象称为混叠。发生混叠后改变了原来频谱的部分幅值，这样就不可能准确地从离散的采样信号$x(t)\cdot y(t)$中恢复原来的时域信号$x(t)$。由此可得采样定理，其规定了如何将连续时间信号转换为离散时间信号而不丢失信息，即奈奎斯特—香农定理。

如果$x(t)$是一个带限信号（最高频率f_c为有限值），采样频率$f_s=1/T_s>2f_c$采样后的频谱就不会发生混叠。

为了避免混叠，实际工作中，一般采样频率应为被处理信号的最高频率的 3～4 倍以上。

2. 量化和量化误差

采样所得的离散信号的电压幅值，若用二进制数码组来表示，就使离散信号变成数字信号，这一过程称为量化。采样量化所用的器件为模数转换器（A/D 转换器），A/D 转换器的位数是一定的，一个 b 位（又称数据字长）的二进制数，一共能表征 $L=2^b$ 个数码。如果 A/D 转换器采样的允许动态工作范围为 D，则两相邻量化电平之差 Δx 为：

$$\Delta x = D/2^{b-1} \tag{4-73}$$

式中采用 2^{b-1} 而不是 2^b，是因为实际上字长的第一位用作符号位。

在数据处理时必须把长时间的信号序列截断。截断就是将无限长的信号乘以有限宽的窗函数。窗函数就是在模数转换过程中（或数据处理过程中）对时域信号取样时所采用的截断函数。

$x(t)$ 为一余弦信号，其频谱是 $X(f)$，它是位于 $\pm f_0$ 处的 δ 函数。矩形窗函数 $\omega(t)$ 的频谱是 $W(f)$，它是一个 $\mathrm{sinc}(f)$ 函数。当用一个 $\omega(t)$ 去截断 $x(t)$ 时，得到截断后的信号为 $x(t)\ \omega(t)$，根据傅里叶变换关系，其频谱为 $X(f)*W(f)$。$x(t)$ 被截断后的频谱不同于加窗以前的频谱，$x(t)$ 是一个频带无限的函数，所以即使 $x(t)$ 是带限函数，在截断之后也必然变成无限带宽的函数。原来集中在 $\pm f_0$ 处的能量被分散到以 $\pm f_0$ 为中心的两个较宽的频带上，也就是有一部分能量泄露到 $x(t)$ 的频带外。因此，信号截断必然产生误差，这种由于时域上的截断而在频域上出现附加频率分量的现象称为泄露。窗函数及其加窗后信号如图 4-22 所示，下面给出几种常用于信号截断的窗函数。

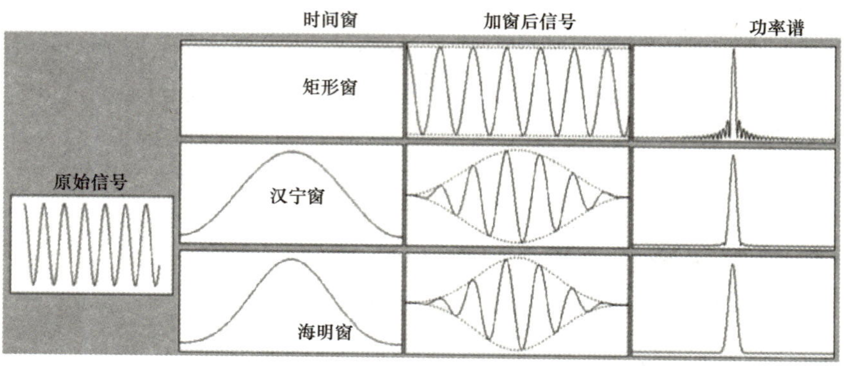

图 4-22　窗函数及其加窗后信号

1）矩形窗

$$\omega(t)=\begin{cases}1 & |t|\leqslant \dfrac{\tau}{2}\\[2mm] 0 & |t|>\dfrac{\tau}{2}\end{cases} \tag{4-74}$$

$$W(f)=\tau\frac{\sin(\pi f\tau)}{\pi f\tau}=\tau\mathrm{sinc}(\pi f\tau) \tag{4-75}$$

2）汉宁（Hanning）窗

$$\omega(t)=\begin{cases}0.5+0.5\cos\left(\dfrac{2\pi}{\tau}t\right) & |t|\leqslant \dfrac{\tau}{2}\\[2mm] 0 & |t|>\dfrac{\tau}{2}\end{cases} \tag{4-76}$$

$$W(f)=0.5Q(f)+0.25\left[Q(f+1/\tau)+Q(f-1/\tau)\right] \tag{4-77}$$

式中：$Q(f)=\tau\dfrac{\sin\pi f\tau}{\pi f\tau}$。

汉宁窗的频率窗可以看成三个矩形时间窗的频谱之和，而括号中的两项相对于第一个频率窗向左右各有位移$1/\tau$。和矩形窗相比，汉宁窗的旁瓣小得多，但是汉宁窗的主瓣较宽。

3）海明（Hamming）窗

$$\omega(t)=\begin{cases}0.54+0.46\cos\left(\dfrac{2\pi}{\tau}t\right) & |t|\leqslant\dfrac{\tau}{2}\\ 0 & |t|>\dfrac{\tau}{2}\end{cases} \tag{4-78}$$

$$W(f)=0.54Q(f)+0.23\left[Q(f+1/\tau)+Q(f-1/\tau)\right] \tag{4-79}$$

海明窗比汉宁窗消除旁瓣的效果好一些。

思　考　题

1. 请描述确定性信号与随机信号，连续时间信号与离散时间信号的不同之处。
2. 数字信号处理的几个基本环节分别是什么？
3. 信号放大的基本形式是什么？
4. 有源滤波器和无源滤波器的区别是什么？
5. 什么是信号的调制与解调？信号的调制包含几种方法？
6. 相关分析及其物理意义是什么？
7. 简述采样定理的内涵与应用。
8. 简述傅里叶变换的意义和应用，周期信号和非周期信号的频谱有什么联系和区别？
9. 简述一个信号如何量化为数字信号，如何确定量化误差？

第 5 章

伺服驱动技术

学习要点

了解步进电机、直流伺服电机、交流伺服电机的结构和原理，掌握步进电机、直流伺服电机、交流伺服电机的驱动控制，理解步进电机、直流伺服电机、交流伺服电机的性能指标与应用，理解液压/气动伺服系统的组成与控制。

思政要点

伺服（servo）一词源于拉丁语，原意是奴隶、“伺候服侍”的意思。伺服就是在控制指令的指挥下，控制驱动元件，使机械系统的运动部件按照指令要求进行运动。伺服驱动技术是机械工业和制造领域的一颗明珠，高速高精度的智能化机电装备的运动控制都依赖于伺服驱动技术的应用，我国大国重器的巨大成功离不开伺服驱动技术的发展，大国重器的成功研发激发了中国人奋发图强的责任感和勇攀高峰的自信心。

引言

伺服系统主要用于机械机构的运动控制，驱动装置通过接口与计算机相连接，驱动工作机械做回转、直线，以及其他各种复杂运动。伺服系统在数控机床、工业机器人、坐标测量机以及自动导引车等自动化制造、装配及测量装备中，已经获得非常广泛的应用。伺服驱动装置的驱动和控制手段多样，伺服控制的主要理论依据是经典控制理论和现代控制理论，设计方法和内容与普通闭环控制系统相似。伺服驱动系统的执行器种类繁多，有直流伺服电机、交流伺服电机、步进电机、液压马达、气压缸等。伺服电机的速度、位置和力矩控制精度非常准确，可以将电压信号转化为转矩和转速以驱动控制对象。步进电机作为一种开环控制的系统，和现代数字控制技术有着本质的联系。在国内的数字控制系统中，步进电机的应用十分广泛。随着全数字式交流伺服系统的出现，交流伺服电机也越来越多地应用于数字控制系统中。为了适应数字控制的发展趋势，运动控制系统中大多采用步进电机或全数字式交流伺服电机作为执行电机。虽然两者在控制方式上相似（脉冲串和方向信号），但在使用性能和应用场合上存在着较大的差异。

5.1　伺服驱动技术概述

5.1.1　伺服系统及其组成

伺服系统是实现电信号到机械动作转换的装置或部件，它以位移、速度、加速度、力和力矩等为控制对象，在控制命令的指挥下，控制执行元件工作，使机械运动部件按照控制命令的要求进行运动。所以伺服系统是以机械运动作为被控量的一种自动控制系统，其性能对机电一体化系统的动态性能、控制质量和功能具有决定性的作用，是机电一体化设备的核心。

伺服系统的结构类型繁多，其组成和工作状况也不尽相同。一般来说，伺服系统基本组成包含控制器、功率放大器、执行机构和检测装置四大部分，如图 5–1 所示。

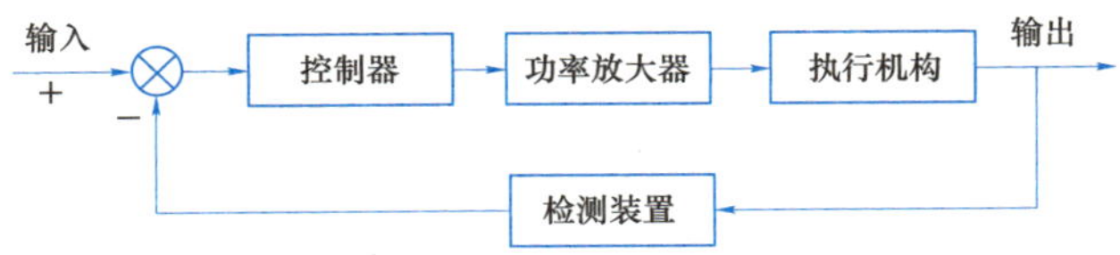

图 5–1　伺服系统的组成

1. 控制器

控制器的主要任务是根据输入信号和反馈信号决定控制策略。常用的控制算法有 PID（比例、积分、微分）控制和最优控制等。伺服控制器通常由微控制器（micro control unit，MCU）或数字信号处理器（digital signal processor，DSP）系统构成。

2. 功率放大器

伺服系统中的功率放大器的作用是将控制信号放大，用来驱动执行机构完成控制器要求的特定操作，机电一体化系统中的功率放大装置主要由各种电力电子器件构成。

3. 执行机构

执行机构主要由伺服电机或液（气）压伺服机构和机械传动装置等组成。目前，采用电动机作为驱动元件的执行机构占据较大比例。伺服电机主要包括步进电机、直流伺服电机、交流伺服电机等。液（气）压伺服机构包括液（气）压马达、液（气）压缸等。

4. 检测装置

检测装置的任务是测量被控制量（即输出量），实现反馈控制。在伺服传动系统中，用来检测位置量的装置有：自整角机、旋转变压器和光电码盘等。用来检测速度信号的装置有：测速发电机、光电码盘等。鉴于检测装置的精度是至关重要的，无论采用何种控制方案，系统的控制精度总是低于检测装置的精度。对检测装置的要求除了精度高之外，还要求线性度好、可靠性高、响应快，等等。

大多数伺服系统都是具有检测装置的反馈控制系统，通常采用传统的经典控制理论来进行分析和设计，其工作过程是一个偏差不断产生，又不断消除的过渡过程。系统需不断检测在各种扰动作用下被控对象输出量的变化，并与给定值比较，根据给定值和检测值之间的偏差信号对被控对象进行自动调节，以消除偏差，使被控对象输出量始终跟踪给定信号。随着计算机性能的不断提高，现代控制理论得到了更加广泛的应用，伺服系统的控制手段也向着模糊控制、神经网络等更加智能化的方向发展。

5.1.2 伺服系统的分类

伺服系统具有多种不同的分类方法。

1. 按控制原理的不同

按控制原理的不同，伺服系统分为开环、全闭环和半闭环伺服系统。

1）开环伺服系统

没有检测反馈装置的伺服系统称为开环伺服系统。开环伺服系统结构简单，但精度不是很高，大多数经济型数控机床均采用了这种没有检测反馈的开环控制结构。机床在数控化改造时，工作台的进给系统广泛采用开环控制。图 5-2 所示为开环伺服系统结构：数控装置发出脉冲指令，经过脉冲分配和功率放大后，驱动步进电机旋转。由于没有检测反馈，工作台的位移精度主要取决于步进电机和传动件的误差。开环伺服系统的精度比较低，一般达到 0.01 mm 左右，且速度也有一定的限制。虽然开环控制在精度方面有不足，但其结构简单、成本低、调整和维修都比较方便，另外由于被控量不以任何形式反馈到输入端，所以其工作稳定、可靠，在一些精度、速度要求不是很高的场合，如线切割机、办公自动化设备中获得了广泛应用。

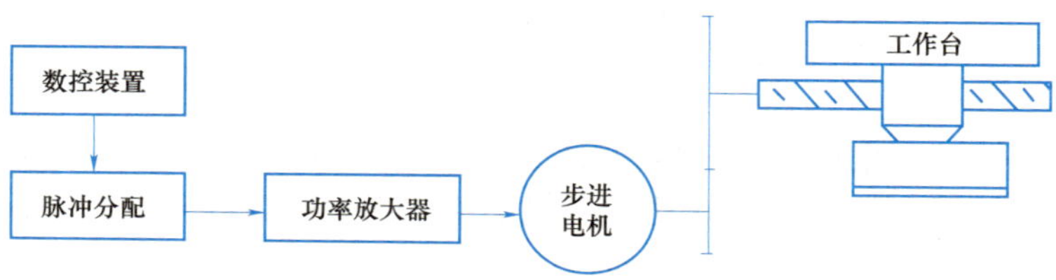

图 5-2　开环伺服系统结构

2）全闭环伺服系统

全闭环伺服系统结构如图 5-3 所示，安装在工作台上的位置检测器可以是直线感应同步器或长光栅，它可将工作台的直线位移转换成电信号，并在比较环节与指令脉冲相比较，所得到的偏差值经过放大，由伺服电机驱动工作台向偏差减小的方向移动。若数控装置中的脉冲指令不断地产生，工作台就随之移动，直到偏差值等于零为止。

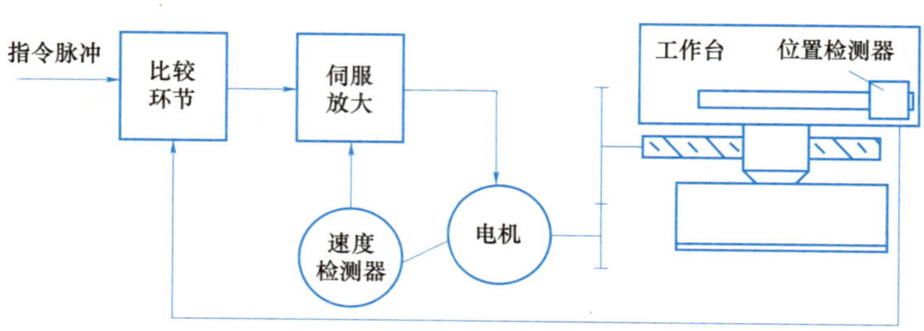

图 5-3　全闭环伺服系统结构

全闭环伺服系统将位置检测器件直接安装在工作台上，从而可获取工作台实际位置的精确信息，定位精度可以达到亚微米量级。从理论上讲，其精度主要取决于检测反馈部件的误差，而与放大器、传动装置没有直接的联系，是实现高精度位置控制的一种理想的控制方案。由于全部的机械传动链都被包含在位置闭环之中，机械传动链的惯量、间隙、摩擦、刚性等非线性因素都会给伺服系统造成影响，从而使系统的控制和调试变得异常复杂，系统存在稳定性问题，制造成本亦会急速攀升。因此，全闭环伺服系统主要用于高精密和大型的机电一体化设备。

3）半闭环伺服系统

半闭环伺服系统的结构如图 5-4 所示，工作台的位置是通过电动机上的速度检测器或安装在丝杆轴端的编码器间接获得，它与全闭环伺服系统的区别在于检测元件位于系统传动链的中间，故称为半闭环伺服系统。显然由于有部分传动链在系统闭环之外，其定位精度比全闭环的稍差。但测量角位移比测量线位移容易，并可在传动链的任何转动部位进行角位移的测量和反馈，其结构比较简单，调整、维护比较方便。由于将惯性质量很大的工作台排除在闭环之外，这种系统调试较容易、稳定性好，具有较高的性价比，被广泛应用于各种机电一体化设备。

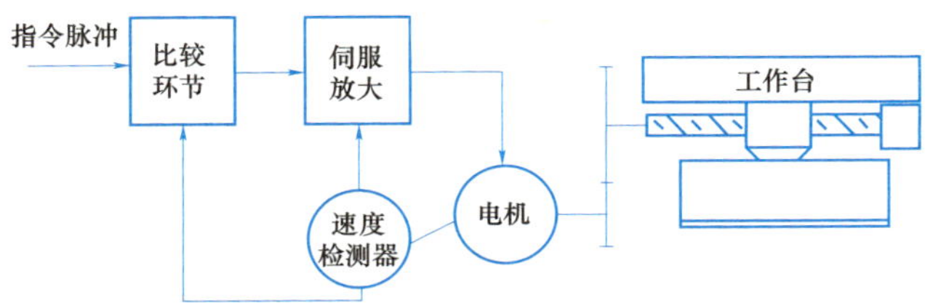

图 5-4　半闭环伺服系统的结构

2. 按信息传递的不同分类

按信息传递的不同，伺服系统分为连续控制与离散控制伺服系统。

连续控制系统又称为模拟控制系统，系统中传递的信号是模拟量，其发展最早，已广泛应用于各类工业控制领域中；离散控制系统中的信号通过采样获得，可以是脉冲序列或数字编码，故这类系统又称作脉冲控制系统。与连续控制系统相比，离散控制具有以下优点。

（1）数字元件比模拟元件具有更高的可靠性和稳定性。

（2）受到扰动时，经过几个采样周期即可快速达到稳定，受扰动的影响小。

（3）具有更大的灵活性，控制的精度高。

离散控制系统结构如图 5-5 所示。

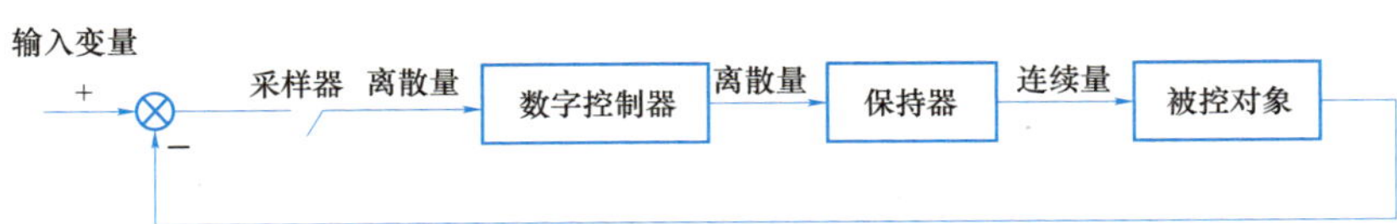

图 5-5　离散控制系统结构

3. 按驱动方式的不同分类

按驱动方式的不同，伺服系统可分为电气、液压、气动等伺服系统。其中电气伺服系统采用伺服电机作为执行元件，根据伺服电机的种类可以分为直流伺服系统、交流伺服系统、步进伺服系统，在机电一体化产品中得到了广泛应用。

4. 按被控量性质的不同分类

按被控量性质的不同，伺服系统可分为位置控制、速度或加速度控制、力或力矩控制、速度或位置的同步控制等伺服系统。

5. 按控制过程的不同分类

按控制过程的不同，伺服系统可分为点位控制与轮廓控制等类型。

5.1.3 伺服系统的总体要求

伺服系统的基本设计要求是输出量能迅速而准确地响应输入指令的变化，如机械手控制系统的目标是使机械手能够按指定的轨迹进行运动，其要求主要有稳定性、精度、快速响应性和灵敏度等。

1. 稳定性

伺服系统的稳定性是指当作用在系统上的扰动信号消失后，系统能够恢复到原来的稳定状态下运行，或者在输入的指令信号作用下，能够达到新的稳定运行状态的能力。稳定性要求是最基本的要求，是保证伺服系统能够正常运行的最基本条件。伺服系统在其工作范围内应该是稳定的，其稳定性主要取决于系统的结构及组成元件的参数，可采用自动控制理论所提供的各种方法来加以控制。

2. 精度

伺服系统的精度是指其输出量复现输入指令信号的精确程度。系统中各个元件的误差都会影响系统的精度，如传感器的灵敏度和精度、伺服放大器的零点漂移和死区误差、机械装置中的反向间隙和传动误差、各元器件的非线性因素等。精度在伺服系统中可以表现为动态误差、稳态误差和静态误差，伺服系统应在比较经济的条件下达到给定的精度。

3. 快速响应性

快速响应性是指系统输出量快速跟随输入指令信号变化的能力，它主要取决于系统的阻尼比和固有频率，由系统的上升时间和调整时间描述。减小阻尼比或增加固有频率可以提高快速响应性，但对系统的稳定性和最大超调量有不利影响，因此系统设计时应对两者进行优化，使系统的输出响应速度尽可能快。

4. 灵敏度

伺服系统的灵敏度是指输出量对系统特性或参数变化的敏感程度，它包括两层含义：一是输出量对参数变化有反应，二是变化的绝对值要足够大才能影响输出量。灵敏度表征了系统的感受性，其高低反映系统在特性或参数改变时偏离正常运行状态的程度。伺服系统各元件的参数变化等都会影响系统的性能，系统对这些变化的灵敏度应该尽可能低，即系统的性能应不受参数变化的影响。调整伺服系统灵敏度的具体措施为：对于开环系统，应严格选择各元件；对于闭环系统，对输出通道中元件的标准可以适当放宽，对反馈通道的各元件必须严格挑选，以改善系统的灵敏度。

5.2 伺服系统中的执行元件

伺服系统的执行元件是一种能量转换装置，它位于控制装置和机械执行装置之间，在控制指令下，将输入的各种形式的能量转换为机械能。图 5-6 所示为电气执行元件类型框图，根据使用能量的不同，分为电气式、液压式和气压式等主要类型，电气式传动装置利用电磁线圈把电能转换成磁场力（电磁力），再依靠电磁力做功，从而把电能变换成转子（或动子）的机械运动。液压式传动装置把电能变换成一次油压，利用电磁阀来控制和切换油压，从而把液压能量变换成负载的机械运动。气动式传动装置的工作原理与液压式相同，它们的区别仅在于能量传递的媒体由液压油变成了空气。其他传动装置的原理则主要与一些功能材料的性能有关，例如利用双金属、形状记忆合金或者压电效应等可以制成具有某种特殊运动功能的传动装置。

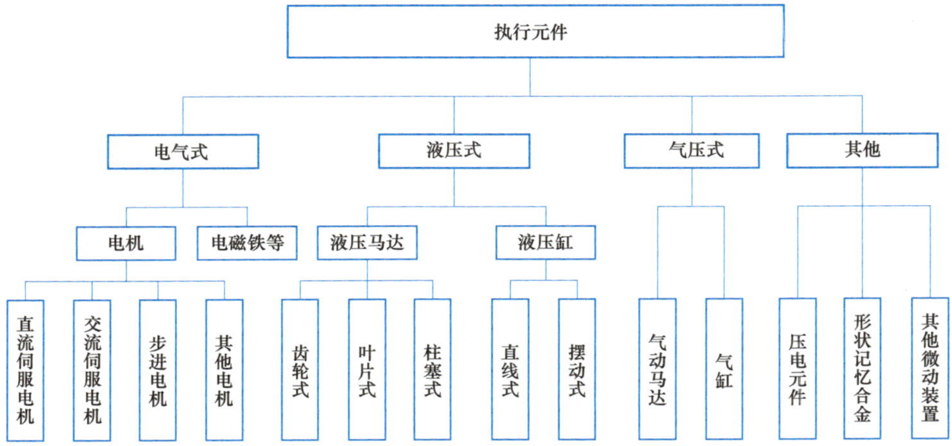

图 5-6　电气执行元件类型框图

5.2.1　执行元件的种类

伺服电机，即电气执行元件不仅可以将电能转换为机械能，而且最便于采用计算机控制，因此机电一体化系统所用执行元件的主流是电气式，其次是液压式和气压式（在驱动接口中需要增加电—液或电—气变换环节）。

1. 电气式

电气执行元件以电能为动力，利用电能产生位移或转角等。电气式执行元件包括：控制用电动机（步进电机、DC 和 AC 伺服电机）、静电电动机、磁致伸缩器件、压电元件、超声波电动机（如利用超声波振动获得转矩的超声波电动机），以及电磁铁等。其中，利用电磁力的电动机和电磁铁，都具有操纵简便、适宜编程、响应快、伺服性能好、易与微机相接等优点，因而成为机电一体化伺服系统中最常用的执行元件。

另外，其他电气式伺服驱动系统中还有微量位移用器件，如电磁铁、电压驱动器和电热驱动器等，可在机电一体化产品中实现微量进给。

2. 液压式

液压执行件是按密闭连通器的原理工作的，靠油液通过密闭容积变化的压力能来传递能量。液压式伺服驱动系统主要包括往复运动的油缸、回转油缸、液压马达等，其中油缸占绝大多数。其突出优点是输出功率大、转矩大，工作平稳，可以直接驱动运动机构，承载能力强，适合于重载的高加减速驱动，但其需要相应的液压源，占地面积大，控制性能不如伺服电机。目前世界上已开发了各种数字式液压执行元件，例如电—液伺服马达和电—液步进马达，这些马达在强力驱动和高精度定位时性能好，而且使用方便，因此得到了广泛重视。

3. 气压式

气压式伺服驱动系统除了用压缩空气作为工作介质外，与液压式执行元件无太大区别。具有代表性的气压执行元件有气缸、气压马达等。气压驱动虽可得到较大的驱动力、行程和速度，但由于空气黏性差，具有可压缩性，故不能在定位精度较高的场合使用。

4. 其他执行件

在新的原理方面，利用压电元件的逆压电效应原理和磁致伸缩、电致伸缩器件等构成的微位移驱动器，已经在微米、亚微米领域获得了广泛应用。

5.2.2 伺服系统对执行元件的要求

由于执行元件是直接的被控对象，为了能按照控制命令的要求准确、迅速、精确、可靠地实现调整与控制，伺服系统对执行元件有以下要求。

（1）体积小、输出功率大。机电一体化系统既要确保执行元件的体积小、重量轻，同时又要增大其输出功率，功率密度反映了电动机单位重量的输出功率，具有高的比功率对于起停频率高的机械是十分重要的。

（2）快速性能好。这要求执行元件惯性要小、加减速时动力要大，频率特性要好。

（3）便于计算机控制。适应数字控制技术的要求，向与微机控制相结合的智能化方向发展，适于计算机控制成为对伺服系统执行元件的基本要求。

（4）便于维修，可靠性和动作的准确性要高。执行元件要便于维修，而且要安全可靠。近年发展很快的无刷直流伺服电机和交流伺服电机都大大减少了维修，提高了寿命。

（5）运行平稳、分辨率高。

（6）振动和噪声小。

5.2.3 电气伺服系统特点和种类

机电一体化系统中伺服驱动装置的主流是电气式伺服驱动系统，伺服电机是将电能转换为机械能的一种能量转换装置，能够根据控制指令提供正确运动或较复杂动作。伺服电机可在很宽的速度和负载范围内进行连续、精确的运行，因而在机电一体化系统中得到广泛的应用。

不同的应用场合对伺服电机的性能要求也有所不同。对于起停频率低（如几十次/分），要求低速运行时平稳、扭矩脉动小；高速运行时振动与噪声小，在整个调速范围内均稳定运动的产品，如数控工作机械的进给运动、机器人的驱动系统，其功率密度是主要的性能指标。对于起停频率高（如数百次/分），但不特别要求低速平稳性的产品，如高速打印机、绘图机、打孔机、集成电路焊接装置等，其主要的性能指标是高比功率。为了满足机电一体化系统设计的要求，实现执行元件的精确驱动与定位，保证系统的高效、精确和可靠的性能，伺服电机有以下基本性能要求。

（1）性能密度大，即功率密度大；

（2）快速性好，即加速转矩大，频响特性好；

（3）位置控制精度高、调速范围宽、低速运行平稳无爬行现象、分辨力高、振动噪声小；

（4）适应起、停频繁的工作要求；

（5）可靠性高、寿命长。

此外，一般还要求伺服电机具有良好的机械特性和调节特性，机械特性是指在一定的电枢电压条件下，转速和转矩的关系，而调节特性是指在一定的转矩条件下转速和电枢电压的关系。因此在进行机电一体化系统设计时，需要根据系统设计要求选择伺服电机。

伺服电机包括步进电机，直流和交流伺服电机。步进电机借助电动机内部定子和转子的机械构造实现高精度的定位，对脉冲指令几乎没有延迟，可以快速响应并旋转，并可以实现开环的控制。直流和交流伺服电机则需要闭环控制，通过计算编码器的反馈和脉冲指令的差值，并根据差值控制电动机旋转，这个过程需要一定的时间。从伺服系统接收到脉冲输入指令开始，电机旋转发生延迟，到最终电机停止的这一时间差就是整定时间。

直流伺服电机可以分为有刷和无刷电机，有刷电机成本低，结构简单，起动转矩大，调速范围宽，控制容易，需要维护，但维护不方便，产生电磁干扰，对环境有要求。无刷电机体积小，重量轻，出力大，响应快，速度高，惯量小，转动平滑，力矩稳定。

交流伺服电机可以分为同步和异步电机，目前运动控制中一般都使用同步电机，它的功率范围大，可以做到很大的功率，大惯量，最高转动速度低，且随着功率增大而快速降低，因而适合低速平稳运行的应用。交流伺服电机和无刷直流伺服电机在功能上具有一定的区别，交流伺服电机采用正弦波控制，转矩脉动小，控制性能要好一些；而无刷直流伺服电机采用方波或梯形波控制，结构比较简单，成本较便宜。

以下仅对目前常用的步进电机、直流伺服电机、交流伺服电机、直线电机和电液伺服驱动的结构特点及应用范围等进行基本介绍，重点介绍伺服电机的应用。

5.3　步进伺服驱动系统

步进伺服驱动系统中的执行元件是步进电机，又称脉冲电机，是一种将输入脉冲信号转换成相应的旋转或直线位移的运动执行元件，可以实现高精度的位移控制。由于步进电机可用数字信号直接进行控制，因此很容易与微型计算机相连接，是位置控制中常用的执行装置。步进电机的发明至今已有半个多世纪了，早期的步进电机性能差、效率低，但它具有低转子惯量、无漂移和无积累定位误差的优点。在计算机快速发展的今天，步进电机全数字化的控制性能得到了充分展现，它已被广泛应用于众多领域。

5.3.1　步进电机的种类与特点

根据构造和工作原理的不同，步进电机可分为：可变磁阻型（VR 型）步进电机（又称反应式步进电机）、永磁型（PM 型）步进电机、混合型（HB 型）步进电机（亦称永磁感应式步进电机），如图 5–7 所示。按励磁线圈的相数不同，步进电机分为：二相、三相、四相、五相和六相步进电机。

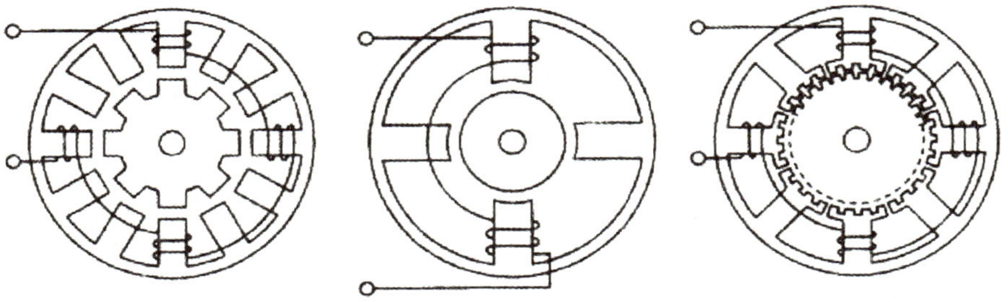

(a) VR型　　(b) PM型　　(c) HB型

图 5–7　步进电机的结构与分类

1. 可变磁阻型（VR 型）

该类电动机由定子绕组产生的反应电磁力吸引用软磁钢制成的齿形转子进行步进驱动，故又称作反应式步进电机，其定子与转子分别由铁心构成。定子上嵌有线圈，转子朝定子间磁阻最小方向转动，并由此而得名为可变磁阻型。这类电动机的转子结构简单、转子直径小，有利于高速响应。由于 VR 型步进电机的铁心无极性，故不需改变电流极性，因此，多为单极性励磁。

由于该类电动机的定子与转子均不含永久磁铁，故无励磁时没有保持力。另外，需要将气隙做得尽可能小（如几个微米）。这种电动机具有制造成本高、效率低、转子的阻尼差、噪声大等缺点。但是，由于其制造材料费用低、结构简单、步距角小，随着加工技术的进步，有望成为多用途的机种。

2. 永磁型（PM 型）

永磁型（PM 型）步进电机的转子采用永久磁铁，定子采用软磁钢制成，绕组轮流通电，建立的磁场与永久磁铁的恒定磁场相互吸引与排斥产生转矩。这种电动机由于采用了永久磁铁，即使定子绕组断电也能保持一定转矩，故具有记忆能力，可用作定位驱动。

PM 型电动机的特点是励磁功率小、效率高、造价便宜，因此需要量也大。由于转子磁铁的磁化间距受到限制，难以制造，故步距角较大。与 VR 型相比输出转矩大，但转子惯量也较大。

3. 混合型（HB 型）

这种电动机转子上嵌有永久磁铁，故也可以说是永磁型步进电机，但从定子和转子的导磁体来看，又和可变磁阻型相似，所以是永磁型和可变磁阻型相结合的一种形式，故称为混合型步进电机。它不仅具有 VR 型步进电机步距角小、响应频率高的优点，而且还具有 PM 型步进电机励磁功率小、效率高的优点，它的定子与 VR 型没有多大差别，只是在相数和绕组接线方面有其特殊的地方。例如，VR 型一般都做成集中绕组的形式，每极上放有一套绕组，相对的两极为一相，而 HB 型步进电机的定子绕组大多数为四相，而且每极同时绕两相绕组或采用桥式电路绕一相绕组，按正反脉冲供电。

这种类型的电动机由转子铁心的凸极数和定子的副凸极数决定步距角的大小，可制造出步距角较小（0.9°～3.6°）的电动机。

混合型与永磁型多为双极性励磁。由于都采用了永久磁铁，无励磁时具有保持力，励磁时的静止转矩比 VR 型步进电机的大。HB 型和 PM 型步进电机能够用作超低速同步电机，如用 60 Hz 驱动每步 1.8°的电动机可作为 72 r/min 的同步电机使用。

5.3.2 步进电机的运行特性及性能指标

1. 分辨力

在一个电脉冲作用下，步进电机转子转过的角位移，即步距角 α。步距角 α 越小，分辨力越高。最常用的步距角有 0.6°/1.2°、0.75°/1.5°、0.9°/1.8°、1°/2°、1.5°/3°等。

2. 矩—角特性

在空载状态下，步进电机的某相通以直流电时，转子齿中心线与定子齿中心线相重合，转子上没有转矩输出，此时的位置为转子初始稳定平衡位置，如果在电动机转子轴上加一负载转矩 T_L，则转子齿中心线与定子齿中心线将错过一个电角度 θ_e 才能重新稳定下来。此时转子上的电磁转矩 T_j 与负载转矩 T_L 相等，该 T_j 称为静态转矩，θ_e 为失调角。静转矩与转子位置的关系如图 5-8 所示。

当 $\theta_e = \pm 90°$ 时，其静态转矩 T_{jmax} 为最大静转矩。T_j 与 θ_e 之间的关系大致为一条正弦曲线，如图 5-9 所示，该曲线被称作步进电机矩—角特性曲线。静态转矩越大，自锁力矩越大，静态误差就越小。一般产品说明书中标示的最大静转矩就是指在额定电流和通电方式下的 T_{jmax}。当失调角 θ_e 在 $-\pi$ 到 π 的范围内，若去掉负载 T_L，转子仍能回到初始稳定平衡位置，$-\pi \leqslant \theta_e \leqslant \pi$ 的区域称为步进电机的静态稳定区。

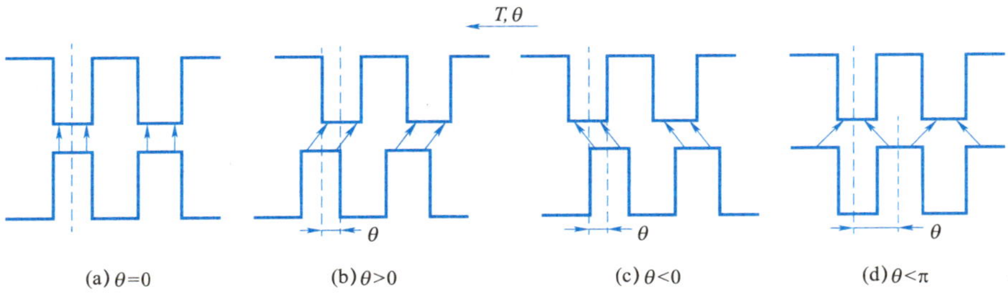

图 5-8　静转矩与转子位置的关系

3. 起动频率

步进电机能够不失步起动的最高脉冲频率称为起动频率。所谓失步是转子前进的步数不等于输入的脉冲数，包括丢步和越步两种情况。步进电机起动时，其外加负载转矩有为零或不为零两种情况，前者的起动频率称为空载起动频率，后者称为负载起动频率。负载起动频率与负载惯量的大小有关。当驱动电源性能提高时，起动频率可以提高。

4. 最高工作频率

步进电机起动后，将脉冲频率逐步升高，在额定负载下，电动机能不失步正常运行的极限频率为最高工作频率。其值随负载而异，它远大于起动频率，两者可相差十几倍以上。驱动电源性能越好，步进电机的最高工作频率也就越高。

5. 转矩—工作频率特性

步进电机转动后，其输出转矩随工作频率增高而下降，当输出转矩下降到一定程度时，步进电机就不能正常工作。步进电机的输出转矩 T 与工作频率 f 的关系曲线如图 5-10 所示，实线为电动机的起动矩频特性。可以看出，电动机的转动惯量越大，同频率下的起动转矩就越小。虚线为电动机的运行矩频特性，严格来说，转动惯量对运行矩频特性也有影响，但不像对起动矩频特性的影响那样显著。此外，步进电机的矩频特性与驱动电源性能好坏有很大的关系。

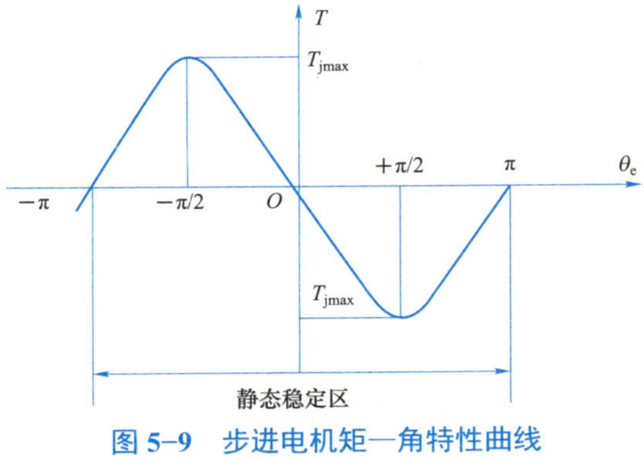

图 5-9　步进电机矩—角特性曲线

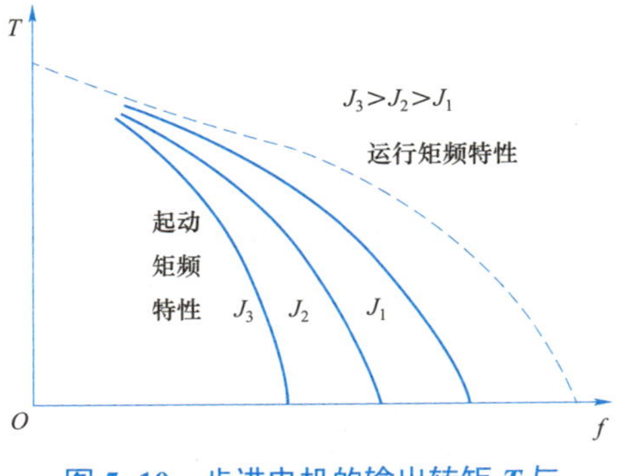

图 5-10　步进电机的输出转矩 T 与工作频率 f 的关系曲线

在不同负载下，电动机允许的最高连续运行频率是不同的。一般步进电机的技术说明书上都指明空载最高连续运行频率和空载起动频率。为了缩短起动时间，可在一定的起动时间内将电脉冲频率按一定的规律逐渐增加到所允许的运行频率。

5.3.3　步进电机的工作原理

步进电机是一种利用数字脉冲信号旋转的电动机，每当送入一个脉冲，电动机就转过一个步距角，电动机的转速与脉冲信号的频率成比例。

图 5-11 所示为三相反应式步进电机工作原理。其定子有 6 个均匀分布的磁极，每两个相对磁极组成一相，即有 A-A′、B-B′、C-C′，三相磁极上绕有励磁绕组。假定转子具有均匀分布的四个齿，当 A、B、C 三个磁极的绕组依次通电时，则 A、B、C 三对磁极依次产生磁场吸引转子转动。

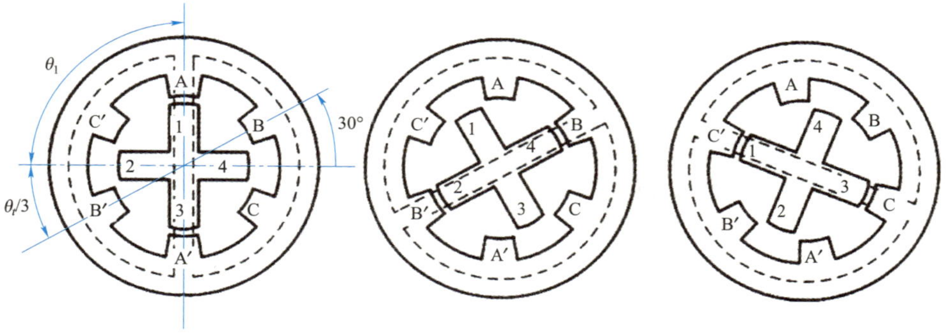

(a) 将电脉冲加到A相励磁绕组 (b) 使转子2、4两个齿与定子B相磁极对齐 (c) 步进电机沿顺时针方向一步一步地转动

图 5-11 三相反应式步进电机工作原理

如图 5-11（a）所示，如果先将电脉冲加到 A 相励磁绕组，定子 A 相磁极就产生磁通，并对转子产生磁拉力，使转子的 1、3 两个齿与定子的 A 相磁极对齐。而后再将电脉冲通入 B 相励磁绕组，B 相磁极便产生磁通。由图 5-11（b）可以看出，这时转子 2、4 两个齿与 B 相磁极靠得最近，于是转子便沿着逆时针方向转过 30° 角，使转子 2、4 两个齿与定子 B 相磁极对齐。旋转的这个角度就叫步距角。显然，单位时间内通入的电脉冲数越多，即电脉冲频率越高，电动机转速就越高。如果按 A→C→B→A→…的顺序通电，步进电机将沿顺时针方向一步一步地转动。

上述步进电机的三相励磁绕组依次单独通电运行，换接三次完成一个通电循环，称为三相单三拍通电方式。

如果使两相励磁绕组同时通电，即按 AB→BC→CA→AB→…顺序通电，这种通电方式称为三相双三拍，其步距角仍为 30° 。

如图 5-12 所示，如果按照 A→AB→B→BC→C→CA→A→…顺序通电，换接 6 次完成一个通电循环，称为三相六拍通电方式工作，这种通电方式的步距角为 15° 。如果按 B→BC→C→CA→A 的顺序通电，步进电机就沿着逆时针方向转动。

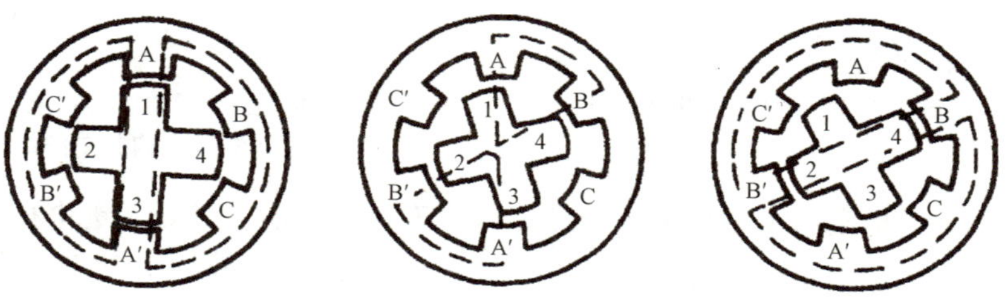

图 5-12 三相六拍步进电机工作原理图

步进电机的步距角越小，意味着能达到的位置精度越高。通常的步距角是 1.5° 或 0.75°，为此需要将转子做成多极式的，并在定子磁极上制成小齿，步进电机结构如图 5-13 所示。定

子磁极上的小齿和转子磁极上的小齿大小一样，两种小齿的齿宽和齿距相等。当一相定子磁极的小齿与转子的小齿对齐时，其他两相磁极的小齿都与转子的齿错过一个角度，按照相序，后一相比前一相错开的角度要大。例如转子上有 40 个齿，则相邻两个齿的齿距角是 360°/40=9°。若定子每个磁极上制成 5 个小齿，当转子齿和 A 相磁极小齿对齐时，B 相磁极小齿沿逆时针超前转子齿 1/3 齿距角，即超前 3°，而 C 相磁极小齿则超前转子 2/3 齿距，即超前 6°。当励磁绕组按 A→B→C→A→⋯顺序以三相单三拍通电时，转子按逆时针方向，以 3° 步距角转动；如果按照 A→AB→B→BC→C→CA→A→⋯顺序以三相六拍通电时，步距角减小一半为 1.5°。

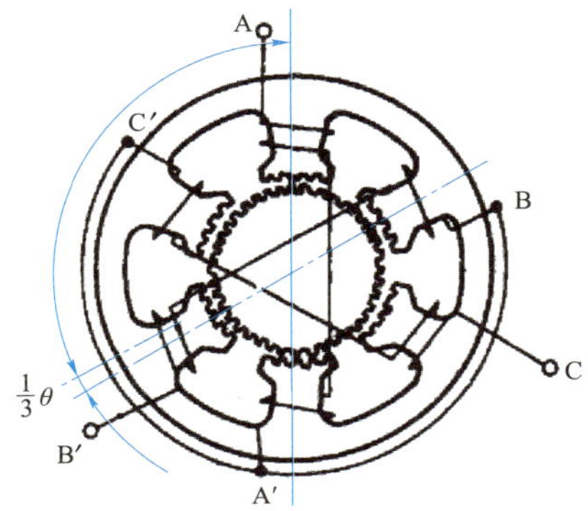

图 5–13　步进电机结构

步进电机也可以制成四相、五相、六相或更多的相数，以减小步距角并改善步进电机的性能。为了减小电动机制造的难度，多相步进电机常做成轴向多段式。例如，五相步进电机的定子沿轴向分为 A、B、C、D、E 五段。每一段是一相，在此段内只有一对定子磁极。在磁极的表面上开有一定数量的小齿，各相磁极的小齿在圆周方向互相错开 1/5 齿距。转子也分为五段，每段转子具有与磁极同等数量的小齿，但它们在圆周方向并不错开，定子的五段就是电动机的五相。

一个 m 相步进电机，如其转子上有 z 个齿，则步距角 α 可通过下式计算：

$$\alpha = \frac{360^\circ}{kmz}$$

式中：k——通电方式系数。当采用单相或双相通电方式时，k=1；当采用单双相轮流通电方式时，k=2。

5.3.4　步进电机的特点

根据上述工作原理，可以看出步进电机具有以下几个基本特点。

（1）步进电机受数字脉冲信号控制，输出角位移与输入脉冲数成正比，即：

$$\theta = N\alpha$$

式中：θ——电动机转过的角度，（°）；

N——控制脉冲数；

α——步距角，（°）。

（2）步进电机的转速与输入的脉冲频率成正比，即：

$$n = \frac{\alpha}{360} \times 60f = \frac{\alpha f}{6}$$

式中：n——电动机转速，r/min；

f——控制脉冲频率，Hz。

（3）步进电机的转向可以通过改变通电顺序来改变。

（4）步进电机具有自锁能力，一旦停止输入脉冲，只要维持绕组通电，电动机就可以保持在该固定位置。

（5）步进电机的工作状态不易受各种干扰因素（如电源电压的波动、电流的大小与波形的变化、温度等）影响，只要干扰未引起步进电机产生“丢步”，就不会影响其正常工作。

（6）步进电机的步距角有误差，转子转过一定步数以后也会出现累积误差，但转子转过一转以后，其累积误差为“零”，不会长期积累。

（7）易于直接与微机的 I/O 接口，构成开环位置伺服系统。

因此，步进电机被广泛应用于开环控制结构的机电一体化系统，使系统简化，并可靠地获得较高的位置精度。

5.3.5 步进电机的选用

选用步进电机时，需要综合考虑机电一体化系统的精度、转矩和转动惯量的设计要求与条件。首先按系统位置精度要求选择步进电机的步距角；其次按起动速度、最大工作速度选择步进电机的起动频率和最高工作频率；再次根据机械结构草图计算机械传动装置及负载折算到电动机轴上的等效转动惯量，然后分别计算各种工况下所需的等效力矩，按起动负载和工作负载确定起动转矩和工作转矩；再根据步进电机最大静转矩和起动、运行矩频特性选择合适的步进电机；最后校验电动机的转矩。

（1）步矩角的选择是由脉冲当量等因素决定的。步进电机的步距角精度将会影响开环系统的精度。

（2）转矩和惯量匹配条件。

为了使步进电机具有良好的起动能力及较快的响应速度，通常推荐须保证负载的转动惯量与电动机转子的转动惯量的匹配。

$$\frac{T_L}{T_{max}} \leqslant 0.5 \quad 及 \quad \frac{J_L}{J_m} \leqslant 4$$

式中：T_{max}——步进电机的最大静转矩，N·m；

T_L——换算到电动机轴上的负载转矩，N·m；

J_m——步进电机转子的转动惯量，kg·m^2；

J_L——折算到步进电机转子上的等效转动惯量，kg·m^2。

根据上述条件，初步选择步进电机的型号。然后，根据动力学公式检查其起动能力和运动参数。

由于步进电机的起动矩—频特性曲线是在空载下做出的，检查其起动能力时应考虑惯性负载对起动转矩的影响，即从起动惯—频特性曲线上找出带惯性负载的起动频率，然后再查其起动转矩和计算起动时间。当在起动惯—频特性曲线上查不到带惯性负载时的最大起动频率时，可用下式近似计算：

$$f_L = \frac{f_m}{\sqrt{1+\frac{J_L}{J_m}}}$$

式中：f_L——带惯性负载的最大起动频率，Hz；

f_m——电动机本身的最大空载起动频率，Hz。

当 $J_L/J_m=3$ 时，$f_L=0.5f_m$。

不同 J_L/J_m 下的矩—频特性如图 5-14 所示。由此可见，J_L/J_m 的比值增大，自起动最大频率越小，其加减速时间将会延长，甚至难于起动，这就失去了快速性。

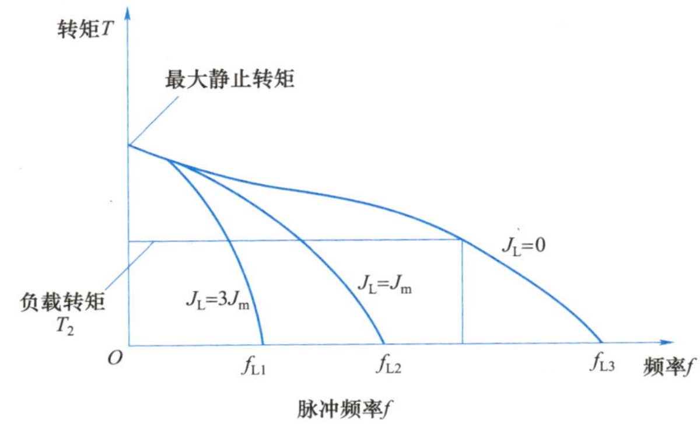

图 5-14　不同 J_L/J_m 下的矩—频特性

5.3.6　步进电机的驱动与控制

步进电机的运行特性与配套使用的驱动电源（驱动器）有密切关系。驱动电源由脉冲分配器、功率放大器等组成，如图 5-15 所示。驱动电源是将变频信号源（微机或数控装置等）送来的脉冲信号及方向信号按要求的配电方式自动地循环供给电动机各相绕组，以驱动电动机转子正反向旋转。变频信号源是一个可提供从几赫兹到几万赫兹频率的连续可调信号的脉冲信号发生器。因此，只要控制输入电脉冲的数量及频率就可精确控制步进电机的转角及转速。

可以采用计算机或振荡器作为变频信号源。脉冲分配器的作用是按照一定的顺序和逻辑关系把脉冲信号分配给功率放大器，使步进电机按选定的运行方式工作，一般由逻辑电路构成。脉冲分配器的输出电流一般为毫安级，无法直接驱动步进电机。因此，需要连接功率放大器，进而输入各相绕组，使各绕组通电、断电顺序按照一定规律变化，实现步进电机的控制。

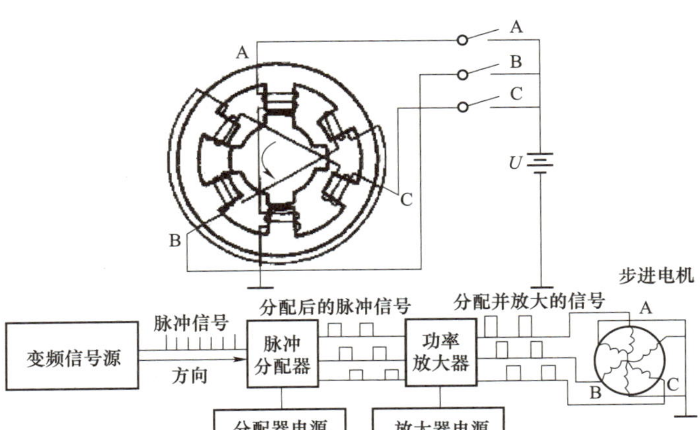

图 5-15　步进电机的驱动电路组成结构

1. 脉冲分配器（又称为环形脉冲分配器）

步进电机的各相绕组必须按一定顺序通电才能正常工作。这种使电动机绕组的通电顺序按一定规律变化的部分称为脉冲分配器。实现环形分配的方法有软环分配器、小规模集成电路环形分配器、专用环形分配器三种方式。

软环分配器是采用计算机软件，利用查表或计算方法来进行脉冲的环形分配。查表方式的软环分配器顺次在数据表中提取数据并通过输出接口输出，通过正向顺序读取和反向顺序读取可控制电动机进行正反转，控制读取数据的时间间隔可控制电动机的转速。但是由于软环分配器占用计算机的运行时间，易影响步进电机的运行速度。以 8051 单片机为例，通过并行口给出励磁信号，单片机构成的软环分配器如图 5-16 所示。其软件可以通过查表的方法来实现。单片机用的软环分配表如图 5-17 所示。

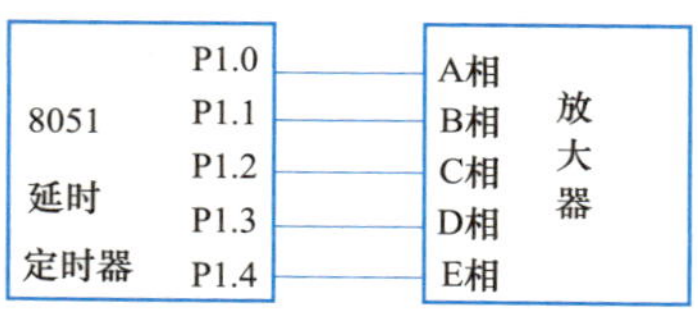

图 5-16　单片机构成的软环分配器

转向	1~2 相通电	CP	C	B	A	代码	转向
↓	A	0	0	0	1	01H	↑
	A B	1	0	1	1	03H	
	B	2	0	1	0	02H	
	B C	3	1	1	0	06H	
	C	4	1	0	0	04H	
	C A	5	1	0	1	05H	
	A	0	0	0	1	01H	

软环分配器

图 5-17　单片机用的软环分配表

小规模集成电路环形分配器的灵活性很大，可以利用小规模集成电路搭接任意相任意通电顺序的环形分配器，同时在工作时不占用计算机的工作时间。并且随着大规模可编程逻辑器件和电子设计自动化(EDA)技术的发展，现在可以利用电子设计自动化技术在 CPLD/FPGA 芯片上灵活设计各种环形分配器。小规模集成电路环形分配器如图 5-18 所示。

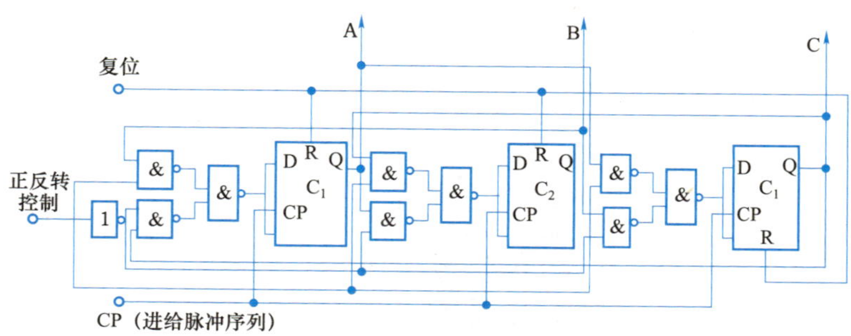

图 5-18　小规模集成电路环形分配器

专用环形分配器如 CH250 为一种三相步进电机专用环形分配器，可实现三相步进电机的各种环形分配，其使用方便、接口简单，如图 5-19 所示。

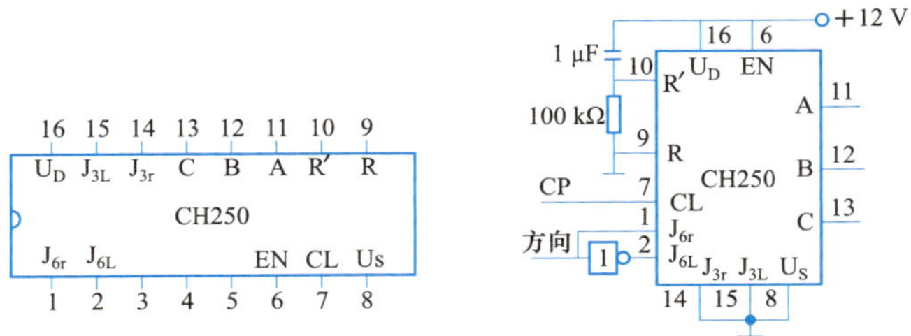

(a)　　　　　　　　(b)

图 5-19　专用环形分配器 CH250

专用环形分配器 CH250 的管脚配置如图 5-20 所示。

R_1	R_2	CL	EN	J_{3r}	J_{3L}	J_{6r}	J_{6L}	功能	
0	0	↑	1	1	0	0	0	双三拍	正转
		↑	1	0	1	0	0		反转
		↑	1	0	0	1	0	六拍	正转
		↑	1	0	0	0	1		反转
		0	↓	1	0	0	0	双三拍	正转
		0	↓	0	1	0	0		反转
		0	↓	0	0	1	0	六拍	正转
		0	↓	0	0	0	1		反转
		↓	1	×	×	×	×	不变	
		×	0	×	×	×	×		
		0	↑	×	×	×	×		
		1	×	×	×	×	×		
1	0	×	×	×	×	×	×	A=1、B=1、C=0	
0	1	×	×	×	×	×	×	A=1、B=1、C=0	

图 5-20　专用环形分配器 CH250 的管脚配置

目前市场上出售的环形分配器的集成电路芯片很多，功能也很齐全，有的还具有其他许多功能，如斩波控制、细分等，有用于两相步进电机的 L297（L297A）、PMM8713，以及用于五相步进电机的 PMM8714 等。采用专用集成电路有利于降低系统的成本和提高系统的可靠性，维护起来更加方便。

2. 功率放大器

从计算机出口或环形分配器输出的脉冲信号电流一般只有几毫安，不能直接驱动步进电机，必须采用功率放大器将脉冲电流进行放大，使其增大到几至十几安培，从而驱动步进电机运转。因此，只要控制输入脉冲的数量和频率就可以精确控制步进电机的转角和速度。由于电动机各相绕组都是绕在铁心上的线圈，电感较大，绕组通电时，电流上升率受限制，因而影响电动机绕组电流的大小，而绕组断电时，电感的磁场储能元件将维持绕组中已有的电流，不能突变。在绕组断电时会产生反电动势，为使电流尽快衰减并释放反电动势，必须增加适当的续流回路。

功率放大器主要将环形分配器输出的信号进行功率放大，使输出脉冲能够直接驱动电动机工作。不同的驱动器还会结合实际需要而增加相应的保护、调节或改善电动机运行性能的功能，其控制步进电机的方式也各有不同。

步进电机常见的功率放大电路有电压型和电流型。电压型又有单电压型和高低双电压型之分；电流型中有恒流源型和斩波型等形式。

（1）单电压功率放大电路即单一电源供电的放大电路，如图 5-21 所示。

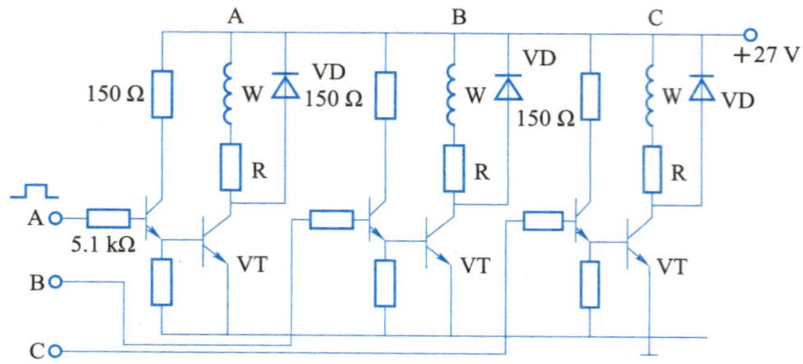

图 5-21　单电压驱动放大电路

图中 A、B、C 分别对应步进电机的三相，每相由一组放大电路驱动，W 为每一相的励磁线圈。当有控制脉冲信号输入时，功率管导通，控制绕组有电流通过，否则，功率管关断，控制绕组没有电流通过。

由于功率管 VT 从导通突然变为关断状态时在控制绕组中会产生很高的电动势，其极性与电源的极性一致，二者叠加在一起作用到功率管的集电极上，很容易使功率管被击穿。为此并联一个二极管 VD 及其串联电阻 R 形成放电回路，限制功率管集电极上的电压，保护功率管，在控制绕组中串联电阻同时也起限流作用。

单电压功率放大电路的特点有：① 线路简单、功率元件少、成本低；② 控制绕组中的电阻要消耗能量使得工作效率低，所以这种驱动方式只适用小功率步进电机的驱动；③ 放电回路中的二极管限制了 VT 集电极上的电压大小。

（2）高低双电压功率放大电路。电路中绕组通电开始时由高压供电，保证电流快速上升，改善电流波形的前沿。图 5-22（a）所示为用脉冲变压器 T1 组成的双电压功率放大电路。高低压驱动电路简化后的原理如图 5-22（b）所示，当输入控制脉冲信号时，功率管 VT_1、VT_2 导通，低压电源由于二极管 VD_1 承受反向电压，处于截止状态不起作用，高压电源加在控制绕组上控制绕组中的电流迅速上升，使电流波形的前沿很陡。当电流上升到额定值或稍比额定值高时，利用定时电路或电流检测电路使功率管 VT_1 关断，VT_2 仍然导通，二极管 VD_1 也由截止变为导通，控制绕组由低压电源供电维持，当输入控制信号为零时，功率管 VT_2 截止，控制绕组中的电流通过二极管 VD_2 的续流作用，向高压电源放电。绕组中的电流迅速减小，电阻 R_{f1} 的阻值很小，目的是调节控制绕组中的电流，使各相电流平衡。高低双电压功

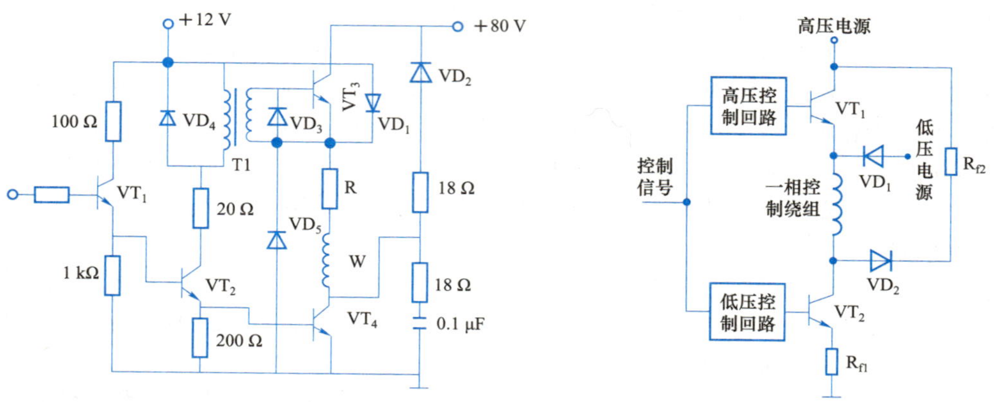

(a) 用脉冲变压器T1组成的高低双电压功率放大电路　　(b) 高低双电压功率放大电路简化后的原理

图 5-22　高低双电压功率放大电路

率放大电路的特点是电源功耗比较小，效率比较高，由于电流的波形得到了很大的改善，所以电机的矩频特性好，起动和运行频率得到了很大的提高。它的主要缺点是在低频运行时输入能量过大，造成电机低频振荡加重，同时也增大了电源的容量。由于电源电压的提高也提高了对功率管性能参数的要求，这种驱动方式常用于大功率步进电机的驱动。

（3）恒流源功率放大电路。恒流源功率放大电路如图 5-23 所示，当输入脉冲信号时，A 点为低电平，VT_1 截止，电流由电源正端通过电动机绕组 W 及 VT_2 及 VT_3 组成的达林顿复合管，经由 PNP 型功率管 VT_4 组成的恒流源流向电源负端。由于恒流源的动态电阻很大，故绕组可在较低的电压下取得较高的电流上升率，因而可用于较高频率的驱动。由于电源电压较低，功耗减小，效率得到提高。

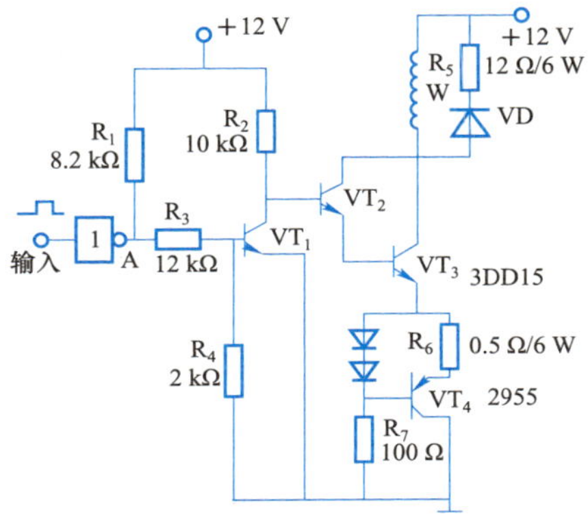

图 5-23　恒流源功率放大电路

3. 步进电机的微机控制

步进电机的工作过程一般由控制器控制，控制器按照设计者的要求完成一定的控制过程，使功率放大电路按照要求的规律驱动步进电机运行。简单的控制过程可以用各种逻辑电路来实现，但其缺点是线路复杂、控制方案改变困难。微处理器的问世，给步进电机控制器设计开辟了新的途径。各种单片微型计算机的迅速发展和普及，为设计功能很强而价格低廉的步进电机控制器提供了条件。步进电机的计算机控制主要有串行控制和并行控制两种方式。

串行控制：具有串行控制功能的计算机系统与步进电机驱动器之间，采用较少的连线将信号输入步进电机驱动器的环形分配器，所以在这种系统中，驱动电源中必须含有环形分配器。串行控制如图 5-24 所示。工程中的步进电机常用这种控制方式。

并行控制：用计算机系统的数个端口直接去控制步进电机各相驱动电路的方法称为并行控制。在步进电机驱动电源内，可以不包括环形分配器，而其并行控制功能由计算机系统完成。系统实现脉冲分配功能的方法有两种：一种是纯软件方法，即完全用软件来实现相序的分配，直接输出各相导通或截止的信号；另一种是软硬件相结合的方法，专门设计一种编程器接口，计算机向接口输入简单形式的代码数据，而接口输出步进电机各相导通或截止的信号，并行控制如图 5-25 所示。

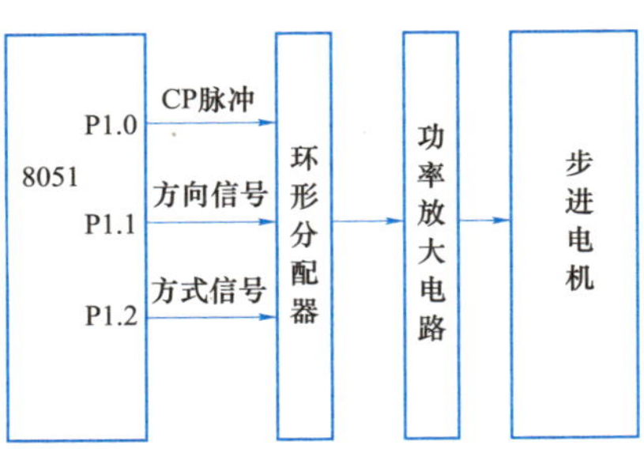

图 5-24　串行控制

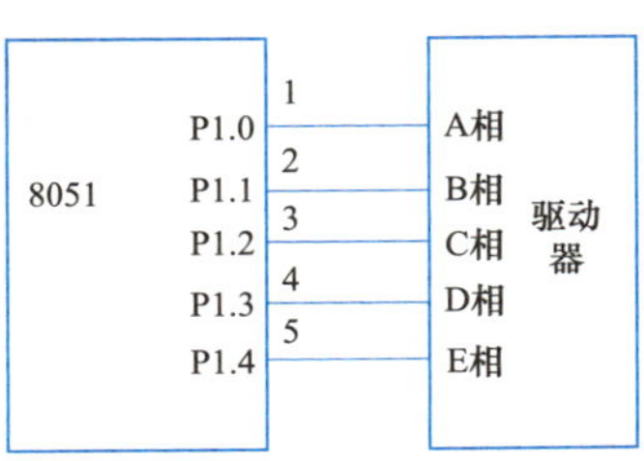

图 5-25　并行控制

4. 细分驱动

上述提到的步进电机的各种功率放大电路都是采用环形分配器芯片进行环形分配，控制电动机各相绕组的导通或截止，从而使电动机产生步进运动，步距角的大小只有两种，即整步工作或半步工作。步距角由步进电机结构所确定。如果要求步进电机有更小的步距角或者为减小电动机振动、噪声等原因，可以在每次输入脉冲切换时，不将绕组电流全部通入或切除而是只改变相应绕组中额定电流的一部分，则电动机转过的每步运动也只有步距角的一部分。这里绕组电流不是一个方波，而是阶梯波，额定电流是台阶式的投入或切除，电流分成多少个台阶，则转子就以同样的个数转过一个步距角。这样将一个步距角细分成若干步的驱动方法被称为细分驱动。细分驱动的特点是：在不改动电动机结构参数的情况下，能使步距角减小。但细分后的步距角精度不高，功率放大驱动电路也相应复杂；细分驱动能极大地改善步进电机运行的平稳性，提高匀速性，减弱甚至消除振荡。近几年来，由于微处理机技术的发展，细分驱动电路已经获得广泛应用。细分电流波形对比图如图 5-26。

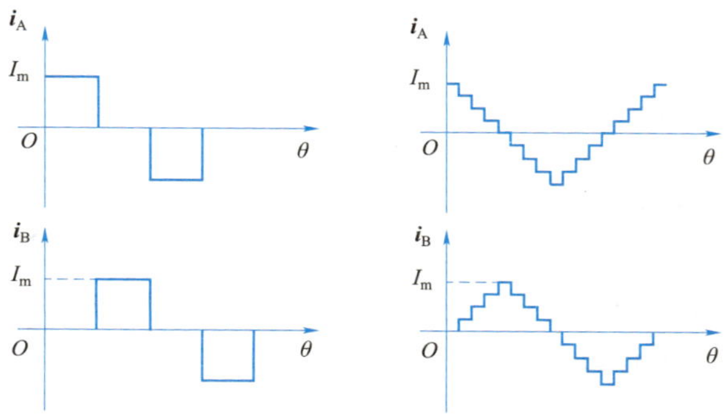

(a) 无细分时电流波形图　　(b) 有细分时电流波形图

图 5-26　细分电流波形对比图

5.4　直流伺服驱动系统

在机电一体化设备中，直流伺服系统是发展最早、最成熟的伺服系统。直流伺服电机是使用直流供电的电动机作为驱动元件，其功能是将输入的受控电压/电流量转换为电枢轴上的角位移或角速度输出。图 5-27 为直流伺服电机。

图 5-27　直流伺服电机

5.4.1　直流伺服电机概述

1. 直流电动机的工作原理

要想使电动机旋转起来，电动机中必须有磁场相互作用，如图 5-28 所示。图 5-28（a）表示磁场具有两种极性，一种是 N 极，一种是 S 极。同极性磁极之间相互作用的是推斥力，N 极和 S 极之间相互作用的则是吸引力。图 5-28（b）表示电动机利用了磁场的这一性质，在电动机的外侧采用了固定不动的永磁体磁极（定子），电动机内部是一个旋转的转子（电枢），它是由 N 极和 S 极按一定规律不断切换的铁心线圈构成。定子和转子磁极相互作用产生一定方向的力（转矩）。转子 N 极和 S 极的切换是根据定子磁极的位置，通过电刷和换向器改变电枢绕组中的电流方向来实现的，如图 5-28（c）所示。

电刷的任务就是从电源吸收电流并通过换向器提供给电枢绕组。电刷压在换向器上，换向器和电枢线圈固定连接，线圈无论怎样转动，总是上半边的电流向里，下半边的电流向外。换向器作用：将外部直流电转换成内部的交流电，以保持转矩方向不变。根据左手定则，在图 5-28（d）中，通电线圈在磁场的作用下，使线圈逆时针旋转。图 5-29 是直流电动机的结构样例。

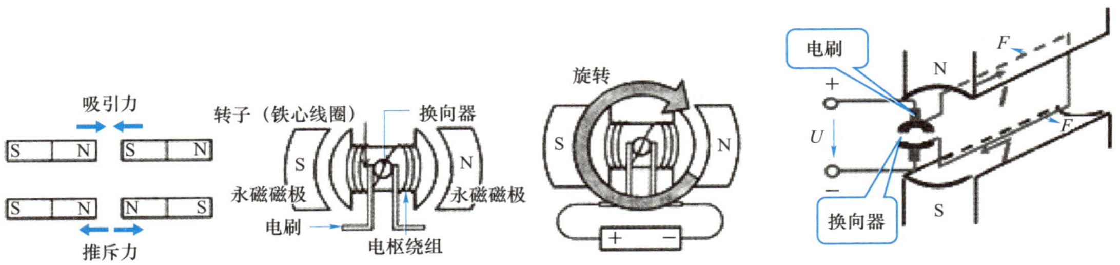

(a) 磁极的相互作用　(b) 电动机的结构　(c) 电动机的旋转　(d) 通电线圈在磁场的作用下，使线圈逆时针旋转

图 5-28　直流电动机工作原理

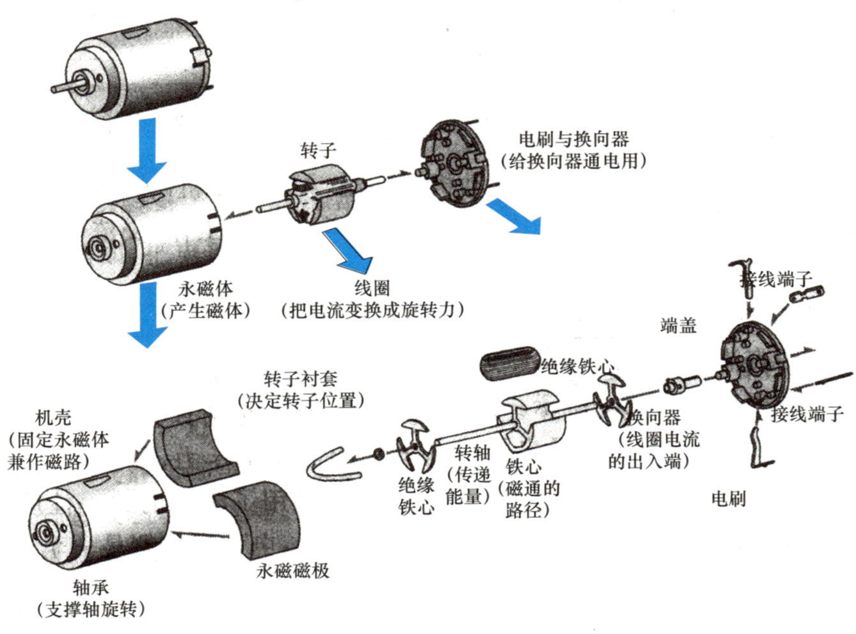

图 5-29　直流电动机的结构样例

直流电动机的励磁是指定子线圈通以直流电产生磁通。按照定子励磁方式的不同，分为电磁式和永磁式两大类。其中，电磁式按定子与转子绕组的连接方式又有他励式、串励式、并励式和复励式等多种。直流伺服电机的分类如图 5-30 所示。

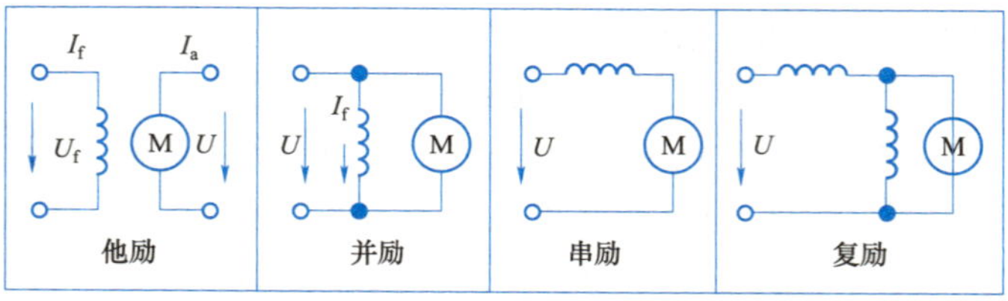

图 5-30 直流伺服电机的分类

他励电动机：励磁线圈与转子电枢的电源分开。并励电动机：励磁线圈与转子电枢并联到同一电源上。串励电动机：励磁线圈与转子电枢串联接到同一电源上。复励电动机：励磁线圈与转子电枢的联接有串有并，接在同一电源上。

2. 直流伺服电机的分类及特点

直流伺服电机的品种很多，随着科技的发展，各种新产品还在不断出现。

近年来，永磁式直流伺服电机因具有尺寸小、线性好、起动转矩大、过载能力强等优点，故应用较多。它和一般永磁直流电动机一样，用永磁材料产生励磁磁场。永磁式直流伺服电机按照转子结构不同又分为几种形式：普通电枢型、盘式印刷绕组型、盘式线绕型和空心杯型，后三种电动机的共同特点是转子无铁心，转动惯量小，具有很高的加速能力，如空心杯型电动机的机械时间常数小于 1 ms。

20 世纪 70 年代，大惯量宽调速直流伺服电机研制成功，其结构特点是励磁便于调整，易于安排补偿绕组和换向极，电动机的换向性能得到改善，成本低，可以在较宽的速度范围内得到恒转速特性。永久磁铁的宽调速直流伺服电机的结构如图 5-31 所示，有不带制动器和带制动器两种结构，电动机定子（磁钢）采用矫顽力高、不易去磁的永磁材料（如铁氧体永久磁铁），转子（电枢）直径大并且有槽，因而热容量大，结构上采用了凸极式和隐极式永磁电动机磁路的组合，提高了电动机气隙磁通密度。

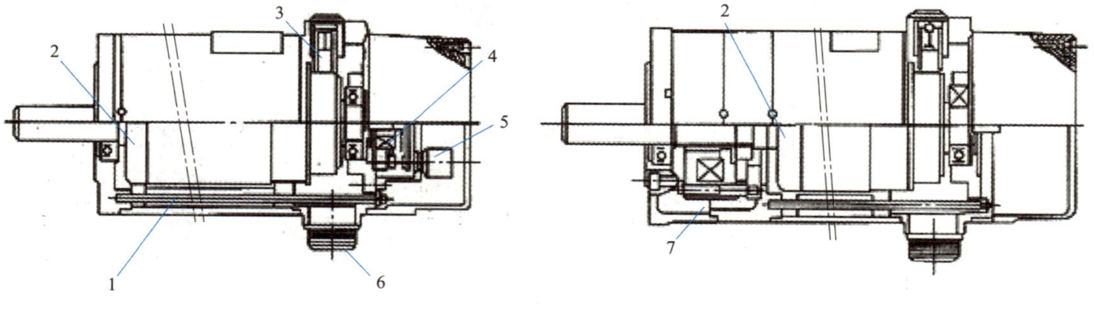

(a) 不带制动器　　(b) 带制动器

1—定子；2—转子；3—电刷；4—测速电动机；5—编码器；6—航空插座；7—制动组件

图 5-31 永久磁铁的宽调速直流伺服电机的结构

直流伺服电机尾部装有高精度低纹波的测速发电机并可加装光电编码器、旋转变压器及制动器，能获得优良的低速刚度和动态性能。宽调速直流伺服电机是目前机电一体化闭环伺服系统中应用较广泛的一种控制用电动机。其主要特点是调速范围宽、低速运行平稳、负载特性硬、过载能力强，在一定的速度范围内可以做到恒力矩输出、反应速度快，具有很好的动态响应特性。当然，宽调速直流伺服电机体积较大，其电刷易磨损，寿命受到一定限制。一般的直流伺服电机均配有专门的驱动器。

随着伺服驱动技术的发展，直流伺服电机除了传统的有刷直流伺服电机外，还出现了无刷直流伺服电机。无刷直流伺服电机没有电刷，而采用电子换向方式，因此电机体积小、重量轻、输出扭矩大、响应快、速度快、惯性小、转动平稳、扭矩稳定，易于实现智能化，其电子换向方式灵活，可以是方波换向，也可以是正弦波换向。无刷直流伺服电机无碳刷损耗，免维护，效率高，工作温度低，噪声低，电磁辐射小，使用寿命长，可用于各种环境。综上所述，直流伺服电机具有以下特点。

（1）稳定性好。直流伺服电机具有较平稳的机械性，能在较宽的速度范围内稳定运行。

（2）可控性好。直流伺服电机具有线性的调节特性，能使转速的大小正比于控制电压值；转向取决于控制电压的极性（或相位）；控制电压为零时，转子惯性很小，能立即停止。

（3）响应迅速。直流伺服电机具有较大的起动转矩和较小的转动惯量，在控制信号增加、减小或消失的瞬间，直流伺服电机能快速起动、快速加速、快速减速和快速停止。

（4）控制功率低，损耗小。

（5）转矩大。直流伺服电机广泛应用在宽调速系统和精确位置控制系统中，其输出功率一般为 1～600 W，也有数千瓦的。电源电压有 6 V、9 V、12 V、24 V、27 V、48 V、110 V、220 V 等。转速可达 1 500～1 600 r/min，时间常数低于 0.03 s。

5.4.2　直流伺服电机的特性

1. 稳态方程和机械特性

直流伺服电机既可采用电枢控制，也可采用磁场控制，目前一般采用电枢控制。这里以电枢控制直流伺服电机为例，对电动机的机械与调速特性加以说明。

1）稳态方程

（1）电压平衡方程。

图 5-32 为电枢控制直流伺服电机的等效电路（电枢绕组电感忽略），励磁绕组接于恒定电压 U_f，控制电压 U_a 接到电枢两端，按电压定律可列出电枢回路的电压平衡方程为：

$$E_a = U_a - I_a R_a \tag{5-1}$$

式中：E_a——反电动势；

U_a——电枢电压；

I_a——电枢电流；

R_a——电枢等效电阻。

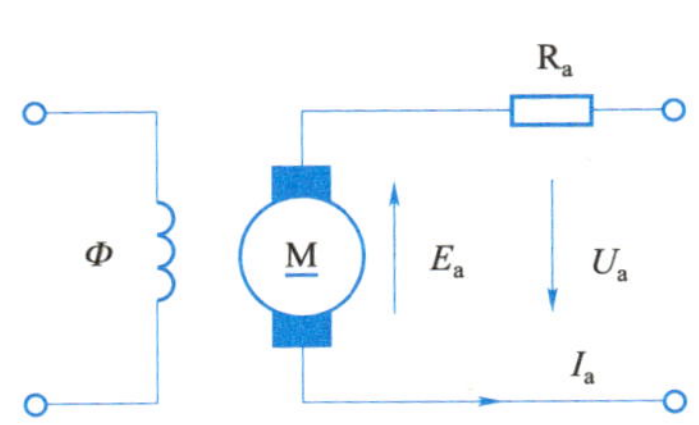

图 5-32　电枢控制直流伺服电机的等效电路

（2）电枢反电动势方程。

转子切割定子磁场时产生的反电动势 E_a 与 n 之间的关系为：

$$E_a = K_e \Phi n \tag{5-2}$$

式中：K_e——反电动势常数；

Φ——定子磁通。

（3）转矩方程。

转子切割定子磁场所产生的电磁转矩：

$$M = K_m \Phi I_a \tag{5-3}$$

式中：K_m——转矩常量。

（4）转速方程。

将式（5-1）、式（5-2）、式（5-3）联立，消去中间量，可得：

$$n = \frac{U_a}{K_e \Phi} - \frac{R_a}{K_e K_m \Phi^2} M \tag{5-4}$$

上式也称作直流伺服电机的稳态方程。

2）机械特性

电动机的机械特性是指转速与转矩之间的关系，即 $n=f(M)$ 曲线。若电枢电压恒定，则稳态方程可写为：

$$n = n_0 - \frac{R_a}{K_e K_m \Phi^2} M \tag{5-5}$$

式（5-5）称为直流伺服电机的机械特性。式中：$n_0 = \frac{U_a}{K_e \Phi}$ 是直流电动机的理想空载转速。当 $n=0$ 时，$M = M_d = \frac{K_m \Phi}{R_a} U_a$，称为堵转转矩或起动转矩。

图 5-33 所示为直流伺服电机机械特性。由机械特性方程式（5-5）知：随着负载转矩 M 的增大，转速要降低 Δn，$\Delta n = -\frac{R_a}{K_e K_m \Phi^2} M$，即 R_a 越小或 Φ 值越大，则电动机的机械特性越硬（特性曲线越平）。在实际控制中需对伺服电机外接功放电路，这就引入了功放电路内阻，使电动机的机械特性变软，在设计时应加以注意。

2. 调节特性

电动机的调节特性是指转速与电枢电压之间的关系，即 $n=f(U_a)$ 曲线。在稳态方程中，若把转矩看作常量，设常系数 $k = \frac{R_a}{K_e K_m \Phi^2}$，则

$$n = \frac{U_a}{K_e \Phi} - kM \tag{5-6}$$

图 5-34 所示为直流伺服电机调节特性。对不同的转矩，调节特性是斜率为正的直线簇，表明电动机转速随电枢电压的升高而增加。

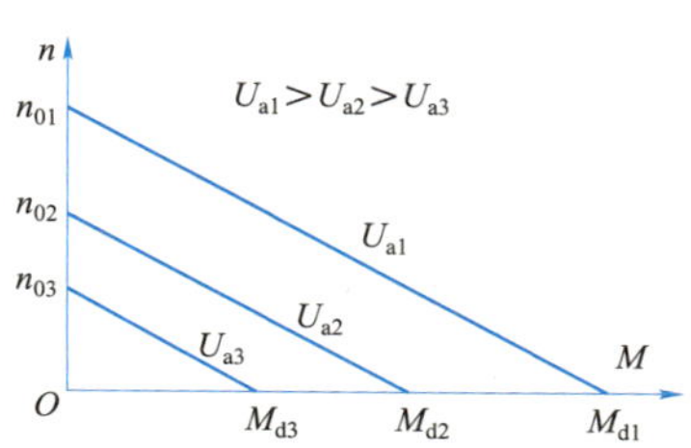

图 5-33　直流伺服电机机械特性

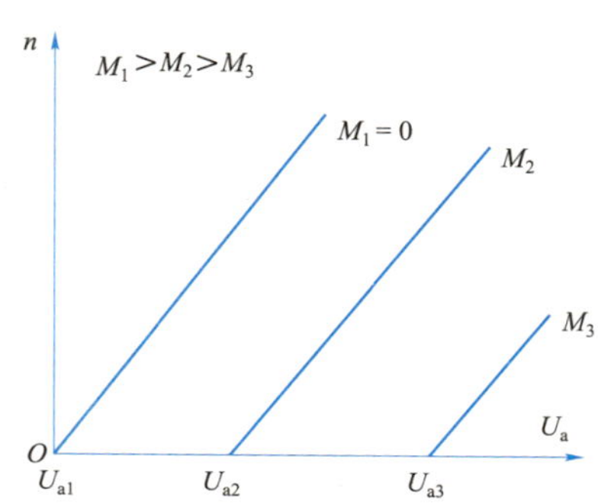

图 5-34　直流伺服电机调节特性

在调节特性中，过原点的直线 $M_1=0$，而实际中由于包括摩擦在内的各种阻力的存在，空载起动时负载转矩不可能为 0。因此对于电枢电压来讲，它有一个最小的限制，称作起动电压。电枢电压小于起动电压则不能起动，该区域称作死区。

另外，图 5–34 中的直线簇是在假设负载转矩不变的条件下绘制的，在实际应用中这一条件可能并不成立，这就会导致调节特性曲线的非线性，在变负载控制时应予以注意。

5.4.3　直流伺服电机的调速

调速即调节速度或控制速度，通过自动地改变电动机的转速来满足工作机械对不同转速的要求。提高电动机的调速性能，在提高产品性能等方面具有重要意义。

1. 直流伺服电机调速方法选择

由直流伺服电机的转速（稳态）方程可知，直流伺服电机的调速可通过调节电枢电压、调节磁场的磁通和调节电枢回路电阻三种方法来实现。

1）调节电枢电压—恒转矩调速

改变电枢电压 U_a 后，电动机的机械特性曲线为一簇以 U_a 为参数的平行线，因而在整个调速范围内均有较大的硬度，可以获得稳定的运转速度，调速范围较宽，属于恒转矩调速，该调速方法被广泛采用。当电动机的负载转矩不变时，升高电枢电压，电机的转速就升高；反之转速就降低。当前直流伺服电机主要采用电枢电压调速方式，本节将主要介绍这种调速方法。

调节直流伺服电机转速和方向，需要对其电枢直流电压的大小和方向进行控制，目前常用的驱动控制有晶闸管直流调速控制和晶体管脉宽调制（pulse width modulation，PWM）调速控制两种方式。由于晶闸管直流调速控制方式主要通过调节触发装置控制晶闸管的触发延迟角，从而控制晶闸管的导通，改变整流电压的大小，使直流电动机电枢电压变化，实现电机调速。由于晶闸管本身的工作原理和电源的特点，晶闸管导通后需要利用交流信号使其过零关闭，因此，在低整流电压时，其输出是很小的尖峰电压的平均值，从而造成电流的不连续性。PWM 调速控制系统开关频率高，通常能达到 2 000～3 000 Hz，伺服机构能够响应的频带范围也较宽，与晶闸管相比，其输出电流脉动非常小，接近于纯直流。因此，一般采用脉宽调制（PWM）进行直流调速驱动。

（1）PWM 调速原理。脉宽调制即脉冲宽度调制，是通过改变输出脉冲信号的占空比来改变电枢电压的平均值，从而达到控制电动机转速的目的，PWM 直流调速驱动原理如图 5–35 所示。假设输入直流电压 U，可以调节导通时间得到一定宽度的与 U 成比例的脉冲方波，给伺服电机电枢回路供电，通过改变脉冲宽度来改变电枢回路的平均电压，从而输出不同大小的电压 U_a，使直流电动机平滑调速。

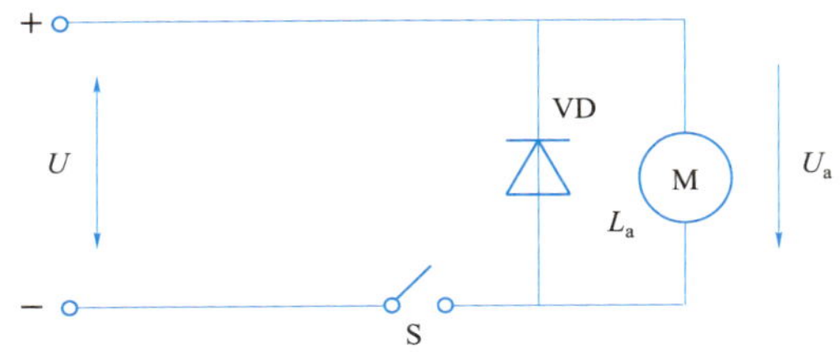

图 5–35　PWM 直流调速驱动原理

设开关 S 周期性地闭合、断开，闭和开的总周期是 T，在一个周期内，闭合的时间是 τ，断开的时间是 $T-\tau$，若外加电源电压 U 为常数，则电源加到电动机电枢上的电压波形将是一系列方波，其高度为U，宽度为τ，则一个周期内的电压平均值为：

$$U_a = \frac{1}{T}\int_0^{\tau} U\mathrm{d}t = \frac{\tau}{T}U = \mu U \tag{5-7}$$

式中：μ——导通率，又称占空系数，$\mu = \tau / T$。

当T不变时，只要连续改变τ（0～T）就可以连续地使U_a由0变化到U，从而达到连续改变电动机转速的目的。实际应用的PWM系统，大多采用大功率晶体管代替开关S，其开关频率一般为2 000 Hz，即T=0.5 ms，它比电动机的机械时间常数小得多，因此不至于引起电动机转速脉动。通常选用开关频率为500～2 500 Hz，并在电动机电枢旁并联续流二极管，当S断开时，由于电感L_a的存在，电动机的电枢电流可通过二极管形成回路而继续流动，因此尽管电压呈脉动状，而电流仍然还是连续的。

（2）功率放大器。

PWM信号需连接功率放大器才能驱动直流伺服电机，为使直流伺服电机实现双向调速，多采用双极性输出的H型桥式晶体管功率放大器（见图5-36）。它的工作原理与桥式线性放大电路相似。电桥主要由四个大功率晶体管VT_1～VT_4组成，如果在VT_1和VT_3的基极上加正脉冲的同时，在VT_2和VT_4的基极上加负脉冲，这时VT_1和VT_3导通，VT_2和VT_4截止，电流沿+90 V→c→VT_1→d→M→b→VT_3→a→0 V的路径流通，设此时电动机的转向为正向；反之，如果在晶体管VT_1和VT_3的基极上加负脉冲，在VT_2和VT_4的基极上加正脉冲，则VT_2和VT_4导通，VT_1和VT_3截止，电流沿+90 V→c→VT_2→d→ M→b→VT_4→a→0 V 的路径流通，电流的方向与前一情况相反，电动机反向旋转。显然，如果改变加到VT_1和VT_3、VT_2和VT_4这两组晶体管基极上的控制脉冲的正负和导通率μ，就可以改变电动机的转向和转速。

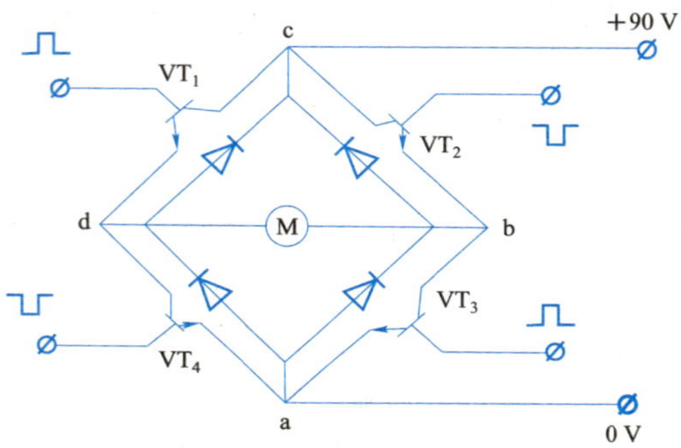

图5-36　H型桥式晶体管功率放大器

（3）PWM控制的特点。

① PWM调速控制驱动器通常采用的功率元件，如双极型晶体管或功率场效应管MOSFET，都工作在开关状态，因而功耗很低。应用的大功率开关器件少、线路简单，体积小、维护方便且工作可靠。

② 调速范围宽。若直流伺服电机采用PWM调速控制，调速范围可达6 000～10 000 r/min，而一般晶闸管驱动装置的调速范围仅能达到100～150 r/min。

③ 频带宽，快速性好。晶体管的开关频率大幅高于可控硅，因而调制频率高，失控时间少，系统的线性度好，响应速度和稳速精度高。

④ 电流脉动小，接近直流，使电动机运行更平稳。

2）调节磁场磁通—恒功率调速

调节磁场磁通的调速方式是通过控制励磁电压来实现增减速，一般采用弱磁增速的方式，即通过减小磁通提升转速。由式（5-5）知，机械特性的斜率与磁通二次方Φ^2成反比，减小磁通时机械特性迅速恶化，因此调速范围不能太大，主要应用于恒功率负载场合。调节磁场磁通时，电枢绕组电压保持不变，仅改变励磁回路的电压。若电动机的负载转矩不变，当升高励磁电压时，励磁电流增加，主磁通增加，电机转速就降低；反之，转速升高。改变励磁电压的极性，电机转向随之改变。改变磁场磁通—恒功率调速机械特性如图5-37所示。

尽管磁场控制也可达到控制转速大小和旋转方向的目的，但励磁电流和主磁通之间是非线性关系，且随着励磁电压的减小其机械特性迅速变软，调节特性也是非线性的，调速范围小，故少用。

3）调节电枢回路电阻

调节电枢回路电阻的方式是通过在电枢回路内串联或并联电阻的方法实现电动机调速，该方法虽简单易行，但由式（5-5）可知通过增大电枢回路电阻实现调速，电动机的机械特性的斜率将增大，机械特性变软，电动机转速受负载影响增大，使电动机运行稳定性降低。改变电阻 R_a 只能有级调速，且这种办法是通过增加电阻损耗来实现调速，故经济性差，应用受到限制，如图 5-38 所示。

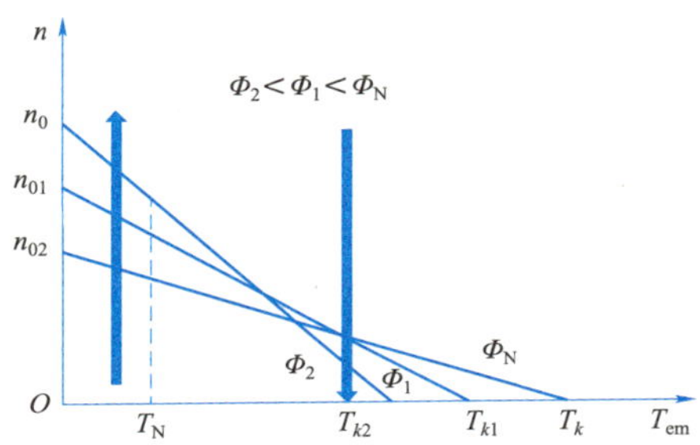

图 5-37　改变磁场磁通—恒功率调速机械特性

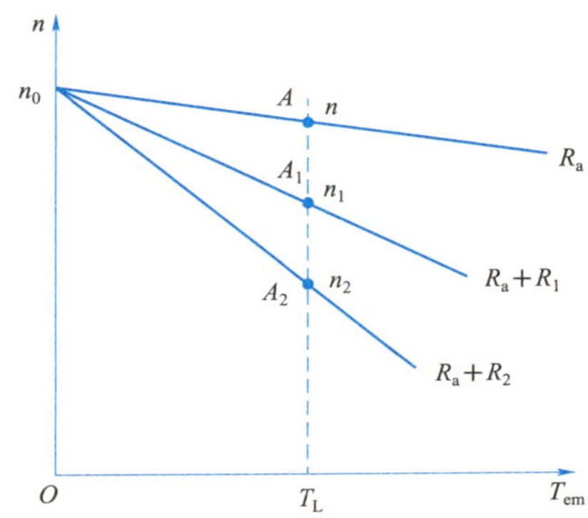

图 5-38　改变电枢回路电阻调速机械特性

2. 直流伺服电机的常用参数

① 电枢电压 U_a：电枢两端所加的电压；

② 电枢电阻 R_a：电枢绕组分布电阻的总和；

③ 电枢感应电动势 E_a：电枢旋转所产生的反向电动势，有

$$E_a = U_a - I_a R_a \tag{5-8}$$

④ 电磁转矩 T_M：转子受磁场力所产生的初始转矩，有

$$T_M = P_M / \omega_N \tag{5-9}$$

⑤ 额定输出转矩 T_N：额定条件下电机轴端输出转矩，有

$$T_N = P_N / \omega_N \tag{5-10}$$

⑥ 理想空载转速 n_0：不受任何负载和摩擦情况下的理想转速，有

$$n_0 = \frac{U_a}{K_e \Phi} \tag{5-11}$$

⑦ 额定功率 P_N：电机输出的额定机械功率，有

$$P_N = P_N \omega_N \tag{5-12}$$

⑧ 电磁功率 P_M：电机电枢从电源吸收的电功率，有

$$P_M = E_a I_a \tag{5-13}$$

⑨ 输入功率 P_0：电机的输入电功率，有

$$P_0 = P_N / \eta \tag{5-14}$$

5.4.4 直流电动机功率驱动接口电路

目前，直流伺服电机的驱动控制一般采用 PWM 调速控制，以下主要介绍直流伺服电机的 PWM 功率驱动接口。

1. PWM 功率驱动接口电路

功率放大器是 PWM 功率接口的主电路，可分为单极性和双极性两种，PWM 功率放大电路如图 5-39 所示。图 5-39（a）为单极性功率放大电路，电动机只能单方向转动。能使电动机正、反向转动的双极性电路有 T 型功率放大电路［见图 5-39（b）］和 H 型桥式功率放大电路［见图 5-39（c）］两种形式。T 型功率放大电路需双电源供电，而 H 型桥式功率放大电路只需单电源供电，但需要 4 只大功率晶体管。

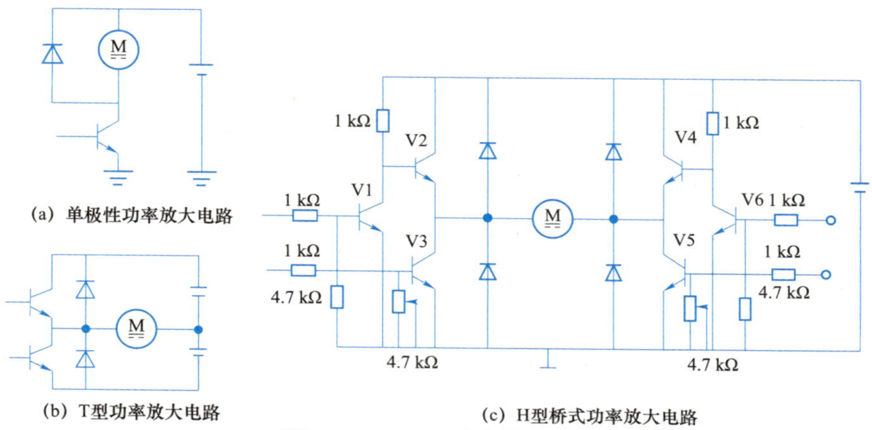

(a) 单极性功率放大电路

(b) T型功率放大电路

(c) H型桥式功率放大电路

图 5-39　PWM 功率放大电路

2. 控制计算机与 PWM 功率放大器的接口

直流调速系统的标准化接口在实现的手段上是各种各样的，因此接口参数也有所不同。图 5-40 是控制计算机与 PWM 功率放大器的接口实例，图中控制计算机 CPU 的模拟量输出通道由 DAC0832 转换器和 ADOP-07 运算放大器组成，它把数字量（00H-FFH）的控制信号转换成-2.0～+2.0 V 模拟控制信号 U_1，ADOP-07 与 DAC0832 之间的连线是一种特殊的连接方法。

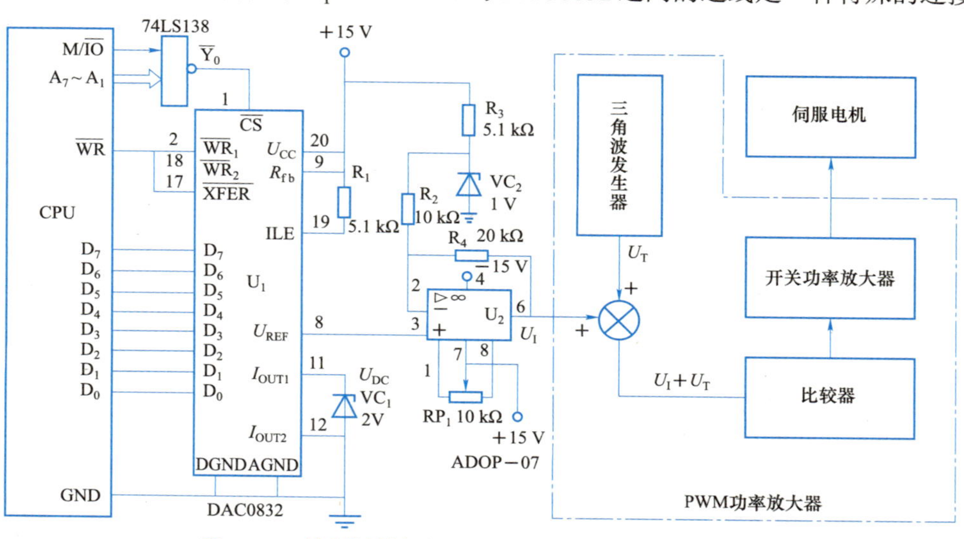

图 5-40　控制计算机与 PWM 功率放大器的接口实例

通常，DAC0832 以电流开关方式进行 D/A 转换后以电流形式从 I_{OUT1}、I_{OUT2} 端输出，I_{OUT1}、I_{OUT2} 两端脚与运算放大器的两输入端相连，运算放大器的输出再接反馈电阻端，把 DAC0832 电流输出信号转换成电压信号输出。运算放大器的输出电压为 $U_{out}=U_{REF}N/256$，U_{REF} 是接入 DAC0832 的参考电压，N 为控制计算机输出的 8 位数据。而在图 5-40 中，DAC0832 接成电压开关方式进行 D/A 转换，此时将参考电压接 I_{OUT1}、I_{OUT2} 端，而且 I_{OUT2} 端接地，I_{OUT1} 接正电压 V_{DC}，DAC0832 的 D/A 结果以电压形式从 U_{REF} 端输出，U_{REF} 输出的电压为 $U_{REF}=U_{DC}N/256=2N/256$（V），$U_{DC}$ 为 I_{OUT1}、I_{OUT2} 端的参考电压值。在图 5-40 中，VC_1 为 2 V 稳压管，所以 U_{DC}=2 V。

运算放大器 U_2 的负输入端由 R_3 和 VC_2 形成一个 1 V 的恒压源，正输入接 DAC0832 的 U_{REF} 端，U_2 的放大倍数 $\beta=R_4/R_2=2$。在 $U_{REF}=0$ 时，U_2 的输出电压为 $U_1=-2$ V；在 $U_{REF}=2$ V 时，$U_1=+2$ V，U_1 的计算公式为

$$U_1=U_{DC}\left(\frac{N}{128}-1\right)=2\left(\frac{N}{128}-1\right)$$

上述分析说明，控制计算机经 DAC0832 转换后，再经运算放大器可产生与控制数据对应的控制电压 U_1，再用 U_1 去控制 PWM 功率放大器工作，使被控直流伺服电机实现正反向变速转动。

5.4.5　直流位置伺服系统

直流位置伺服系统一般采用闭环控制，直流位置伺服系统结构如图 5-41 所示。该系统采用了电流环、速度环、位置环等多层反馈结构。

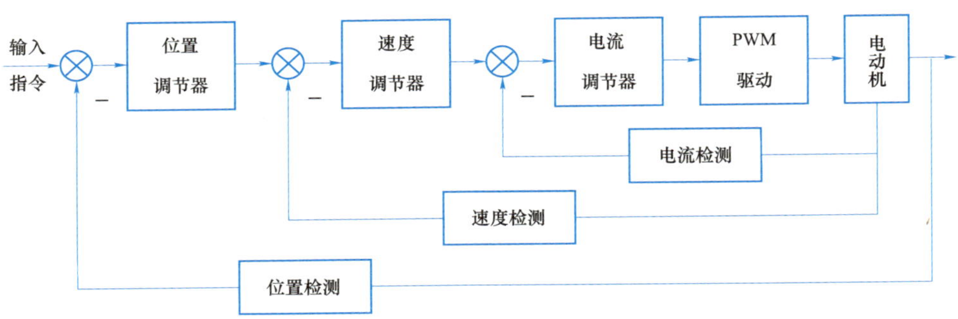

图 5-41　直流位置伺服系统结构

1. 电流环

电流值由电流传感器取自伺服电机的电枢回路，主要用于对电枢回路的滞后进行补偿，使动态电流按要求的规律变化。采用电流环后，反电势对电枢电流的影响将变得很小，这样在电动机负载突变时，电流负反馈的引入起到了过载保护的作用。

2. 速度环

伺服电机的转速可由测速发电机或光电编码器获得。速度反馈用于调节电动机的速度误差，以实现所要求的动态特性。同时，速度环的引入还会增加系统的动态阻尼比，减小系统的超调，使电动机运行更加平稳。

3. 位置环

可采用脉冲编码器或光栅尺等对转角或直线位移进行测量，并将系统的实际位置转换成具有一定精度的电信号，然后与指令信号比较产生偏差控制信号，控制电动机向消除误差的方向旋转，直到达到所要求的位置精度。图 5-42 所示为采用单片机控制的直流位置伺服系统原理。

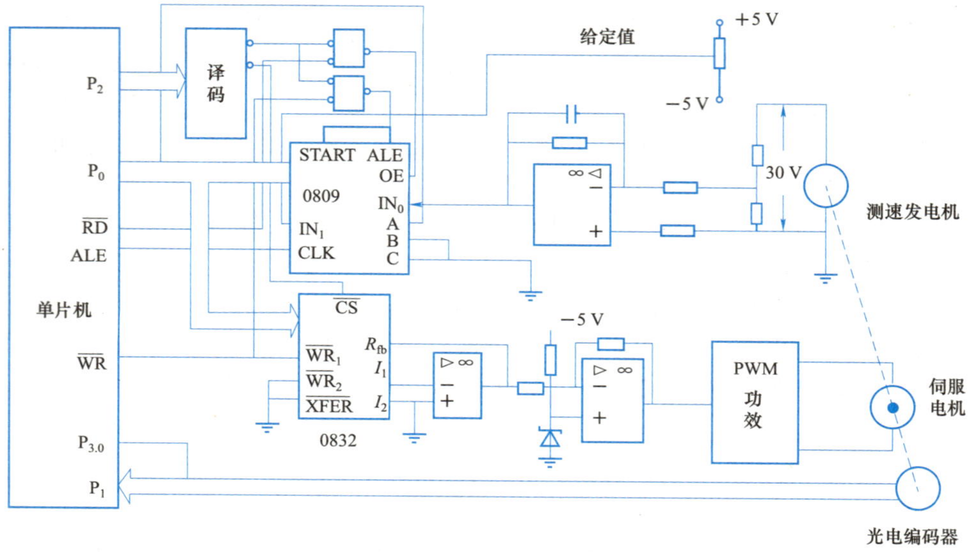

图 5-42　采用单片机控制的直流位置伺服系统原理

图 5-42 中，伺服电机的控制电压由单片机输出后送入 DAC0832 进行 D/A 转换，转换后的模拟量经放大和电平转换后送入 PWM 功率放大电路，产生的 PWM 波驱动电动机旋转；采用测速发电机对电动机的转速进行测量，经放大后送入 DAC0809 进行 A/D 转换，转换后送入单片机；电动机的转角位移由 9 位绝对式光电编码器直接送入单片机的端口，进行位置反馈。控制系统中的速度调节器和位置调节器将由单片机的应用程序来完成。

5.5　交流伺服驱动系统

从 20 世纪 70 年代后期以来，随着集成电路、电力电子技术、交流变速驱动技术、微处理器技术和电动机永磁材料制造工艺的发展，永磁交流伺服驱动技术有了巨大的突破，交流伺服驱动技术的发展成为工业领域自动化的基础技术之一，交流伺服电机和交流伺服控制系统逐渐成为机电一体化系统中伺服装置的主导产品，广泛应用于机电一体化的众多领域。

图 5-43 所示为三相交流绕组产生旋转磁场的原理，交流电动机的三组线圈按相互间隔 120° 配置，当绕组中流过三相交流电流时，各相绕组将按右螺旋定则产生磁场。每一相绕组产生一对 N 极和 S 极，三相绕组的磁场合成起来，形成一对合成磁场的 N 极和 S 极。这个合

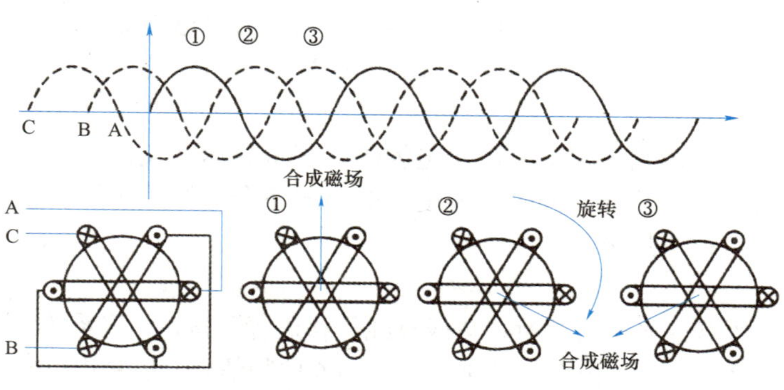

图 5-43　三相交流绕组产生旋转磁场的原理

成磁场是一个旋转磁场，每当绕组中的电流变化一个周期，交流电动机就会旋转一周。旋转磁场的转速 n（r/min）称为交流电动机的同步转速。设绕组电流的频率为 f，电动机的磁极数为 p，则同步转速 $n=60f/p$。

交流伺服电机具有以下特点：

（1）调速范围宽，交流伺服电机的转速随着控制电压改变，能在较宽的范围内连续调速。

（2）转子惯性小，能够实现迅速起动、停止。

（3）控制功率小，过载能力强，可靠性好。

5.5.1 交流伺服电机的分类

交流伺服电机主要分为两大类：同步伺服电机（SM）和异步伺服电机（IM）。日本法纳克（FANUC）公司为了满足 CNC 机床和工业机器人的需要于 1982 年开发出永磁式同步伺服电机，其特点是定子为三相绕组，转子为永久磁铁，其转矩产生机理与直流伺服电机相同。永磁同步电机的交流伺服控制技术已趋于成熟，具备十分优良的低速性能，并可实现弱磁高速控制，拓宽了系统的调速范围，适应高性能伺服驱动的要求，随着永磁材料性能的大幅度提高和价格的降低，永磁同步伺服电机在工业生产自动化领域中的应用越来越广泛，目前已成为交流伺服系统的主流。

异步交流伺服电机即感应式伺服电机，感应式伺服电机由定子和转子组成，定子铁心中绕有按一定规律缠绕的导线绕组，其转子一般分为鼠笼转子和空心杯形转子两种结构形式，异步交流伺服电机的特点和应用范围如表 5−1 所示。定子绕组通入三相交流电后，产生旋转磁场，旋转磁场与转子中金属导体的相对运动产生感应电流，有电流的金属导体在磁场中受力的作用，使转子产生旋转力矩，驱动转子旋转，转子的旋转方向与旋转磁场的旋转方向相同。

目前采用同步交流伺服电机的伺服系统多用于机床进给传动控制、工业机器人关节传动和其他需要运动和位置控制的场合；异步交流伺服电机的伺服系统多用于机床主轴转速和其他调速系统。

表 5−1 异步交流伺服电机的特点和应用范围

种类	产品型号	结构特点	性能特点	应用范围
鼠笼式转子	SL	与普通鼠笼式电动机结构相同，但转子细而长，转子导体采用高电阻率的材料	励磁电流较小，体积较小，机械强度高，但是低速运行不够平稳，有时快时慢的抖动现象	小功率的伺服系统
空心杯形转子	SK	转子制成薄壁圆筒形，放在内外定子之间	转动惯量小，运行平稳，无抖动现象，但是励磁电流较大，体积也较大	要求运行平滑的系统

5.5.2 交流伺服电机的速度控制

交流电动机一般在恒定转速下使用，对于通用机床等机械设备，常采用齿轮减速器来获得所要求的转速。如果采用变频器对转速进行控制，则交流电动机可以在任意转速下运行。对于 CNC 机床来说，变频器是必不可少的。当交流电动机采用变频器控制时，可以实现瞬时正、反转运行；可实现传送带输送系统的并列运行和同步运行，实现物流系统运行的自动化。

变频器控制还可以实现交流电动机的高速旋转控制等。

1. 永磁同步交流伺服电机的速度控制

永磁同步交流伺服电机的基本原理是利用电力电子变换器件代替直流伺服电机中的电刷和换向器。由同步电动机转速公式可知，同步伺服交流电动机可以通过变频进行调速。因此当前的永磁同步交流伺服电机控制主要是通过变频的 PWM 方式模仿直流电动机的控制来实现。交流伺服驱动器首先将工频 50 Hz 的交流电通过整流器 CONV 整流成为直流电，然后通过可控制门极的 GTR 或 IGBT 等功率器件经可变频 PWM 调节的逆变器 INV 逆变为频率可调的、波形类似于正弦的脉动电压，通过调节脉动电压频率就可以实现交流伺服电机的速度调节。永磁同步交流伺服电机的闭环控制原理如图 5–44 所示。

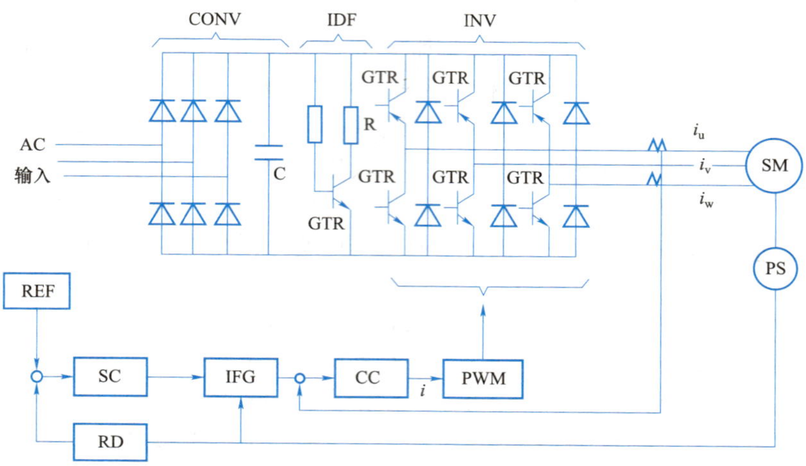

CONV—整流器；SM—同步电动机；INV—逆变器；PS—磁极位置监测器；REF—速度基准；IFG—电流函数发生器；SC—速度控制器；CC—电流控制器；RD—速度变换器；PWM—脉宽调制器；i_u、i_v、i_w—相电流；IDF—中间滤波电路

图 5–44　永磁同步交流伺服电机的控制原理

2. 异步交流伺服电机的速度控制

异步交流伺服电机的转速方程为：

$$n = \frac{60f(1-s)}{p} = (1-s)n_0 \tag{5-15}$$

式中：f——交流电源频率；

p——磁极对数；

n_0——电动机同步转速，即空载转速，$n_0 = \frac{60f}{p}$；

s——转差率，$s = \frac{n_0 - n}{n_0}$。

根据转速方程的三个变量可知，感应式电动机的速度控制有三种方法：

（1）改变转差率 s 调速，即改变加在电动机上的电压实现调速。

根据电动机的机械特性，改变输入电压时，其机械特性曲线为一曲线簇。图 5–45 所示为改变感应电动机定子电压时的速度—转矩特性。当定子端电压为 U_1 时，对应于负载转矩 T_L，电动机的转速为 n_1；当定子端电压降低到 U_2 时，电动机显示出与电压 U_2 相适应的速度—转矩特性，此时与负载转矩 T_L 相对应的转速为 n_2；同理，将定子端电压降低到 U_3 时，与负载

转矩 T_L 相对应的转速降为 n_3。因此，改变感应电动机的定子端电压，就可以实现对电动机转速的控制，其基本原理是利用电动机转差率的改变来达到控制速度的目的。

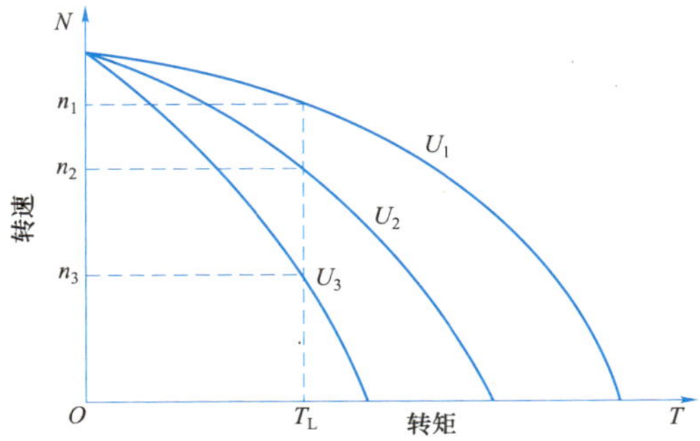

图 5-45　改变感应电动机定子电压时的速度-转矩特性

控制定子电压调速的优点是：a）速度控制范围为 1:10；b）可以进行制动控制（定子绕组中通入直流电流或通入相序反向的交流电流）。

其缺点是由于转子输入功率与负载转矩成比例，恒转矩负载时，由于转矩与速度无关，转子损失与转差率 s 成正比。因此，随着转速的降低，损失增加，效率就会降低。

（2）改变电动机的供电频率 f，可以改变其同步转速，实现调速，也称变频调速。

随着半导体功率器件、微处理器技术的进步，交流变频技术得到迅速发展，通过改变感应式交流电动机定子的输入电源频率来达调速控制的目的，已在工业生产中得到广泛的应用。定子频率控制的基本原理是：通过调节输入交流电动机定子的电压（或电流）的频率和幅值，来控制交流电动机的转速，以满足实际工作的要求。定子频率控制一般适用于三相感应式交流电动机，根据控制原理不同，交流电动机定子频率控制一般分为转差—频率控制、电压—频率比（U/f）控制两种方式。

a）感应电动机的转差—频率控制。

感应（异步）电动机转差频率控制的基本原理：实时检测感应电动机的旋转角频率 ω_m，并进行反馈，将反馈的 ω_m 和给定的转差频率相加（再生时相减），以决定定子电流角频率 ω。

b）感应电动机的 U/f（电压频率比）控制。

在 U/f 控制中，则不需要检测电动机的旋转速度，而是从外部直接设定定子电压（电流）的频率。由于没有电动机转速的检测和反馈，因此，感应电动机的 U/f 控制系统的转速控制是开环控制。

（3）改变电动机的磁极对数 p，电动机的磁极对数可以制成 1 对、2 对、3 对……这在电动机出厂时已确定，因此，改变电动机磁极对数的速度控制方法是有级速度控制，用于电动机速度无连续变化控制要求的场合。

5.5.3　交流伺服电机速度控制

由于直流电动机传动系统的性能指标优于交流电动机传动系统，因此，凡是要求平滑起动与制动、可逆运行、可调速，以及高精度的位置和速度控制的调速系统，几乎都采用直流电动机传动，但由于直流电动机在结构上存在整流子和电刷，维护保养工作量大，不能在易燃气体及粉尘多的场合使用，体积和重量比同等容量的交流电动机大，难以实现高速、高电压、大容量传动。20 世纪 80 年代以来随着微电子技术、电力电子技术，以及电动机技术的发展，使原本阻碍交流电动机传动发展的技术难题被克服，又由于交流电动机具有结构简单、坚固耐用、运行可靠、惯性小和节能高效等优点，因此，交流电动机传动技术发展迅速，应用日益广泛。

变频调速是交流电动机调速的发展方向，而且有的变频调速系统在动态性能及稳态性能的指标上已超过直流调速。因此在机电一体化系统设计时可优先选用交流电动机变频调速方案。

在交流电动机变频调速系统中，变频器就是一个功率驱动接口，目前已形成了规格较为齐全的通用化、系列化产品，因此在系统设计时，主要是解决变频器的选用、与控制系统的连接及控制算法的实现等问题。变频器作为交流电动机变频调速的标准功率驱动接口，在使用上十分简便，它可以单独使用也可以与外部控制器连接进行在线控制，通过装置上的接线端子与外部连接。接线端子分为主回路端子和控制回路端子，前者连接供电电源、交流电动机及外部能耗制动电路，后者连接变频控制的控制按钮开关或控制电路。有关变频器的功率驱动接口，可参阅相应变频器产品的使用说明书。

1. 变频器的分类

变频器的作用是将供电电网的工频交流电变为适合于交流电动机调速的电压可变、频率可变的交流电。按照变频方式和控制方式的不同，变频器的分类如图 5-46 所示。

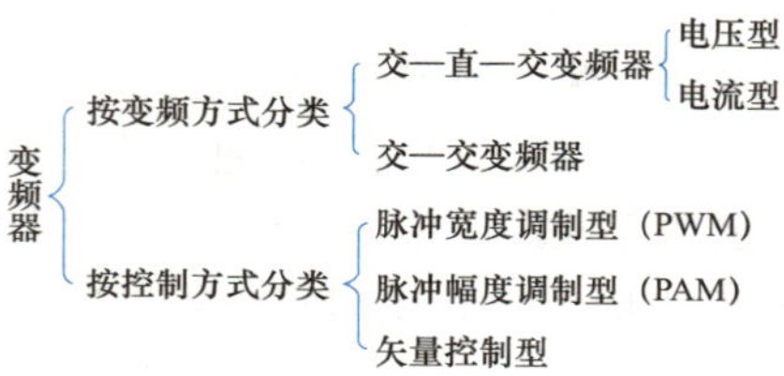

图 5-46　变频器的分类

根据变频调速的不同控制方式，控制器产生相应的信号来控制功率逆变器各功率元件的工作状态，使逆变器输出预定频率和预定电压的交流电。其控制器有两种形式：一种是以集成电路构成的模拟控制；另一种是以控制计算机构成的数字控制。后者是目前常用的形式。

根据用途和使用效果，变频器分为以下几种。

（1）通用变频器。它有两方面的应用：节能应用，平均节电 20%，主要用于压缩机、泵、搅拌机、挤压机及净洗机械；提高控制性能应用，实现自动化，主要用于运输机械、起重机、升降机、搬运机械等。

（2）纺织专用变频器。用于纺纱、化纤机械，能改善传动特性，实现自动化。

（3）矢量控制变频器。用于冶金、印刷、印染、造纸、胶片加工等机械，上述机械设备要求高精度的转矩控制，加速度大，能与上位机进行通信。这种变频器能提高传动精度及实现系统的集散控制性能。

（4）机床专用变频器。这种变频器专门用于机床主轴传动控制，以满足工艺上要求的大加减速转矩，宽广的恒功率控制以及高精度的定位控制，可提高机床的自动化水平和动态、静态性能。

（5）电梯专用矢量变换控制变频器。这种变频器可实现缓慢平滑的升降速。

（6）高频变频器。适用于超精密加工、高速电动机。如专用脉冲调幅型（PAM）变频器，频率达 3 kHz，对应转速 1.8×10^5 r/min。

2. 变频器选择

电动机的容量及负载特性是变频器选择的基本依据。在选择变频器前，首先要分析控制对象的负载特性并选择电动机的容量，根据用途选择合适的变频器类型，然后再进一步确定变频器的容量，一般原则如下。

1）连续运行场合

要求变频器容量（kVA）满足

$$变频器容量 \geqslant \frac{KP_{M}}{\eta \cos \varphi}$$

式中：P_M——负载要求的电动机输出功率，kVA；

η——电动机效率，通常为 0.85 左右；

$\cos\varphi$——电动机的功率因数，通常为 0.75 左右；

K——考虑电动机波形的修正系数，K=1.05～1.1。

2）多台电动机并联场合

有些场合由一台变频器供电，同时驱动多台并联的电动机，组成所谓的成组传动。在允许过载 150%，过载时间为 1 min 的情况下，可按下式计算变频器的容量：

$$1.5 \times 变频器容量 \geqslant \frac{KP_{M}}{\eta \ \cos\varphi}\left[\beta_{T}+\beta_{S}\left(K_{s}-1\right)\right]=P_{a}\left[1+\frac{\beta_{S}}{\beta_{T}}\left(K_{s}-1\right)\right]$$

式中：P_a——连续容量（kVA）；

β_T——并联电动机台数；

β_S——同时起动的电动机台数；

K_s——电动机起动电流与额定电流之比。

3）起动时变频器所需的容量

在起动（加速）过程中应考虑动态加速转矩，即克服机械传动系统转动惯量 J_L 所需的动态转矩，这时变频器容量（kVA）计算式为：

$$变频器容量 \geqslant \frac{K}{973\eta \cos\varphi}\left(T_{fz}+\frac{J_{L}}{375} \times \frac{n}{t_{A}}\right)$$

式中：J_L——机械传动系统折算到电动机轴上的飞轮惯量，kg • m^2；

T_{fz}——负载转矩，N • m；

n——电动机转速，r/min；

t_A——电动机加速时间，s。

在选择变频器时，除确定容量外，还应正确地确定变频器的输入电源、输出特性、操作功能等，使选用的变频器满足使用要求。

3. 变频器使用方法

变频器作为交流电动机变频调速的标准功率驱动接口，在使用上十分简便，它可以单独使用，也可以与外部控制器连接进行在线控制。

变频器通过装置上的接线端子与外部连接。接线端子分为主回路端子和控制回路端子，前者连接供电电源、交流电动机及外部能耗制动电路，后者连接变频控制的控制按钮开关或控制电路。

在自动化控制系统中，只要在控制回路接线端上接上相应的机械开关即可实现变频器的变频调速。其控制方法有三种：第一种使用继电器开关电路，继电器的开/关通过上位控制器控制，这种方法适用于简单的恒速控制；第二种方法是模拟电路控制方法，上位机的模拟量输出通道与变频器控制回路的电压频率设定端子或电流频率设定端子相连，实现变频器的变频调速控制；第三种方法是采用变频数字化接口，变频器可以通过数字接口与上位控制器的数字化输出口直接相连，以实现变频调速的直接数字控制。由此可见，变频器不仅可以独立使用，而且可以通过上位控制器控制，控制器和变频器的连接简单，操作简便，应用方便。

5.6 直线电动机

作旋转运动的电动机称为旋转电动机，而作直线运动的电动机则称为直线电动机。如图 5–47 所示，将左边的三相交流感应电动机沿着轴向剖开并把转子与定子拉平，则得到了右边的三相交流直线感应电动机。在直线电动机中，对应旋转电动机的定子和转子分别称作直线电动机的初级（定子）和次级（动子）。

如果将图 5–47 所示的直线电动机的初级绕组通入三相对称正弦交流电，则同样会产生气隙磁场，该气隙磁场沿着展开的直线方向呈正弦分布，并按通电的 A–X、B–Y、C–Z 相序以 v_0 的速度沿直线移动，称为行波磁场。次级可看成像鼠笼转子那样由无数导电条组成，则在行波磁场的相对运动下产生感应电流，该电流与行波磁场相互作用即产生轴向推力。若初级固定，则次级将以速度 v 直线运动。

直线电动机可分为直线直流电动机、直线同步电动机、直线感应电动机、直线脉冲电动机，以及直线伺服电机等。如按工作原理分类，除了上述的交流感应式外，还有交流同步式、直流式、步进式、振荡式、压电式等；如按结构形式可分为扁平型、圆筒型、圆盘型和圆弧型等。扁平型和圆筒型直线电动机如图 5–48 所示。

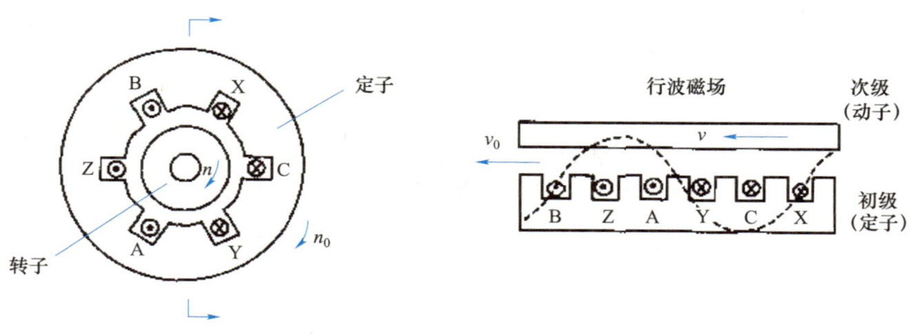

（a）旋转电动机　（b）直线电动机

图 5–47　旋转电动机与直线电动机

由旋转交流电动机的同步转速可推导得直线交流电动机的同步速度为：

$$v_0 = 2f\tau$$

式中：f——频率；

τ——极距。

与普通三相交流感应电动机一样，直线交流异步电动机同样具有转差率：

$$s = \frac{v_0 - v}{v_0}$$

由上式可知 s 的变化范围为 0～1。

直线电动机具有以下特点：

（1）结构简单，不需要中间转换传动机构，可实现直接的直线驱动，使系统得到了简化，提高了可靠性，易于维护。

（2）由于没有离心力的影响，其直线速度不受限制，因此具有高的直线移动速度。

（3）具有较高的精度，如直线步进电机的步距精度可以达到 1 μm。

（4）推力大，反应速度快，加速性能好。

（5）适应性强，初级铁心密封后可工作于恶劣环境。

（6）由于直线电动机初级不闭合，故存在端部效应，使磁场波形产生畸变，会导致损耗增加，另外直线电动机的气隙比旋转电动机大，这些都使直线电动机在低速时效率和功率因数下降较明显。

(a) 扁平型直线电动机　　(b) 圆筒型直线电动机

图 5-48　扁平型和圆筒型直线电动机

5.7　液压/气压伺服系统

液压/气压伺服系统是以液压/气压为能源，由液压/气压控制元件（伺服阀或伺服变量泵）和液压/气压执行元件（液压/气压马达或液压/气压缸）组成的以位移、速度和力等物理量为控制对象的自动控制系统，由于其独特的优点，在实践中获得了普遍应用。

5.7.1　液压伺服系统

液压伺服系统除具有一般液压传动的比功率大、易于无级变速、传动平稳、系统刚性大、易实现过载保护等优点之外，还具有响应速度快、动态性能好、伺服精度高等特点，因而在工业领域应用广泛。

液压伺服系统有多种分类方法：按控制信号的不同可分为机液伺服系统、电液伺服系统和气液伺服系统三大类；根据控制元件的种类可划分为节流式控制系统（阀控式）和容积式控制系统（泵控式），若进一步划分，则节流式控制系统又分为阀控液压缸和阀控液压马达两种类型，容积式控制系统则可分为伺服变量泵系统和伺服变量马达系统两类。

液压伺服系统主要由反馈检测元件、伺服控制元件和液压执行元件等组成，如图 5-49 所示。

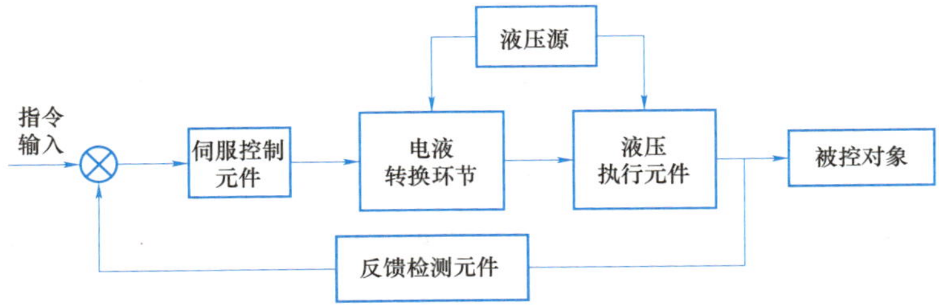

图 5-49　液压伺服系统的组成

1. 反馈检测元件

检测元件测得被控的物理量，与输入指令相减后送入放大环节，指令偏差驱动伺服阀等电液转换元件，产生流量、压力等液压量，进而驱动油缸等液压执行元件输出运动。

2. 伺服控制元件

液压系统的伺服控制元件有开关控制阀、电液伺服阀和电液比例阀三种。开关控制阀仅具有开关或切换油路的功能，最常见的是电磁换向阀。电液伺服阀能将微弱的电信号输入转换成大功率的液压量输出。电液比例阀介于上述两种控制阀之间，它将输入的电气信号转换成机械输出信号，对流量、流动方向和压力进行连续的成比例控制。它在结构上与开关阀类似，在控制方式上则同电液伺服阀相似。电液比例阀具有结构坚固、价格低廉的特点，因此用于响应速度和控制精度要求并不很高的电液开环控制及闭环控制系统。

电液伺服阀是电液伺服系统的核心，它接收电气模拟信号，输出流量和压力，是电液转换元件，同时又具有功率放大作用，它由力矩（力）电机和液压控制阀组成。电机负责把电信号转换为转角位移或直线位移，控制阀接收电机的位移信号，通过阀的运动来控制液压油的压力和流量。常见的控制阀有喷嘴挡板式、射流管式、滑阀式等几种。图 5-50 为力反馈二级电液伺服阀。它由力矩电机和液压阀两部分组成。液压阀部分采用结构对称的两级结构，前级为双喷嘴挡板阀，功率级是四通滑阀。当无输入电流时，力矩电机没有转角位移输出，挡板处于两个喷嘴的中间位置，两个喷嘴与挡板间的节流阻力相同，输出的控制压力相等，滑阀在反馈杆小球的约束下也处于中间位置，伺服阀无液压能输出。

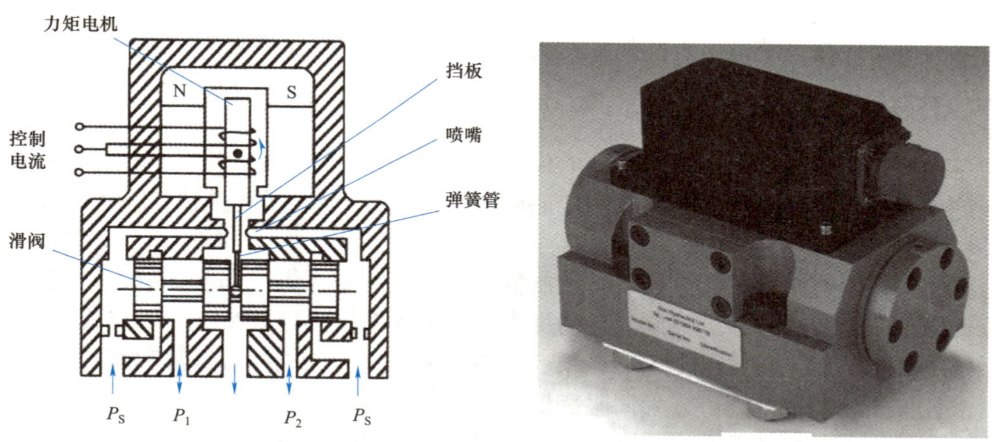

(a) 电液伺服阀结构示意图　　(b) 实物图

图 5-50　力反馈二级电液伺服阀

当有控制电流输入力矩电机时，力矩电机输出转角位移，使挡板向右（或左）摆动，造成喷嘴挡板的左侧间隙大于右侧间隙，控制压力发生变化，推动滑阀向左移动。与此同时，由于弹簧管产生弹性变形，对挡板产生一个与位移成正比的反向力矩，当该反向力矩与力矩电机的输出转矩平衡时，滑阀停止在一个具有一定开口的平衡位置，并有相应的流量输出。若想使伺服阀的输出流量反向，则只需力矩电机的控制电流反向即可。

由上述分析可知，借助喷嘴挡板，滑阀的位移与力矩电机的输入电流的大小成比例，随着滑阀开口的变化，伺服阀的输出流量也跟随变化，所以这是一种控制输出流量的电液伺服阀，也称电液流量伺服阀，相应地还有电液压力伺服阀。

电液伺服阀已广泛应用于电液位置、速度、加速度和力伺服系统，以及伺服振动发生器中，与电液比例阀相比较，电液伺服阀具有快速的动态响应和良好的静态特性，如分辨率高、滞后小、线性度好等，它是一种高性能、高精度的电液控制部件。其对液压油的质量很敏感，液压油中的杂质等都将影响系统的工作可靠性和寿命。

3. 液压执行元件

液压执行元件主要有以下三类：把液压能量转换为直线运动的液压缸，如图 5-51（a）所示；把液压能量转换为连续旋转运动的液压马达，如图 5-51（b）所示；把液压能量转换为摆动的液压摆动马达，如图 5-51（c）所示。

(a) 液压缸　(b) 液压马达　(c) 液压摆动马达

图 5-51　液压执行元件

5.7.2　气压伺服系统

气压伺服系统与液压伺服系统的工作原理基本相同，不同的是气压伺服系统的工作介质是压缩空气，而液压伺服系统的工作介质是液压油或水。由于两种介质的密度差异很大，两种系统的控制特性差异也很大。

具有代表性的气压驱动装置是气缸和气动马达。当采用气缸驱动时，需要气体压缩机等外部装置，如图 5-52 所示。利用这些装置产生的压缩空气所产生的力来推动气缸中的活塞运动，可以获得很大的功率和行程，同时，还可以获得较快的响应速度，但由于空气的压缩性，很难实现高精度的位置控制。从图中可以看出，气缸一般有 1～2 个空气出入口（称为空气口），利用来自空气口的压缩空气推动活塞和载荷前进或后退。通常，在载荷的端部装配被驱动体，并使之运动。过滤器的作用是滤除来自空气压缩机压缩空气中的灰尘和水分等杂质；压力调整阀是用来使供给的气压稳定的调整装置；给油器可以为气缸内提供雾状润滑油，用作气缸内部的润滑及防腐蚀等，因而也称为润滑器；电磁阀则是利用电信号来对空气流动进行切换的装置；速度控制器是一种用来改变气缸工作速度的空气流量阀。这里的电磁阀也可以利用微型计算机来进行控制。

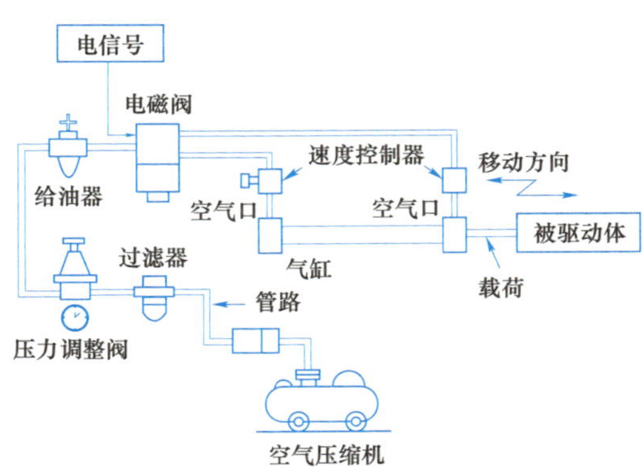

图 5-52　气缸驱动用外部装置

气压控制阀主要有开关控制阀和比例控制阀两种，它们的工作原理与电液开关阀和电液比例阀类似，都是通过电磁铁把电控信号转换成控制阀的阀芯位移，实现流量、流动方向和压力的控制。同样，气压控制阀与气压缸或气动马达构成气压控制系统，需要气压泵站为其提供一定压力的压缩空气才能工作。

气压伺服系统与电气、液压伺服系统相比有许多特点：首先气源充足，无污染；其次空气黏性很小，宜于远距离传输及控制；气压伺服系统工作压力低，相对液压传动而言有动作迅速、响应快的特点，但是气压信号传递时的工作频率和响应速度较低，空气的压缩性会产生较大失真和延迟，系统精度较低、噪声较大；因系统工作压力较低，不易获得较大的推力。

气压伺服系统适用于石油、化工、农药及矿山机械等特殊环境，对于无油的气压伺服系统则尤其适用于无线电元器件、食品及医药的生产过程。

思　考　题

1. 伺服系统有哪些类型？分别有什么样的优缺点？适用于什么样的场合？
2. 简述机电一体化系统中执行元件的分类及应用。
3. 简述步进电机的转子、定子结构与步距角的关系，转子运动顺序和几相几拍命名的关系。
4. 直流伺服电机的分类和特点有哪些？
5. 怎样提高电动机的机械特性？
6. 简述直流伺服电机 PWM 调速换向的工作原理。
7. 简述异步交流伺服电机速度控制方法。
8. 直线电动机具有什么特点？适用于什么场合？
9. 液压伺服系统和气压伺服系统相比，两者各有什么样的优缺点？分别适用于什么场合？
10. 为什么把液压阀称为液压控制元件？

第 6 章

计算机控制技术

学习要点

了解计算机控制技术的基本概念，掌握数字 PID 控制算法及其应用，能够进行 PID 参数的调整，理解计算控制系统的设计与应用，理解 PLC 的组成及其工作原理，掌握 PLC 控制系统的设计与开发，理解计算机控制系统接口技术及其功能，了解现场总线技术的基本概念和应用。

思政要点

在计算机控制技术中，控制系统的结构和计算机控制器的控制算法是教学研究的重点，通过对控制系统结构和控制算法的剖析，类比引出“人生处处是闭环”，以及通过对数字 PID 算法的剖析，得到控制规律与个人修养自律的联系。纪律和规则是工作、学习和生活中不可缺少的“规则意识”，在人生的每个阶段都要设定好人生目标值，把控好人生实际值，做到人生闭环 “无误差”或“小误差”控制，通过规则建立和自律努力，不负韶华，做一个自律的人，为实现小我的人生目标和国家的奋斗目标而努力。

引言

计算机作为机电一体化系统的控制器，将来自各传感器的检测信号与外部输入命令进行采集、存储、分析、转换和处理，然后根据处理结果发出指令，控制整个系统运行。同模拟控制器相比，计算机能够实现更加复杂的控制理论和算法，具有更好的柔性和抗干扰能力。并且随着微电子和计算机技术的发展，计算机在速度、存储量、位数、接口和系统应用软件等方面的性能都有了很大的提高。同时，批量生产、技术进步使计算机的成本大幅度下降。计算机因优越的特性，被广泛地应用于工业、农业、国防，以及日常生活的各个领域。例如卫星跟踪天线的控制，电气传动装置的控制，数控机床、工业机器人、飞机和大型油轮的自动驾驶仪，等等。计算机控制技术是自动控制理论与计算机技术相结合的产物，计算机强大的信息处理能力使得控制技术提高到一个新的水平，计算机的引入对控制系统的性能、结构，以及控制理论都产生了深远的影响，两者结合产生了数字控制系统。目前的机电一体化系统多数是以计算机为核心构成计算机控制系统，实现机电的有机结合、信息获取与处理，以及机器的智能化。可见，计算机技术在机电一体化产品中起着极为重要的作用。

6.1 计算机控制技术概述

6.1.1 计算机控制系统的组成

计算机控制系统是由硬件和软件两大部分组成的，硬件由计算机主机、接口电路、输入输出通道及外部设备等组成，如图 6–1 所示。

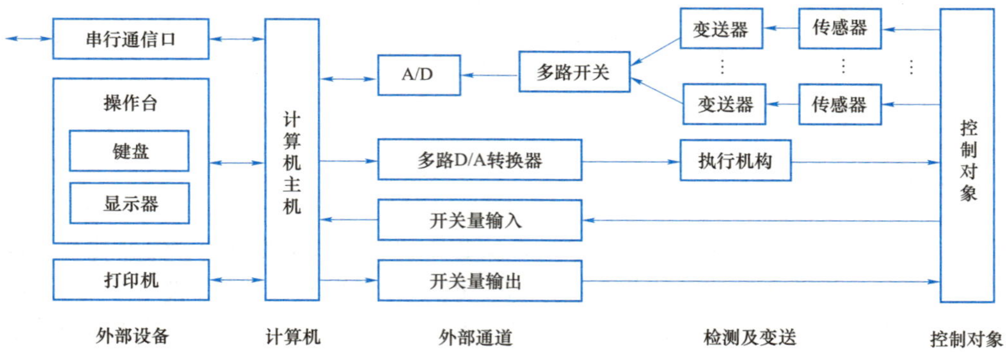

图 6–1 计算机控制系统的组成

计算机是整个控制系统的核心。它接收从操作台传来的命令，对系统的各参数进行巡回检测，执行数据处理、计算、逻辑判断和报警处理等，并根据计算的结果通过接口输出命令。

接口与输入输出通道是计算机与被控对象进行信息交换的桥梁。计算机输入数据或向外发送命令都是通过接口与输入输出通道进行的。由于计算机只能接收数字量，而被控对象的参数既有数字量又有模拟量，因此需要把模拟量转换成数字量。输入输出通道可分为数字量通道和模拟量通道。

计算机控制系统中最基本的外部设备是操作台，它是人机对话的联系纽带。通过它可发出各种操作命令，显示系统的工作状态和数据，并可输入各种数据。一般操作台包括开关（如电源开关、功能选择开关等）、功能键（如启动键、显示键、打印键等）、显示器（用于显示系统工作状态和各种被控参数）和数据键（用于输入数据或修改系统的参数）。计算机控制系统还常配有串行通信口、打印机、CRT 显示终端等其他外部设备。

计算机控制系统需要使用各种传感器把各种被测参数转换为电量信号送到计算机中。同时，也需要各种执行机构按计算机的输出命令去控制对象。

软件主要是指支持系统运行并对系统进行管理和控制的程序系统。对于计算机控制系统来讲，软件可分为两大类：实时软件和开发软件。实时软件是指在进行实际控制时使用的软件；开发软件是指在开发、测试控制系统时使用的软件。

实时软件可分为系统软件和应用软件两大类；系统软件是通用的软件，一般由计算机设计者提供，专门用来使用和管理计算机。对计算机控制系统来讲，最主要的系统软件为实时多任务操作系统。另外还可能使用数据库、中文系统、文件管理系统等。应用软件是面向用户本身的程序，如控制系统中各种 A/D、D/A 转换程序，数据采样滤波程序、计算程序，以及各种控制算法程序等。

开发软件包括各种语言处理程序（如汇编程序、编译程序）、服务程序（如装配程序、编辑程序）、调试和仿真程序等。它一般仅在开发计算机控制系统时使用，调试完成后，在实际运行时一般不使用开发软件。

计算机控制系统的原理如图 6-2 所示。计算机可以通过 A/D 进行信息采样，计算决策后通过 D/A 输出，对被控对象进行控制。

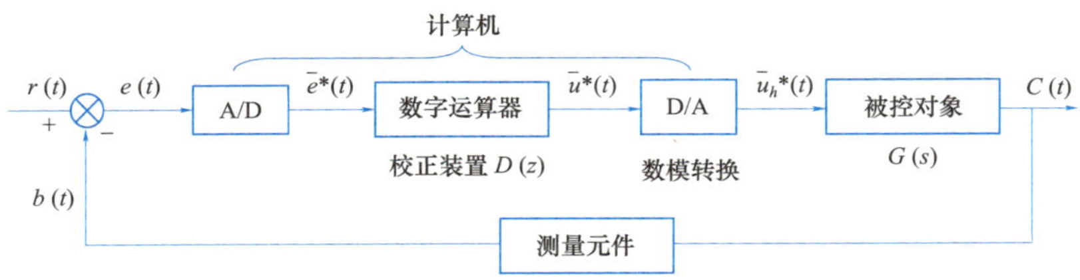

图 6-2 计算机控制系统的原理

6.1.2 计算机控制系统的特点

计算机控制系统与通常的连续控制系统间的主要差别是：前者可实现过去连续控制系统难以实现的更为复杂的控制规律，比如非线性控制、逻辑控制、自适应和自学习控制等。计算机控制系统的特点主要体现在以下四个方面。

（1）具有完善的输入输出通道。它包括模拟量输入输出通道和数字量或开关量输入输出通道等，这是微型计算机（微型机）有效发挥其控制功能的重要保证。

（2）具有实时控制功能。具备完善的中断系统、实时时钟及高速数据通道，以保证对被控对象的状态、参数变化，以及在紧急情况下具有迅速响应的能力，并能够实时地在微型机与被控对象之间进行信息交换。

（3）可靠性高。对环境适应性强，以满足生产现场的要求。

（4）能丰富、完善、正确地反映被控对象的运动规律并对其进行有效控制。

6.2 计算机在控制系统中的应用

6.2.1 计算机控制系统的分类

（1）由于机电一体化技术的应用范围很广，复杂程度也不一样，因此有各种各样的控制系统。一般来讲，机电一体化控制系统的形式有以下四种。

① 过程控制系统。过程控制系统是根据生产流程进行设备的状态数据采集与巡回检测，然后按照预定的控制规律对生产过程进行控制。过程控制系统一般都是开环系统，在轻工业、食品、制药及机械等行业广泛应用。

② 伺服系统。伺服系统是基本的机电一体化控制系统。伺服系统要求输出信号能够稳定、快速、准确地复现输入信号的变化规律。输入信号一般是电信号，输出的则是位移、速度等机械量。

③ 顺序控制系统。顺序控制系统按照动作的逻辑次序来安排操作顺序。

④ 数字控制系统。数字控制系统根据零件编程或路径规划，由计算机生成数字形式的指令，再驱动机器运动。

（2）根据计算机在控制中的应用方式，可把计算机控制系统划分为四类：操作指导控制系统、直接数字控制系统、监督计算机控制系统和分级计算机控制系统。

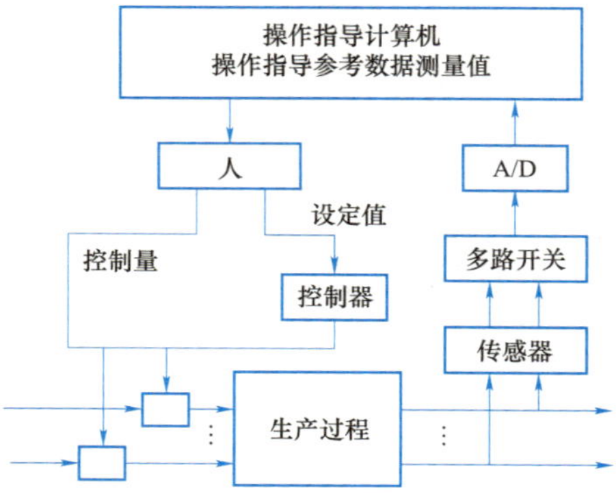

图 6–3 计算机操作指导控制系统框图

① 操作指导控制系统。

如图 6–3 所示，在操作指导控制系统中，计算机不直接控制生产对象，而只是对生产过程的参数进行采集，然后根据一定的控制算法计算出供操作人员参考、选择的操作方案和最佳设定值等，操作人员根据计算机的输出信息去改变调节器的设定值，或者根据计算机输出的控制量执行相应的操作。操作指导控制系统的优点是结构简单，控制灵活安全，特别适用于未摸清控制规律的系统，常被用于计算机控制系统研制的初级阶段，或用于试验新的数学模型和调试新的控制程序等。由于最终需人工操作，故不适用于快速过程的控制。

② 直接数字控制系统。

直接数字控制（direct digital control，DDC）系统是计算机用于工业过程控制最普遍的一种方式，如图 6–4 所示。计算机通过输入通道对一个或多个物理量进行巡回检测，并根据规定的控制规律进行运算，然后发出控制信号，通过输出通道直接控制调节阀等执行机构。

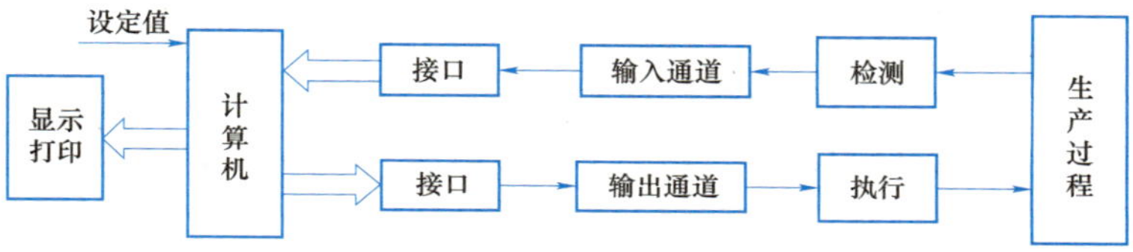

图 6–4 直接数字控制系统

在 DDC 系统中的计算机参加闭环控制过程，它不仅能完全取代模拟调节器，实现多回路的 PID（比例、积分、微分）调节，而且不需改变硬件，只需通过改变程序就能实现多种较复杂的控制规律，如串级控制、前馈控制、非线性控制、自适应控制和最优控制等。

③ 监督计算机控制系统。

在监督计算机控制（supervisory computer control，SCC）系统中，计算机根据工艺参数和过程参量的检测值，按照所设计的控制算法进行计算，得出最佳设定值并直接传送给常规模拟调节器或者 DDC 计算机，最后由模拟调节器或 DDC 计算机控制生产过程。

通常在 SCC 系统中，选用具有较强计算能力的计算机，其主要任务是输入采样和计算设定值。由于它不参与频繁的输出控制，所以有时间进行复杂规律控制算式的计算。因此，SCC 能进行最优控制、自适应控制等，并能完成某些管理工作。SCC 系统的优点是可进行复杂控制规律的控制，且其工作可靠性较高，当 SCC 出现故障时，下级仍可继续执行控制任务。

④ 分级计算机控制系统。

在生产过程中既存在控制问题，也存在大量的管理问题。同时，设备一般分布在不同的区域，各工序、各设备同时并行地工作，基本相互独立，故整个系统是比较复杂的。这种系统的特点是功能分散，用多台计算机分别执行不同的控制功能，既能进行控制又能实现管理。图 6–5 是一个四级计算机控制系统。其中过程控制级在最底层，对生产设备进行直接数字控制；车间管理级负责本车间各设备间的协调管理；工厂管理级负责全厂各车间生产协调，包括安排生产计划、备品备件等；企业（公司）管理级负责总体协调，安排总生产计划，进行企业（公司）经营方向的决策等。

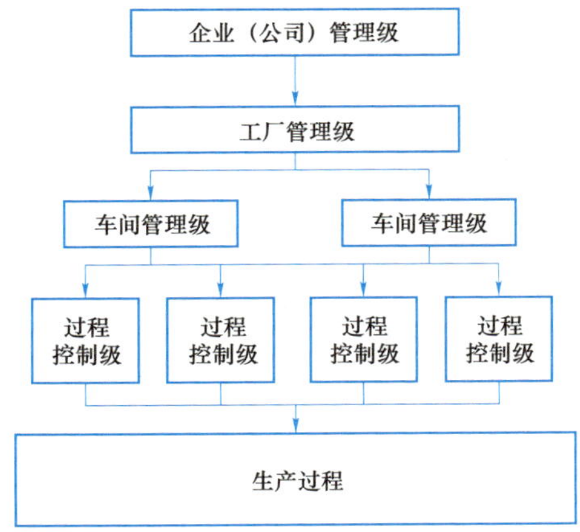

图 6–5　四级计算机控制系统

6.2.2　典型的机电一体化控制系统

1. 计算机过程控制系统

用计算机对温度、压力、流量、液面和速度等过程参数进行测量与控制的系统称为计算机过程控制系统。图 6–6 所示为工业炉的计算机控制的典型情况，其燃料为燃料油或者煤气，为了保证燃料在炉膛内正常燃烧，必须保持燃料和空气的比值恒定。图中描述了燃料和空气的比值控制过程，它既可防止空气太多时，过剩空气带走大量热量；又可防止当空气太少时，由于燃料燃烧不完全而产生过多一氧化碳或碳黑。为了保持所需的炉温，将测得的炉温送入数字计算机进行计算，进而控制燃料和空气阀门的开度。为了保持炉膛压力恒定，避免在压力过低时从炉墙的缝隙处吸入大量过剩空气，或在压力过高时大量燃料通过缝隙溢出到炉外，同时还采用了压力控制回路。测得的炉膛压力送入计算机，进而控制烟道出口挡板的开度。此外，为了提高工业炉的热效率，还需对炉中排出的废气进行分析，一般是用氧化锆传感器测量烟气中的微量氧，通过计算得出其热效率，并用以指导燃烧调节。

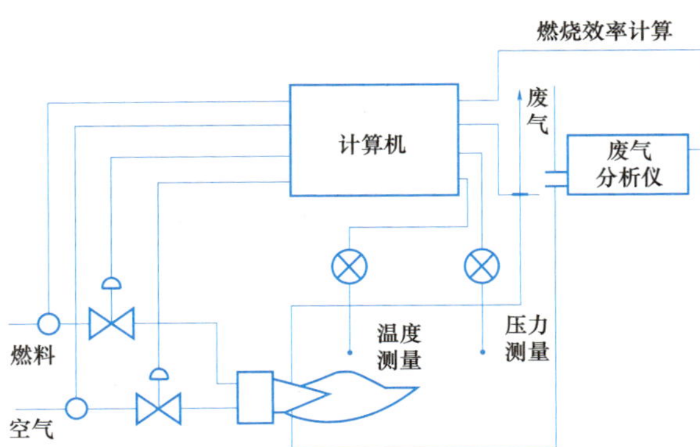

图 6–6　工业炉的计算机控制的典型情况

2. 微型计算机控制的电动机调速系统

由于微型计算机具有极好的快速运算、信息存储、逻辑判断和数据处理能力，电动机调速系统中的许多控制要求很容易在计算机中实现。例如，变流装置的非线性补偿，起动和调速时选用不同的控制方式或不同的控制参数，四象限运行时的逻辑切换，在 PWM 型逆变器、交—交变频或某些生产机械传动控制中要求的电压和电流基准曲线等。由于采用计算机控制，系统的性能可得到大幅提高。

图 6–7 是计算机控制的双闭环直流调速系统原理。其中晶闸管触发器、速度调节器和电流调节器均由计算机实现。

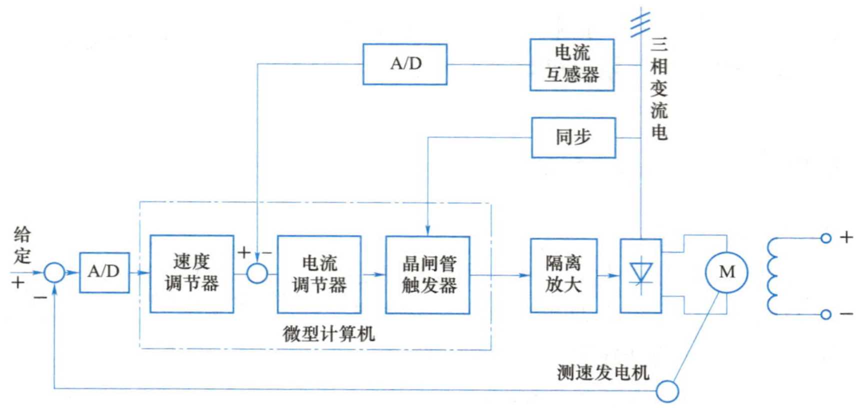

图 6–7　计算机控制的双闭环直流调速系统原理

3. 计算机数字程序控制系统

采用计算机来实现顺序控制和数字程序控制是计算机技术在自动控制领域中应用的一个重要方面。计算机广泛地应用于机床控制、自动生产线控制、运输机械控制和交通管理等许多工业自动控制系统中。

所谓顺序控制是使生产机械或生产过程按预先规定的时序（或现场输入条件等）而实现顺序动作的自动控制系统。目前这类系统中多采用可编程序控制器（PLC）。可编程序控制器使用方便，可靠性高，应用广泛。

所谓数字程序控制系统是指能根据输入的指令和数据，控制生产机械按规定的工作顺序、运动轨迹、运动距离和运动速度等规律而自动地完成工作的自动控制系统。数字程序控制系统（通常简称数控）一般用于机床控制系统中。

目前数控系统多采用 16 位或 32 位工业控制微机系统或多微处理机系统控制。它按运动轨迹可以分为点位控制系统和轮廓（轨迹）控制系统。在点位控制系统中，被控机构（如刀具）在移动中不进行加工，对运动轨迹没有具体要求，只要能准确定位即可，它适用于数控钻床、冲床等机床的控制。在轮廓控制系统中，被控机构按加工件的设计轮廓曲线连续地移动，并在移动中进行加工，最终将工件加工成所需的形状，它适用于数控铣床、车床、线切割机、绣花机等设备的自动控制。

图 6–8 所示为一个在线、开环、实时的简单机床数字程序控制系统的构成框图。根据所使用的软件，该系统既可以设计成平面点位控制系统，又可以设计成平面轮廓控制系统。图中微型计算机是系统的核心部件，它完成程序和数据的输入、存储、加工轨迹计算和步进电机控制程序、显示程序及故障诊断程序等控制程序的执行等。

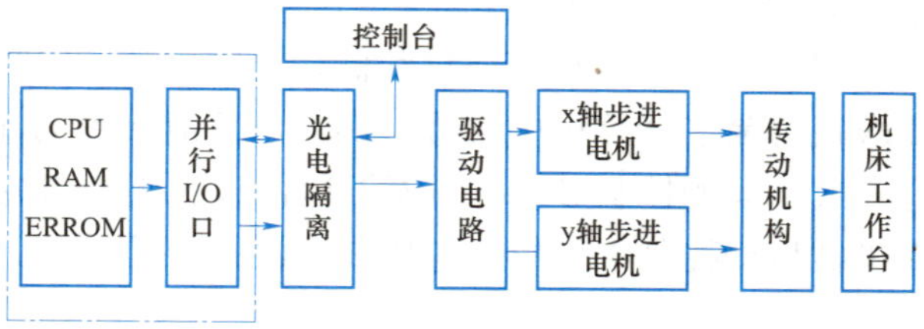

图 6–8　一个在线、开环、实时的简单机床数字程序控制系统的构成框图

4. 工业机器人

工业机器人是一种应用计算机进行控制的替代人进行工作的高度自动化系统，它主要由控制器、驱动器、夹持器、手臂和各种传感器组成。工业机器人计算机系统能够对力觉、触觉、视觉等外部反馈信息进行感知、理解和决策，并及时按要求驱动运动装置、语音系统完成相应任务。图 6-9 所示为智能机器人的一般结构，它是一个多级的计算机控制系统。可以说，没有计算机，就没有现代的工业机器人。

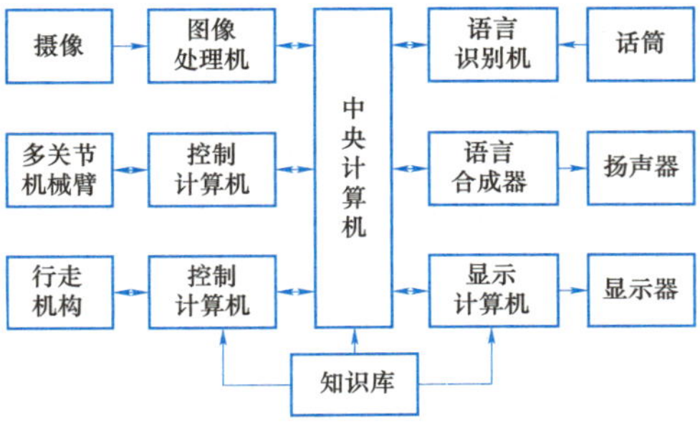

图 6-9　智能机器人的一般结构

6.3　工业控制计算机

在工业领域中，由于现场存在各种干扰，环境条件恶劣，普通的计算机在工业现场不能正常运行。当前许多传统的控制结构和方法已被计算机控制系统取代，所使用的计算机就是适应工业现场的工业控制计算机，它是处理来自检测传感器的输入信息、并把处理结果输出到执行机构去控制生产过程，同时可对生产过程进行监督、管理的计算机系统。工业控制计算机对于强电磁干扰、电源波动、振动冲击和粉尘等有一定的防护作用，具有较好的抗干扰性、可靠性。工业控制计算机主要包括单片微型计算机、可编程序控制器（PLC）、总线式工业控制计算机和分布式控制计算机等类型。

6.3.1　工业控制计算机的基本要求

工业控制计算机的应用对象及使用环境的特殊性，决定了工业控制计算机应主要满足以下一些基本要求。

1. 实时性

实时性是指计算机控制系统能在限定的时间内对外来信号做出反应的能力。为满足实时控制要求，通常既要求从信息采集到生产设备得到控制作用的时间尽可能短，又要求系统能实时地监视现场的各种工艺参数，并能进行在线修正，对紧急事故能够及时处理。

2. 高可靠性

工业控制计算机通常控制着工业过程的运行，如果可靠性低，运行时发生故障，又没有相应的冗余措施，轻者会使生产停顿，重者有可能产生灾难性的后果。很多生产过程是日夜不停地连续运转，因此要求与这些过程相连的工业控制机也必须无故障地连续运行，实现对生产过程的正确控制。另外，许多工业现场的环境恶劣，振动、冲击、噪声、高频辐射及电磁波干扰往往十分严重，以上这一切都要求工业控制计算机具有高质量和很强的抗干扰能力，并且具有较长的平均无故障间隔时间。

3. 硬件配置的可装配可扩充性

工业控制计算机的使用场合千差万别，系统性能、容量要求、处理速度等都不相同，特别是与现场相连接的外围设备的接口种类、数量等差别更大，因此宜采用模块化设计方法，使其硬件具有可扩展性。

4. 可维护性

工业控制计算机应有很好的可维护性，这要求系统的结构设计合理，便于维修，系统使用的板级产品一致性好，更换模板后，系统的运行状态和精度不受影响；软件和硬件的诊断功能强，在系统出现故障时，能快速准确地定位，并保证发生故障时故障不会扩散。

作为计算机控制系统的设计者，应根据机电一体化系统（或产品）中的信息处理量、应用环境、市场状况及操作者特点，优选出经济合理的工业控制计算机。

6.3.2 工业控制计算机的常用类型

电子技术、计算机技术的进步推动着机电一体化技术的进步和发展。电子元器件、大规模集成电路和计算机技术的每一次更新，都极大地促进了机电一体化技术的发展。在计算机发展的初期，机电一体化系统或产品只能使用单片机，例如简易数控机床改造中应用的计算机控制系统。随着 PC 机功能的增强、价格的下降，逐渐出现了由 PC 机作为控制器的微机控制系统。普通的 PC 机是为了商业应用而设计的，对于恶劣工业环境，其性能大打折扣，影响它的进一步使用。为了改进普通 PC 机在恶劣环境下的适应性，于是出现了工业 PC 机，为了替代传统的继电器逻辑器件，可编程序控制器（PLC）应运而生。随着半导体器件集成度的提高，集成有 CPU、ROM/RAM 和大量丰富外围接口电路的单片机当前在机电一体化产品中的应用非常广泛。

综上所述，目前常用的有基于单片机、普通 PC 机、工业 PC 机和可编程序控制器（PLC）等多种类型的控制系统。表 6–1 是常用工业控制计算机的性能比较。

表 6–1 常用工业控制计算机的性能比较

比较项目	PC 计算机	单片微型计算机	可编程序控制器（PLC）	总线工控机
控制系统的设计	一般不用作工业控制（标准化设计）	自行设计（非标准化）	标准化接口配置相关接口模板	标准化接口配置相关接口模板
系统功能	数据、图像、文字处理	简单的逻辑控制和模拟量控制	逻辑控制为主，也可配置模拟量模板	逻辑控制和模拟量控制功能
硬件设计	无须设计（标准化整机，可扩展）	复杂	简单	简单
程序语言	多种语言	汇编语言	梯形图	多种语言
软件开发	复杂	复杂	简单	较复杂
运行速度	快	较慢	慢	很快
带负载能力	差	差	强	强
抗干扰能力	差	差	强	强
成本	较高	很低	较高	很高
适用场合	实验室环境的信号采集及控制	家用电器、智能仪器、单机简单控制	以逻辑控制为主的工业现场控制	较大规模的工业现场控制

6.3.3 单片微型计算机

单片微型计算机（简称单片机）是将 CPU、RAM、ROM 和 I/O 接口集成在一块芯片上，同时还具有定时/计数、通信和中断等功能的微型计算机。自 1976 年 Intel 公司首片单片机问世以来，随着集成电路制造技术的发展，单片机的 CPU 依次出现了 8 位和 16 位机型，并使运行速度、存储器容量和集成度不断提高。单片机的发展经过了 4 位、8 位、16 位和 32 位单片机几个阶段，现已经发展到 64 位单片机，但 8 位、16 位单片机仍在市场中占据主流地位。特别是随着嵌入式控制系统的兴起，其功能不断增强。世界各大半导体生产厂商都将注意力转移到 8 位、16 位单片机。8 位、16 位单片机也向低功耗、高速度、集成有先进的模拟接口和数字信号处理器的方向发展。当前较常用的单片机一般具有数十 K 的闪存、16 位的 A/D 转换器及看门狗等功能，而各种满足专门需要的单片机也可由生产厂家定做。

目前单片机的发展趋势是高集成度、高运行速度，低功耗、小体积、使用方便灵活等，真正做到“单片”。它广泛用于数显、数字通信产品、智能化仪表、简易数控机床及其他小型机电产品中。但单片机没有自开发能力，必须借助 PC 机和专用仿真开发系统进行开发。单片机的编程与调试不如 PC 机方便，开发周期较长。特别是这类控制系统的硬件制作质量和抗干扰措施难以达到较高的标准，环境的适应能力较差，在工业现场使用时要特别注意预先采取防护措施。同时，由于单片机的数据处理能力和接口限制，在大型工业控制系统中，它一般只能辅助中央计算机系统测试一些信号的数据信息和完成单一量控制。

单片机的生产厂家和种类很多，如：美国 Intel 公司的 MCS 系列、Zilog 公司的 SUPER 系列、Motolora 公司的 6801 和 6805 系列，日本 National 公司的 MN6800 系列、HITACHI 公司的 HD6301 系列等，其中 Intel 公司的 MCS 单片机产品在国际市场上占有最大的份额，在我国也获得最广泛的应用。单片机的理论知识在相关课程已有详细介绍，这里不再赘述。

6.3.4　可编程序控制器（PLC）

1. PLC 概述

1）可编程序控制器的起源

在现代化生产过程中，许多自动控制设备、自动化生产线，均需要配备电气控制装置，例如电动机的起动与停止控制、液压系统的控制、机床的自动控制，以及机器人的自动控制等。以往的电气控制装置主要采用继电器、接触器或电子元器件来实现，由连接导线将这些元器件按照一定的工作程序组合在一起，以完成一定的控制功能，这种控制叫作接线程序控制。接线程序控制的电气装置体积大、生产周期长、接线复杂、故障率高、可靠性差，并且控制功能略加变动，就需重新进行硬件组合、增减元器件、改变接线。由于工业技术的快速发展，人们对这些自动控制装置提出了更通用、更灵活、更经济和更可靠的要求。

1968 年，美国通用汽车（GM）公司为适应生产工艺不断更新的需要，提出一种设想：把计算机的功能完善、通用、灵活等优点和继电器控制系统的简单易懂、操作方便、价格便宜等优点结合起来，制成一种通用控制装置。这种通用控制装置把计算机的编程方法和程序输入方式加以简化，采用面向控制过程、面向对象的语言编程，使不熟悉计算机的人也能方便地使用，并提出 10 项招标指标。

美国数字设备公司（DEC）根据这一设想，于 1969 年研制成功了第一台 PDP-14 可编程序控制器，并在汽车自动装配线上试用，获得成功。该设备用计算机作为核心设备，用存储的程序控制代替了原来的接线程序控制。其控制功能是通过存储在计算机中的程序来实现的，这就是人们常说的存储程序控制。由于当时主要用于顺序控制，只能进行逻辑运算，故称为可编程序逻辑控制器。

这项新技术的成功使用，在工业界产生了巨大影响。1971 年，日本从美国引进了这项新技术，并很快研制成功了日本第一台 DCS-8 可编程序控制器。1973—1974 年德国和法国也研制出了可编程序控制器。我国于 1977 年研制成功了以 MC14500 微处理器为核心的可编程序控制器，并开始在工业中应用。

2）可编程序控制器 PLC 的发展

进入 20 世纪 80 年代，随着微电子技术和计算机技术的迅猛发展，使得可编程序控制器逐步形成了具有特色的多种系列产品。系统中不仅使用了大量的开关量，也使用了模拟量，其功能已经远远超出逻辑控制、顺序控制的应用范围，故称为可编程序控制器（programmable controller，PC）。但由于 PC 容易和个人计算机（personal computer，PC）混淆，所以人们还沿用 PLC 作为可编程序控制器的英文缩写名字。

同计算机的发展类似，目前 PLC 正朝着两个方向发展。一是朝着小型、简易、价格低廉的方向发展，如日本 OMRON 公司的 CQM1、德国西门子（SIEMENS）公司的 S7-200、S7-1200 等一类 PLC。图 6-10 为 S7 系列 PLC 。这种 PLC 可以广泛地取代继电器控制系统，用于单机控制和规模比较小的自动化生产线控制。二是朝着大型、高速、多功能和多层分布式全自动网络化方向发展。这类 PLC 一般为多处理器系统，有较大的存储能力和功能很强的输入/输出接口。这样的系统不仅具有逻辑运算、定时、计数等功能，还具备数值运算、模拟调节、实时监控、记录显示、计算机接口、数据传送等功能，而且还能进行中断控制、智能控制、过程控制、远程控制等。通过网络可与上位机通信，配备数据采集系统、数据分析系统、彩色图像系统的操纵台，可管理、控制生产线、生产流程、生产车间或整个工厂，实现自动化工厂的全面要求，如日本 OMRON 公司的 CV2000、德国西门子（SIEMENS）公司的 S7-300/S7-400、S7-1500 等 PLC。

图 6-10　S7 系列 PLC

3）可编程序控制器的特点

国际电工委员会（IEC）对 PLC 作了如下的定义：“PLC 是一种数字运算操作的电子系统，专为在工业环境下应用而设计。它采用可编程序的存储器，用来在其内部存储执行逻辑运算、顺序控制、定时、计数和算术运算等操作的指令，并通过数字式、模拟式的输入和输出，控制各种类型的机械或生产过程。PLC 及其有关设备，都应按易于与工业控制系统形成一个整体，易于扩充其功能的原则设计。”PLC 之所以被广泛使用，是与它突出的特点和优越的性能分不开的。归纳起来，PLC 主要具有以下特点。

（1）可靠性高。为了满足工业生产对控制设备安全可靠性的要求，PLC 采用了微电子技术，大量的开关动作由无触点的半导体电路来完成。PLC 选用的电子器件一般是工业级的；有的甚至是军用级的，平均无故障时间很长。例如三菱 F1 和 F2 PLC 平均无故障时间可达到 30 多年。可以毫不夸张地说，到目前为止没有任何一种工业控制设备可以达到 PLC 这样高的可靠性。随着元器件水平的提高，PLC 的可靠性还在继续提高，尤其是近年来开发出的多机冗余系统和表决系统则更进一步增加了 PLC 的可靠性。事实上，如果某种控制装置可以连续运行 20 年以上不出问题，在当前技术更新瞬息万变的世界上，则可认为是永远不会坏的装置了。PLC 完善的自诊断功能，能及时诊断出 PLC 系统的软件、硬件故障，并能保护故障现场，保证了 PLC 控制系统的工作安全性。由于 PLC 是用存储在其内部的程序来实现控制的，其控制程序的设计本身就从各个方面考虑了 PLC 的工作可靠性、安全性和稳定性。这又进一步加强了 PLC 的可靠性。

（2）环境适应性强。PLC 具有良好的环境适应性，可应用于十分恶劣的工业现场，在电源瞬间断电的情况下，仍可正常工作，具有很强的抗空间电磁干扰能力，可以抗峰值高达 1 000 V、脉宽 10 μs 的矩形波空间电磁干扰，还具有良好的抗振能力和抗冲击能力。其一般对环境温度要求不高，在环境温度为-20 ℃～65 ℃、相对湿度为 35%～85%的情况下可正常工作。

（3）灵活通用。在完成一个控制任务时，PLC 具有很高的灵活性。首先，PLC 产品已经系列化，结构形式多种多样，在机型上有很大的选择余地。其次，同一机型的 PLC 以其硬件构成具有很大的灵活性，用户可根据不同任务的要求，选择不同类型的输入/输出模块或特殊功能模块组成不同硬件结构的控制装置。再者，PLC 是利用应用程序实现控制的，在应用程序编制上有较大的灵活性。在实现不同的控制任务时，PLC 具有良好的通用性。相同硬件构成的 PLC 用不同的软件可完成不同的控制任务。在被控对象的控制逻辑需要改变时，利用 PLC 可以很方便地实现新的控制要求，而利用一般继电器控制是很难实现的。

（4）使用方便、维护简单。PLC 控制的输入模块、输出模块、特殊功能模块都具有即插即卸功能，连接十分容易。对于逻辑信号，输入和输出均采用开关方式，不需要进行电平转换和驱动放大；对于模拟信号，输入和输出均采用传感器、仪表和驱动设备的标准信号。各个输入和输出模块与外部设备的连接十分简单。整个连接过程仅需要一把螺钉旋具即可完成。

PLC 的用户界面十分友好，给使用者带来很大的方便。PLC 提供标准通信接口，可方便地构成 PLC-PLC 网络或计算机-PLC 网络。

PLC 应用程序的编制和调试非常方便，PLC 的编程语言常用的有三种，其中梯形图语言与继电器控制线路图很相似，即使没有计算机知识的人也很容易掌握。

PLC 具有监控功能。利用编程器或监视器可对 PLC 的运行状态、内部数据进行监视或修改。PLC 控制系统的维护非常简单。利用 PLC 的诊断功能和监控功能，可迅速查找到故障点，对大多数故障都可及时予以排除。

当然，由于其工作方式是扫描方式，扫描周期的长短决定了 PLC 的工作速度。一般来说，PLC 的速度与单片机等计算机相比，相对比较低。PLC 的工作速度也限制了它的计算速度和计算能力；PLC 的计算能力一般都比普通计算机要差。PLC 的这些缺点，随着科学技术的发展正在逐渐地被克服。

4）可编程序控制器的基本性能指标

（1）输入/输出点数（I/O 点数），指可编程序控制器外部输入/输出端子数，这是 PLC 的一项非常重要的技术指标，常用 I/O 点数来表征 PLC 的规模大小。

（2）扫描速度，一般指 PLC 执行一条指令的时间，单位为μs/步；有时也以执行 1 000 条指令的时间来计算，单位为 ms/千步。

（3）内存容量，一般指 PLC 存储用户程序的多少。

（4）指令条数，其是衡量 PLC 软件功能强弱的主要指标。

（5）内部寄存器，其配置情况是衡量 PLC 硬件功能的一个指标。

（6）高功能模块。将高功能模块与主模块搭配，可实现一些特殊功能。常用的高功能模块有：A/D 模块、D/A 模块、高速计数模块、位置控制模块、通信模块、高级语言编辑模块等。

另外，使用 PLC 时，还应考虑电源电压、抗噪声性能、直流输出电压、环境温度、湿度、质量和外形尺寸等性能指标。

5）可编程序控制器的分类

（1）按结构形式 PLC 分为整体式和组合式。

① 整体式结构 PLC。将中央处理器 CPU、电源部件、输入输出单元集中制造在一起，结构紧凑，体积小，价格低，小型 PLC 常采用这种结构。

② 组合式结构 PLC。将各部分模块（CPU 模块、电源模块、I/O 模块等）分开制造，使用时将这些模块分别插入机架底座的插槽中，像积木一样组合起来，系统配置灵活方便、易于扩展，大中型 PLC 通常采用这种结构。

（2）按控制规模 PLC 分为小型机、中型机和大型机。

① 小型机。I/O 点数在 128 点以下，内存容量在几 KB，具有逻辑运算、定时、计数等功能，适用于开关量控制的场合。

② 中型机。I/O 点数在 128～512 点，内存容量在几十 KB，除具有小型机的功能外，还增加了数据处理功能，并可配置模拟量输入输出模块，适用于小规模控制系统。

③ 大型机。I/O 点数在 512～896 点，内存容量达几百 KB。

④ 超大型机。I/O 点数在 896 点以上，内存容量在 1 000 KB 以上。

大型机和超大型机除具有中、小型机的功能外，又增加了联网通信、记录打印等功能，增强了编程终端的处理能力，适用于大规模的过程控制，可构成分布式控制系统。

6）可编程序控制器的典型产品

目前，PLC 在国际市场上已经成为非常畅销的工业控制产品，采用 PLC 设计自动控制系统已成为世界潮流。PLC 的生产厂家和品种很多，其中著名的厂商有：美国的 AB（ALLEN-BRADLY）公司、GE 公司等。欧洲有德国的 SIEMENS 公司，法国的 TE 公司等。日本有 OMRON、三菱、富士等公司。中国从 20 世纪 70 年代后期相继引进了 PLC 控制系统和 PLC 生产线，进入 90 年代，PLC 的应用已渗透到国民经济的各部门和工业生产的各个领域。

1996 年 SIEMENS 西门子公司推出 SIMATIC S7 系列的 PLC，它包括小型 PLC S7-200，中型 PLC S7-300，大型 PLC S7-400。2009 年西门子发布了小型 PLC S7-1200，并推出全新 PLC 开发软件平台 TIA 博途。S7-1200 的外形与 S7-200 差不多，价格比 S7-200 略高一些，但是功能比 S7-200 强大得多。2013 年西门子公布了 S7-1500 和 TIA 博途 V12 版。TIA 博途是西门子自动化的全新工程设计软件平台，它将所有自动化软件工具集成在统一的开发环境中，TIA 博途中的软件操作直观、上手容易、使用简单方便。S7-1200/1500 和 S7-300/400 都可以使用基于 TIA 博途的 STEP 7 来编程。S7-1200/1500 与 S7-300/400 的程序结构相同，用户程序由代码块和数据块组成。代码块包括组织块、函数和函数块，数据块包括全局数据块和背景数据块。S7-1200/1500 使用的编程语言有梯形图 LAD、功能块图 FBD 和结构化控制语言（SCL）。S7-1500 还可以使用语表 STL 和顺序功能图 S7-Graph。S7-1200/1500 的 CPU 均有 PROFINET 以太网接口，通过该接口可以与计算机、人机界面、PROFINET I/O 设备和其他 PLC 通信，支持多种通信协议。S7-1200/1500 还可以实现 PROFIBUS-DP 通信。S7-1200 与 S7-1500 具有很多相同的通信功能，其组态和编程方法相同。S7-1500 的通信功能更强大一些。在当前的工业控制系统中，S7-1200 与 S7-1500 已经成为 PLC 控制器的首选，TIA 博途软件推出了“AI 开发工具包”等插件，推动 PLC 向“智能 PLC”方向发展。从某种意义上说，SIMATIC S7 系列 PLC 代表了现代可编程序控制器发展的方向。

2. PLC 的组成

可编程序控制器是以微处理器为核心的数字式电子、电气自动控制装置，其实质是一种工业控制专用计算机。各种 PLC 的结构虽然多种多样，但其组成的原理基本相同，即均以微处理器为核心，并辅以外围电路和 I/O 单元等硬件所组成。与一般微机相同，PLC 各种控制功能的实现，不仅依赖硬件，而且要靠软件的支持。PLC 作为继电接触控制系统的替代产品出现，但它与继电器控制逻辑的工作原理有很大的差别。

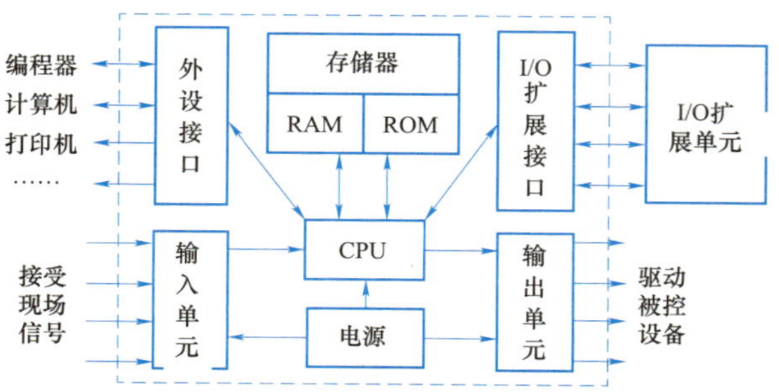

图 6-11　可编程序控制器的组成

可编程序控制器的组成与一般计算机基本相同，主要由中央处理器（CPU）、存储器、输入单元、输出单元、电源等部分组成，可编程序控制器的组成如图 6-11 所示。

对于整体式结构 PLC，所有部件都封装在同一机箱内；对于组合式结构 PLC，各功能部件分别独立封装，通过总线相互连接，安装在机架的插槽内。

1）中央处理器 CPU

和一般微机一样，CPU 是 PLC 的运算和控制核心，控制其他所有部件的运行，其功能相当于人的大脑。

2）存储器

存储器用来存储数据和程序。它包括随机存储器（RAM）和只读存储器（ROM）。PLC 配有系统程序存储器和用户程序存储器，分别用于存储系统程序和用户程序。

3）输入/输出（I/O）单元

I/O 单元是 CPU 与现场 I/O 设备或其他外部设备之间的连接部件。PLC 提供了各种操作电平和输出驱动能力的 I/O 模块和各种用途的 I/O 功能模块供用户选用。

4）电源

电源包括系统电源和后备电池，其中后备电池可在停电时继续保持几十小时的供电。PLC 一般使用 220 V 交流电源，经电源模块转换后的直流 5 V 电源供 PLC 内部使用，直流 24 V 电源供输入输出端和各种传感器使用。

5）编程器

编程器是人—机对话的工具，用来输入、修改和调试用户程序，监控 PLC 的运行情况，调整内部寄存器的参数等。编程器可分为简易编程器和图形编程器两种：简易编程器只能输入助记符程序；而图形编程器可直接输入梯形图。

目前，许多 PLC 都可利用一条通信电缆与计算机的串行口相连，配以厂家提供的编程软件，进行用户程序的输入和调试。由于计算机功能强，CRT 屏幕大，使程序输入和调试，以及系统状态的监控更加方便和直观。

6）其他接口电路

为了扩展 PLC 的功能，除 I/O 接口外，PLC 还配置了其他一些接口。

（1）I/O 扩展接口，用于扩展 PLC 的输入和输出点数，需要时，它可将主机与 I/O 扩展单元连接起来。

（2）智能 I/O 接口，具有独立的微处理器和控制软件，用于适应和满足复杂控制功能的要求，如位置闭环控制模块、PID 调节器的闭环控制模块和高速计数器模块（其计数频率可达几十 kHz 以上）等。

（3）通信接口，用于 PLC 与计算机、打印机等外部设备相连；也可构成集散型控制系统或局域网。

（4）A/D、D/A 接口，由于 CPU 只能处理数字信号，当输入/输出信号为模拟量时，则需要 A/D、D/A 接口来进行信号转换。

3. PLC 的编程语言

PLC 的编程语言有梯形图（ladder diagram）、语句表（statement list）、控制系统流程图（control system flowchart）等。在一些高档 PLC 中，还可提供专用的高级语言和通用计算机程序设计语言。其中梯形图和语句表最为常用。语句表类似于计算机汇编语言的形式，通过指令助记符来编程。梯形图是一种图形语言，它是以寄存器控制系统的电气原理图为基础演变而来的，易于理解和使用。各厂家生产的 PLC 使用的指令助记符有可能不同，但梯形图的设计与编程方法基本上大同小异。

梯形图与传统寄存器控制电路的电气原理图相似，均是通过触点的开、闭组合控制线圈的通电、断电，从而实现对生产机械运行的控制。梯形图有以下特点：梯形图中的寄存器、定时器等“电器”不是物理意义上的那种电磁寄存器，而是 PLC 机内部的电子电路构成的寄存器单元。其是根据计算机对信息的“存—取”原理来读出寄存器的状态或在一定条件下改变它的状态。读出寄存器的状态为高电位或低电位，相当于寄存器触点的通与断，而改变寄存器的状态，相当于寄存器线圈的通电与断电。在梯形图中，没有真实的电流流动，为了便于分析 PLC 的周期扫描原理以及控制信息在存储空间分布的情况，假设在梯形图中有“电流”流动，为了区别于真实的电流，这种“电流”称为能流。能流在梯形图中只能是单方向流动，即从左到右流动，并且按先上后下的顺序从左到右流动，不会产生反流。在梯形图中，最左边的竖线称为起始母线，若与母线相连的触点闭合，可使能流流过该器件，到下一个器件，若触点断开将阻止能流通过。

画梯形图的要求如下。

（1）每一个逻辑行必须从起始母线画起。

（2）寄存器线圈不能直接接在左边的母线上。

（3）在梯形图中寄存器线圈只能使用一次，而其触点可以使用的个数是无限的。

（4）梯形图必须按照计算机执行程序时的顺序依次画出。

通过下面的实例可进一步了解 PLC 的工作原理和梯形图的上述特点。

例 6.1： 有三个开关 S1、S2、S3。控制要求：只有开关 S1 和 S2 都接通时，小灯 HL1 才亮。当 HL1 亮 2 s 后，小灯 HL2 开始亮。当开关 S3 接通时两个小灯就同时熄灭。

分析： 为了能够突出 PLC 的工作原理，将接线程序控制与 PLC 控制进行对比。如果用接线程序控制，需要两个具有常开触点的开关、一个具有常闭触点的开关、两个具有常开触点的继电器、一个具有通电延时闭合的时间继电器和两个小灯，如图 6-12 所示。

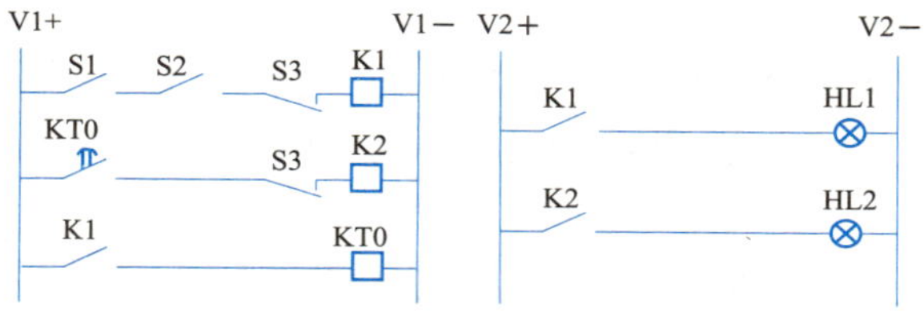

图 6-12　接线程序控制工作原理图

接线程序控制系统中，只有开关 S1 和 S2 的常开触点都闭合而且 S3 的常闭触点也闭合，继电器 K1 线圈才能带电。继电器 K1 的常开触点闭合，会使小灯 HL1 得电而发光。当小灯 HL1 发光时（K1 闭合），启动时间继电器 KT0，当时间继电器 KT0 延时 2 s 后，其延时的常开触点 KT0 闭合。开关 S3 和常闭触点保持闭合状态时，继电器 K2 线圈得电，继电器 K2 的常开触点闭合，小灯 HL2 得电而发光。若开关 S3 断开，小灯全部熄灭。

PLC 的工作原理与接线程序控制十分相近，所不同的是 PLC 的控制是由存储程序实现的。图 6-13 就是能够实现上述功能的 PLC 控制工作原理图，左面的为梯形图。其中 I0.0 代表开关 S1 的状态。S1 闭合，I0.0 的常开触点就接通。I0.1 代表开关 S2 的状态，S2 闭合，I0.1 的常开触点就接通。I0.2 代表开关 S3 的状态，S3 断开时，I0.2 的常闭触点是接通的；S3 闭合时，I0.2 的常闭触点是断开的。Q0.0 是输出继电器 1 的线圈。Q0.0 带电，其常开触点 Q0.0 接通，从而使小灯 HL1 带电而发光。

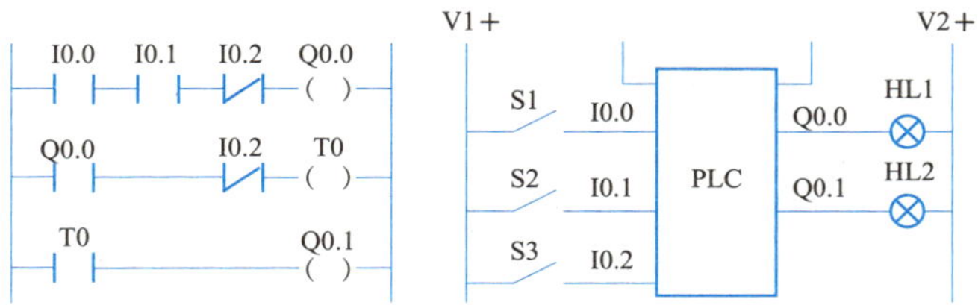

（1）PLC 梯形图程序　（2）PLC 电气原理

图 6-13　PLC 程序控制工作原理图

Q0.1 是输出继电器 2 的线圈。Q0.1 带电，其常开触点 Q0.1 接通，从而使小灯 HL2 带电而发光；T0 是定时器。Q0.0 的常开触点接通时，启动定时器 T0。当延时到 2 s 时，T0 的常开触点闭合，使输出继电器 Q0.1 的线圈得电，从而使得小灯 HL2 带电发光。当开关 S3 闭合时，I0.2 的常闭触点开断，这就使得输出继电器 Q0.0 和 Q0.1 均不得电，而导致小灯 HL1 和 HL2 断电而熄灭。

应当指出，在存储程序控制中的梯形图虽然与接线程序控制中的继电器接线十分相似，但是它们的本质是截然不同的。前者是 PLC 程序控制，而后者是接线控制。

4. PLC 的基本指令

SIMATIC S7 系列 PLC 的指令系统是非常丰富的，主要分为位逻辑指令、定时器和计数器指令、传送和比较指令、运算指令、程序控制指令、特殊功能指令、堆栈和时钟指令等几个系列。本节只是简单介绍位逻辑、定时器和计数器、程序控制等一些基本的指令，详细内容可参考相关的教程或手册。

PLC 的指令系统最常用的编程语言就是梯形图，简单的梯形图实际上是从电气控制图简化而来的，下面介绍基本指令：触点、线圈指令及逻辑运算。PLC 基本指令如图 6-14 所示。

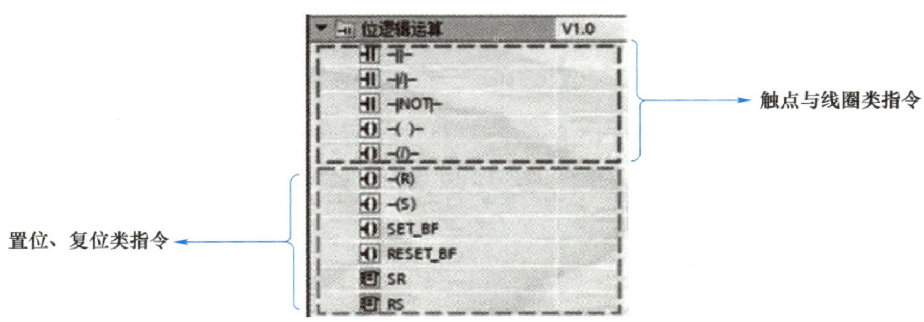

图 6-14　PLC 基本指令

（1）触点指令有常开触点指令、常闭触点指令和取反触点指令。PLC 触点指令如图 6-15 所示。

（a）常开触点指令　（b）常闭触点指令　（c）取反指令　（d）输出线圈

图 6-15　PLC 触点指令

① 常开触点指令，如图 6-15（a）所示，它是一个逻辑开关，可以理解为是电气控制图中的常开按钮，这个逻辑开关是否接通是受寻址的结果而决定的，若 I0.0 的寻址结果为“1”，这

个逻辑开关就会导通，若寻址结果为“0”，则这个逻辑开关就不会动作，保持常开。相当于当有人按了下常开按钮（带自动复位的按钮），常开按钮就会接通，不按它，按钮就会保持常开。

② 常闭触点指令，如图 6-15（b）所示，它同样也是一个逻辑开关，可以理解为是电气控制图中的常闭按钮，这个逻辑开关是否接通是受寻址的结果而决定的，若 I0.5 的寻址结果为“1”，这个逻辑开关就会断开，若寻址结果为“0”，则这个逻辑开关就保持接通，不会动作。相当于，当有人按了常闭按钮（带自动复位的按钮），常闭按钮就会断开，不按它，按钮就会保持闭合。

③ 取反指令，如图 6-15（c）所示，它一般与其他指令进行配合使用，其作用是将它前面指令的逻辑运算结果进行取反操作。若“NOT”左边的运算结果为“0”，则“NOT”右边的输出结果就是“1”，反之亦然。

④ 输出线圈指令，如图 6-15（d）所示，输出线圈指令可以理解为接触器的线圈（未通电状态下），它的状态也是受寻址的结果所决定的，若 Q0.4 的寻址结果为“1”，则常开线圈指令闭合，相当于原接触器线圈通电了，接触器主触点吸合，若 Q0.4 的寻址结果为“0”，则常开线圈指令不变化。

（2）触点、线圈指令的逻辑运算。

①“与”运算。所谓的逻辑运算，本质上是寻址结果“与”“或”“非”运算，如图 6-16 所示，两个触点线圈连接在一起，相当于一个“串联”电路，串联电路的一个特点就是，只要有一个元器件没有“导通”，都不会有输出结果，所有只有 I0.0 和 I0.1 的寻址结果都为“1”，下面“串联”的两个触点的“与”运算的结果才是“1”，这时线圈指令 Q0.0 的寻址结果为“1”，其常开触点接通。

图 6-16 “与”运算

② “或”运算。“或”运算实际上相当于一个并联电路，只要有一个开关（也就是图 6-17 中的触点指令）闭合或者导通，其输出的结果都是“1”，进而控制线圈指令的接通。

图 6-17 “或”运算

③“取反”运算。

“取反”运算是将前面指令的运算结果进行取反操作，以图 6-18 所示程序为例，若 I0.4 和 I0.5 的寻址结果都是“1”，则常开触点和常闭触点的“与”运算结果为“0”，这个“0”分两路，一路直接给 Q0.5，即 Q0.5 的寻址结果为“0”，线圈失电，其常开触点断开；另一路通过“取反”指令输出结果为“1”给 Q0.4，即 Q0.4 的寻址结果为“1”，线圈得电，其常开触点闭合。

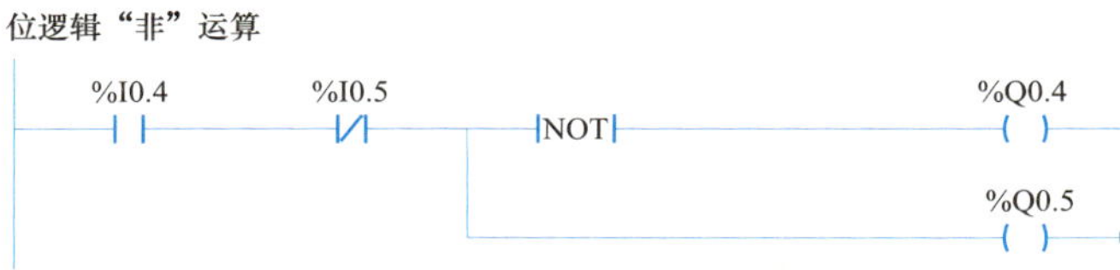

图 6-18　“取反”运算

（3）定时器和计数器指令。

定时器和计数器是 PLC 的重要元件，常用的有三种定时器和三种计数器。定时器可分为接通延时定时器（TON）、断开延时定时器（TOF）和带有记忆接通延时定时器（TONR）。计数器可分为增计数器（CTU）、减计数器（CTD）和增减计数器（CTUD）。这里只介绍接通延时定时器和增计数器指令。

① 接通延时定时器。当定时器的启动信号 IN 的状态为 0 时，定时器的当前值 SV=0，定时器 Tn 的状态也是 0，定时器没有工作。当 Tn 的启动信号由 0 变为 1 时，定时器开始工作，每过一个时基时间，定时器的当前值 SV=SV+1，当定时器的当前值 SV 大于等于定时器的设定值 PT 时，定时器的延时时间到了，这时定时器的状态由 0 转换为 1，在定时器输出状态改变后，定时器继续计时，直到 SV=82 767（最大值）时，才停止计时，SV 将保持不变。只要 SV＞PT 值，定时器的状态就为 1，如果不满足这个条件，定时器的状态应为 0。

当 IN 信号由 1 变为 0，则 SV 被复位（SV=0），Tn 状态也为 0。当 IN 从 0 变为 1 后，维持的时间不足以使得 SV 达到 PT 值时，Tn 的状态不会由 0 变为 1。

② 增计数器。

增计数器在复位端信号为 1 时，其计数器的当前值 SV=0，计数器的状态也为 0。当复位端的信号为 0 时，其计数器可以工作。每当一个输入脉冲到来时，计数器的当前值做加 1 操作，即 SV=SV+1。当当前值大于等于设定值（SV≥PV）时，计数器的状态变为 1，这时再来计数脉冲时，计数器的当前值仍不断地累加，直到 SV=32 767 时，停止计数，等到复位信号到来，计数器的 SV 值等于零，计数器的状态变为 0。

接通延时定时器、增计数器指令的梯形图如图 6-19 所示。

(a) 接通延时定时器的梯形图　　(b) 增计数器指令的梯形图

图 6-19　接通延时定时器、增计数器指令的梯形图

例 6.2： 图 6-20 所示是一个供料控制系统。运料小车负责向四个料仓送料，送料路上从左向右共有 4 个料仓（1 号仓～4 号仓）位置开关，其信号分别由 PLC 的输入端 I0.0、I0.1、I0.2、I0.3 检测，当信号状态为 1 时，说明运料小车到达该位置，否则说明小车没有在这个位置。小车行走受两个信号的驱动，Q0.0 驱动小车左行，Q0.1 驱动小车右行。料仓的要料信号由 4 个手动按钮发出，从左到右（1 号仓～4 号仓）分别为 I0.4、I0.5、I0.6、I0.7。试设计一个驱动小车自动运料的控制程序。

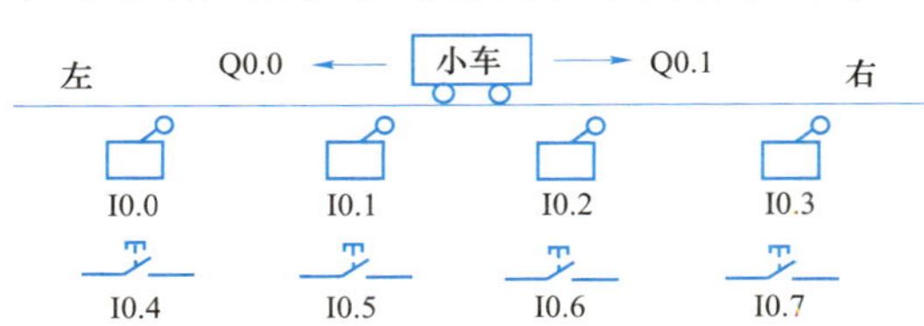

图 6-20　供料控制系统示意图

为了设计运料小车的控制程序，首先要对

小车的驱动条件进行分析。这里要抓住三点：其一是要料的料仓位置（由 M0.0～M0.3 决定）；其二是运料小车当前所处的位置（由 I0.0～I0.3 决定）；其三是运料小车的右行、左行、停止控制（由 Q0.0 和 Q0.1 决定）。

① 小车运行条件。

运料小车右行条件：小车在 1、2、3 号仓位，4 号仓要料；小车在 1、2 号仓位，3 号仓要料；小车在 1 号仓位，2 号仓要料。

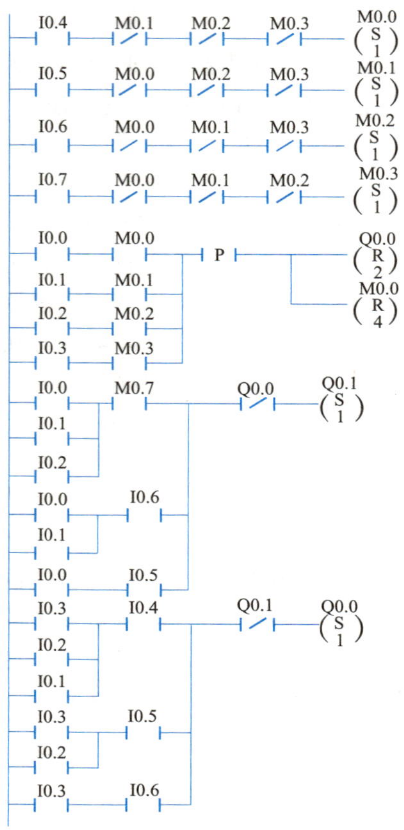

图 6–21　供料控制系统的控制程序

运料小车左行条件：小车在 4、3、2 号仓位，1 号仓要料；小车在 4、3 号仓位，2 号仓要料；小车在 4 号仓位，3 号仓要料。

运料小车停止条件：要料仓位与小车的车位相同时，应该是小车的停止条件。

运料小车的互锁条件：小车右行时不允许左行起动，同样小车左行时也不允许右行起动。

② 编制控制程序。

料仓要料状态的编程：要料信号取决于 I0.4～I0.7，这些信号都是手动按钮产生的。实际中可能会出现多个按钮同时要料的情况，为了能确定把要料权交哪个料仓，必须确定排队规则。本设计中采取要料时刻不相同时，先要料者优先。要料时刻相同时，料仓号小者优先的规则。程序中使用 M 继电器来代表料仓的要料状态。其中 M0.0～M0.3 分别代表 1～4 号料仓的要料状态。图 6–21 所示供料控制系统的控制程序中的头 4 个支路就是按上述规则送料的编程。

小车停止状态的编程：梯形图中第 5 条支路是小车到位停止的编程。有小车停止以后，要清除料仓的要料状态信号。

小车右行的编程：梯形图中第 6 条支路是小车右行的编程。

小车左行的编程：梯形图中第 7 条支路是小车左行的编程。

（4）用按钮控制人行道的设计。

① 控制描述。通常车道上只允许车辆通行，道口处车道指示灯保持绿色灯亮（Q0.2=1），这时不允许人跨越车道，人行道指示灯保持红色灯亮（Q0.3=1）。在车道两侧各设有一个人行道开关，当有人想通过人行横道时，需要用手按动“走人行道”开关，要“走人行道”信号通过 I0.0 或 I0.1 送到 S7–200 中，S7–200 在接到有人要“走人行道”时，开始执行如下时序程序。

当有行人要通过横道（I0.0=1 或 I0.1=1）时，车道的绿灯继续保持亮 30 s，然后绿灯灭而黄灯亮（Q0.1=1）10 s，10 s 过后，红灯亮（Q0.0=1），车辆停。当车道红灯亮 5 s 后，人行道的红灯灭（Q0.3=0），绿灯亮（Q0.4=1）15 s，行人可以过横道，这 15 s 的后 5 s 人行道的绿灯应闪烁，表示行人通行时间就要到了。人行道绿灯闪烁之后，人行道红灯亮，再过 5 s 车道绿灯亮，恢复车辆通行。一个控制时序结束。直到下一个人行道开关被按下，再启动“走人行道”的时序程序，如图 6–22 所示。

② 控制程序分析。系统的启动是由 I0.0 或 I0.1 的“走人行道”输入开始，根据时序图

的要求，由定时器 T101、T102、T103、T104 组成 30 s、40 s、45 s 和 55 s 延时。

时序控制中的人行道闪烁 5 s 的控制可用 S7-200 中的特殊继电器 SM0.5（秒时钟脉冲）和计数器 C0 实现控制，因 C0 的增计数输入是一个秒脉冲，故当其 SV=PV 时，C0 为 1，事实上，C0=1 还意味着时序已经到了第 60 s。

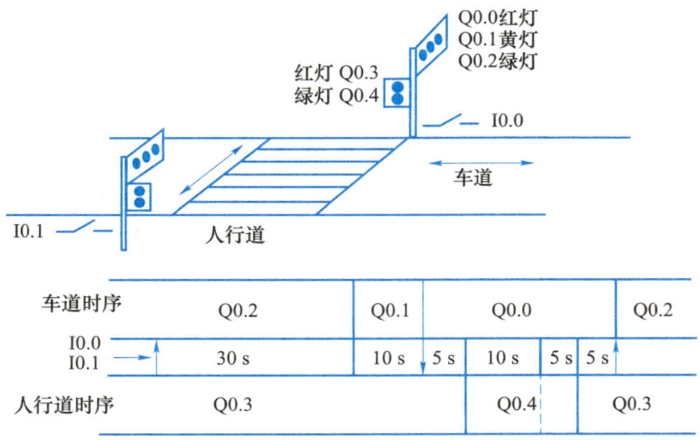

图 6-22　人行道控制示意图

车道绿灯的时间由两段组成，其一是周期开始头 30 s，这段可由 M0.0 和 T101 的非相与实现；其二是在控制周期之外，可由 M0.0 的非实现。

车道黄灯亮的时间是从第 30 s 到第 40 s，这段时间可由 T101 和 T102 的非相与实现。

车道红灯亮的时间是从第 45 s 到周期结束，这可由 T103 和 T105 的非相与实现。

人行道红灯亮的时间由三段组成，其一是从周期开始到第 45 s，这段可由 M0.0 和 T103 的非相与实现；其二是人行道绿灯闪烁之后 5 s，这可由 M0.0 和 C0 相与控制；其三是周期之外，可由 M0.0 的非控制。

人行道绿灯亮的时间由两段组成，其一是从第 45 s 开始到第 55 s，这段可由 T103 和 T104 的非相与实现；其二是人行道绿灯闪烁是从第 55 s 开始到 C0=1，这可由 T104 和 C0 的非相与，再和 SM0.5 相与控制。图 6-23 给出了人行道控制程序。

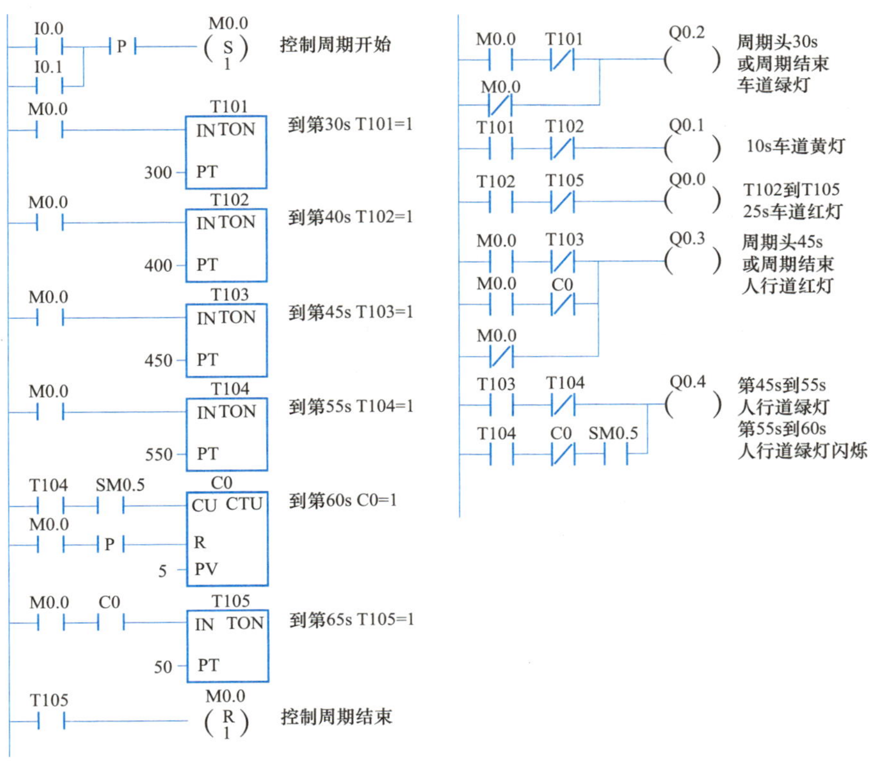

图 6-23　人行道控制程序

5. PLC 控制系统的设计

1）PLC 控制系统设计原则

任何一种控制系统都是为了实现被控制对象（生产设备或过程）的工艺要求，以提高生产效率和产品质量。所以，在设计 PLC 控制系统时应遵循如下原则。

（1）最大限度地满足被控对象的控制要求。设计前，设计人员除充分理解被控对象的各种技术要求外，应深入现场进行实地的调查研究，收集资料，访问有关的技术人员和实际操作人员，然后拟定设计方案，并请有关专家论证，最后确定方案付诸实施。

（2）在满足控制要求的条件下，力求使 PLC 控制系统简单、经济，以及使用及维护方便。

（3）保证控制系统稳定、可靠。

（4）在选择 PLC 容量时，应适当留有裕量以便于发展生产和改进工艺的需要。

2）PLC 控制系统设计内容

PLC 控制系统是由 PLC 与用户输入、输出设备连接而成的，因此 PLC 控制系统设计有以下内容。

（1）选择用户输入设备，如按钮、操作开关、限位开关和传感器等；输出设备，如继电器、接触器、信号灯等执行机构；由输出设备驱动的控制对象，如电动机、电磁阀等。这些设备已在第 1 章作了介绍。

（2）PLC 是该控制系统的核心部件，正确选择 PLC 对保证整个控制系统的技术指标和质量是至关重要的。选择 PLC 的指标应包括机型、容量、I/O 模块和电源等。

（3）分配 I/O 点，绘制输入/输出端子的连接图。

（4）设计控制程序，它包括设计梯形图、语句表（即程序清单）或控制系统流程图。控制程序是控制整个系统工作的软件，对保证系统工作正常、安全、可靠起关键作用。因此 PLC 控制系统的设计必须经过反复调试，直至满足要求。

（5）如果必要的话，需设计操作台、电气柜、模拟显示盘和非标准电器等。

（6）编制控制系统的技术文件。包括设计说明书、使用说明书、电气图及电气元件明细表等。在 PLC 控制系统中，一般而言，把电气原理图、电气布置图、电气安装图和 PLC 的 I/O 连接图等统称“硬件图”；把 PLC 控制系统中的程序图即梯形图部分称为“软件图”。向用户提供“软件图”，便于用户修改程序，有利于用户在维修时分析和排除故障。

3）PLC 控制系统设计的基本思路

设计 PLC 控制系统的基本思路有以下几个方面。

（1）深入了解和分析被控对象的工艺条件和控制要求，如控制的基本方式，需要完成的动作（动作顺序、动作条件、必需的保护和连锁等）、操作方式（手动、自动、连续、单周期和单步等）。

（2）根据被控对象对 PLC 控制系统的功能要求和所需要的输入、输出信号的点数等，选择合适类型的 PLC。

（3）根据控制要求所需的用户输入、输出设备，确定 PLC 的 I/O 点数，并设计 I/O 端子的接线图。

（4）对较复杂的控制系统，根据生产工艺要求，画出工作循环图表，如有必要再画出详细的状态流程图表，它能清楚地表明动作的顺序和条件。

（5）根据工作循环图表或动态流程图表设计出梯形图。如果被控对象已经有了继电器控制线路图，可将它变换为梯形图。设计梯形图，这是程序设计的关键一步，也是比较困难的部分。要设计好梯形图，首先应熟悉控制要求，同时还要有一定的电气设计的实践经验。

（6）根据梯形图编制程序指令。

（7）用 PLC 的编程器将指令键入 PLC 的用户程序存储器，并检查键入的指令是否正确。

（8）调试程序。如果控制系统是由几个部分组成，应先做局部调试，然后再进行整体调试；若控制程序的步骤较多，先进行分段调试，后连接起来总调。

（9）在进行 PLC 程序设计时，同时可进行控制台（柜）的设计和现场施工。待上述工作完成后，就可进行联机调试，直至满足要求。

（10）编制技术文件。

以上是一个 PLC 控制系统设计的大体思路，根据控制系统的规模、控制要求的繁简、控制程序步序的多少，上述的步序有的可省略。总之，应视情况而定。

6.3.5　总线工业控制计算机

总线工业控制计算机（工控机）是目前工业领域应用相当广泛的工业控制计算机，它具有丰富的过程输入/输出接口功能、迅速响应的实时功能和环境适应能力。总线工控机的可靠性较高，如：STD 总线工控机的使用寿命达到数十年，平均故障间隔时间（MTBF）超过上万小时，且故障修复时间（MTTR）较短。总线工控机的标准化、模板式设计大大简化了设计和维修的难度，且系统配置的丰富的应用软件多以结构化和组态软件形式提供给用户，使用户能够在较短的时间内掌握和熟练应用。近年来的工业控制计算机常采用基于 PC 总线（PCI 和 PCI04）的工业控制计算机 IPC。

下面介绍两类在工业现场得到广泛使用的工业控制机。

1. STD 总线工业控制机

STD 总线最早是由美国的 Pro−log 公司在 1978 年推出的，是目前国际上工业控制领域最流行的标准总线之一，也是我国优先重点发展的工业标准微机总线之一，它的正式标准为 IEEE—961 标准。按 STD 总线标准设计制造的模块式计算机系统，称为 STD 总线工业控制机。

开发 STD 总线的最初目的是推广一个面向工业控制的 8 位机总线系统。STD 标准可以支持几乎所有的 8 位处理器。如 Intel 的 8080，Motorola 的 6800，Zilog 公司的 Z80，Nationnal 公司的 NSC800 等。在 16 位机大量生产之后，改进型的 STD 总线可支持 16 位处理器，如 8086、68000、80286 等。为了进一步提高 STD 总线系统的性能，近年来已推出了 STD32 位总线标准。

STD 总线工业控制机采用了开放式的系统结构，模块化是 STD 总线工业控制机设计思想中最突出的特点，其系统组成没有固定的模式和标准机型，而是提供了大量的功能模板，用户根据需要，通过对模板的品种和数量的选择与组合，即可配置成适用于不同工业对象、不同生产规模的生产过程的工业控制机。现在 STD 工业控制机已广泛应用于工业生产过程控制、工业机器人、数控机床、钢铁冶金和石油化工等领域，成为我国中小型企业和传统工业改造方面主要的机型之一。

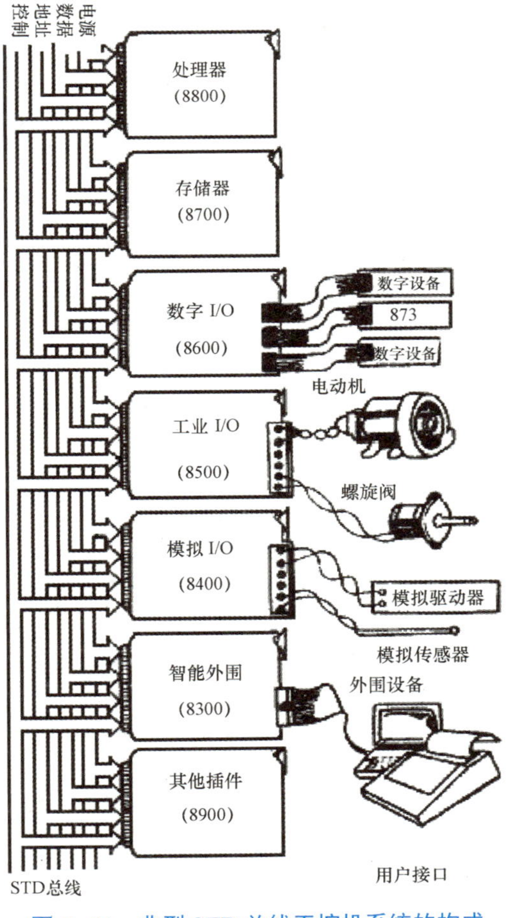

图 6−24　典型 STD 总线工控机系统的构成

典型 STD 总线工控机系统的构成如图 6–24 所示，其突出特点是：模块化设计，系统组成、修改和扩展方便；各模块间相对独立，使检测、调试和故障查找简便迅速；有多种功能模板可供选用，大大减少了硬件设计工作量；系统中可运行多种操作系统及系统开发的支持软件，使控制软件开发的难度大幅降低。因此，在用 STD 总线进行控制系统设计时的主要硬件设计工作是选择合适的标准化功能模板，并将这些模板通过 STD 总线连接成所需的控制装置。下面分别介绍各种模板的特点。

1）数字量 I/O 模板

数字量 I/O 模板用于处理开关信号的输入和输出，其主要功能是滤波、电平转换、电气隔离和功率驱动等。工业上常用的开关信号有 BCD 码、计数和定时信号、各种开关的状态、指示灯的亮和灭、晶闸管的导通和截止、电动机的启动和停止等。这些开关信号可通过数字量 I/O 模板经总线与 CPU 模板相连。针对不同的开关信号，有各种各样的数字量 I/O 模板可供选用。图 6–25 所示为一种典型的数字量 I/O 模板电路图。

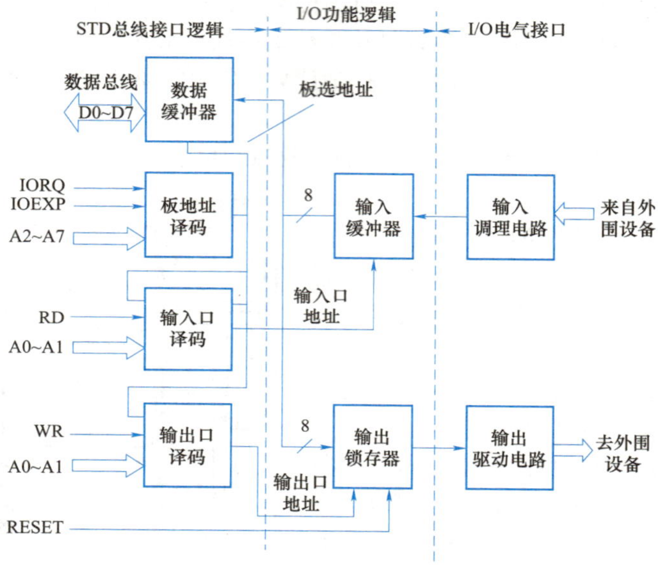

图 6–25　一种典型的数字量 I/O 模板电路图

2）模拟量 I/O 模板

模拟量 I/O 模板用于处理模拟信号的输入和输出，其主要功能是对微处理机和被控对象之间的模拟信号进行 A/D 和 D/A 转换。STD 总线工控机也有多种多样的模拟量 I/O 模板可供选用，图 6–26 所示为一种光电隔离型 A/D 模板的结构，D/A 模板的结构与之类似。在模板选用时主要考虑系统中信号的最高频率、电平范围、信号数量等参数及系统对信号的转换速度、精度及分辨率等要求，以既满足控制系统需要又不造成过多的浪费为原则。

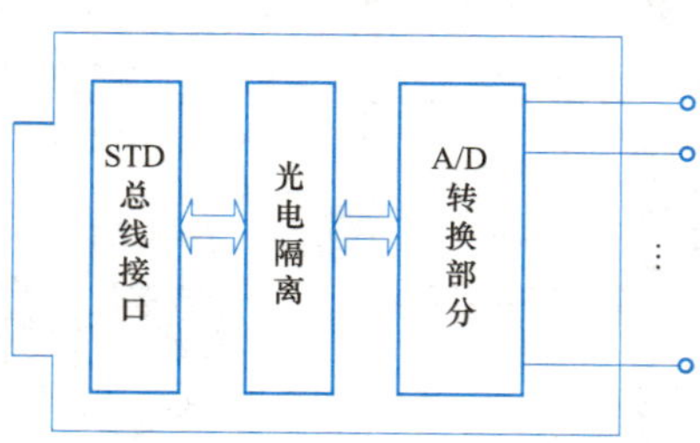

图 6–26　一种光电隔离型 A/D 模板的结构

3）信号调理模板

信号调理模板用来在传感器与 A/D 转换器之间、D/A 转换器与执行元件之间对信号进行调理，其主要功能有非电量转换、信号形式变换、信号放大、滤波、线性化、共模抑制及隔离等。典型的信号调理模板有热电偶、热电阻、I/V（电流/电压）转换、前置放大板、隔离放大板等。图 6-27 是信号调理模板的应用实例，信号调理模板应根据传感器与执行机构的要求来选配，并应充分地考虑信号的信噪比、放大增益的可调范围、零点的调整方法、滤波的通带增益和阻带衰减率等参数。

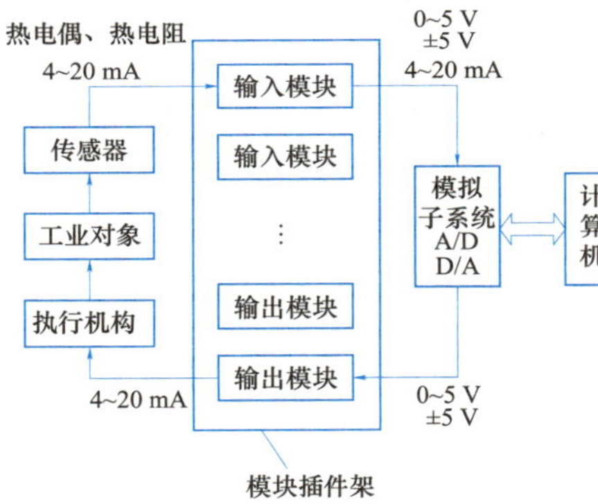

图 6-27 信号调理模板的应用实例

4）CPU 模板

STD 总线所支持的微处理器有 Z80、8080、8086、80286、80386、80486，以及 MCS51/96 系列单片机等。选用时应根据所设计的控制算法的复杂程度、计算工作量、采样周期等情况来选择合适字长和执行速度的 CPU 模板，或选择带有专门算法或 DMA（直接存储器存取）通道的 CPU 模板。

5）存储器模板

CPU 板上一般都有一定容量的工作存储器，但有些控制系统往往还需要选用专用的存储器扩展插件，如有电池支持的 RAM 插件、EPROM 插件和 EEPROM 插件等。存储器的扩展应根据控制系统的程序量、需存储的数据量、程序和数据存储的运行方式来合理选择。

6）其他特殊功能模板

STD 总线工控机还可提供多种具有特殊功能的模板，如步进电机和伺服电机控制模板、机内仪表和远程仪表接口模板等。当系统中有该类型的控制时，应优先选用特殊功能模板，以减少硬件设计工作量并获得较高的性价比。

STD 总线工控机系统的设计除简单的硬件设计外，主要是软件设计。STD 总线工控机上可以运行多种丰富的支持软件，如 STD-DOS（一种与 MS-DOS 兼容、专用于 STD 总线工控机的操作系统）、ROM-DOS（一种与 MS-DOS 兼容、并把 DOSAA 代码固化在 EPROM 中运行的操作系统）、VRTX 嵌入式实时多任务操作系统等，并提供丰富的标准算法程序库，因此软件的开发也是相对比较容易的，通常只需开发适用于所设计控制系统的应用软件即可。应用软件开发的主要工作是：借助于支持软件提供的各种开发工具，利用程序库中所提供的各种标准计算和控制算法程序，针对所设计系统的特点和要求，开发出专用的接口软件，将选用的各种标准模块和算法程序连接并拼装成所需的控制系统应用软件。

2. PC 总线工业控制机

IBM 公司的 PC 总线计算机最初是为了个人或办公室使用而设计的，它早期主要用于文字处理，或一些简单的办公室事务处理。早期产品基于一块大底板结构，加上几个 I/O 扩充槽。大底板上具有 8088 处理器、存储器和控制逻辑电路等。I/O 扩充槽是用来外接打印机、显示器、内存扩充和软盘驱动器接口卡等。

随着微处理器的更新换代，为了充分利用 16 位机（如 Intel 80286）等的性能，通过在原 PC 总线的基础上增加一个 36 引脚的扩展插座，形成了 AT 总线，这种结构也称为 ISA 工业标准结构（industry standard architecture）。

PC/AT 总线的 IBM 兼容计算机由于价格低廉，使用灵活，软件资源非常丰富，因而在国内更是主要流行机种之一。科研人员开发的与 PC/AT 总线兼容的诸如数据采集、数字量和模拟量 I/O 等模板，可在实验室或一些过程闭环控制系统中使用，但是未经改进的 PC/AT 总线微机，其设计组装形式不适于在恶劣工业环境下长期运行。比如 PC/AT 总线模板的尺寸不统一、没有严格规定的模板导轨和其他固定措施，抗振动能力差；大底板结构功耗大，没有强有力的散热措施，不利于长期连续运行；I/O 扩充槽少（5～8 个），不能满足许多工业现场的需要。

为克服上述缺点，使 PC/AT 总线计算机适用于工业现场控制，近年来许多公司推出了 PC/AT 总线工业控制计算机一般对原有微机做了以下改进。

（1）机械结构得到加固，提高了计算机的抗振性能。

（2）采用标准模板结构。改进整机结构，用 CPU 模板取代原有的大底板，使硬件组成模块化，便于维修更换，也便于用户组织硬件系统。

（3）加上带过滤器的强力通风系统，加强散热，增加系统抵抗粉尘的能力。

（4）采用工业级固态硬盘取代普通机械磁盘，使之能够适于在恶劣的工业环境下正常工作。

（5）根据工业控制的特点，常采用实时多任务操作系统。

采用 PC 总线工业控制机有许多优点，尤其是支持软件特别丰富，各种软件包异常丰富，可大大减少软件开发的工作量，而且 PC 机联网方便，容易构成多微机控制与管理一体化的综合系统、分级计算机控制系统和集散控制系统。

6.4　数字 PID 控制技术

在工程实际中，应用最为广泛的调节器控制规律为比例、积分、微分控制，简称 PID 控制，又称 PID 调节。PID 控制器问世至今已有近 70 年历史，其以结构简单、稳定性好、工作可靠、调整方便而成为工业控制的主要技术之一。在工业过程中，由于控制对象的精确数学模型难以建立，系统的参数又经常发生变化，运用现代控制理论分析要耗费很大代价进行模型辨识，还往往不能得到预期的效果，这时应用 PID 控制技术最为方便。也就是说当人们不完全了解一个系统和被控对象，或不能通过有效的测量手段来获得系统参数时，最适合用 PID 控制技术，并根据经验进行在线整定。随着计算机技术的发展，PID 控制算法易于采用计算机实现。由于软件系统的灵活性，PID 算法可得到修正而更加完善。在本节中，我们将着重介绍数字 PID 控制算法及与此有关的问题。

6.4.1　数字 PID 控制算法

PID 控制器就是根据反馈系统的偏差，利用比例（P）、积分（I）、微分（D）计算出控制量实施控制的。模拟 PID 调节器是一种线性调节器，这种调节器是将设定值 w 与实际输出值 y 进行比较构成控制偏差：

$$e(t)=w(t)-y(t)$$

将偏差的比例、积分、微分通过线性组合构成控制量（模拟 PID 控制系统原理见图 6–28），所以简称为 P（比例）I（积分）D（微分）调节器。其中比例调节起纠正偏差的作用，其反应迅速；积分调节能消除静差，改善系统静态特性；微分调节有利于减少超调，加快系统的过渡过程。此三部分作用配合得当，可使调节过程快速、平稳、准确，收到较好的效果。在实际应用中，根据对象的特性和控制要求，可灵活地改变其结构，取其中一部分环节构成控制规律。例如，比例（P）调节器、比例积分（PI）调节器、比例微分（PD）调节器等。

模拟 PID 调节的微分方程式为：

$$u(t)=K_p\left[e(t)+\frac{1}{T_i}\int_0^t e(t)\mathrm{d}t+T_d\frac{\mathrm{d}e(t)}{\mathrm{d}t}\right] \tag{6-1}$$

式中 $e(t)$ 为调节器的输入，即给定量与输出量的误差；$u(t)$ 为调节器的输出；K_p 为比例系数；T_i 为积分时间常数；T_d 为微分时间常数。

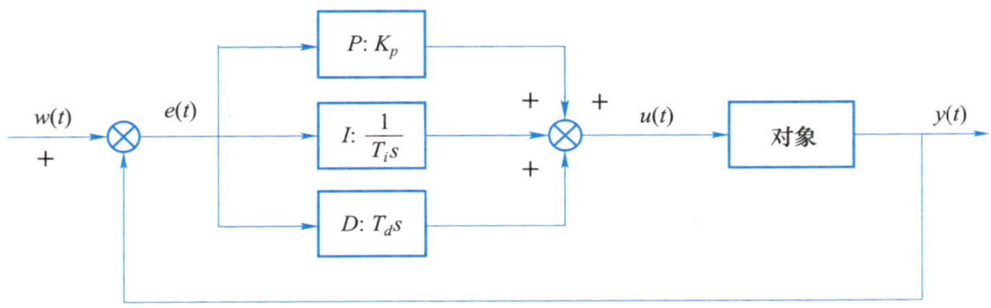

图 6-28　模拟 PID 控制系统原理

式（6-1）表示的调节器的输入函数及输出函数均为模拟量，计算机不能进行直接运算。为此，必须将连续形式的微分方程化成离散形式的差分方程。

取 T 为采样周期，k 为采样序号，k=0，1，2，…，K，因采样周期 T 相对于信号周期是很小的，这样可用矩形面积法计算积分，用向后差分代替微分，则可得

$$u(k)=K_p\left[e(k)+\frac{T}{T_i}\sum_{j=0}^{k}e(j)+\frac{T_d}{T}(e(k)-e(k-1))\right] \quad (6\text{-}2)$$

式（6-2）称为 PID 位置控制算法。按此式计算 u（k）时，输出值与过去的所有状态有关，计算时要占大量的内存和花费大量的时间，为此，将上式化成递推形式：

$$\Delta u(k)=u(k)-u(k-1)=d_0e(k)+d_1e(k-1)+d_2e(k-2) \quad (6\text{-}3)$$

其中：$d_0=K_p\left(1+\frac{T}{T_i}+\frac{T_d}{T}\right)$

$$d_1=-K_p\left(1+\frac{2T_d}{T}\right)$$

$$d_2=K_p\frac{T_d}{T}$$

式（6-3）称为 PID 增量式控制算法，该式和式（6-2）在本质上是一样的，但增量式算法具有下述优点。

（1）计算机只输出控制增量，误差动作影响小。

（2）在进行手动/自动切换时，控制量冲击小，能够较平滑地过渡。

（3）极大地节约了计算机的内存和计算时间。

在 PID 增量式控制算法的基础上，针对应用时的各种问题，出现了许多数字 PID 算法的改进形式。工程应用时应根据实际情况查阅相关文献合理选用。

6.4.2　PID 控制器的参数选择

本节讨论的数字 PID 控制的采样周期，相对于系统的时间常数来说是很短的，所以其控制参数的整定，可按模拟 PID 控制器的方法来选择。

在选择调节器参数前，应首先确定控制器的结构，以保证被控系统的稳定，并尽可能消除静差。因此，对于有自平衡性的对象来说，应选择包含有积分环节的控制器（I、PI 或 PID 调节器）；而对于无自平衡性的对象，则应选择不包含积分环节的控制器（P、PD 调节器）。

对某些有自平衡性的对象，也可选择比例或比例微分控制器，但这时会产生静差，如果选择合适的比例系数，可使系统静差保持在允许范围内。对于具有纯滞后性质的对象，则往往应加入微分环节。

选择控制器的参数，必须根据工程问题的具体要求来考虑。在工业过程控制中，要求被控过程是稳定的，对给定量的变化能迅速和光滑地跟踪，超调量小，在不同干扰下系统输出应能保持在给定值，控制变量不宜过大，在系统与环境参数发生变化时控制应保持稳定。显然，要同时满足上述要求是很困难的。人们必须根据具体过程的要求，满足主要方面，并兼顾其他方面。

PID 控制器的设计，可用理论方法，也可通过实验。用理论方法设计控制器的前提是要有被控对象的准确模型，这在工业过程中一般较难做到。即使花了很大代价进行系统辨识，所得的模型也只是近似的，加上系统的结构和参数都在随着时间变化，在近似模型基础上设计的最优控制器在实际过程中就很难说是最优的。因此，在工程上，PID 控制器的参数常常通过实验来确定，或者通过试凑，或者通过实验结合经验公式来确定。

1. 凑试法确定 PID 控制参数

凑试法是通过模拟或闭环运行（如果允许的话）观察系统的响应曲线（例如阶跃响应），然后根据各控制参数对系统响应的大致影响，反复凑试参数，以达到满意的响应，从而确定 PID 控制参数。

增大比例系数 K_p，一般将加快系统的响应，在有静差的情况下有利于减小静差，但过大的比例系数会使系统有较大的超调，并产生振荡，使稳定性变坏。

增大积分时间 T_i 有利于减小超调，减小振荡；使系统更加稳定，但系统静差的消除将随之减慢。

增大微分时间 T_d 亦有利于加快系统响应，使超调量减小，稳定性增加，但系统对扰动的抑制能力减弱，对扰动有较敏感的响应。

在凑试时，可参考以上参数对控制过程的影响趋势，对参数实行下述先比例，后积分，再微分的整定步骤。

（1）首先只整定比例部分。即将比例系数由小变大，并观察相应的系统响应，直至得到反应快、超调小的响应曲线。如果系统没有静差或静差已小到允许范围内，并且响应曲线已属满意，那么只需用比例控制器即可，比例系数可由此确定。

（2）如果在比例控制的基础上系统的静差不能满足设计要求，则须加入积分环节。整定时首先置积分时间 T_i 为一较大值，并将经第一步整定得到的比例系数略为缩小（如缩小为原值的 0.8 倍），然后减小积分时间，使在保持系统良好动态性能的情况下，静差得到消除。在此过程中，可根据响应曲线的好坏反复改变比例系数与积分时间，以期得到满意的控制过程与整定参数。

（3）若使用比例积分控制器消除了静差，但动态过程经反复调整仍不能满意，则可加入微分环节，构成比例积分微分控制器。在整定时，可先置微分时间 T_d 为零。在第二步整定的基础上，增大 T_d，同时相应地改变比例系数和积分时间，逐步凑试，以获得满意的调节效果和控制参数。

应该指出，所谓“满意”的控制效果，是随不同的对象和控制要求而异的。此外，PID 控制器的参数对控制质量的影响不十分敏感，因而在整定中参数的选定并不是唯一的。事实上，在比例、积分、微分三部分产生的控制作用中，某部分的减小往往可由其他部分的增大来补偿。因此，用不同的整定参数完全有可能得到同样的控制效果。从应用的角度看，只要被控过程主要指标已达到设计要求，那么即可选定相应的控制器参数为有效的控制参数。表 6–2 所示为常见被调量的 PID 参数经验选择范围。

表 6–2 常见被调量的 PID 参数经验选择范围

被调量	特点	K_p	T_i/min	T_d/min
流量	对象时间常数小，并有噪声，故 K_p 较 T_i 较短，不用微分	1～2.5	0.1～1	
温度	对象为多容系统，较大滞后，常用微分	1.6～5	3～10	0.5～3
压力	对象为容量系统，滞后一般不大，不用微分	1.4～3.5	0.4～3	
液位	在允许有静差时，不必用积分，不用微分	1.25～5		

2. 实验经验法确定 PID 控制参数

用凑试法确定 PID 控制参数，需要进行较多的模拟或现场试验。为了减少凑试次数，我们也可利用人们在选择 PID 调节参数时已取得的经验，并根据一定的要求事先做一些实验，以得到若干基准参数，然后按照经验公式，由这些基准参数导出 PID 控制参数，这就是实验经验法。下面我们介绍其中常用的几种方法。

（1）扩充临界比例法。这一方法适用于有自平衡性的被控对象。首先，我们将调节器选为纯比例调节器，形成闭环，改变比例系数，使系统对阶跃输入的响应达到临界振荡状态（等幅振荡）。将这时的比例系数记为 K_r，临界振荡的周期记为 T_r。根据齐格勒—尼柯尔斯（Ziegle—Nichols）提供的经验公式，就可由这两个基准参数得到不同类型控制器的控制参数。临界比例法确定的模拟控制器的参数见表 6–3。

表 6–3 临界比例法确定的模拟调节器的参数

调节器类型	K_p	T_i	T_d
P 调节器	$0.5K_r$		
PI 调节器	$0.45K_r$	$0.85T_r$	
PID 调节器	$0.6K_r$	$0.5T_r$	$0.12T_r$

这种临界比例法给出了模拟控制器的参数整定。它用于数字 PID 调节器时，所提供的参数原则上也是适用的，但根据控制过程准连续性的程度，可将这一方法进一步扩充。扩充时，我们首先要选定控制度。所谓控制度，就是以模拟控制为基准，将数字控制效果与其相比。控制效果的评价函数通常采用误差平方积分，即

$$控制度=\frac{\int_0^{\infty} e^2\mathrm{d}t（数字控制）}{\int_0^{\infty} e^2\mathrm{d}t（模拟控制）} \tag{6–4}$$

对于模拟系统，其误差平方面积可由记录仪上的图形直接计算。对于数字系统则可用计算机计算。通常，当控制度为 1.05 时，就可认为数字控制与模拟控制效果相同。

根据所算的控制度，调节器的参数与采样周期可由表 6–4 提供的经验公式给出。

表 6–4 临界比例法确定采样周期及数字调节器参数

控制度	调节器类型	T	K_p	T_i	T_d
1.05	PI	$0.03T_r$	$0.53K_r$	$0.88T_r$	—
	PID	$0.014T_r$	$0.63K_r$	$0.49T_r$	$0.14T_r$
1.2	PI	$0.05T_r$	$0.49K_r$	$0.91T_r$	—
	PID	0.043	$0.47K_r$	$0.47T_r$	$0.16T_r$
1.5	PI	$0.14T_r$	$0.42K_r$	$0.99T_r$	—
	PID	$0.09T_r$	$0.34K_r$	$0.43T_r$	$0.2T_r$
2.0	PI	$0.22T_r$	$0.36K_r$	$1.05T_r$	—
	PID	$0.16T_r$	$0.27K_r$	$0.4T_r$	$0.22T_r$

（2）阶跃曲线法。这一方法适用于多容量自平衡系统。首先它要通过实验测定系统对幅值为 u_0 的阶跃输入的响应曲线。如图 6–29 所示，通过响应曲线上升区段的拐点作一条切线，切线与 $y=0$ 的交点为 T_u；与 $y=n_0$ 的交点为 T_g 。以此确定基准参量 K_r。根据这两个基准参量及表 6–5 提供的经验公式，便可确定不同类型控制器的参数。

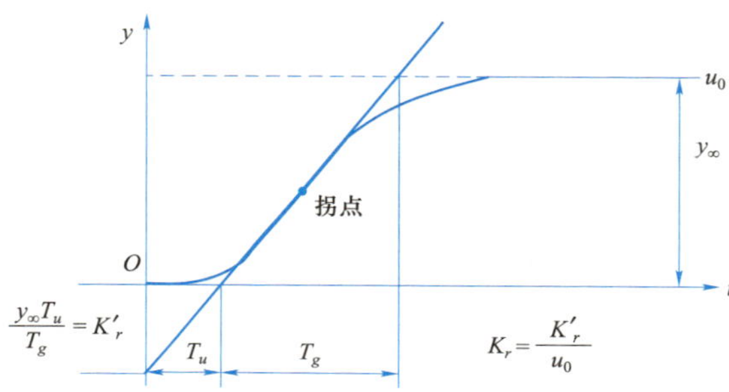

图 6–29 阶跃曲线法确定基准参数

表 6–5 阶跃曲线法确定数字调节器参数

调节器类型	K_p	T_i	T_d
P 调节器	$1/K_r$		
PI 调节器	$0.8/K_r$	$3T_u$	
PID 调节器	$1.2/K_r$	$2T_u$	$0.42T_u$

阶跃曲线法相对于临界比例法的优点在于：系统不需在闭环下运行，只需在开环状态下测得它的阶跃响应曲线。

以上用不同经验公式得到的控制参数，实际上只是提供了调节过程衰减度为 1/4 时整定参数的大致取值范围。通常认为 1/4 的衰减度能兼顾稳定性和快速性，但如果要求更大的衰减，则必须对参数另作调整。对 PID 调节参数的选择有各种不同的经验公式，如有针对不同特定系统的，有针对现成公式修正的，这里就不逐一介绍了，有兴趣的读者可参考有关的文献。

3. 采样周期的选择

以上我们讨论的数字 PID 控制算法与一般的采样控制不同，它是一种准连续控制，是建立在用计算机对连续 PID 控制进行数字模拟的基础上的控制。这种控制方式要求采样周期与系统时间常数相比充分小。采样周期越小，数字模拟越精确，控制效果就越接近于连续控制。但采样周期的选择是受多方面因素影响的。下面我们简要地讨论一下应怎样选择合适的采样周期。

从对调节品质的要求来看，似乎应将采样周期取得小些，这样在按连续系统 PID 控制选择整定参数时，可得到较好的控制效果，但实际上调节质量对采样周期的要求有充分的裕度。根据香农采样定理，采样周期只需满足：

$$T \leqslant p / w_{\max} = \frac{\pi}{2\pi} f_{\max} = \frac{1}{2} f_{\max} \tag{6-5}$$

其中，$\omega_{\max}$ 为采样信号的上限角频率。$f_{\max}$ 为上限频率。采样信号通过保持环节仍可复原或近似复原为模拟信号，而不丢失任何信息。因此香农采样定理给出了选择采样周期的上限，在此范围内，采样周期越小，就越接近连续控制，采样周期大些也不会失去信号的主要特征。

从执行元件的要求来看，有时需要输出信号保持一定的宽度。例如，当通过数模转换带动步进电机时，输出信号通过保持器达到所要求的控制幅度需要一定时间，在这段时间内，要求计算机的输出值不应变化，因此采样周期必须大于这一时间。否则，上一输出值还未实现，马上又转换为新的输出值，执行元件就不能按预期的调节规律动作。

从控制系统随动和抗干扰的性能要求来看，则要求采样周期短些，这样，给定值的改变可迅速地通过采样得到反映，而不致在随动控制中产生大的时延。此外，对低频扰动，采用短的采样周期可使之迅速得到校正并产生较小的最大偏差。对于中频干扰信号，如果采样周期选大了，干扰就有可能得不到控制和抑制。因此，如果干扰信号的最大频率是已知的，我们也可根据香农采样定理来选择采样周期，以使干扰尽可能得到调节。

从计算机的工作量和每个调节回路的计算成本来看，一般要求采样周期大些。特别当计算机用于多回路控制时，必须使每个回路的控制算法都有足够的时间完成。因此，在用计算机对动态特性不同的多个回路进行控制时，人们可充分利用计算机软件灵活的优点，对各回路分别选用相适应的采样周期，而不必强求统一的最小采样周期。

从计算机的精度来看，过短的采样周期是不合适的。这是因为工业控制用的微型机字长一般较短，且为定点机，如果采样周期过短，前后两次采样的数值之差可能因计算机精度不高而反映不出来，使调节作用因此而减弱。此外，在用积分部分消除静差的调节回路中，如果采样周期 T 太小，将会使积分部分的增益 T/T_i 过低，当偏差 e_i 小到一定限度以下时，增量算法式（5–35）中的 Te_i/T_i 就有可能受到计算精度限制而始终为零，积分部分不能继续起消除残差的作用，这部分残差将被保留下来。因此，T 的选择必须大到使由计算机精度造成的“积分残差”减小到可以接受的程度。

从以上的分析可看到，各方面因素对采样周期的要求是不同的，甚至是互相矛盾的。我们必须根据具体情况和主要的要求做出折衷选择。

在工业过程控制中，大量被控对象都具有低通的性质。表 6–6 列出了常见被调量的经验采样周期。

表 6–6　常见被调量的经验采样周期

被调量	采样周期 T/s
流量	1
压力	5
液位	10
温度	20

6.5 嵌入式系统技术

6.5.1 嵌入式系统概述

嵌入式系统是以应用为中心、以计算机技术为基础，软件和硬件可裁减，在功能、可靠性、成本、体积和功耗等方面都有严格要求的专用计算机系统，是嵌入到对象体中的计算机系统。在手机、电视、冰箱、汽车、数码相机和医疗器械等产品中都可见到嵌入式系统的身影。

嵌入式系统到目前为止还没有一个公认的统一的定义，比较权威的是 IEEE（国际电气和电子工程师协会）对于嵌入式系统的定义：嵌入式系统是“用于控制、监视或者辅助操作机器和设备的装置”（devices used to control，monitor，or assist the operation of equipment，machinery or plants）。可以看出此定义是从应用上考虑的，嵌入式系统是软件和硬件的综合体，还可以涵盖机电等附属装置。

嵌入式系统是面向用户、面向产品、面向应用的，因此嵌入式系统与通用计算机系统相比，具有以下重要特征。

1. 面向特定应用

嵌入式系统与通用型计算机系统的最大不同点是嵌入式系统大多工作在为特定用户群设计的系统中，通常都具有低功耗、体积小和集成度高等特点，能够把通用 CPU 中许多由板卡完成的任务集成在芯片内部，从而使嵌入式系统设计趋于小型化，其移动能力也大大增强。

2. 高度密集

嵌入式系统是将先进的计算机技术、半导体技术及微电子技术与各个领域的具体应用相结合后的产物。这就决定了它必然是一个技术密集、经验密集、资金密集、高度分散但管理集中、不断创新的知识集成系统。

3. 生命周期长

嵌入式系统和具体应用系统有机地结合在一起，它的升级换代也是和具体产品同步进行的，嵌入式系统产品一旦进入市场，具有较长的生命周期。因此在嵌入式系统设计时应该充分考虑系统的安全性、可靠性和软硬件的可升级性。

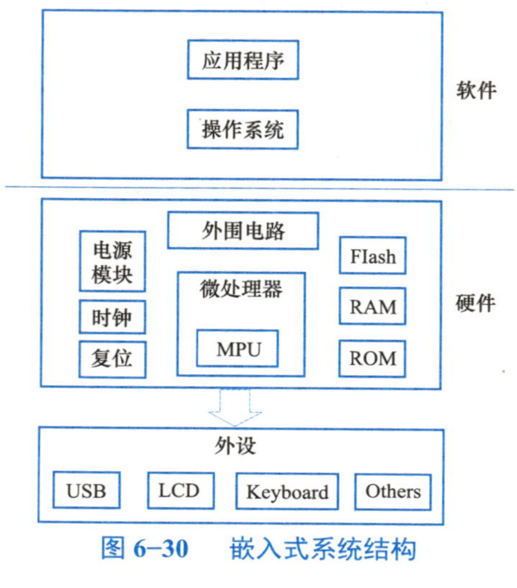

图 6-30　嵌入式系统结构

4. 程序固化

为了提高执行速度，增强系统的可靠性，嵌入式系统的软件一般都固化在存储器芯片或嵌入式处理器当中，而不是存储于磁盘等载体中，这点与通用计算机系统有本质的区别。

6.5.2 嵌入式系统的组成

嵌入式系统结构如图 6-30 所示，它包括硬件和软件两部分。硬件包括处理器/微处理器、存储器及外设器件、I/O 端口、图形控制器等；软件部分包括操作系统（OS）和应用程序。嵌入式的操作系统有实时和多任务操作等特征，它控制着应用程序与硬件的交互作用，而应用程序又控制着系统的运作和行为，有时设计人员把这两种软件组合在一起。

1. 嵌入式处理器

嵌入式处理器是控制系统运行的硬件单元，是嵌入式系统的核心。早在 20 世纪 70—80 年代，嵌入式微处理器就已应用于工业控制等领域，第一款嵌入式微处理器是 Intel 在 1971 年推出的 4004，紧接着在 1976 年 Intel 公司推出了 8048，Motorola 同时推出了 68HC05，Zilog 公司推出了 Z80 系列，这些早期的单片机均含有 256 B 的 RAM、4KB 的 ROM、4 个 8 位并口、1 个全双工串行口、两个 16 位定时器。在 20 世纪 80 年代初，Intel 进一步完善了 8048，在它的基础上研制成功了 8051。嵌入式处理器一般具备以下特点。

（1）对实时多任务有很强的支持能力，能完成多任务并且有较短的中断响应时间，从而使内部的代码和实时内核的执行时间减少到最低限度。

（2）具有功能很强的存储区保护功能。这是由于嵌入式系统的软件结构已模块化，为了避免在软件模块之间出现错误的交叉作用，需要设计强大的存储区保护功能，同时也有利于软件诊断。

（3）可扩展的处理器结构，能最迅速地拓展开发出满足应用的、高性能的嵌入式微处理器。

（4）嵌入式微处理器必须功耗很低，尤其是用于便携式的无线及移动的计算和通信设备中，靠电池供电的嵌入式系统更是如此。

据不完全统计，全世界嵌入式处理器的品种总量已经超过 1 000 多种，当前有 4 位、8 位、16 位、32 位、64 位的嵌入式处理器，主要可以分成以下几类。

① 嵌入式微处理器（MPU）。

嵌入式微处理器的基础是通用计算机中的 CPU，为满足嵌入式应用的特殊要求，嵌入式微处理器虽然在功能上与标准微处理器基本是一样的，但嵌入式微处理器具有体积小、重量轻、成本低、可靠性高的优点。嵌入式微处理器目前主要有 Aml86/88、386EX、SC-400、Power PC、68000、MIPS、ARM 系列等。

② 嵌入式微控制器（MCU）。

嵌入式微控制器又称单片机，就是将整个计算机系统集成到一块芯片中。嵌入式微控制器一般以某种微处理器内核为核心，芯片内部集成 ROM/EPROM、RAM、总线、定时/计数器、WatchDog、I/O、A/D 或 D/A 等必要的外设，它与嵌入式微处理器相比，微控制器的最大特点是单片化，体积大大减小，从而使功耗和成本下降、可靠性提高，微控制器是目前嵌入式系统的主流，微控制器的片上外设资源一般比较丰富，适合控制，因此称微控制器。具有代表性的通用系列微控制器包括 8051、MCS-96/196/296、MC68HC05 等，还有许多半通用系列，如支持 USB 接口的 MCU 8XC930、C540、C541 等。

③ 嵌入式数字信号处理器（Embedded DSP）。

DSP 处理器对系统结构和指令进行了特殊设计，使其适合执行数字信号处理算法，编译效率较高，指令执行速度也较高。在嵌入式系统中，数字滤波、FFT、谱分析等算法的应用越来越广泛，这些算法一般运算量较大，特别是向量运算、指针线性寻址等操作较多，这些正是 DSP 处理器的优势，嵌入式 DSP 处理器比较有代表性的产品是 Texas Instruments 的 TMS320 系列和 Motorola 的 DSP56000 系列。

④ 嵌入式片上系统（System On Chip）。

随着 EDA 的推广和 VLSI 设计的普及，以及半导体工艺的迅速发展，在一个硅片上能够实现一个复杂的系统，这就是 System On Chip（SOC）。这样除个别无法集成的器件外，整个嵌入式系统大部分均可集成到一块或几块芯片中，应用系统电路板将变得很简洁，对于小体积、低功耗和提高可靠性非常有利。

2. 嵌入式外围设备

目前常用的嵌入式外围设备按功能可分为存储设备、通信设备和显示设备。存储设备有静态易失型内存（RAM、SRAM）、动态内存（DRAM）和非易失型内存（ROM、EPROM、E^2PROM、FLASH）三种。绝大多数通信设备都可在嵌入式系统中应用，包括串行通信接口（RS-232）、通用串行总线接口（USB）、以太网接口（Ethernet）、串行外围设备接口（SPI）、红外线接口（IrDA）、现场总线（I^2C）等。而常用的显示外围设备有阴极射线管（CRT）、液晶显示器（LCD）和触摸板等。

3. 嵌入式操作系统

在嵌入式系统的大型开发应用中，为了方便嵌入式应用软件的设计开发，常常需要移植一个嵌入式操作系统来完成内存分配、中断处理、任务间通信和定时器响应，并提供多任务处理等功能，但是嵌入式操作系统同时也占用了宝贵的嵌入式资源。目前大多数嵌入式开发还是在单片机上直接进行，没有采用嵌入式操作系统，但是单片机程序中仍然需要一个主程序负责调度各个任务。一般在大型嵌入式系统或需要多任务的场合会考虑使用嵌入式操作系统。

实时操作系统（RTOS）是嵌入式操作系统的主要形式，RTOS 是针对不同处理器进行优化设计的高效率、实时多任务内核。嵌入式系统的实时性需要实时操作系统调度一切可利用的资源完成实时控制任务，着眼于提高计算机系统的使用效率，满足对时间的限制和要求。具体来说，RTOS 是一段嵌入在目标代码中的程序，在系统复位后首先执行，相当于用户的主程序，其他的应用程序都建立在 RTOS 之上。RTOS 还是一个标准的内核，将 CPU 时间、终端、I/O、定时器等资源都包装起来，留给用户一个标准的 API，并根据各个任务的优先级，在不同任务之间合理地分配 CPU 时间。RTOS 可以面对几十个系列的嵌入式处理器（MPU、MCU、DSP、SOC）等提供类同的 API 接口，这是基于 RTOS 开发设备无关的应用程序的基础。

当今世界上嵌入式操作系统种类繁多，可分为商用型和免费型。商用型的嵌入式操作系统功能强、可靠性高、价格昂贵、有良好的售后服务和技术支持；而免费型的实时嵌入式操作系统源码公开，开放性好并可免费使用。1981 年 Ready System 发展了世界上第 1 个商业嵌入式实时内核（VTRX32），它包含了许多传统操作系统的特征，包括任务管理、任务间通信、同步与相互排斥、中断支持、内存管理等功能。随后，出现了如 ISI（Integrated System Incorporation）的 PSOS、IMG 的 VxWorks、QNX 公司的 QNX、Palm OS、WinCE、嵌入式 Linux、Lynx、uCOS、Nucleus，以及国内的 Hopen、Delta OS 等嵌入式操作系统。从某种程度来说，Android 开发和 IOS 系统也属于嵌入式系统，Android 开发和 IOS 开发属于在系统中开发软件，最后开发出来的软件也是要嵌入到系统中，但是从实时性的角度看，Android 开发和 IOS 不是实时操作系统（RTOS）。

4. 嵌入式应用软件

嵌入式系统是相对执行独立功能的专用计算机系统，它由微处理器、定时器、微控制器、存储器、传感器等一系列微电子芯片与器件，以及嵌入在存储器中的微型操作系统、控制应用软件组成，共同实现诸如实时控制、监视、管理、移动计算、数据处理等各种自动化处理任务。嵌入式系统以应用为中心，以微电子技术、控制技术、计算机技术和通信技术为基础，强调硬件和软件的协同性与整合性，软件与硬件可剪裁，以满足系统对功能、成本、体积和功耗等要求。最简单的嵌入式系统仅有执行单一功能的控制能力，在唯一的 ROM 中仅有实现单一功能的控制程序，无微型操作系统。复杂的嵌入式系统，例如个人数字助理（PDA）、手持电脑（HPC）等，具有与 PC 几乎一样的功能。实质上与 PC 的区别仅是将微型操作系统与应用软件嵌入在 ROM、RAM 和/或 FLASH 存储器中，而不是存储于磁盘等载体中，很多复杂的嵌入式系统又是由若干个小型嵌入式系统组成。

嵌入式应用软件是针对特定应用领域，基于某一固定的硬件平台，以达到用户预期目标的计算机软件。嵌入式应用软件和普通应用软件有一定区别，不仅要求其在准确性、安全性和稳定性等方面能满足实际应用的需要，而且还要尽可能地进行优化，以减少对系统资源的消耗，降低硬件成本。

6.5.3　嵌入式系统的应用

嵌入式系统具有广阔的应用前景，嵌入式系统的应用主要可分为以下几类。

1. 信息家电

家用电器将向着数字化和网络化方向发展。电视机、电冰箱、微波炉等家电都可将嵌入微处理器作为控制系统，并通过控制中心与因特网连接，转变为智能网络家电。

2. 移动计算设备

移动计算设备包括手机、掌上电脑、PDA 等各种移动设备。由于其具有易于使用、携带方便、价格便宜等特点，移动计算设备已经得到了广泛的应用。

3. 网络设备

网络设备包括路由器交换机、网络接入盒、网络服务器等。其价格低廉，为企业提供了更为廉价的网络接入方案。

4. 工业控制、电网监测等

嵌入式系统在工控监测领域有很大的发展空间，目前已经有大量的 16、32 位嵌入式微处理器应用在工业过程控制和电网监测系统等领域。

目前，随着市场对嵌入式应用技术和产品的需求不断增长，随着半导体技术和系统设计方法的进步，嵌入式系统的发展表现出以下几大趋势。

（1）嵌入式系统由各自独立的软硬件开发逐渐成为一项系统工程，嵌入式系统开发商在提供系统软硬件本身的同时，提供硬件开发工具和软件开发包（SDK）。

（2）随着科学技术的发展，常需要在单一功能的设备上添加更多的功能，因而系统结构更加复杂。芯片设计厂商在采用更强大的处理器的同时，逐步采用片上系统（SOC）的概念，在一块芯片上同时集成 CPU、DSP 和 USB 等功能模块。

（3）可靠性及应用水平越来越高。嵌入式系统逐步运用于工业现场控制、军事设备控制等领域。嵌入式系统应用的环境越来越复杂，人们对系统可靠性的要求也越来越高。

（4）互联网链接成为必然趋势。未来的嵌入式设备为适应网络发展的要求，在系统上需提供各种网络通信接口。

（5）更加精简的系统软硬件配置。利用最少资源实现最适当的功能，是嵌入式系统的精髓所在。现场可编程逻辑器件（FPGA）为用户提供可裁减的硬件功能模块，再加上操作系统的可配置内核，尽可能地减少系统所占用的资源，确保性能和成本的最优化。

6.5.4　嵌入式系统的设计

1. 嵌入式系统设计要求

嵌入式系统受限于功能和具体的应用环境，如对外部事件必须保证在规定时间内进行响应，且有体积、重量、功率和成本等方面的限制，需要具备令人满意的安全性、可靠性等。

以下为嵌入式系统设计时需要重点考虑的因素。

1）实时性强

由于嵌入式系统面向特定的用户，不仅要求得到正确的处理结果，而且对得到结果的时间延迟也有明确的限制，如信号处理系统、紧急任务处理系统等都是实时性要求很强的系统，因此设计时必须充分考虑系统实时性的要求。

2）可靠性高

由于嵌入式系统是嵌入到其他设备上，要完成某些特定的任务或功能，如有严重的误操作、部件损坏等情况都可能造成系统的瘫痪，因此要求系统本身应具有较高的可靠性。

3）功耗低

嵌入式系统面向应用的特点决定了嵌入式系统必须在一定条件下满足便携的要求，这对整个系统的功耗提出了要求。只有功耗低的嵌入式系统才能更加方便、持久地应用于需电池供电的设备领域，如移动通信设备、便携式设备等。

4）环境适应能力强

嵌入式系统的工作环境往往是不可控、难以预测的，而且有时还比较恶劣，特别是强热源、冲击源、强光源和电磁场等，都会对系统产生影响。因此在设计嵌入式系统时应当充分考虑如何减小甚至消除各种可能情况的干扰。

5）系统成本低

成本对于任何一个系统来说都是一个关键因素，嵌入式系统也不例外，因此在设计嵌入式系统时应当在满足系统要求的前提下，尽可能地降低成本，这样系统才更加具有市场竞争力。

6）嵌入式软件开发的标准化

嵌入式系统的应用程序可以在没有操作系统的环境下，直接在芯片上运行，但对于复杂的大型嵌入式系统，为了合理地调度多任务，利用系统资源、系统函数，以及与专家库函数的接口，用户必须首先自行选配嵌入式实时操作系统 RTOS（real-time operating system）开发平台，这样才能保证程序执行的实时性和可靠性，减少开发时间，保障软件质量。

7）嵌入式系统的开发工具和环境

嵌入式系统须具备开发工具和环境才能进行软件开发，并能对系统程序功能进行修改。这些工具和环境一般包括基于通用计算机的软硬件设备、各种逻辑分析仪，以及混合信号示波器等。开发时往往有主机和目标机的概念之分，主机用于程序的开发，目标机是程序的最终执行机，开发时主机与目标机需要进行通信与交互。

2. 嵌入式系统设计方法

传统的嵌入式系统的设计方法是将系统划分为硬件和软件两个独立的部分，由硬件工程师和软件工程师按照拟订的设计流程分别完成。这种设计方法一般首先考虑的是硬件部分的设计，只能改善硬件、软件各自的性能，但随着系统复杂程度的增加，以及产品更新换代的加快，将使得硬件和软件后期的集成与测试周期延长，成本提高。上述传统设计方法割裂了软件和硬件的开发过程，针对这一缺陷，近年来提出了一种软硬件协同设计的思想，典型的嵌入式系统软硬件协同设计方法如图 6-31 所示。

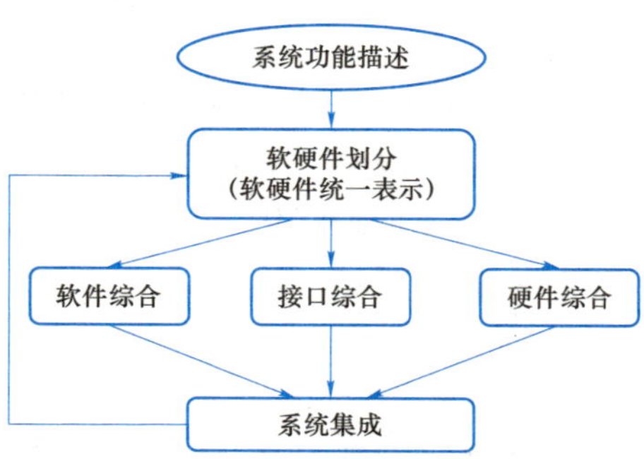

图 6-31　典型的嵌入式系统软硬件协同设计方法

首先，应用独立于任何硬件和软件的功能性

规格方法对系统进行描述，采用统一的规格语言（VHDL、CSP）设计，其作用是对硬件/软件进行统一表示，便于功能的划分和综合；然后，在此基础上对硬件/软件进行划分，即对硬件/软件的功能模块进行分配。软硬件协同设计的过程可归纳如下。

（1）需求分析和描述；

（2）设计建模；

（3）软硬件划分；

（4）软硬件协同设计；

（5）软硬件实现和综合；

（6）软硬件协同测试和验证。

软硬件协同设计方法的使用，使得软件工程师和硬件工程师协同工作成为可能。通过协同设计，特别是协同验证技术，软件工程师能够尽早地在真实的硬件上进行测试，而硬件工程师也能够尽早地在原型设计周期中验证他们的设计，从而使得在集成阶段出现的软硬件问题被尽早发现并消除。

3. 硬件平台的选择

嵌入式开发硬件平台的选择主要是微处理器芯片的选择。目前市场上常见的嵌入式处理器主要有 ARM、Power CP、DPS，等等，它们在各自的领域都取得了巨大的成功。但是，随着微电子技术的发展，系统设计工程师更倾向于自己设计专用集成电路芯片（ASIC），而且希望在实验室就能设计出合适的 ASIC 芯片。大规模可编程逻辑器件和硬件描述语言等电子设计自动化（EDA）技术的发展满足了电子技术应用的这种需求。

现场可编程逻辑器件（FPGA）能够将大量逻辑功能集成于单个芯片之中，用户可以反复地编程、擦除、使用或者在外围电路不变的情况下通过在线可编程技术实现不同的功能，同专用集成电路芯片（ASIC）相比，具有更大的灵活性，既适用于小批量产品开发，也可以用于大批量产品的前期开发。

随着集成电路工艺的不断提高，单一芯片内部可以容纳几百万个晶体管，FPGA 的集成度越来越高。可以在 FPGA 内部嵌入一定数量的存储器，这些存储器可以包括 SRAM、ROM、FIFO，用于存储信号处理过程中的各种系数和中间数据，或者用于实现某些复杂算法。大多数 FGPA 内部都包含模拟锁相环电路（PLL），用于实现时钟锁定和倍频分频技术，可以解决时钟脉冲延迟和偏斜问题，倍频技术使得 FPGA 内部时钟比外部输入时钟更高，实现高带宽、高速度实时信号处理。随着电子设计自动化 EDA 工具和技术的发展，FPGA 开发软件功能日益强大，用户可以方便地进行设计输入、编译、综合优化、仿真和布局布线。同时 FPGA 厂商和第三方供应商为 FPGA 开发提供了丰富的函数库和参数模块库，使得 FPGA 的应用更加广泛和方便。

FPAG 为电子系统提供了一个数字系统实现的全硬件基础，用户可以根据工程实际的需要自行设计电路系统，实现系统集成。同时，由于 FPGA 开发所需费用低，有着广阔的应用前景。FPAG 不断向高集成度、高速度和低价位方向迈进，其应用领域正在不断扩大。

4. 嵌入式操作系统的选择

很多早期的嵌入式系统不采用操作系统，使用一个简单的循环控制程序对外界的控制请求进行处理。在嵌入式系统越来越复杂、应用范围越来越广泛的情况下，每添加一项功能，都有可能需要对整个系统进行重新设计。因此，操作系统成为现代嵌入式系统的必备平台。

在现代嵌入式系统中，软件的核心就是嵌入式操作系统。嵌入式操作系统为整个系统提供统一的基本操作系统特性和软件资源支持，同时又满足目标系统的特定运行性能要求，而且达到隔离与系统结构无关的应用层软件的目的。因此，嵌入式操作系统除了具备任务调度和管理、系统资源管理等功能外，还要满足针对多应用的运行平台的特定要求，比如系统资源限制、实时性、可靠性，等等。

在嵌入式系统开发中，嵌入式操作系统是实现各种系统功能的关键，也是计算机技术最活跃的研究方向之一。不同的应用对嵌入式操作系统有不同的要求，并且随着计算机技术的发展，这些要求也在不断变化。通常，应用系统对嵌入式操作系统的基本要求是体积小、运行速度快、可靠、具有良好的实时性、可移植性和可裁减性。嵌入式操作系统的选择主要从以下几个方面考虑。

1）是否支持所用的硬件平台

在确定嵌入式系统硬件平台之后，选择支持该硬件平台的操作系统。目前大多数嵌入式操作系统都具备支持多种处理器的能力。

2）可移植性

可移植性即操作系统相关性。在进行嵌入式软件开发时，可移植性是必须慎重考虑的问题。良好的可移植性可以使软件在不同系统、不同平台上运行。

3）开发工具的支持程度

选择嵌入式操作系统时必须考虑相关的开发工具。仿真器、编译器和连接器等都不同程度地影响着操作系统。因此选择能与操作系统协同工作的在线仿真器，将使系统开发更加方便。

6.6 计算机控制系统的设计

不同产品所需要的控制功能、控制形式和动作控制方式也不尽相同。由于采用计算机作为机电一体化系统或产品的控制器，所以其控制系统的设计就是选用计算机、设计接口、选用控制形式和动作控制方式的问题。这不仅需要计算机控制理论、数字电路和软件设计等方面的知识，也需要一定的生活和生产工艺知识。通常，由机电一体化系统设计人员首先提出总的设计要求，然后由各专业人员通力协作。

6.6.1 计算机控制系统的选择

计算机控制系统作为机电一体化产品的核心，须具备以下基本功能。

（1）实时的信息转换和控制功能。机电一体化产品的计算机系统和普通的信息处理系统及用作科学计算的信息处理机不同，它能提供各种数据实时采集和控制功能，要求系统的稳定性好、反应速度快。

（2）人机交互功能。一般的控制器都具有输入指令、显示工作状态的界面。较复杂的系统还有程序调用、编辑处理等功能，以利于操作者方便地用接近于自然语言的方式来控制机器，机器的功能也更加完善。

（3）机电部件接口的功能。这些机电部件主要是被控制对象的传感器和执行机构。接口包括机械和电气的物理联接。按信号的性质分，有开关量、数字量和模拟量接口；按接口的功能分，有主要完成信息连接传递的通信接口和能独立完成部分信息处理的智能接口；按通信方式来分，又可分成串行接口和并行接口等。控制器必须具有足够的接口满足与被控制机电设备的运动部件、检测部件联接的需要。

（4）对控制软件运行的支持功能。简单的控制器经常采用汇编语言实现控制功能，控制器的微处理器可以采用裸机形式，即全部运行程序均以汇编形式编写固化。对于较复杂的控制要求，需要有监控程序或操作系统支持，以利于充分利用现有的软件产品，缩短开发周期，完成复杂的控制任务。

① 专用与通用的抉择。

专用控制系统适合于大批量生产的机电一体化产品。在开发新产品时，如果要求具有机械与电子有机结合的紧凑结构，也只有专用控制系统才能做到。专用控制系统的设计问题，实际上就是选用适当的通用 IC 芯片来组成控制系统，以便与执行元件和检测传感器相匹配，或重新设计制作专用集成电路，把整个控制系统集成在一块或几块芯片上。对于多品种、中小批量生产的机电一体化产品来说，由于还在不断改进，结构还不十分稳定，特别是对现有设备进行改造时，采用通用控制系统比较合理。通用控制系统的设计，主要是合理选择主控制计算机机型，设计执行元件和检测传感器之间的接口，并在此基础上编制应用软件的问题。实质上，这就是通过接口设计和软件编制来使通用计算机专用化的问题。

② 硬件与软件的权衡。

无论是采用通用控制系统还是专用控制系统，都存在硬件和软件的权衡问题。有些功能，例如运算与判断处理等，适宜用软件来实现。而在其余大多数情况下，对于某种功能来说，既可用硬件来实现，又可用软件来实现。因此，控制系统中硬件和软件的合理组成，通常要根据经济性和可靠性的标准权衡决定。在用分立元件组成硬件的情况下，就可考虑是否采用软件，能采用通用的 LSI 芯片来组成所需的电路的情况下，则最好采用硬件。这是因为与采用分立元件组成的电路相比，采用软件不需要焊接，并且易于修改，所以采用软件更为可靠。而在利用 LSI 芯片组成电路时，不仅价廉，而且可靠性高，处理速度快，因而采用硬件更为有利。

控制系统一般为电子系统，环境适应能力较差，存在电噪声干扰问题，在一般车间条件下使用就可能受到干扰而引起故障。而且，电子系统的维修需要专门的技术，一般的机械操作人员不易掌握。因此在设计控制系统时，对于提高包括环境适应性和抗干扰能力在内的可靠性时，必须特别注意采取必要的措施。

6.6.2　计算机控制系统的设计内容和设计步骤

计算机控制系统的设计内容主要包括硬件电路设计和软件设计。选择不同的控制器，硬件设计和软件设计的工作量不同，设计的步骤也略有差异。总体来讲，控制系统的设计要遵照下面的步骤进行。

1. 确定系统总体控制方案

首先应了解被控对象的控制要求，构思计算机控制系统的整体方案。通常，先从系统构成上考虑是采用开环控制还是闭环控制。当采用闭环控制时，应考虑采用何种检测传感元件，检测精度要求如何。其次考虑执行元件采用何种方式，是电动、气动还是液动，比较其方案的优缺点，择优而选。再次要考虑是否有特殊控制要求，对于具有高可靠性、高精度和快速性要求的系统，应采取哪些措施。然后是考虑计算机在整个控制系统中的作用，是设定计算、直接控制还是数据处理，计算机应承担哪些任务，为完成这些任务计算机应具备哪些功能，需要哪些输入/输出通道、配备哪些外围设备。最后应初步估算其成本。通过考虑整体方案，最后画出系统组成的初步框图，附以说明，以此作为下一步设计的基础和依据。

2. 建立数学模型并确定控制算法

对任何一个具体计算机控制系统进行分析、综合或设计，首先应建立该系统的数学模型，确定其控制算法。所谓数学模型就是系统动态特性的数学表达式。它反映了系统输入内部状态和输出之间的数量和逻辑关系。这些关系式为计算机进行运算处理提供了依据，即由数学模型推出控制算法。所谓计算机控制，就是按照规定的控制算法进行控制。因此，控制算法的正确与否直接影响控制系统的品质，甚至决定整个系统的成败。

每个控制系统都有一个特定的控制规律，因此，每个控制系统都有一套与此控制规律相对应的控制算法。由于控制系统种类繁多，控制算法也有很多，随着控制理论和计算机控制技术的不断发展，控制算法更是越来越多。例如，机床控制中常使用的逐点比较法的控制算法和数字积分法的控制算法；直接数字控制系统中常用的 PID 控制算法；位置数字伺服系统中常用的实现最少拍控制的控制算法。另外，还有各种最优控制的控制算法、随机控制和自适应控制的控制算法。在系统设计时，按所设计的具体控制对象和不同的控制性能指标要求，以及所选用的计算机的处理能力选定一种控制算法。在选择控制算法时，应注意控制算法对系统的性能指标有直接影响，因此应考虑所选定的算法是否能满足控制速度、控制精度和系统稳定性的要求。就是说，应根据不同的控制对象、不同的控制指标要求选择不同的控制算法。例如，要求快速跟随的系统可选用达到最少拍的直接控制算法；对于具有纯滞后的系统最好选用达林算法或施密斯补偿算法；对于随机控制系统应选用随机控制算法。各种控制算法提供了一套通用的计算公式，但具体到一个控制对象上，必须有分析地选用，在某些情况下可能还要进行某些修改和补充。例如，对某一控制对象选用 PID 数字化的方法设计数字控制器，在某些情况下可对其做适当改进，就能使系统得到更好的快速性。对于有些问题，建立数学模型很难或者计算机难以实现，这时可以采用神经网络、专家系统和模糊控制等智能控制算法。

当控制系统比较复杂时，控制算法也比较复杂，整个控制系统的实现就比较困难。为设计、调试方便，可将控制算法作某些合理的简化，忽略某些因素的影响（如非线性、小延时、小惯性等），在取得初步控制成果后再逐步将控制算法完善，直到获得最好的控制效果。

3. 选择微型计算机

在选择机电一体化系统的控制器时，根据被控系统的规模和控制参数的复杂程度，可采用不同的微型计算机。对于小系统，一般监视控制量为开关量和少量数据信息的模拟量，这类系统采用单片机或可编程控制器就能满足控制要求。对于数据处理量大的系统，则往往采用基于各类总线结构的工控机，如 STD 总线工控机、IBM-PC 总线工控机、Multibus 工控机等。对于多层次、复杂的机电一体化系统，则要采用分级分布式控制系统，在这种控制系统中，根据各级控制对象的特点，可分别采用单片机、可编程控制器、总线工控机和微型机来完成不同的功能。

对于给定的任务，选择计算机的方案不是唯一的，从控制的角度出发，计算机应能满足具有较完善的中断系统、足够的存储容量、完善的输入/输出通道和实时时钟等要求。

（1）较完善的中断系统。微型计算机控制系统必须具有实时控制性能。实时控制包含两个含义：一是系统正常运行时的实时控制能力；二是在发生故障时紧急处理的能力。系统运行时往往需要修改某些参数、改变某个工作程序或指出规定的时间间隔，在输入输出异常或出现紧急情况时应报警和处理，处理这些问题一般都采用中断控制方式。CPU 应及时接收中断请求，暂停原来执行的程序，转而执行相应的中断服务程序，待中断处理完毕再返回原程序继续执行。因此，要求计算机的 CPU 具有较完善的中断系统，选用的接口芯片也应有中断工作方式，保证控制系统能满足生产中提出的各种控制要求。

（2）足够的存储容量。由于微型计算机内存容量有限，当内存容量不足以存放程序和数据时，应扩充内存，有时还应配备适当的外存储器。微型计算机系统通常有 32～64 KB 以上的内存，一般配备磁盘（硬盘或软盘）作为外存储器，系统程序和应用程序可保存在磁盘内，运行时由操作系统随时从磁盘调入内存。系统机亦可扩充 2～8 KB 以上的只读存储器，调试成功的应用程序同样可写入只读存储器内，这样使用方便、可靠性高。

（3）完善的输入/输出通道和实时时钟。输入/输出通道是外部过程和主机交换信息的通道。根据控制系统不同，有的要求有开关量输入/输出通道；有的要求有模拟量输入/输出通道；有的同时要求有开关量输入/输出通道和模拟量输入/输出通道。对于需要实现外部设备和内存之间快速、批量交换信息的，还应有直接数据通道。实时时钟在过程控制中给出时间参数，记下某事件发生的时刻，同时使系统能按规定的时间顺序完成各种操作。

选择微型计算机除应满足上述几点要求外，从不同的被控制对象角度而言，还应考虑几个特殊要求。

（1）字长。微处理器的字长定义为并行数据总线的线数。字长直接影响数据的精度、寻址的能力、指令的数目和执行操作的时间。对于通常的顺序控制、程序控制可选用 1 位微处理器。对于计算量小，计算精度和速度要求不高的系统可选用 4 位机（如计算器、家用电器及简单控制等）。对于计算精度要求较高、处理速度较快的系统可选用 8 位机（如线切割机床等普通机床的控制、温度控制等）。对于计算精度高、处理速度快的系统可选用 16 位机（如控制算法复杂的生产过程控制、要求高速运行的机床控制、特别大量的数据处理等）。

（2）速度。速度的选择与字长的选择可一并考虑。对于同一算法、同一精度要求，当机器的字长短时，就要采用多字节运算，完成计算和控制的时间就会增长。为保证实时控制，就必须选用执行速度快的机器。同理，当机器的字长足够保证精度要求时，不必用多字节运算，完成计算和控制的时间就短，可选用执行速度较慢的机器。

通常，微处理器的速度选择可根据不同的被控制对象而定。例如，对于反应缓慢的化工生产过程的控制，可选用慢速的微处理器。对于高速运行的加工机床、连轧机的实时控制等，必须选用高速的微处理机。

（3）指令。一般来说，指令条数越多，针对特定操作的指令就多，这样会使程序量减少，处理速度加快。对于控制系统来说，尤其要求较丰富的逻辑判断指令和外围设备控制指令，通常 8 位微处理器都具有足够的指令种类和数量，一般能够满足控制要求。

选择计算机时，还应考虑成本高低、程序编制难易，以及扩充输入/输出接口是否方便等因素，从而确定是选用单片机、PLC，还是选用微型计算机系统。

微型计算机系统有丰富的系统软件，可用高级语言、汇编语言编程，程序编制和调试都很方便。系统机内存容量大且有软（硬）磁盘等大容量的外存储器，通常都有数据通道，可实现内外存储器之间的快速批量信息交换。其缺点是成本较高，当用来控制一个小系统时，往往不能充分利用系统机的全部功能，抗干扰能力差。

4. 控制系统总体设计

系统总体设计主要是对系统控制方案进行具体实施步骤的设计，其主要依据是上述的整体方案初框图、设计要求及所选用的计算机类型，通过设计要画出系统的具体构成框图。一个正在运行的完整的微型计算机控制系统，需要在计算机、被控制对象和操作者之间适时、不断地交换数据信息和控制信息。在总体设计时，要综合考虑硬件和软件措施，解决三者之间可靠的、适时进行信息交换的通路和分时控制的时序安排问题，保证系统能正常地运行。设计中主要考虑硬件与软件功能的分配和协调、接口设计、通道设计、操作控制台设计、可靠性设计等问题。其中硬件与软件功能的分配和协调要根据经济性和可靠性标准进行权衡，可靠性问题主要是制定可靠性设计方案，采取可行的可靠性措施。

1）接口设计

通常选用的微型计算机都已配备有相当数量的可编程序的输入/输出通用接口电路，如并行接口（8080 系列的 8255A）、串行接口（8080 系列的 8251A），以及计数器/定时器等。在进行接口设计时，首先要合理地使用这些接口，当通用接口不够时应进行接口的扩展。扩展接口的方案较多，要根据控制要求及能够得到何种元件和扩展接口的方便程度来确定，通常有下述三种方法可供选用。

（1）选用功能接口板。在功能接口板上，有多组并（串）行数字量输入/输出通道，或多组模拟量输入/输出通道。采用选配功能插板扩展接口方案的最大优点是硬件工作量小，可靠性高，但功能插板价格较贵，一般只用来组成较大的系统。

（2）选用通用接口电路（通用接口板—八进制串行通道 3U Compact PCI 板如图 6-32 所示）。在组成一个较小的控制系统时，有时采用通用接口电路来扩展接口。由于通用接口电路是标准化的，只要了解其外部特性与 CPU 的连接方法、编程控制方法就可进行任意扩展。

图 6-32　通用接口板—八进制串行通道 3U Compact PCI 板

（3）用集成电路自行设计接口电路。在某些情况下，不采用通用接口电路，而采用其他中小规模集成电路扩充接口更方便、价廉。例如，一个控制系统需要输入多组数据或开关量，可用 74LS138 译码器和 74LS244 三态缓冲器等组成输入接口，也可用 74LS138 译码器和 74LS373 锁存器等组成输出多组数据的输出接口。

接口设计包括两个方面的内容：一是扩展接口；二是安排通过各接口电路输入/输出端的输入/输出信号，选定各信号输入/输出时采用何种控制方式。如果要采用程序中断方式，就要考虑中断申请输入、中断优先级排队等问题。若要采用直接存储器存取方式，则要增加直接存储器存取（DMA）控制器作为辅助电路加到接口上。

2）通道设计

输入/输出通道是计算机与被控对象相互交换信息的部件。每个控制系统都要有输入/输出通道。一个系统中可能要有开关量的输入/输出通道、数字量的输入/输出通道或模拟量的输入/输出通道。在总体设计中就应确定本系统应设置什么通道，每个通道由几部分组成，各部分选用什么样的元器件等。

开关量、数字量的输入/输出比较简单。开关量输入要解决电平转换、去抖动及抗干扰等问题。开关量输出要解决功率驱动问题等。开关量和数字量的输入/输出都要通过前面设计的接口电路。

模拟量输入/输出通道比较复杂。模拟量输入通道主要由信号处理装置（标度变换、滤波、隔离、电平转换、线性化处理等）、采样单元、采样保持器和放大器、A/D 转换器等组成。模拟量输出通道主要由 D/A 转换器、放大器等组成。

3）操作控制台设计

微型计算机控制系统必须便于人机交互。通常需要设计一个现场操作人员使用的控制台，这个控制台一般不能用计算机所带的键盘代替，因为现场操作人员不了解计算机的硬件和软件，假若操作失误可能发生事故，所以一般要单独设计一个操作员控制台。操作员控制台一般应有下列一些功能。

（1）有一组或几组数据输入键（数字键或拨码开关等），用于输入或更新给定值、修改控制器参数或其他必要的数据。

（2）有一组或几组功能键或转换开关，用于转换工作方式，起动、停止或完成某种指定的功能。

（3）有一个数字显示装置或显示屏，用于显示各状态参数及故障指示等。

（4）控制板上应有一个“急停”按钮，用于在出现事故时停止系统运行，转入故障处理。

应当指出，控制台上每一数字信号或控制信号都与系统的工作息息相关，设计时必须明确这些转换开关、按钮、键盘、数字显示器，以及状态、故障指示灯等的作用和意义，仔细设计控制台的硬件及其相应的控制台管理程序，使设计的操作员控制台既方便操作又安全可靠，即使操作失误也不会引起严重后果。

5. 软件设计

计算机控制系统的软件主要分两大类，即系统软件和应用软件。系统软件包括操作系统、诊断系统、开发系统和信息处理系统。通常这些软件一般不需要用户设计，对用户来说，基本上只要了解其大致原理和使用方法就行了。而应用软件都要由用户自行编写，所以软件设计主要是应用软件设计。

控制系统对应用软件有实时性、针对性、灵活性和通用性的要求。对于工业控制系统来说，由于是实时控制系统，所以要求应用软件能够在对象允许的时间间隔内进行控制、运算和处理。应用软件的最大特点是具有较强的针对性，即每个应用程序都是根据一个具体系统的要求设计的，如对控制算法的选用，必须具有针对性，这样才能保证系统具有较好的调节品质。灵活性和通用性是指不但针对性要强，也要具有一定的灵活性和通用性，这样可适应不同系统的要求。为此，应采用模块式结构，尽量把共用的程序编写成具有不同功能的子程序，如算术和逻辑运算程序、A/D 和 D/A 转换程序、PID 算法程序等。设计者的任务主要是把这些具有一定功能的子程序进行排列组合，使其成为一个完成特定功能的应用程序，这样可大大简化设计步骤和时间。应用软件的设计方法有两种，即模块化程序设计法和结构化程序设计法。

（1）模块化程序设计法。在计算机控制系统中，大体上可分为数据处理和过程控制两大基本类型。数据处理主要是数据的采集、数字滤波、标度变换，以及数值计算等。过程控制程序主要是使计算机按照指定的方法（如 PID 或直接数字控制）进行计算，然后再输出，以便控制生产过程。为了完成上述任务，在进行软件设计时，通常把整个程序分成若干部分，每一部分叫作一个模块。所谓“模块”，实质上就是能完成一定功能、相对独立的程序段。这种程序设计方法就叫作模块化程序设计法。

（2）结构化程序设计法。结构化程序设计方法，给程序设计施加了一定的约束，它限定采用规定的结构类型和操作顺序，因此能编写出操作顺序分明、便于查找错误和纠正错误的程序。常用的结构有直线顺序结构、条件结构、循环结构和选择结构。其特点是程序本身易于用程序框图描述，易于构成模块，操作顺序易于跟踪，便于查找错误和测试。

6. 系统调试

计算机控制系统设计完成以后，要对整个系统进行调试。调试步骤为硬件调试→软件调试→系统调试。

硬件调试包括对元器件的筛选、印刷电路板的制作、元器件的焊接及试验，安装完毕后要经过连续拷机运行；软件调试主要是指在计算机上把各模块分别进行调试，使其正确无误，然后固化在 EPROM 中；系统调试（联调）主要是指把硬件与软件组合起来，进行模拟实验，正确无误后进行现场试验，直至正常运行为止。

6.7 机电一体化系统的接口技术

6.7.1 接口技术概述

在机电一体化系统中各要素和子系统之间的接口使得物质、能量、信息在连接要素的交界面上平稳地输入/输出，它是保证产品具有高性能、高质量的必要条件，有时会成为决定系统综合性能好坏的关键因素，这是由机电一体化系统的复杂性决定的。

在机电一体化系统中，由于机械系统与计算机控制系统在性质上有很大差别，计算机控制系统通过检测通道的接口对外界的信号加以检测，经过判断，将计算结果及控制信号输出到控制通道的接口，对被控对象加以控制。机械系统与计算机控制系统之间的联系必须通过计算机控制接口进行调整、匹配、缓冲，因此计算机控制接口有着重要的作用。另外，尽管计算机控制系统的引入使机械系统具有了“智能”，达到了更高的自动化程度，但是机电一体化系统的运行仍离不开人的干预，为了便于操作人员与计算机的联系，并及时了解系统输出及输入的工作状态，接口技术还应包括人机通道的接口。

1. 接口的分类

（1）接口的功能是由参数变换与调整，以及物质、能量和信息的输入/输出两部分组成，根据接口的变换和调整功能特征分类。

① 零接口：不进行参数的变换与调整，即输入/输出的直接接口，如联轴器、输送管、插头、插座、导线、电缆等。

② 被动接口：仅对被动要素的参数进行变换与调整，如齿轮减速器、进给丝杠、变压器、可变电阻，以及光学透镜等。

③ 主动接口：含有主动因素、并能与被动要素进行匹配的接口，如电磁离合器、放大器、光电耦合器、A/D、D/A 转换器等。

④ 智能接口：含有微处理器、可进行程序编制或适应条件变化的接口，如自动调速装置、通用输入/输出芯片（如 8255 芯片）、RS232 串行接口、通用接口总线等。

（2）根据接口的输入/输出功能的性质分类。

① 信息接口（软件接口）：受规格、标准、法律、语言、符号等逻辑、软件的约束，如 GB 标准、ISO 标准、RS232C、ASCII 码、C 语言等。

② 机械接口：根据输入/输出部位的形状、尺寸、配合、精度等进行机械联结，如联轴器、管接头、法兰盘等。

③ 物理接口：受通过接口部位的物质、能量与信息的具体形态和物理条件约束，如受电压、频率、电流、阻抗、传递扭矩的大小、气（液）体成分（压力或流量）约束的接口。

④ 环境接口：对周围的环境条件（温度、湿度、电磁场、放射能、振动、水、火、粉尘等）有具体的保护作用和隔绝作用（如屏蔽、减振、隔热、防爆、防潮、防放射线等），如防尘过滤器、防水联结器、防爆开关等。

图 6-33 所示的机电一体化原理框图中采用了一些不同性质的接口。

（3）按照所联系的子系统不同分类。

以控制微机（微电子系统）为出发点，将接口分为人机接口与机电接口两大类，如图 6-34

所示。机械系统与微电子系统之间的联系必须通过机电接口进行调整、匹配、缓冲，同时微电子系统的应用使机械系统具有“智能”，达到了较高的自动化程度，但该系统仍然离不开人的干预，必须在操作者的监控下进行，因此人机接口也是必不可少的。人机接口包括输出接口与输入接口两类，通过输出接口，操作者对系统的运行状态、各种参数进行监测；通过输入接口，操作者向系统输入各种命令及控制参数，对系统运行进行控制。本节主要介绍常见的机电接口和人机接口设计，对于机械分系统和微电子分系统内部的各种接口不做具体介绍。

2. 接口设计的要求

不同类型的接口，其设计要求有所不同。这里仅从系统设计的角度讨论微机接口和机械接口设计的各自要求。

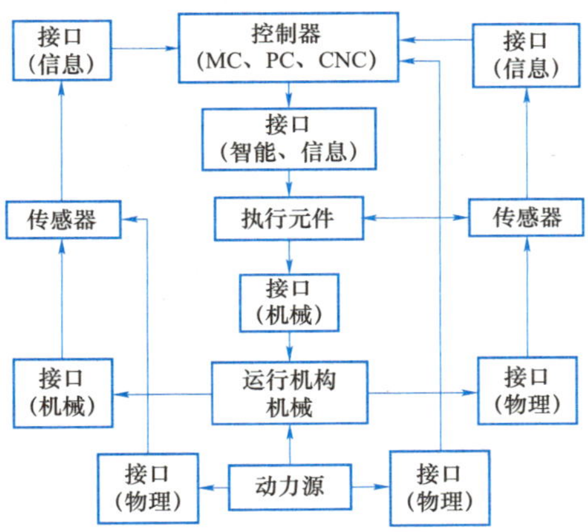

图 6-33　机电一体化原理框图

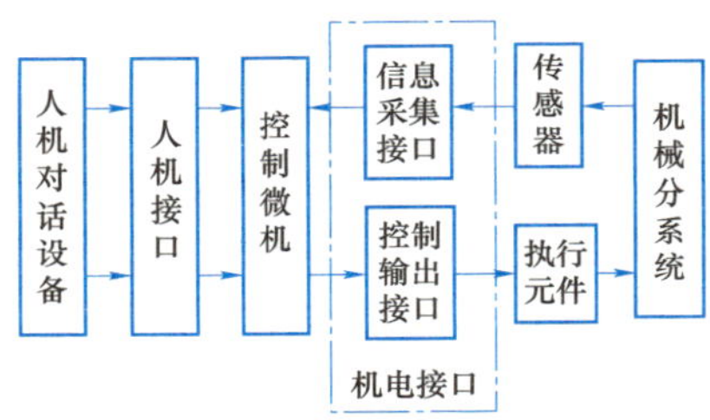

图 6-34　人机接口与机电接口

（1）计算机接口。计算机接口通常由接口电路和与之配套的驱动程序组成。能够使被传输的数据实现在电气上、时间上相互匹配的电路称为接口电路，它是接口的骨架；能够完成这种功能的程序称为接口程序，它是完成接口预定任务的中枢神经，主要完成接口数据的输入/输出、传送，以及可编程接口器件的方式设定、中断方式设定等初始化工作；两者融为一体构成了微机接口。由于微机接口担负着微机和设备之间传输信息的任务，因此，系统要求其具有两大特点：一方面能够可靠地传送相应的控制信息，并能够输入有关的状态信息；另一方面能够进行相应的信息转换，以满足系统的输入/输出要求。信息转换主要包括以下几个方面：数模转换（D/A），模数转换（A/D），从数字量转换成脉冲量，电平转换；电量到非电量的转换，弱电到强电的转换功率匹配等，具体要求如下。

传感器接口要求传感器与被测机械量信号源具有直接关系，要使标度转换及数学建模精确、可行，传感器与机械本体的连接简单、稳固，能克服机械谐波干扰，正确反映对象的被测参数。

变送接口应满足传感器模块的输出信号与微机前向通道电气参数的匹配及远距离信号传输的要求，接口的信号传输要准确、可靠，抗干扰能力强，具有较低的噪声容限；接口的输入阻抗应与传感器的输出阻抗相匹配；接口的输出电平应与微机的电平相一致；接口的输入信号与输出信号的关系应是线性关系，以便于微机进行信号处理。

驱动接口应满足接口的输入端与微机系统的后向通道在电平上一致，接口的输出端与功率驱动模块的输入端之间不仅电平要匹配还应在阻抗上匹配。另外接口必须采取有效的抗干扰措施，防止功率驱动设备的强电信号窜入微机系统。

（2）机械传动接口。如减速器、丝杠螺母等，要求它的连接结构紧凑、轻巧，具有较高的传动精度和定位精度，安装、维修、调整简单方便，刚度好，响应快。

6.7.2 人机接口电路设计

人机接口是操作者与机电一体化系统（主要是控制微机）之间进行信息交换的接口。按照信息的传递方向，其可以分为两大类：输入接口与输出接口。一方面，系统通过输出接口向操作者显示系统的各种状态、运行参数及结果等信息；另一方面，操作者通过输入接口向系统输入各种控制命令及控制参数，对系统运行进行控制，实现所要求完成的任务。

在机电一体化产品中，常用的输入设备有控制开关、BCD 或二进制码拨盘、键盘等；常用的输出设备有状态指示灯、发光二极管显示器、液晶显示器、微型打印机、阴极射线管显示器等，扬声器作为一种声音信号输出设备，在进行产品设计时经常被采用。人机接口作为人与微机之间进行信息传递的通道，有着其自身的一些特点，需要在进行设计时予以考虑。

（1）专用性。每一种机电一体化产品都有其自身的特定功能，对人机接口有着不同的要求，所以人机接口的设计方案要根据产品的要求而定。例如对于一些简单的二值性的控制参数，可以考虑采用控制开关；对一些少量的数值型参数的输入可以考虑使用 BCD 拨码盘；而当系统要求输入的控制命令和参数比较多时，则应考虑使用行列式键盘等。

（2）低速性。与控制微机的工作速度相比，大多数人机接口设备的工作速度是很低的，所以在进行人机接口设计时，要考虑控制微机与接口设备间的速度匹配，提高控制微机与接口设备间的速度匹配，提高控制微机的工作效率。

（3）高性能价格比。由于机电的结合，大大强化了机械系统功能，使整个机电一体化系统具有高性能价格比。所以在进行人机接口设计时，在满足功能要求的前提下，输入/输出设备配置以小型、微型、廉价为原则。

1. 输入接口设计

来自输入设备的数据，要通过数据总线传送给 CPU。而 CPU 与存储器及其他设备传输的输入/输出数据，也要通过这条数据总线分时地进行传输。因此，输入口的功能就是在只有 CPU 允许该输入口进行数据输入时，才将来自外设的数据传送到数据总线上。

1）简单开关输入接口设计

对于一些二值化的控制命令和参数，可以采用简单的开关作为输入设备，常用的开关有按钮、转换开关等，图 6-35 所示为简单的开关输入电路，图 6-35（a）中上拉电阻的作用是：当开关处于 OFF 状态时能将高电平传送给输入缓冲器或输入口。上拉电阻 r 的阻值越小，当开关处于断开状态（OFF）时，被传输的高电平值就越高，但是当开关处于闭合状态（ON）时，流过开关触点的电流就越大。因此当采用这种电路时，上拉电阻的阻值，应在全面考虑开关的触点电流和整个电路的功耗电流后再确定。

开关的去抖：当开关电路使用带机械触点的开关时，在开关进行开、闭的瞬间，由于开关簧片的反弹会导致输出信号的抖动，即开关或继电器的触点在开、闭操作的瞬间，因机械振动会导致输出信号产生不规则的波动，由于开关的抖动使输入微机的信号变成图 6-35（b）所示的波形。抖动时间的长短，与机械特性有关，一般为 5～10 ms。按钮的稳定闭合期由操作员的按键动作决定，一般在几百微秒至几秒之间，如果 CPU 在读取开关状态信号时正好发生开关的抖动，就可能导致数据的读取错误。所以在进行实际接口设计时，必须采用软件或硬件措施进行消抖处理。

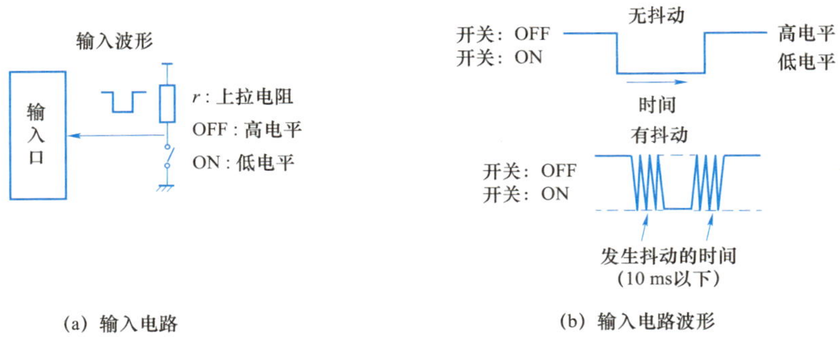

图 6-35　简单的开关输入电路

采用图 6-36（a）所示的硬件去抖电路，即可去除这种开关的抖动现象。此外，通过程序对输入的开关信号进行处理，也能够去除图 6-36（b）中因开关抖动引起的读取错误，这种方法称为软件去抖，软件去抖是在检测到开关状态后，延时一段时间再进行检测，若两次检测到的开关状态相同则认为有效。延时时间应大于抖动时间。

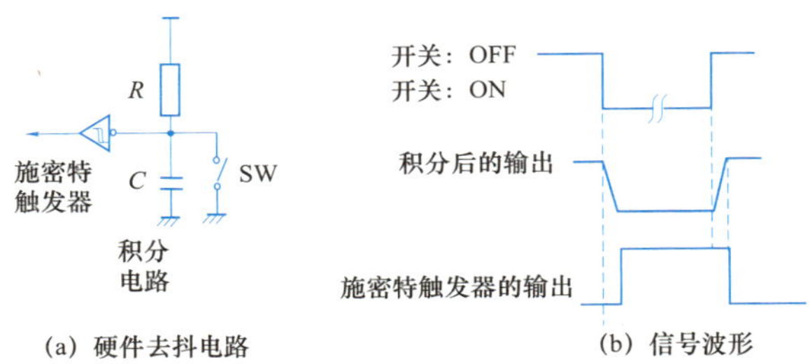

图 6-36　硬件去抖电路及工作原理

2）键盘输入接口设计

在机电一体化系统的人机接口中，当需要操作者输入的指令或参数比较多时，可以选择键盘作为输入接口。这里主要介绍矩阵式键盘的工作原理、硬件接口电路的设计和键处理程序设计。

矩阵式键盘由一组行线（Xi）与一组列线（Yi）交叉构成，按键位于交叉点上，为对各个键进行区别，可以按一定规律分别为各个键命名键号，如图 6-37 所示。通常键行线通过上拉电阻接至+5 V 电源，当无键按下时，行线呈高电平。当键盘上某键按下时，则该键对应的行线与列线被短路。例如，7 号键被按下闭合时，行线 X3 与列线 Y1 被短路，此时 X3 的电平由 Y1 的电位决定。可采用单片机通过 P1 口与该 4×4 键盘的接口电路，如果行线 X0～X3 接至控制微机的输入口 P1.0～P1.3，列线 Y0～Y3 接至控制微机的输出口 P1.4～P1.7，则在微机的控制下依次从 P1.4～P1.7 输出低电平，并使其他线保持高电平，则通过对 P1.0～P1.3 的读取即可判断有无键闭合、哪一个键闭合。这种工作方式称为扫描工作方式。控制微机对键盘的扫描可以采用程控的方式、定时方式，亦可以采取中断方式。应该着重强调一点：由于按键为机械触点，故在释放与闭合瞬间，将产

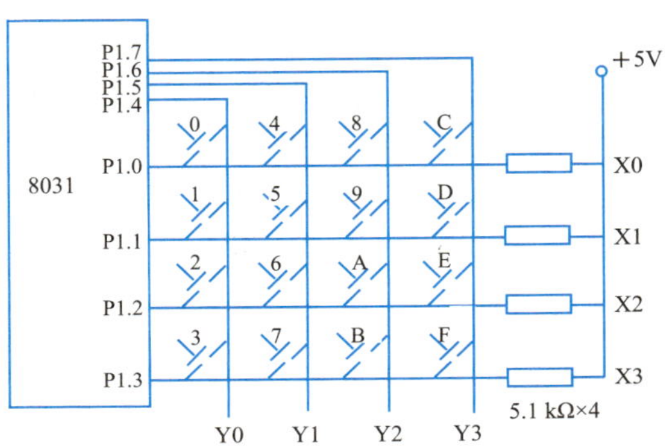

图 6-37　键盘接口电路

生抖动，为保证对键的一次闭合作一次且仅作一次处理，必须采取去抖动措施，通常采用软件方法。

键输入程序设计方法：在设计输入程序时，应考虑下面四项功能。

（1）判断键盘上有无键闭合。其方法为在扫描线 P1.7～P1.4 上全部送“0”，然后读取 P1.3～P1.0 状态，若全部为“1”，则无键闭合；若不全为“1”，则有键闭合。

（2）去除键的机械抖动。其方法是读键号后延时 10 ms，再次读键盘，若此键仍闭合则认为有效，否则认为前述键的闭合是由于机械抖动和干扰引起的。

（3）判断闭合键的键号。其方法为对键盘列线进行扫描，依次从 P1.7、P1.6、P1.5、P1.4 送出低电平，并从其他列线送出高电平，相应的顺序读入 P1.3～P1.0 状态，若 P1.3～P1.0 全部为“1”，则列线输出为“0”的这一列没有键闭合；若 P1.3～P1.0 不全为“1”，则说明有键闭合。状态为低电平的键的行号加上其所在列的列首号，即为该键键号，例如：P1.7～P1.4 输出为 1101，读回 P1.3～P1.0 为 1011，则说明位于第 2 行（X2）与第 1 列（Y1）相交处的键处于闭合状态，第一列列首号为 4，行号为 2，则键号为 6。

（4）使控制微机对键的一次闭合仅进行一次功能操作。采用的方法是等待闭合键释放后再将键号送入累加器 A 中。

图 6-38 为键扫描子程序框图，编程扫描方式只有在 CPU 空闲时才调用键扫描子程序，因此在应用系统中进行软件方案设计时，应考虑这种键盘扫描程序的编程调用须能满足键盘响应的要求。

上述方法对键盘的扫描是由程序控制进行的。实际在系统的工作过程中，操作者很少对其进行干预，所以在大多数情况下，控制微机对键盘进行空扫描。为提高控制微机的工作效率亦可以采用中断方式设计键盘接口，平时不对键进行监控，只有当键闭合时，产生中断请求，控制系统才响应中断，对键盘进行管理。图 6-39 所示为中断方式的键盘硬件接口电路，其软件处理方法与采用程控方式相似。

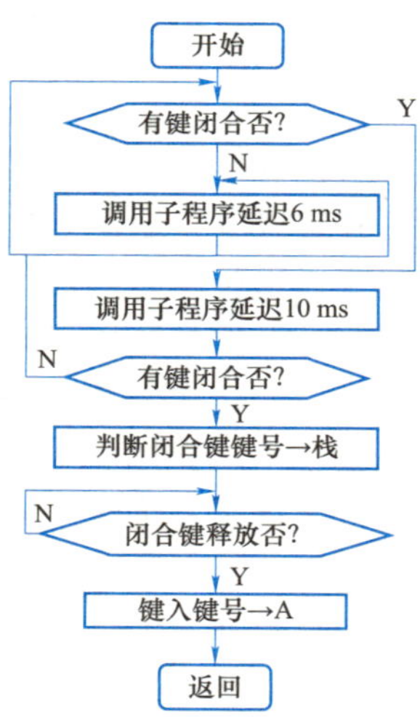

图 6-38　键扫描子程序框图

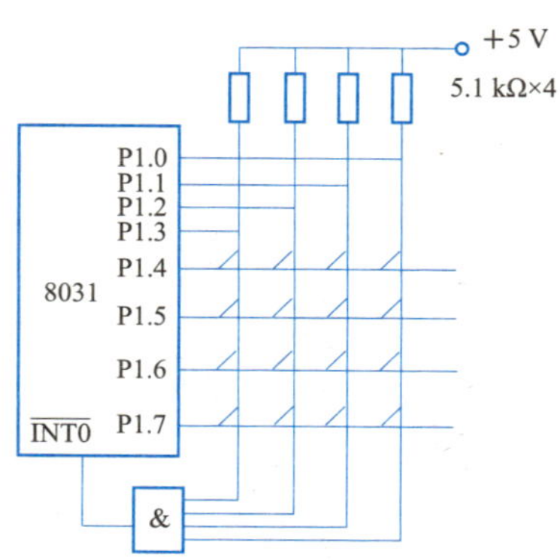

图 6-39　中断方式的键盘硬件接口电路

2. 输出接口设计

从计算机输出的数据，要经过输出口传输给输出设备，但在输出口与实际的输出设备之间一般需要进行信号电平转换，并需要对输出数据的传输时序进行控制。输出接口是操作者对机电一体化系统进行检测的窗口，通过输出接口，系统向操作者显示自身的运行状态、关键参数及运行结果等，并进行故障报警。

数字显示器接口电路的设计：单片机应用系统中，常使用 LED（发光二极管）、CRT（阴极射线管）显示器和 LCD（液晶显示器）等作为显示器件。其中 LED 和 LCD 成本低、配置灵活、与单片机接口方便，故应用广泛。

数码显示器是单片机应用产品中常用的廉价输出设备。它是由若干个发光二极管组成的，当发光二极管导通时，相应的一个点或一个笔划发亮，控制不同组合的二极管导通，就能显示出各种字符。常用的七段 LED 显示器如图 6–40 所示。发光二极管的阳极连在一起的称为共阳极显示器，如图 6–40（b）所示；阴极连在一起的称为共阴极显示器，如图 6–40（a）所示。这种笔划式的七段显示器，能显示的字符数量较少，但控制简单、使用方便。

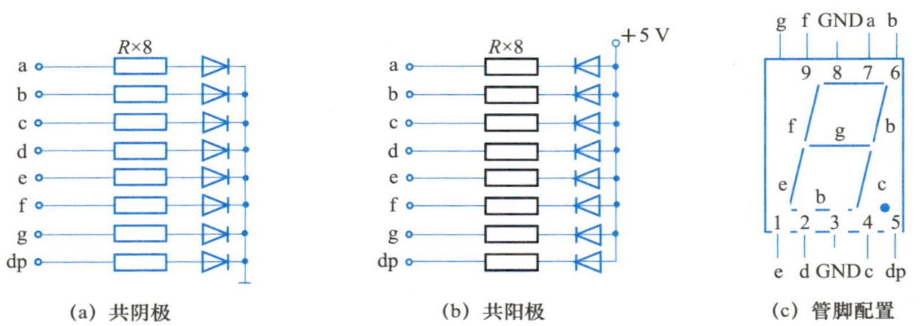

图 6–40　七段 LED 显示器

通常的七段 LED 显示块中有八个发光二极管，故也称为八段显示块。其中七个发光二极管构成七笔字形“8”，一个发光二极管构成小数点。七段显示块与单片机的接口非常容易实现，只要将一个 8 位并行输出口与显示块的发光二极管引脚相连即可。8 位并行输出口输出不同的字节数据即可获得不同的数字或字符，通常将控制发光二极管的 8 位字节数据称为段选码，共阳极与共阴极的段选码互为补数。

点亮显示器有静态和动态两种方法。所谓静态显示，就是当显示器显示某一个字符时，相应的发光二极管恒定地导通或截止。例如七段显示器的 a、b、c、d、e、f 导通，g 截止，显示 0，如图 6–40（c）所示。这种显示方式每一位都需要一个 8 位输出口控制，三位静态显示接口逻辑如图 6–41 所示，图中采用共阴极显示器。静态显示时，较小的电流能得到较高的亮度，所以由 8255 的输出口直接驱动。当显示器位数很少（仅①、②位）时，采用静态显示方法是适合的；当位数很多时，用静态显示所需的 I/O 口太多，一般采用动态显示的方法。所谓动态显示就是 1 位 1 位地轮流点亮各位显示器（扫描）。对于每 1 位显示器来说，每隔一段时间点亮一次。显示器的亮度既与导通电流有关，也与点亮时间和间隔时间的比例有关。调整电流和时间参数，可实现较高亮度、较稳定显示。若显示器的位数不大于 8 位，则控制显示器公共极电位只需一个 8 位并行口。控制各位显示器所显示的字形也需一个公用的 8 位口（称为段数据口）。通过 8155 扩展口控制 8 位 LED 动态显示接口如图 6–42 所示。8155 的 PA 口作为扫描口，经 BIC8718 驱动器接显示器公共极，PB 口作为段数据口，经驱动后接显示器的 a、b、c、d、e、f、g、dp 各引脚，如 PB_0 输出经驱动后接各显示器的 a 脚，PB_1 输出经驱动后接各显示器的 b 脚，依次类推。动态扫描显示程序流程如图 6–43 所示。

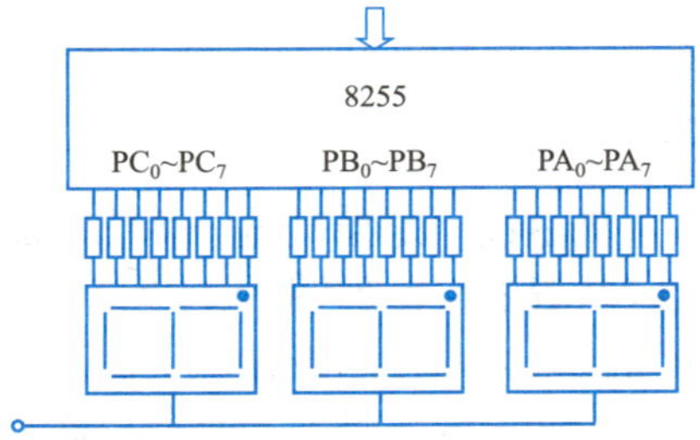

图 6–41　三位静态显示接口逻辑

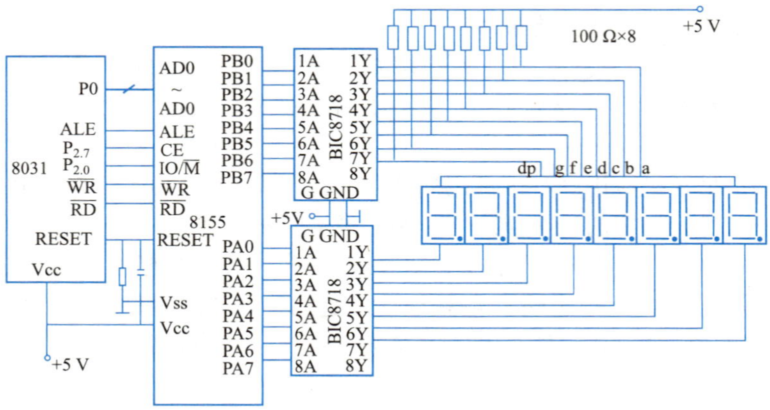

图 6-42 通过 8155 扩展口控制 8 位 LED 动态显示接口

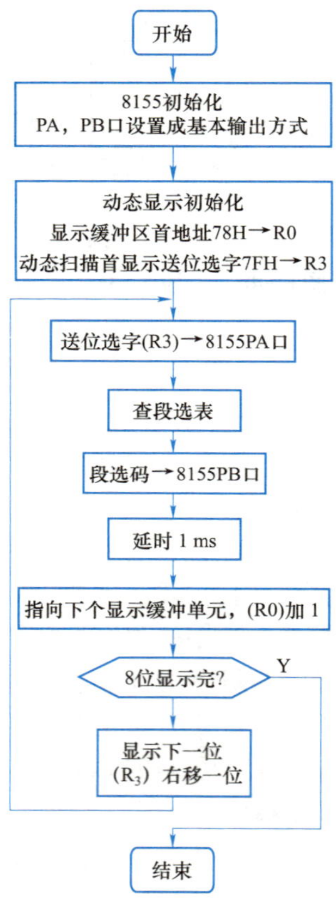

图 6-43 动态扫描显示程序流程

6.7.3 机电接口设计

机电接口是指机电一体化产品中的机械装置与控制计算机间的接口。计算机与传感器和执行装置的接口如图 6-44 所示。按照信息的传递方向可以将机电接口分为信息采集接口（传感器接口）与控制量输出接口。控制微机通过信息采集接口接收传感器输出信号，检测机械系统运动参数，经过运算处理后，发出有关控制信号，经过控制输出接口的匹配、转换、功率放大、驱动执行元件来调节机械系统的运行状态，使其按要求动作。

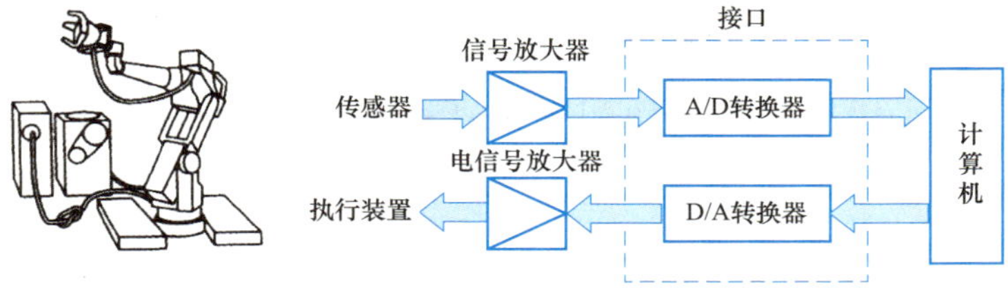

图 6-44　计算机与传感器和执行装置的接口

（1）信息采集接口的任务与特点。在机电一体化产品中，控制微机要对机械装置进行有效控制，使其按预定的规律运行，完成预定的任务，就必须随时对机械系统的运行状态进行监控，随时检测各种工作和运行参数，如位置、速度、转矩、压力、温度等。因此进行系统设计时，必须选用相应传感器将这些物理量转换为电量，再经过信息采集接口的整形、放大、匹配、转换，变成微机可以接受的信号传递给微机。传感器的输出信号中，既有开关信号（如限位开关、时间继电器），又有频率信号（超声波无损探伤）；既有数字量，又有模拟量（如温敏电阻、应变片等）。针对不同性质的信号，信号采集接口要对其进行不同的处理。例如由传感器检测的机械运动信号一般都要转换成与机械运动成比例的连续电压信号，这种连续信号称为模拟信号，模拟信号无法直接输入计算机，而计算机内部能够处理的信号是数字信号，来自传感器的模拟信号必须经过 A/D（模拟/数字）转换器转换成数字信号才能够输入计算机。另外，在机电一体化产品中，传感器要根据机械系统的结构来布置，环境往往比较恶劣，易受干扰；再者，传感器与控制微机之间常要采用长线传输，加之传感器输出信号一般又比较弱，所以抗干扰设计也是信息采集接口设计的一个重要内容（详见本章电磁兼容技术内容）。

（2）控制输出接口的任务与特点。控制微机通过信息采集接口检测机械系统的状态，经过运算处理，发出有关控制信号，经过控制输出接口的匹配、转换、功率放大，驱动执行元件去调节机械系统的运行状态，使其按设计要求运行。根据执行元件的需要不同，控制接口的任务也不同，例如对于交流电动机变频调速器，控制信号为 0～5 V 电压或 4～20 mA 电流信号，则控制输出接口必须进行数/模转换；对于交流接触器等大功率器件，必须进行功率驱动。由于机电一体化系统中执行元件多为大功率设备，如电动机、电热器、电磁铁等，这些设备产生电磁场、电源干扰往往会影响微机的正常工作，所以抗干扰设计同样是控制输出接口设计时应考虑的重要问题。

1. 信息采集接口

常用模拟信号的信息采集通道的组成如图 6-45 所示。首先选用相应传感器将这些物理量转换为电量，再经过信息采集接口进行整形、放大、匹配、转换等信号处理环节，再经采样—保持器，将模拟信号变换成时间上离散的采样保持信号后，送 A/D 转换器将模拟保持信号转换成数字信号，送入计算机。

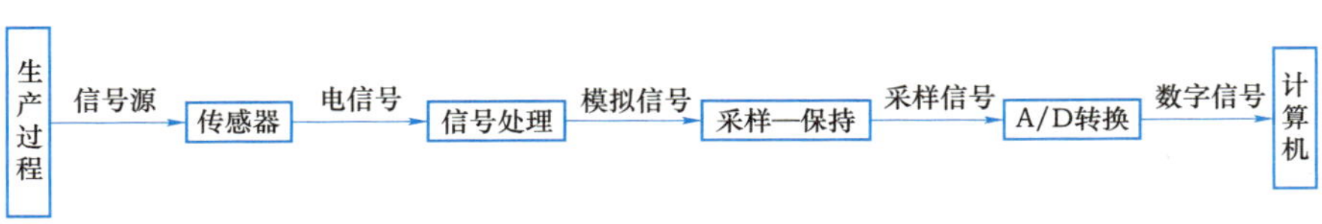

图 6-45　常用模拟信号的信息采集通道的组成

在实际中，计算机数据采集信号源往往不止一个，对多个信号源的数据进行采集的通道通常有下面几种结构形式，如图 6-46 所示。

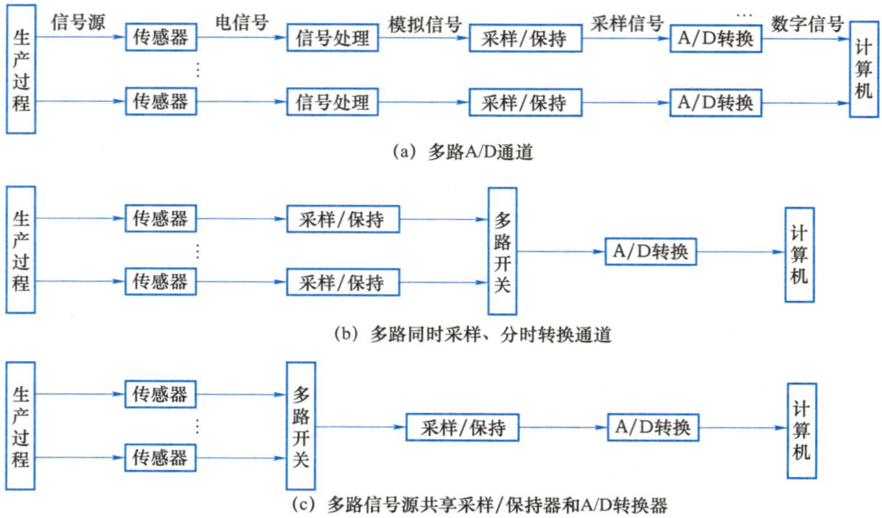

图 6-46　几种采集通道的结构形式

（1）多路 A/D 通道。从每个信号源检测的信号都有各自独立的采集通道，即每个通道都有独自的采样/保持器和 A/D 转换器，如图 6-46（a）所示。该结构形式使用了较多数量的采样/保持器、A/D 转换器，成本高。但这种通道结构的 A/D 转换速度高，并且控制各路通道的采样/保持器或 A/D 转换器，可完成各路通道同时进行采样或同时进行转换的功能，故常用于需同步高速采集数据、同步转换的计算机控制系统。

（2）多路同时采样、分时转换通道。从多路信号源来的数据经各自的采样/保持器后，经模拟多路转换开关控制，共用一个 A/D 转换器，此结构使用模拟多路开关进行多路选择，使多路信号按一定的顺序切换到共用的 A/D 转换器上进行模/数转换，如图 6-46（b）所示。

显然这种通道结构节省硬件，但转换速度比较慢，因为共用一个 A/D 转换器必须分时进行转换，多路开关也使误差增加。所以，该结构多用于转换速度、精度要求不高，须同时采集、分时转换的控制系统，如多点巡回检测系统。目前，有不少芯片都具有多路通道的功能，如 ADC0808/0809 为 8 位 8 通道。

（3）多路信号源共享采样/保持器和 A/D 转换器。从多路信号源来的数据先经多路开关，然后按某种顺序切换到具有采样/保持器和 A/D 转换器的通道上，如图 6-46（c）所示，此结构共用一套采样/保持器和 A/D 转换器，节省硬件成本，但转换速度更慢，常用于分时采样、分时转换的计算机控制系统中。除了上述几种数据采集通道的结构形式外，还有不带采样/保持器的最简单的采集通道和单路采集通道。

在模拟信号数据采集通道中，采样/保持器和 A/D 转换器是必不可少的，其他组成部分可根据实际需要增减。

1）传感器信号的采样/保持

当传感器将非电物理量转换成电量，并经放大、滤波等系列处理后，需经模/数转换器变换成数字量，才能输入计算机系统。对模拟信号进行模/数转换时，从启动变换到变换结束后的数字量输出，需要一定的时间，即 A/D 转换器的孔径时间。当输入信号频率提高时，由于孔径时间的存在，会造成较大的转换误差。要防止这种误差的产生，必须在 A/D 转换开始时将信号电平保持住，而在 A/D 转换后又能跟踪输入信号的变化，使输入信号处于采样状态。能完成这种功能的器件叫采样/保持器。从上面分析可知，采样/保持器在保持阶段相当于一个

“模拟信号存储器”。在模拟量输出通道，为使输出得到一个平滑的模拟信号，或对多通道进行分时控制，也常采用采样/保持器。

（1）采样/保持器原理。

采样/保持由存储器电容 C、模拟开关 S 等组成。如图 6-47 所示，当 S 接通时，输出信号跟踪输入信号，称采样阶段。当 S 断开时，电容 C 两端一直保持 S 断开时的电压，称保持阶段。由此构成一个简单的采样/保持器。实际上为使采样/保持器具有足够的精度，一般在输入级和输出级均采用缓冲器，以减少信源的输出阻抗，增加负载的输入阻抗。在电容选择时，使其大小适宜，以保证其时间常数适中，并且其泄漏要小。

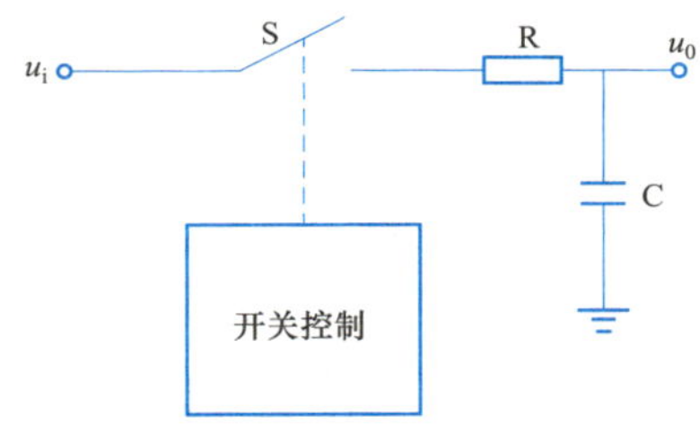

图 6-47　采样/保持原理

随着大规模集成电路技术的发展，目前已生产出多种集成采样/保持器，如可用于一般目的的 AD582、AD583、LF198 系列等；用于高速场合的 HTS-0025，HTS-0010，HTC-0300 等；用于高分辨率场合的 SHA1144 等。为了使用方便，有些采样/保持器的内部还设有保持电容，如 AD389、AD585 等。

（2）集成采样/保持器的特点。

① 采样速度快、精度高，一般在 2～2.5 μs，可达到±0.01%～±0.003%的精度。

② 下降速度慢，如 AD585、AD348 为 0.5 mV/ms，SD389 为 0.1 μV/ms。

下面以 LF398 为例，介绍集成采样/保持器的原理，如图 6-48 所示，LF398 采样/保持器内部由输入缓冲级、输出驱动级和控制电路三部分组成。

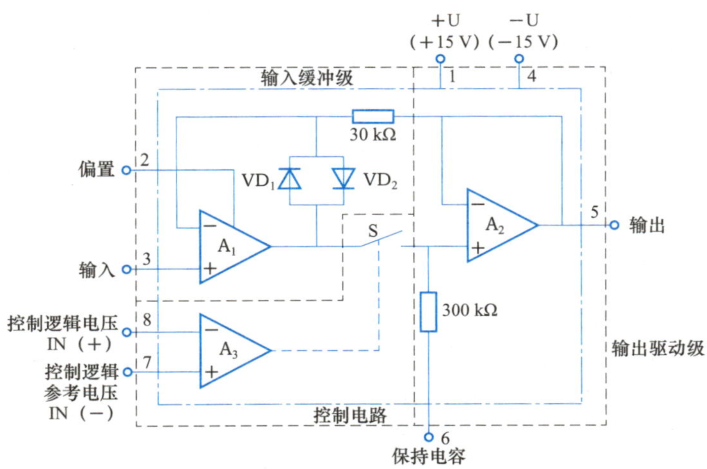

图 6-48　LF398 采样/保持器原理图

控制电路中 A_3 主要起比较器的作用；其中 7 脚为控制逻辑参考电压输入端，8 脚为控制逻辑电压输入端。当输入控制逻辑电平高于参考端电压时，A_3 输出一个低电平信号驱动开关 S 闭合，此时输入经 A_1 后跟随输出到 A_2，再由输出端跟随输出，同时向保持电容（接 6 端）充电；而当控制端逻辑电平低于参考电压时，A_3 输出一个正电平信号使开关 S 断开，以达到非采样时间内保持器仍保持原来输入信号的目的。因此 A_1、A_2 是跟随器，其作用主要是对保持电容输入和输出端进行阻抗变换，以提高采样/保持器的性能。图 6-49、6-50 分别为 LF398 外引脚和 LF398 典型应用连线。

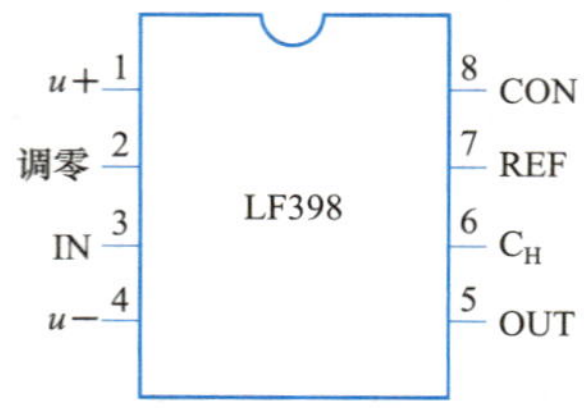

图 6-49 LF398 外引脚

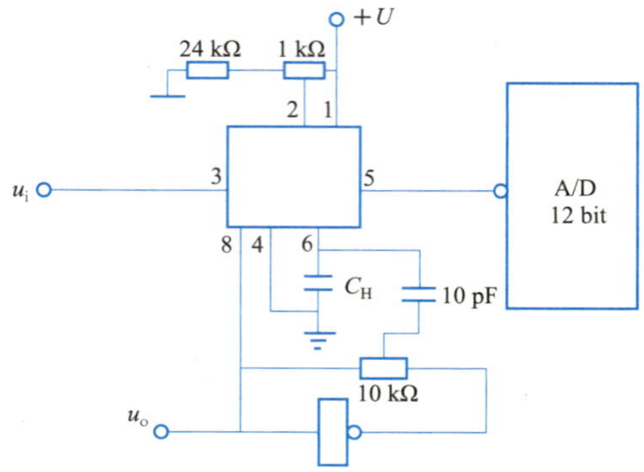

图 6-50 LF398 典型应用连线

2）模/数（A/D）转换接口

在机电一体化产品常用的传感器中，有很多是以模拟量形式输出信号的，如位置检测用的差动变压器、温度检测用的热电偶、温敏电阻，以及转速检测用的测速发电机等，但由于控制微机是一个数字系统（有些型号单片机内部集成了模/数转换器件，如 MCS-96 系列单片机等）。这就要求信息采集接口能完成 A/D 转换功能，将传感器输出的模拟量转换成相应的数字量，输入控制微机，这一工作通常采用 A/D 转换器完成。

（1）A/D 转换器的分类。

A/D 转换器的种类及其特点如表 6-7 所示。在实际应用中，应根据转换精度及转换时间的要求加以选择。

表 6-7 A/D 转换器的种类及其特点

参数	双重积分型	逐次比较型	跟踪比较型	并行比较型
特点	利用电容充放电原理，通过测量（计数）放电时间来测量模拟量，多用于高分辨率产品	内部具有 D/A 转换器，分辨率中等的产品居多	与逐次比较型的结构相似，但内部不是采用逐次比较寄存器而是采用加减计数器	内部具有与分辨率个数相同的比较器，转换速度快，但分辨率较低
转换速度	低速	中高速	中低速	高速

（2）A/D 转换器的工作原理。

A/D 转换器是将模拟电压转换成数字量的器件，它的实现方法有多种，常用的有逐次逼近法、双积分法。图 6-51 所示是逐次逼近法 A/D 转换器的原理图。它由 N 位寄存器、D/A 转换器和控制逻辑部分组成。N 位寄存器代表 N 位二进制数码。

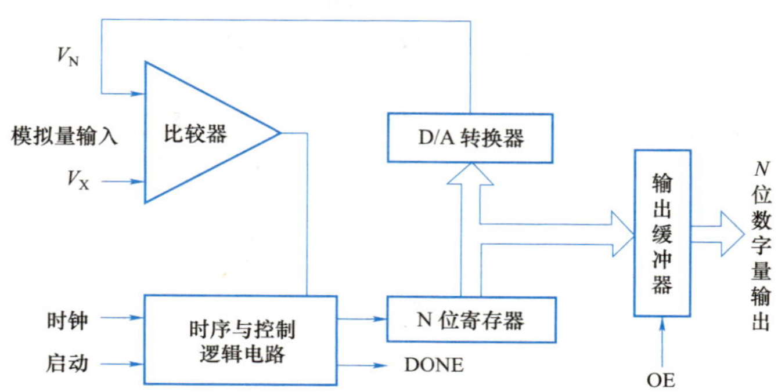

图 6-51 逐次逼近法 A/D 转换器的原理图

当模拟量 V_x 送入比较器后，启动信号通过控制逻辑电路启动 A/D，开始转换，首先置 N 位寄存器最高位（D_{N-1}）为“1”，其余位清“0”，寄存器的内容经 D/A 转换后得到模拟电压 V_N，与输入电压 V_x 比较。若 $V_x > V_N$ 时，则保留 $D_{N-1}=1$；若 $V_x < V_N$ 时，则 D_{N-1} 位清 0。然后，控制逻辑使寄存器下一位（D_{N-2}）置“1”，与上次的结果一起经 D/A 转换后与 V_x 比较，重复上述过程，直至判别出 D_0 位取 1 为止；此时控制逻辑电路发出转换结束信号 DONE。这样经过 N 次比较后，N 位寄存器的内容是转换后的数字量数据，经输出缓冲器读出。整个转换过程就是这样一个逐次比较逼近的过程。

常用的逐次逼近法 A/D 器件有 ADC0809、AD574A 等，下面介绍 ADC0809 的原理与应用。

① ADC0809 结构。ADC0809 是一种 8 路模拟输入、8 位数字输出的逐次逼近法 A/D 器件。其内部除 A/D 转换部分，还有模拟开关部分。多路开关有 8 路模拟量输入端，最多允许 8 路模拟量分时输入，共用一个 A/D 转换器进行转换，这是一种经济的多路数据采集方法。8 路模拟开关切换由地址锁存和译码控制，3 根地址线与 A、B、C 引脚直接相连，通过 ALE 锁存。改变不同的地址，可以切换 8 路模拟通道，选择不同的模拟量输入。

A/D 转换结果通过三态输出锁存器输出，所以在系统连接时，允许其直接与系统数据总线相连。OE 为输出允许信号，可与系统读选通信号 RD 相连。EOC 为转换结束信号，表示一次 A/D 转换已完成，可作为中断请求信号，也可用查询的方法检测转换是否结束。

② ADC0809 与 MCS-51 单片机接口。

图 6-52 是 ADC0809 与 8031 的连接方法，此线路为 8 路模拟量输入，输入模拟量变化范围是 0～5 V。0809 的 EOC 用作外部中断请求源，用中断方式读取 A/D 转换结果。8031 通过地址线 $P_{2.0}$ 和读写线 RD、WR 来控制转换器的模拟输入通道地址锁存、启动和输出允许。模拟输入通道地址的译码输入 A、B、C 由 $P_{0.0}$～$P_{0.2}$ 提供，因 0809 具有地址锁存功能，故 $P_{0.0}$～$P_{0.2}$ 也可不经锁存器直接与 A、B、C 相接。

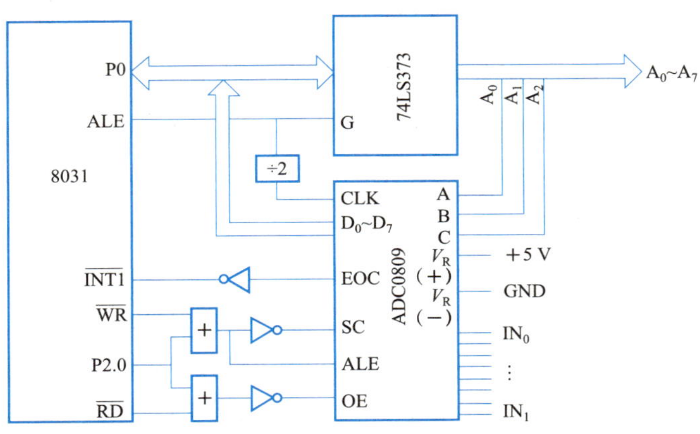

图 6-52　ADC0809 与 8031 的连接方法

设在一个控制系统中，巡回检测一遍 8 路模拟量输入，将读数依次存放在片外数据存储器 A0H-A7H 单元，其初始化程序和中断服务程序如下。

初始化程序

```
MOV  R0, #0A0H          ; 数据暂存区首址
```

```
MOV  R2，#08H          ；8 路计数初值
SETB  IT1              ；置脉冲触发方式
SETB  EA               ；CPU 开中断
SETB  EX1              ；允许申请中断
MOV  DPTR，#0FEF8H     ；指向 0809 首地址
READI：MOV  @DPTR，A ；启动 A/D 转换
HERE：SJMP  HERE       ；等中断
DJNZ  R2，READ1        ；巡回未完继续
中断服务程序
MOVX  A，@DPTR    ；读数
MOVX  @R0         ；A 存数
INC  DPTR         ；更新通道
INC  R0           ；更新暂存单元
RETI
```

③ A/D 转换器的选择要点。

a）确定 A/D 转换器的位数。A/D 转换器位数的确定与整个测量控制系统所要测量的范围和精度有关，但又不能唯一确定系统的精度，因为系统精度设计的环节较多，包括传感器变换精度、信号预处理电路精度和 A/D 转换器及其输出电路、伺服机构精度，甚至还包括软件控制算法。但在估算时，A/D 转换器的位数至少要比总精度要求的最低分辨率高一位，实际选取的 A/D 转换器的位数应与其他环节所能达到的精度相适应。对 A/D 转换器位数的另一点考虑是如果微机是 8 位（MCS-51 单片机），则采用 8 位以下的 A/D 转换器，接口电路简单。

b）确定 A/D 转换器的转换速率。A/D 转换器从启动转换到转换结束，输出稳定的数字量，所需的时间即 A/D 转换器的转换时间，其倒数就是每秒钟能完成的转换次数，称为转换速率。用不同原理实现的 A/D 转换器的转换时间是大不相同的。积分型、跟踪比较型 A/D 转换器转换时间从几毫秒到几十毫秒不等，只能构成低速 A/D 转换器，如双积分式转换速度慢，但精度高，常用型号有 MC14433（$3\frac{1}{2}$位），ICL7135（$4\frac{1}{2}$位），ICL 7109（12 位二进制）等；一般适用于温度、压力、流量等缓变参量的检测和控制。逐次比较型 A/D 转换器的转换时间从几微秒到 100 μs 左右，属于中速 A/D 转换器，A/D 逐次比较式转换器常用型号有 ADC0808/0809（8 通道 8 位二进制），ADC0816/0817（16 通道 8 位二进制），ADC1210（单通道 12 位二进制）等；一般用于单片机控制系统和声频数字转换系统。高速 A/D 转换器使用双极型或 CMOS 工艺制成的全并行型、串并行型和电压转移函数型的 A/D 转换器转换时间仅为 20～100 ns，即转换速率可达 10～50 兆次/s，适用于实时光谱分析、实时瞬态记录、视频数字转换等。

c）如何决定是否采用采样保持器。原则上直流和变化非常缓慢的信号可不用采样保持器。其他情况都要加采样保持器。根据分辨率、转换时间和信号带宽关系得到的数据可作为是否要加采样保持器的参考。

2. 控制量输出接口

控制微机通过信息采集接口检测机械系统的状态，经过运算处理，发出有关控制信号，

经过控制输出接口的匹配、转换和功率放大，驱动执行元件去调节系统的运行状态，使其按设计要求运行。根据执行元件的不同，控制接口的任务也不同。例如，对于交流电动机变频调速器，控制信号为 0～5 V 电压或 4～20 mA 电流信号，则控制输出接口必须进行 D/A（数模）转换；对于交流接触器等大功率器件，必须进行功率驱动。由于机电系统中执行元件多为大功率设备，如电动机、电热器或电磁铁等，这些设备产生的电磁场、电源干扰往往会影响微机的正常工作，所以抗干扰能力也是控制输出接口设计时应考虑的内容。

1）模拟量输出接口

在机电一体化产品中，很多被控对象要求模拟量作为控制信号，如交流电动机变频调速、直流电动机调速器和滑差电动机调速器等，而计算机系统是数字系统，不能输出模拟量，这就要求控制输出接口能完成 D/A 转换。实现 D/A 转换的方法很多，在实际应用中，应根据转换精度及转换时间的要求加以选择。

（1）D/A 转换器的工作原理。

D/A 转换器是指将数字量转换成模拟量的电路，它由权电阻网络、参考电压和电子开关等组成，典型的 R−2R 网络 D/A 转换器原理如图 6−53 所示。从图中可见，不管电子开关接在 Σ 点还是接地，流过每个支路的 $2R$ 上的电流都是固定不变的，从电压端看的输入电阻为 R，从参考电源取的总电流为 I，则支路（流经 $2R$ 电阻）的电流依次为：$I/2$，$I/4$，$I/8$，$I/16$，而 $I=V_{\mathrm{REF}}/R$，故输出电压为

$$V_{\mathrm{OUT}}=-\frac{V_{\mathrm{BEF}}}{2^4}[d_3\times2^3+d_2\times2^2+d_1\times2^1+d_0\times2^0] \tag{6-6}$$

式中：d_3～d_0——输入代码，d=“0”，则开关接地；d=“1”，则开关接到 Σ 点上。

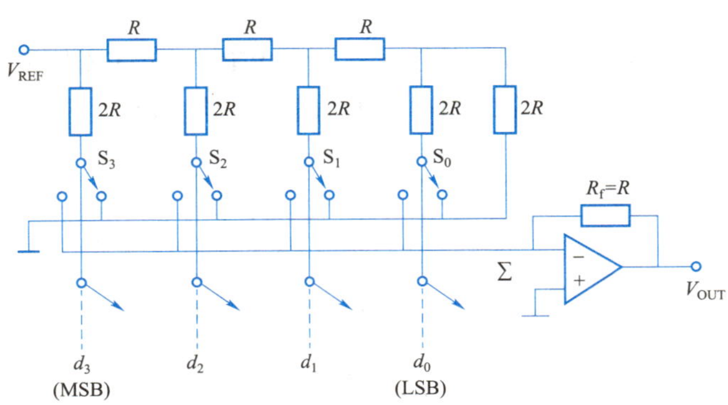

图 6−53　典型的 R−2R 网络 D/A 转换器原理

如果由 n 个电子开关组成网络，那么

$$V_{\mathrm{OUT}}=-\frac{V_{\mathrm{BEF}}}{2^4}[d_{n-1}\times2^{n-1}+\cdots+d_0\times2^0] \tag{6-7}$$

式中：n——D/A 电路能够被转换的二进制位数，有 8 位、10 位、12 位等，有时也称为分辨率。

实用的 D/A 转换器都是单片集成电路，如 DAC0832 是 8 位 D/A 芯片，采用 20 引脚双列

直式封装，DAC0832 芯片内部结构如图 6-54 所示。

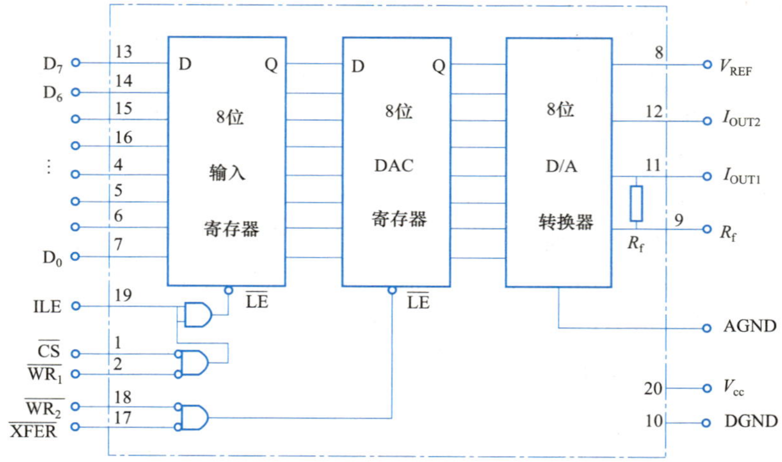

图 6-54　DAC0832 芯片内部结构

DAC0832 有两个 8 位寄存器和一个 8 位 D/A 转换器组成，使用两个寄存器的优点是可以进行两次缓冲操作，使该器件的应用有更大的灵活性。

DAC0832 各引脚含义如下：CS 片选信号，ILE 为输入寄存器锁存允许信号，一般设为“1”。当 CS 为低，WR_1 为低，ILE 为高时，才能将 CPU 送来的数字量锁存到 8 位输入寄存器中。XFER 为转换控制信号，WR_2 与 XFER 同时有效时才能将输入寄存器数字量再传送到 8 位 DAC 寄存器，同时 D/A 转换器开始工作。I_{OUT1} 和 I_{OUT2} 为输出电流，被转换为 0FFH 时，I_{OUT1} 取大；转换为 00H 时，I_{OUT1} 为 0，I_{OUT2} 最大。AGND 和 DGND 称为模拟地和数字地，它们只允许在此片上共地。V_{REF} 为参考电压，可在−10～+10 V 范围内选择。*V*cc 为电源，可在+5～+15 V 间选择。

图 6-55 所示为 DAC0832 与 CPU 的连接。由于 WR_2 和 XFER 接地，因此 DAC 寄存器时刻有效，而只有输入寄存器缓冲锁存作用。设译码后地址为 Port，则 D/A 转换程序为：

```
MOV  DX, Port
MOV  AL, n
OUT  DX, AL
HLT
```

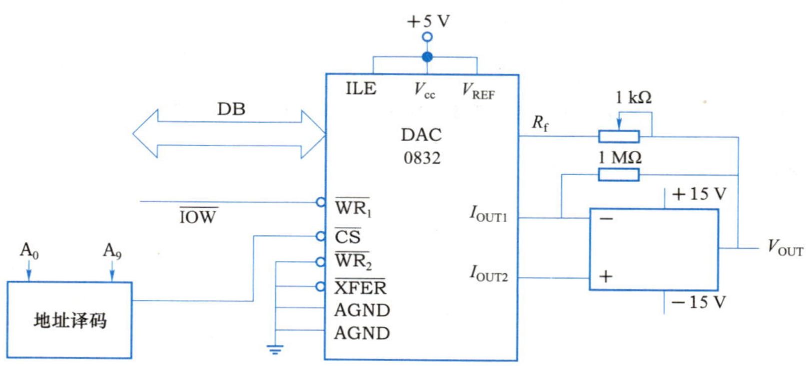

图 6-55　DAC0832 与 CPU 的连接

（2）D/A 转换器的选用。

目前单片机应用系统中大多采用集成芯片形式的D/A 转换器。随着集成电路技术的发展，D/A 转换器的结构、性能有了很大的变化。采用不同结构特点的集成芯片，集成电路不同。为了提高 D/A 转换器的接口性能和简化接口线路，应尽可能选择性能/价格比高的集成芯片。表 6–8 列出了 D/A 转换器的种类及特点。

表 6–8　D/A 转换器的种类及特点

名称	加权电阻型	T 型	脉冲调制型	频率调制型	加权恒流型
转换时间	中	短	长	长	短
分辨率	低	中	中	低	高
结构	简单	简单	稍微复杂	稍微复杂	略微复杂

① D/A 转换器的主要参数。

a）分辨率，指 D/A 转换器所能分辨的最小电压增量，或者说 D/A 转换器能够转换的二进制位数，位数多则分辨率就高。例如，一个 D/A 转换器能够转换 8 位二进制数，然后转换后的电压满量程是 5 V，则它的分辨率为 5 000 mV/256≈20 mA，即转换器能正确地分辨出 20 mV 的电压变化。

b）转换时间，指数字量输入到完成转换，输出达到最终值且稳定为止所需的时间。电流型 D/A 转换较快，一般在几纳秒到几百微秒之内；电压型 D/A 转换较慢，取决于运算放大器的响应时间。

c）精度，指 D/A 转换器实际输出电压与理论值之间的误差。一般采用数字量的最低有效位作为衡量单位。如果分辨率为 20 mV，则它的精度为±10 mV。

d）线性度，指当数字量变化时，D/A 转换器模拟量按比例关系变化的程度。理想的 D/A 转换器是线性的，但实际上有误差，模拟输出偏离理想输出的最大值称为线性误差。

② D/A 转换器的输入/输出特性。

DAC 是系统或设备中的一个功能单元，当把它接入系统或设备中相连接，针对不同用途的场合，它的输入/输出端有不同的要求。反映 D/A 转换器输入/输出特性的因素有：输入/输出缓冲能力、输入码制、输入数据的宽度、是电流型还是电压型、是单极性输出还是多极性输出等。

③ D/A 转换器选择要点。

在选用 D/A 芯片时，首先根据用户需要，合理选择转换速度、精度及分辨率以满足设计任务所要求的技术指标。但应注意到，一般情况下，位数越多精度越高，其转换的时间越长；如果要求高速度且高精度，则芯片价格也就越昂贵。其次看芯片内部是否带有数据输入缓冲器，这一点在设计接口电路时特别重要。另外，D/A 芯片还有电压型和电流型之分，目前多数厂家的 D/A 芯片是电流型的，若要构成电压 DAC，只需在电流 DAC 的 I_{out} 电流输出端，另外再接运算放大器，其运算放大器的反馈电阻有的也是集成在芯片内部的（如 DAC0832）。

2）功率驱动接口

在机电一体化系统中，执行元件往往是功率较大的机电设备，如电磁铁、电磁阀、各类电动机、液动机及气缸等。微机系统后向通道输出的控制信号（数字量或模拟量）需要通过与执行元件相关的功率放大器才能驱动执行元件，进而实现对机电系统的控制。在机电一体化系统中，功率放大器被称为功率驱动接口，其主要功能是把微机系统后向通道的弱电控制信号转换成能驱动执行元件动作的具有一定电压和电流的强电功率信号或液压气动信号。常用的功率接口主要有：开关型功率接口、步进电机功率驱动接口、直流电动机功率接口和交流电动机变频调速功率接口等。

（1）开关型功率接口。

在机电一体化系统中，常用的开关型功率接口主要有：光电耦合器驱动接口、晶闸管接口、继电器输出接口、固态继电器接口和大功率场效应管开关接口等。

① 光电耦合器驱动接口。

在机电一体化产品的开关量控制输出接口中，光电耦合器是经常使用的一类器件。光电耦合器是把发光二极管和光敏晶体管或光敏晶闸管封装在一起，当发光二极管有正向电流通过时，即产生人眼看不见的红外光，其光谱范围为 700～1 000 nm，受光器接收光照以后便导通。而当该电流撤去时，发光二极管熄灭，受光器随即截止。利用这种特性即可达到开关控制的目的。由于该器件是通过“电—光—电”的转换来实现对输出设备进行控制的，彼此之间没有电气连接，电信号是通过光信号传递的，因而起到隔离作用，故又称光电隔离器。不同型号的光电隔离器输入电流也不同，一般为 10 mA 左右，其输出电流的大小将决定控制输出外设的能力。一般负载电流比较小的外设可直接带动，若负载电流要求比较大时可在输出端加接驱动器。

a）光电耦合器的结构和特点。

光电耦合器由发光源和受光器两部分组成，并由不透明材料封装在一起，光电耦合器的符号如图 6–56 所示。发光源引出的管脚为输入端，受光器引出的管脚为输出端。当在输入端加正向电压时，发光二极管点亮，照射光敏晶体管（或晶闸管）使之导通，产生输出信号。

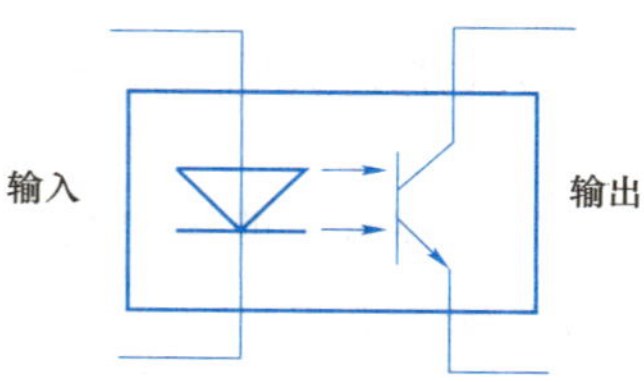

图 6–56　光电耦合器的符号

光电耦合器具有以下特点。

（a）光电耦合器的信号传递采取“电—光—电”形式，发光部分和受光部分不接触，因此其绝缘电阻可高达 10^{10} Ω以上，并能承受 2 000 V 以上的高压。被耦合的两个部分可以自成系统不“共地”，能够实现电控系统强电部分与弱电部分隔离，避免干扰由输出通道窜入控制微机。

（b）光电耦合器的发光二极管是电流驱动器件，能够吸收尖峰干扰信号，所以具有很强的抑制噪声干扰能力。

（c）光电耦合器作为开关应用时，具有耐用、可靠性高和高速等优点，响应时间一般为数微秒以内，高速型光电耦合器的响应时间有的甚至小于 10 ns。

光电耦合器用途很多，如作为高压开关、信号隔离转换、脉冲系统间的电平匹配等。

b）晶体管输出型光电耦合器驱动接口设计。

在机电系统的控制输出接口设计中，晶体管输出型光电耦合器主要用于实现电信号之间的隔离。图 6–57 所示为 8031 单

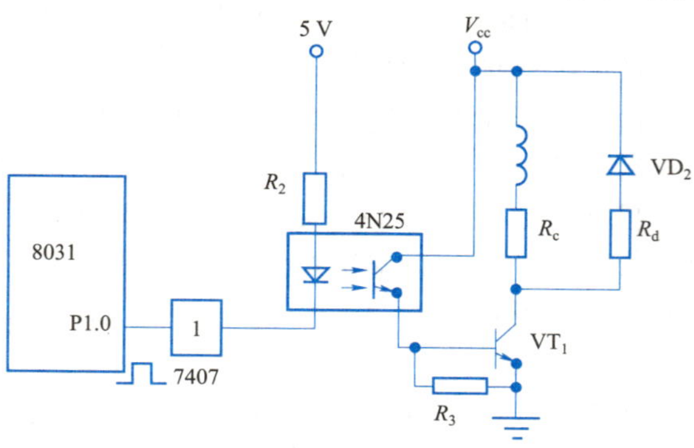

图 6–57　8031 单片机通过光耦控制步进电动机接口电路

片机通过光耦控制步进电机接口电路。由于一般计算机控制系统的接口芯片大都采用 TTL 电平，不能直接驱动发光二极管，所以通常在它们之间需加一级驱动器，如 7406 和 7407 等。

在这种场合应用时，应考虑两个参数：电流传输比 CTR 与时间延迟。

电流传输比是指光电晶体管的集电极电流 I_c 与发光二极管的电流 I_f 之比。不同结构的光电耦合器的电流传输比相差很大，如输出端是单个晶体管的光电耦合器 4N25 的电流传输比 CTR≥20%，而输出端使用达林顿管的光电耦合器 4N33 的电流传输比 CTR≥500%。电流传输比受发光二极管的工作电流 I_f 影响，当 I_f 为 10～20 mA 时，电流传输比最大。另外，工作温度升高时电流传输比也会下降。时间延迟是指光电耦合器在传输脉冲信号时，输出信号与输入信号间的延迟时间。

图 6−57 中，R_2 为发光二极管限流电阻，它的取值由下式计算

$$R_2 = \frac{V_{cc} - V_f - V_d}{I_f} \tag{6-8}$$

式中：V_c——电源电压；

V_f——发光二极管管压降，取 1.5 V；

V_d——驱动器压降，取 0.5 V；

I_f——发光二极管工作电流。

若 I_f 为 10 mA，则

$$R_2 = \frac{5 - 1.5 - 0.5}{0.01} = 300\ (\Omega)$$

当 8031 的 P1.0 端输出为高电平时，经反相驱动器后变为低电平，光电耦合器输入端电流为 0，此时发光二极管有电流通过并发光，使光敏三极管导通，而晶体管 V_{T1} 不导通，步进电机绕组两端无电压；当 P1.0 输出低电平时，4N25 的输入电流为 10 mA，4N25 的电流传输比 CTR≥20%，输出端可以流过大于 2 mA 的电流，再经过晶体管放大，产生驱动步进电机所需的电流。

输入部分与输出部分采用两套互相独立的电源，且不共地，没有电气联系，从而实现了电气隔离。若使用同一电源（或共地的两个电源），外部干扰信号可能通过电源串到系统中来，这样就失去了隔离的意义。

② 晶闸管接口。

晶闸管是一种大功率电器元件，也称可控硅。它具有体积小、效率高、寿命长等优点，在计算机自动控制系统中，可作为大功率驱动器件，实现用小功率控件控制大功率设备，可分为单向晶闸管和双向晶闸管。

a）单向晶闸管接口。单向晶闸管又称可控硅整流器，其最大特点是有截止和导通两个稳定状态（开关作用），同时又具有单向导电的整流作用。

图 6−58 所示为单向晶闸管与控制计算机的接口电路。当控制计算机发出的控制信号为低电平时，光电耦合器发光二极管截止，晶闸管门极不触发而断开。当控制信号为高电平时，经反相驱动器后，使光电耦合器发光二极管导通，交流电的正负半周均以直流方式加在晶闸管的门极，触发晶闸管导通，这时整流桥路直流输出端被接通，负载 R_2 即被接通。控制信号回到低电平时，晶闸管门极无触发信号，而使其关断，负载失电。

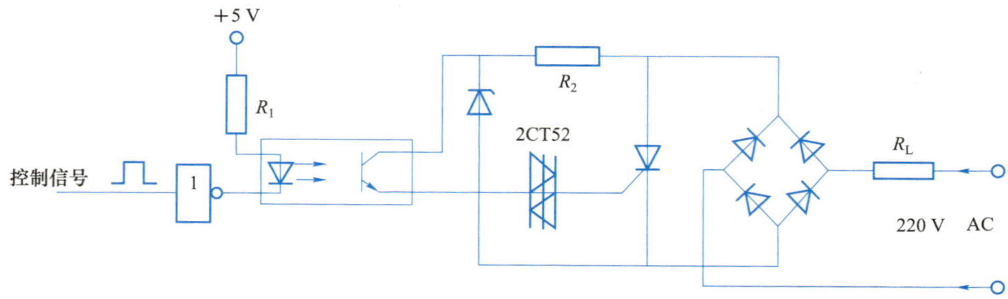

图 6-58 单向晶闸管与控制计算机的接口电路

b）双向晶闸管接口。双向晶闸管在结构上可看成两个单向晶闸管反向并联构成的，这种结构使其在应用特性上与单向晶闸管不同。第一，它在触发后是交流双向导通的；第二，在门极中所加的触发信号不论是正还是负都可以使双向晶闸管导通。双向晶闸管一般用作过零开关，对交流回路进行功率控制。

图 6-59 为双向晶闸管与控制计算机接口电路。图中 MOC3021 是双向晶闸管输出型的光电耦合器，其作用是隔离和触发双向晶闸管。

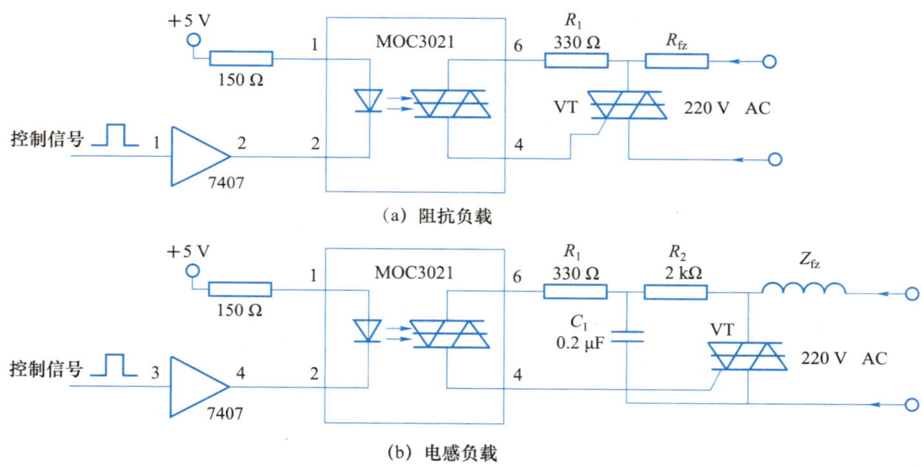

图 6-59 双向晶闸管与控制计算机接口电路

当计算机输出控制信号为低电平时，7407 也输出低电平，MOC3021 的输入端有电流流入，输出端的双向晶闸管导通，触发外部的双向晶闸管 VT 导通。当计算机输出控制信号为高电平时，MOC3201 输出端（双向晶闸管）关断，外部双向晶闸管 VT 也关断。

③ 继电器输出接口。

由于继电器是通过改变金属触点的位置，使动触点与定触点闭合或分开，所以具有接触电阻小、流过电流大及耐高压等优点，但在动作可靠性上不及晶闸管。继电器中，电流切换能力较强的电磁式继电器称为接触器。

控制计算机输出的开关信号需经过驱动电路进行转换，使输出的电源能够适应线圈的要求。继电器/接触器动作时，对电源有一定的干扰，为了提高控制计算机系统的可靠性，在驱动电路与控制计算机之间常采用光电耦合器隔离。

常用的继电器控制接口电路如图 6-60 所示。当计算机输出的控制信号为高电平时，经反相驱动器 7406 变为低电平，使发光二极管发光，从而使光敏三极管导通，进而使三极管 9013

导通，因而使继电器 K 的线圈通电，继电器触点 K1–1 闭合，使～220 V 电源接通。反之，当计算机控制输出的控制信号输出低电压时，使 K1–1 断开。图中电阻 R_1 为限流电阻，二极管 VD 的作用是保护晶体管 9013。当继电器 K 吸合时，二极管 VD 截止，不影响电路工作。继电器释放时，由于继电器线圈存在电感，这时晶体管 9013 已经截止，所以会在线圈的两端产生较高的感应电压。此电压的极性为上负下正，正端接在晶体管的集电极上。当感应电压与 U_{CC} 之和大于晶体管 9013 的集电极反向电压时，晶体管 9013 有可能损坏。加入二极管 VD 后，继电器线圈产生的感应电流从二极管 VD 流过，从而使晶体管 9013 得到保护。

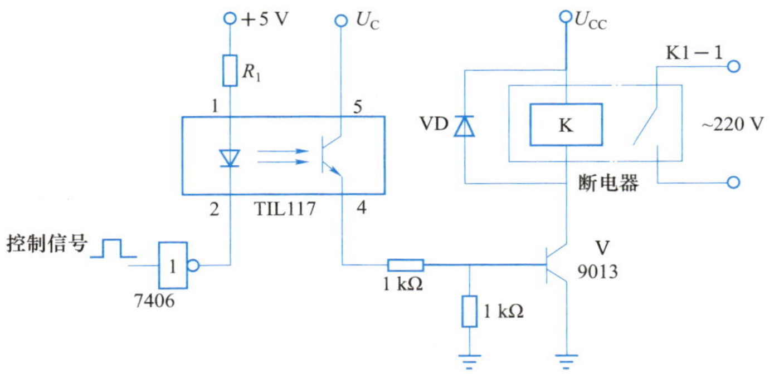

图 6–60　常用的继电器控制接口电路

④ 固态继电器接口。

在继电器控制中，由于采用电磁吸合方式，在开关瞬间，触点容易产生火花，从而引起干扰；对于交流高压等场合，触点还容易氧化，影响系统的可靠性。新型的输出控制器件——固态继电器（solid state relay，SSR）即可避免上述缺点。

固态继电器是用晶体管或晶闸管代替常规继电器的触点开关，而在前级中与光电隔离器融为一体。因此，固态继电器实际上是一种带光电隔离器的无触点开关。根据结构形式，固态继电器有直流型固态继电器和交流型固态继电器之分。

由于固态继电器输入控制电流小，输出无触点，所以与电磁式继电器相比，具有体积小、重量轻、无机械噪声、无抖动和回跳、开关速度快、工作可靠等优点。在微型计算机控制系统中得到了广泛的应用，大有取代电磁继电器之势。

a）直流型 SSR。直流型 SSR 的原理如图 6–61 所示。固态继电器的输入部分是一个光电隔离器，因此，可用 OC 门或晶体管直接驱动。它的输出端经整形放大后带动大功率晶体管输出，输出工作电压可达 30～180 V。

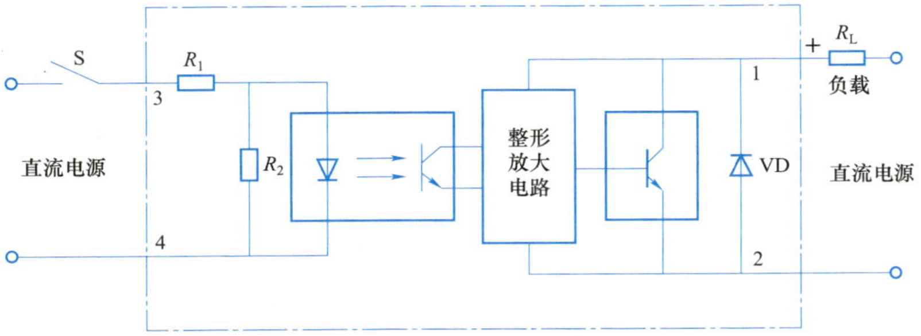

图 6–61　直流型 SSR 的原理

直流型 SSR 主要用于带直流负载的场合，如直流电动机控制、步进电机控制和电磁阀等。图 6–62 所示为采用直流型 SSR 控制三相步进电机的原理。图中 A、B、C 为步进电机的三相，每相由一个直流型 SSR 控制，分别由三路控制信号控制。只要按着一定的顺序分别给三个 SSR 送高低电平信号，即可实现对步进电机的控制。

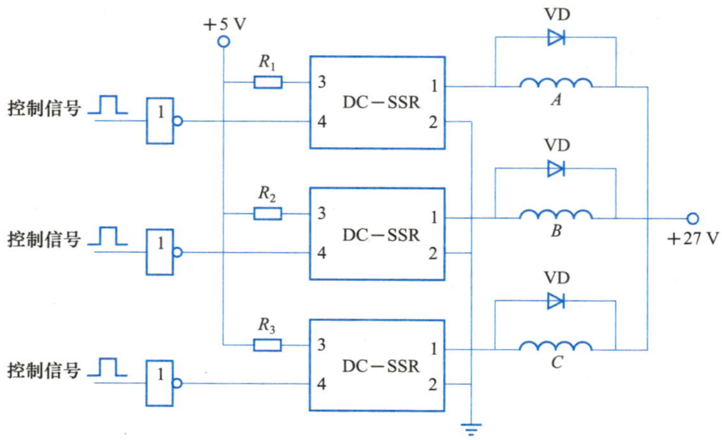

图 6–62 采用直流型 SSR 控制三相步进电机的原理

b）交流型 SSR。交流型 SSR 又可分为过零型和移相型两类。它采用双向晶闸管作为开关器件，用于交流大功率驱动场合，如交流电动机、交流电磁阀控制等。交流过零型 SSR 原理如图 6–63 所示。对于非过零型 SSR，在输入信号时，不管负载电流相位如何，负载端立即导通；而过零型必须在负载电源电压接近零且输入控制信号有效时，输入端负载电源才导通。当输入的控制信号撤销后，不论哪一种类型，它们都只在流过双向晶闸管负载电流为零时才关断，交流 SSR 输出波形如图 6–64 所示。

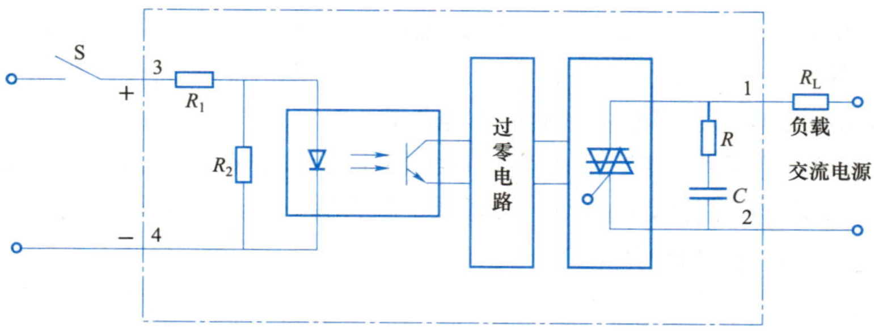

图 6–63 交流过零型 SSR 原理

用交流型 SSR 控制单向交流控制电动机的实例如图 6–65 所示。图中，改变交流电动机通电绕组，即可控制电动机的旋转方向；如用此接口电路控制流量调节阀的开和关，也可以实现控制管道中流体流量的目的。

当控制信号为低电平时，经反相后，使 AC–SSR1 导通，AC–SSR2 截止，交流电通过 A 相绕组，电动机正转；反之，如果控制信号为高电平，则 AC–SSR1 截止，AC–SSR2 导通，交流电流经 B 相绕组，电动机反转。图中所示的 R_P、C_P 组成浪涌电压吸收回路。通常 R_P 为 100 Ω 左右，C_P 为 0.19 μF。R_M 为压敏电阻，用作过电压保护。

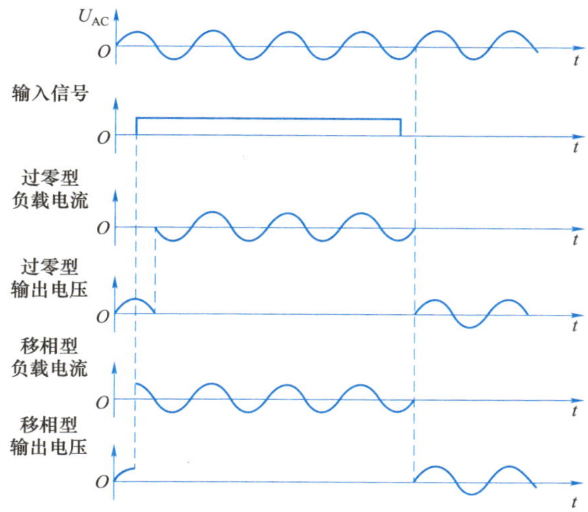

图 6-64　交流 SSR 输出波形

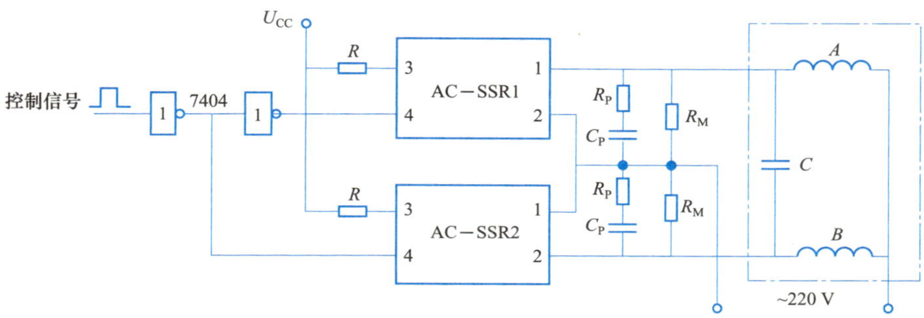

图 6-65　用交流型 SSR 控制单向交流控制电动机的实例

选用交流型固态继电器（AC–SSR）时主要注意它的额定电压和额定工作电流。

⑤ 大功率场效应管开关接口。

在开关量输出控制中，除了前面介绍的器件以外，还可用大功率场效应管开关作为开关量输出控制元件。功率场效应晶体管又称功率 MOSFET，它的结构和传统 MOSFET 不同，主要是把传统 MOSFET 的电流横向流动变为垂直导电的结构模式，目的是解决 MOSFET 器件的大电流、高电压问题。由于场效应管输入阻抗高，关断漏电流小，响应速度快，而且与同功率继电器相比，体积较小、价格便宜，所以在计算机开关量输出控制中也常作为开关元件使用。

场效应管的种类非常多，如 IRF 系列，电流可从几 mA 到几十 A，耐压可从几十 V 到几百 V，因此可以适合各种场合。

大功率场效应管的表示符号如图 6-66 所示。其中 G 为控制栅极，D 为漏极，S 为源极。对于 NPN 型场效应管来讲，当 G 为高电平时，源极与漏极导通，允许电流通过。否则，场效应管关断。大功率场效应管具有比双极性功率晶体管更好的特性，主要表现在以下几个方面。

a）由于功率 MOSFET 是多数载流子导电，因而不存在少数载流子的储存效应，从而有较高的开关速度。

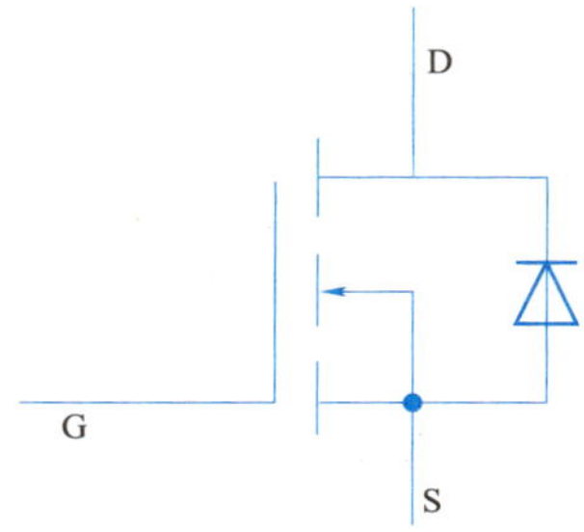

图 6-66　大功率场效应管的表示符号

b）具有较宽的安全工作区而不会产生热点，同时，由于它具有正的电阻温度系数，所以容易进行并联使用。

c）有较高的阈值电压（2～6 V），因此有较高的噪声容限和抗干扰能力。

d）具有较高的可靠性和较强的过载能力，短时过载能力通常为额定值的四倍。

e）由于它是电压控制器件，具有很高的输入阻抗，因此驱动电流小，接口简单。

在实际使用中，为了避免干扰从执行元件处进入控制微机，常采用脉冲变压器、光电耦合器等对控制信号进行隔离，如 4N25、TIL113 等。采用大功率场效应管控制步进电机电路原理如图 6–67 所示。

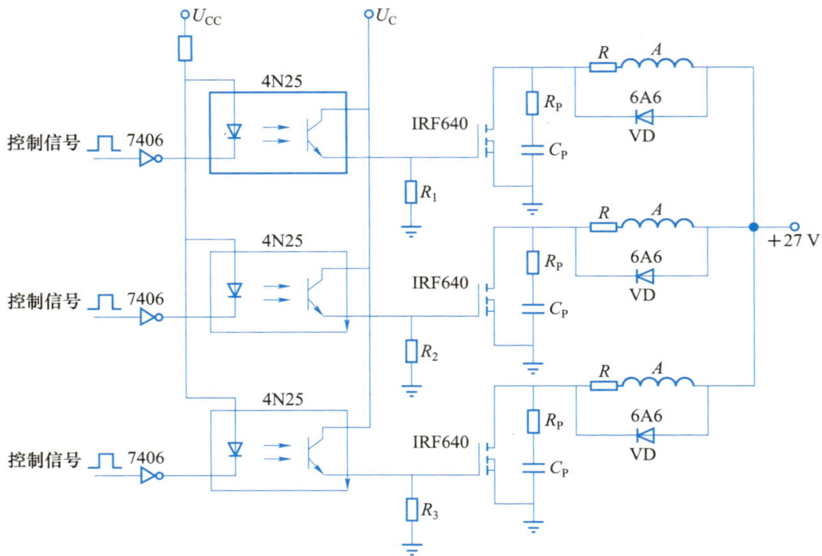

图 6–67　采用大功率场效应管控制步进电机电路原理

（2）功率驱动接口的设计要点。

功率驱动接口的设计是机电一体化系统设计中技术综合性较强的一项内容，既涉及微机控制的软硬件，还涉及执行元件、自动控制、电机拖动、功率器件等多方面的技术领域，但从设计目标上看，功率驱动接口主要是解决与输入信号的信号匹配及与执行元件的功率匹配问题。

设计功率驱动接口时应考虑以下要点。

① 功率驱动接口的主电路是功率放大器，目前的功率放大电路的形式十分丰富，主要与采用的大功率器件及控制形式有关，设计者应掌握各种常用功率器件的使用特点及使用方法，熟悉常规实用电路的结构形式。随着电力电子技术快速发展，设计者应不断积累新型大功率器件（如 IGBT、MOSFET、大功率模块、厚膜驱动电路等）的技术资料。

② 由于大功率器件工作在高电压大电流状态，并有一定的功耗，在接口设计中不仅要对这些器件采取散热措施，还应设计电流/电压检测保护电路。

③ 功率驱动接口要有很好的抗干扰措施，防止功率系统通过信号通道、电源，以及空间电磁场对微机控制器产生干扰。通常采用信号隔离、电源隔离相对大功率开关实现过零切换等方法。

④ 功率驱动接口的形式必须满足执行元件要求的控制方案，有时还需要对输入的信号进行波形变换或调制。

⑤ 功率驱动接口具有小信号输入、大功率输出的特点，输入的信号来自微机控制器的后

向通道，大多为 TTL/CMOS 数字信号或 D/A 转换后的小电流/电压信号，这些输入信号一般不能直接驱动大功率器件，因此，在功率放大级之前需设计有驱动电路，这种驱动电路一般采用中小功率集成电路。

⑥ 对于伺服驱动系统，一般需要有状态反馈环节，反馈电路虽不属于功率驱动接口，但在进行接口设计时，应留出采样节点的位置。

⑦ 功率驱动接口一般采用模块化的设计思想。随着工业技术的发展，功率放大器的设计与制造已趋于专门化，人们针对不同的执行元件或不同的控制要求，设计生产出类型众多，特性各异的功率放大器，有些功率放大器自带计算机控制系统，其本身可能就是一个机电一体化系统，例如，交流电动机的变频驱动器、直流电动机的 PWM 驱动器、步进电机驱动器等，目前已有系列化产品。三种不同形式的变频驱动器如图 6–68 所示。图 6–68（a）为三段式变频驱动器，只能实现三种转速的输出，图 6–68（b）为模拟量式变频驱动器，通过频率设定端的电压量大小设定连续的转速；图 6–68（c）为总线式变频驱动器，能够通过总线通信控制多台电机的转速。因此，在机电一体化系统中，常把功率驱动接口看作一个模块，在设计中需要注重选用标准化的功率放大器或功率放大控制器，并设计出与它直接联接的接口电路。对于确实需要从细部结构上进行设计的功率驱动接口、则应该与电气自动控制方面的专业技术人员共同合作完成设计。

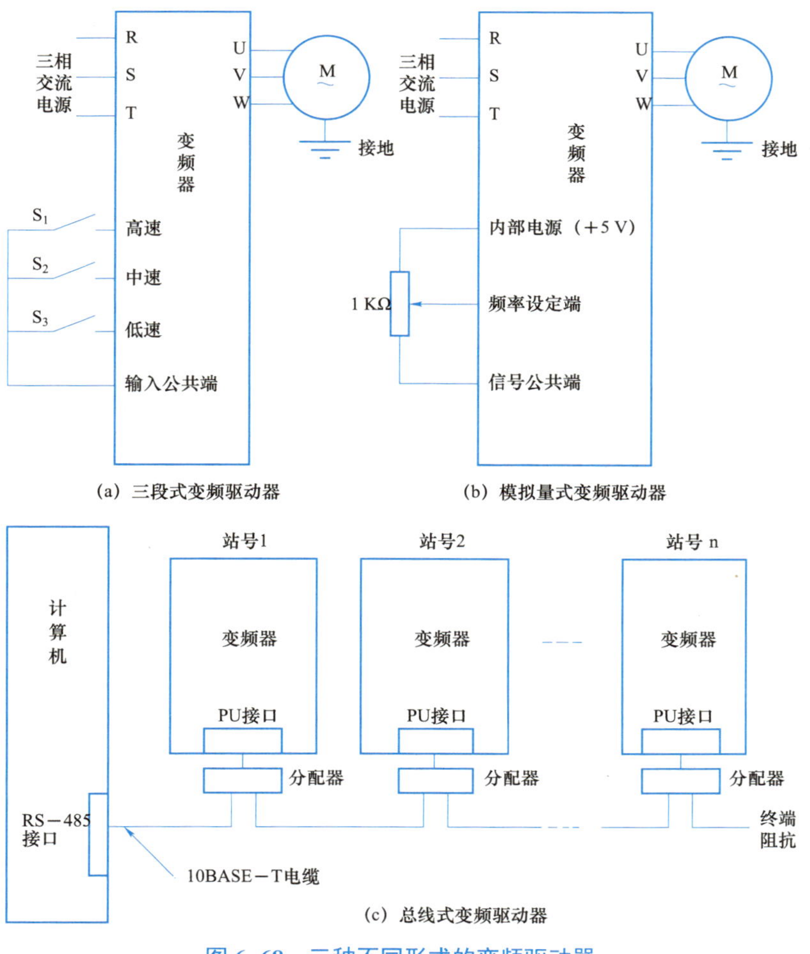

图 6–68　三种不同形式的变频驱动器

6.8 现场总线控制系统

6.8.1 数据通信基础与网络互联

现场总线是应用在生产现场、在微机化测量控制设备之间实现双向串行多节点数字通信的系统，也被称为开放式、数字化、多点通信的底层控制网络。它在制造业、流程工业、交通、楼宇等方面的自动化系统中具有广泛的应用前景。它把单个分散的测量控制设备变成网络节点，以现场总线为纽带，把它们连接成可以沟通信息、共同完成自控任务的网络系统与控制系统。

1. 总线的基本术语

总线：传输信号或信息的公共路径，遵循同一技术规范的连接与操作方式。一组设备通过总线连在一起称为“总线段”。可以通过总线段相接，把多个总线段连接成一个网络系统。

主设备：可在总线上发起信息传输的设备（bus master），又称为命令者。在总线上可能有多个主设备，这些主设备都可主动发起信息传输。

从设备：不能在总线上主动发起通信、只能挂接在总线上、对总线信息进行接收查询的设备称为总线从设备（bus slaver）。

控制信号：总线上的控制信号通常有三种类型。一类控制连在总线上的设备，让它进行所规定的操作，如设备清零、初始化、启动和停止等。另一类是用于改变总线操作的方式，如改变数据流的方向，选择数据字段的宽度和字节等。还有一些控制信号表明地址和数据的含义，如对于地址，可用于指定某一地址空间，或表示出现了广播操作；对于数据，可用于指定它能否转译成辅助地址或命令。

总线协议：管理主、从设备使用总线的一套规则称为“总线协议”（bus protocol），是一套事先规定的、必须共同遵守的规约。

在总线上可能有多个主设备，这些主设备都可主动发起信息传输。某一设备既可以是主设备，也可以是从设备，但不能同时既是主设备又是从设备。被总线主设备连上的从设备称为“响应者”（responder），它参与命令者发起的数据传送。

2. 总线操作的基本内容

总线操作：总线上命令者与响应者之间的连接、数据传送、脱开这一操作序列称为一次交易（transaction），或一次总线操作。

脱开：完成数据传送操作以后，命令者断开与响应者的连接。命令者可以在做完一次或多次总线操作后放弃总线占有权。

总线传送：包括读操作和写操作。读操作：读来自响应者的数据；写操作：向响应者写数据。一旦某一命令者与一个或多个响应者连接上以后，就可以开始数据的读写操作过程。为了提高数据传送操作的速度，有些总线系统采用了块传送和管线方式，加快了长距离的数据传送速度。

通信请求：由总线上某一设备向另一设备发出的请求信号，要求后者给予注意并进行某种服务。它们有可能要求传送数据，也有可能要求完成某种动作。

寻址过程：命令者与一个或多个从设备建立起联系的一种总线操作。

（1）物理寻址：用于选择某一总线段上某一特定位置的从设备作为响应者。由于大多数从设备都包含有多个寄存器，因此物理寻址常常有辅助寻址，以选择响应者的特定寄存器或某一功能。

（2）逻辑寻址：用于指定存储单元的某一个通用区，而并不顾及这些存储单元在设备中的物理分布。某一设备监测到总线上的地址信号，看其是否与分配给它的逻辑地址相符，如果相符，它就成为响应者。

（3）广播寻址：用于选择多个响应者。命令者把地址信息放在总线上，从设备将总线上的地址信息与其内部的有效地址进行比较，如果相符，则该从设备被“连上”。能使多个从设备连上的地址称为“广播地址”（broadcast addresses）。

（4）总线仲裁：总线在传送信息的操作过程中有可能会发生“冲突”（contention）。为解决这种冲突，就需进行总线占有权的“仲裁”。

① 命令者：当前的总线主设备。某一时刻只允许某一个主设备占有总线，等到它完成总线操作，释放总线占有权后才允许其他总线主设备使用总线。

② 访问等待时间：总线主设备为获得总线占有权而等待仲裁的时间。

③ 总线占有期：命令者占有总线的时间。常见的是在命令者和一个或多个“从设备”之间进行。

④ 总线定时：总线操作用“定时”（timing）信号进行同步。定时信号用于指明总线上的数据和地址在什么时刻是有效的，有异步和同步两种。

⑤ 出错检测：总线上传送信息时会因噪声和串扰而出错，因此在高性能的总线中一般设有出错码校验机构。传送地址时的奇偶错会使要连接的从设备连不上；传送数据时如果有奇偶错，通常是再发送一次。也有一些总线由于出错率很低而不设校检机构。

⑥ 容错：设备在总线上传送信息出错时，如何减少故障对系统的影响，提高系统的重配置能力是十分重要的。故障对分布式仲裁的影响就比菊花链式仲裁小。后者在设备出故障时，会直接影响它后面设备的工作。总线系统应能支持软件利用一些新技术，如动态重新分配地址，把故障隔离开，关闭或更换故障单元。

3. 通信网络的构成

通信系统是传递信息所需的一切技术设备的总和。它一般由信息源和信息接收者，发送、接收设备，传输媒介几部分组成。单向数字通信系统的结构如图 6-69 所示。

（1）信息源：信息源和信息接收者是信息的产生者和使用者，在数字通信系统中传输的信息是数据，是数字化了的信息。这些信息可能是原始数据，也可能是经计算机处理后的结果，还可能是某些指令或标志。

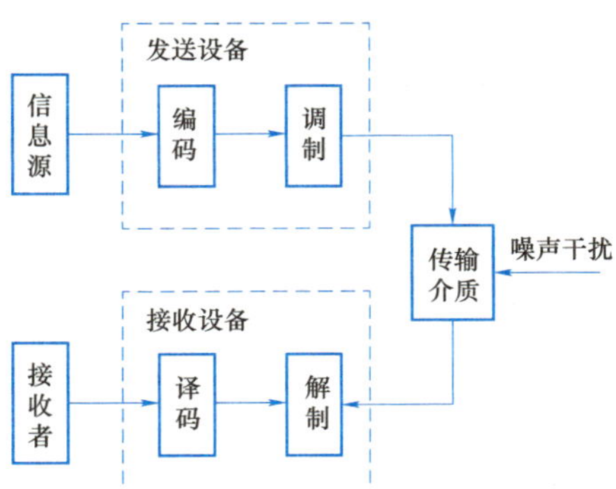

图 6-69　单向数字通信系统的结构

信息源可根据输出信号的性质不同分为模拟信息源、离散信息源。模拟信息源（如电话机、电摄像机）输出幅度连续变化的信号；离散信息源（如计算机）输出离散的符号序列或文字。模拟信息可以通过抽样和量化变换为离散信息源。随着计算机和数字通信技术的发展，离散信息源的种类和数量越来越多。

（2）发送设备：基本功能是将信息源和传输媒介匹配起来，即将信息源产生的消息信号经过编码，并变换为便于传送的信号形式，送往传输媒介。对于数字通信系统来说，发送设备的编码常常为信源编码和信道编码两部分。信源编码把连续消息变换为数字信号；而信道编码是使数字信号与传输介质匹配，提高传输的可靠性或有效性。变换方式多样，调制是常用的变换方式之一。发送设备还要为达到某些特殊要求而进行各种处理，如多路复用、保密处理、纠错编码处理等。

（3）传输介质：传输介质指发送设备到接收设备之间信号传递所经媒介。它可以是无线的，也可以是有线的（包括光纤）。有线和无线均有多种传输介质，如电磁波、红外线为无线传输介质，各种电缆、光缆、双绞线等为有线传输介质。介质在传输过程中必然会引入某些干扰，如热噪声、脉冲干扰、衰减等。媒介的固有特性和干扰特性直接关系到变换方式的选取。

（4）接收设备：接收设备的基本功能是完成发送设备的反变换，即进行解调、译码、解密等。它的任务是从带有干扰的信号中正确恢复出原始信息来，对于多路复用信号，还包括解除多路复用，实现正确分路。

4. 数据编码

计算机网络系统的通信任务是传送数据或数据化的信息。这些数据通常以离散的二进制 0，1 序列的方式表示。数据编码是指通信系统中以何种物理信号的形式来表达数据。

（1）码元：是传输数据的基本单位。在计算机网络通信中所传输的大多为二元码，它只能在 1 或 0 这两个状态中取一个。

（2）模拟数据编码：用模拟信号的不同幅度、不同频率、不同相位来表达数据的 0，1 状态。

（3）数字数据编码：用高低电平的矩形脉冲信号来表达数据的 0，1 状态的编码方式。

（4）基带传输：采用数字数据编码，在基本不改变数据信号频率的情况下，直接传输数据信号的传输方式。基带传输可以达到较高的数据传输速率，是目前广泛应用的数据通信方式。

基带传输方式的分类如下。

① 单极性码：信号电平是单极性的，如逻辑 1 用高电平，逻辑 0 为 0 电平的信号表达方式。

② 双极性码：信号电平为正、负两种极性的。如逻辑 1 用正电平，逻辑 0 为负电平的信号表达方式。

③ 归零码（RZ）：在每一位二进制信息传输之后均返回零电平的编码。

④ 不归零码（NRZ）：在整个码元时间内维持有效电平。

⑤ 差分码：用电平的变化与否来代表逻辑“1”和“0”。电平变化代表“1”，不变化代表“0”，按此规定的码称为信号差分码。根据初始状态为高电平或低电平，差分码有两种波形（相位恰相反）。显然，差分码不可能是归零码。

基带传输方式如图 6–70 所示。绝对码与差分码如图 6–71 所示。

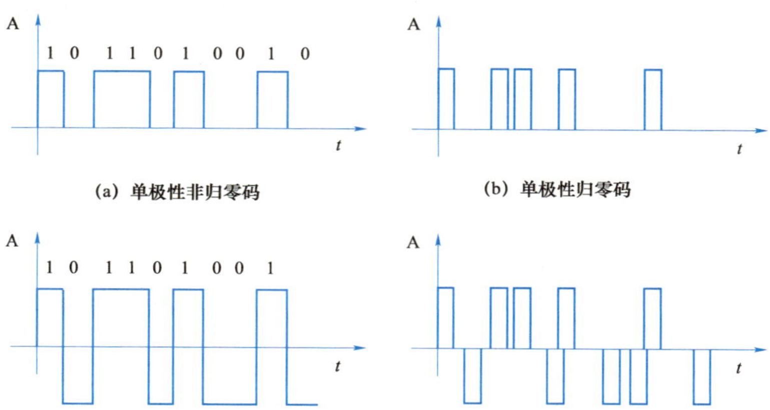

(a) 单极性非归零码　(b) 单极性归零码

(c) 双极性非归零码　(d) 双极性归零码

图 6–70　基带传输方式

⑥ 曼彻斯特编码：常用的基带信号编码。它具有内在的时钟信息，因而能使网络上的每一个系统保持同步。

时间被划分为等间隔的小段，其中每小段代表一个比特。每一小段时间本身又分为两半，前半个时间段所传信号是该时间段传送比特值的反码，后半个时间段传送的是比特值本身。可见在一个时间段内，其中间点总有一次信号电平的变化，因此携带有信号传送的同步信息而不需另外传送同步信号。

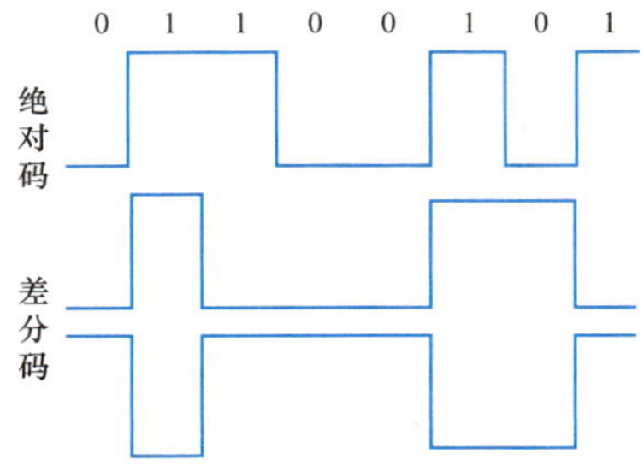

图 6-71　绝对码与差分码

从频谱分析理论知道，理想的方波信号包含从零到无限高的频率成分，由于传输线中不可避免地存在分布电容，故允许传输的带宽是有限的，所以要求波形完全不失真的传输是不可能的。为了与线路传输特性匹配，除很近距离传输外，一般可用低通滤波器将矩形波整形成为变换点比较圆滑的基带信号，而在接收端，则在每个码元的最大值（中心点）取样复原。

⑦ 模拟数据编码：模拟数据编码采用模拟信号来表达数据的 0，1 状态。幅度、频率、相位是描述模拟信号的参数。可以通过改变这三个参数，实现模拟数据编码。幅度键控（amplitude-shift keying，ASK）、频移键控（frequency-shift keying，FSK）、相移键控（phase-shift keying，PSK）是模拟数据编码的三种编码方法。模拟数据编码方法如图 6-72 所示。

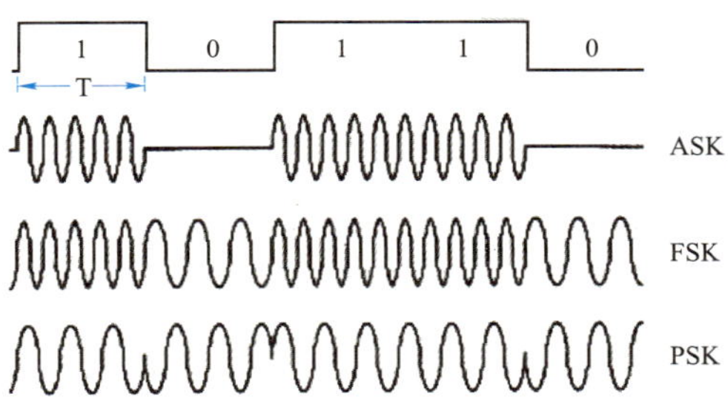

图 6-72　模拟数据编码方法

5. 通信系统的性能

通信系统的任务是传递信息，因而信息传输的有效性和可靠性是通信系统最主要的质量指标。有效性是指所传输信息的内容有多少；而可靠性是指接收信息的可靠程度。通信有效性实际上反映了通信系统资源的利用率。通信过程中用于传输有用报文的时间比例越高越有效。同样，真正要传输的数据信息位在所传报文中占的比例越高也说明有效性越好。

1）有效性指标

（1）数据的传输速率。数据传输速率是单位时间内传送的数据量。它是衡量数字通信系统有效性的指标之一，当信道一定时，信息传输的速率越高，有效性越好。

① 比特率。比特（bit）是数据信号的最小单位。通信系统中的字符或者字节一般由多个二进制位即多个比特来表示。例如，一个字节往往是 8 位或 16 位。通信系统每秒传输数据的二进制位数被定义为比特率。二进制信号的信息速率用每秒比特（bit/s）作单位，常称为比特率。

② 波特率。波特（baud）是指信号大小方向变化的一个波形，每秒传输信号的个数。每个信号波形可包含一个或多个二进制位。

在数字信道中，比特率是数字信号的传输速率，它用单位时间内传输的二进制代码的有效位（bit）数来表示，其单位为每秒比特数 bit/s（bps）、每秒千比特数（kbps）或每秒兆比特数（Mbps）来表示（此处 k 和 M 分别为 1000 和 1000000，而不是涉及计算机存储器容量时的 1 024 和 1 048 576）。

波特率指数据信号对载波的调制速率，它用单位时间内载波调制状态改变次数来表示，其单位为波特（Baud）。波特率与比特率的关系为：比特率=波特率×单个调制状态对应的二进制位数。

显然，两相调制（单个调制状态对应 1 个二进制位）的比特率等于波特率；四相调制（单个调制状态对应 2 个二进制位）的比特率为波特率的两倍；八相调制（单个调制状态对应 3 个二进制位）的比特率为波特率的三倍；依次类推。

（2）频带利用率。频带利用率是指单位频带内的传输速度。它是衡量数据传输系统有效性的重要指标，即每 Hz 带宽所能实现的比特率。由于传输系统的带宽通常不同，因而通信系统的有效性仅仅看比特率是不够的，还要看其占用带宽的大小。

（3）协议效率。协议效率是衡量通信系统软件有效性的指标之一。协议效率是指所传输的数据包中的有效数据位与整个数据包长度的比值。一般是用百分比表示，它是对通信帧中附加量的量度。不同的通信协议通常具有不同的协议效率。协议效率越高，其通信有效性越好。在通信参考模型的每个分层，都会有相应的层管理和协议控制的加码。从提高协议编码效率的角度来看，减少层次可以提高编码效率。

（4）通信效率。通信效率被定义为数据帧的传输时间同用于发送报文的所有时间之比。其中数据帧的传输时间取决于数据帧的长度、传输的比特率及要传输数据的两个节点之间的距离。这里用于发送报文的所有时间包括竞用总线或等待令牌的排队时间，数据帧的传输时间及用于发送维护帧等的时间之和。通信效率为 1，就意味着所有时间都有效地用于传输数据帧。通信效率为 0，就意味着总线被报文的碰撞、冲突所充斥。

2）可靠性指标

数字通信系统的可靠性可以用误码率来衡量。误码率 P_e 是衡量数字通信系统可靠性的指标。它是二进制码元在数据传输系统中被传错的概率，数值上近似为：

$$P_e \approx N_e/N \tag{6-9}$$

式中：N——传输的二进制码元总数；

N_e——被传输错的码元数，理论上应有 $N\to\infty$。实际使用中 N 应足够大，才能把 N_e/N 近似为误码率。理解误码率定义时应注意以下几个问题。

（1）误码率是衡量数据传输系统正常工作状态下传输可靠性的参数。

（2）对于一个实际的数据传输系统，不能笼统地说误码率越低越好，要根据实际传输要求提出误码率要求。在数据传输速率确定后，误码率越低，数据传输系统设备越复杂，造价越高。

（3）对于实际数据传输系统，如果传输的不是二进制码元，则要折合成二进制码元来计算。差错的出现具有随机性，在实际测量一个数据传输系统时，被测量的传输：进制码元数越大，越接近于真正的误码率值。在实际的数据传输系统中，人们需要对一种信道进行大量、重复的测试，求出该信道的平均误码率，或者给出在特殊情况下的平均误码率。

3）通信信道的频率特性

频率特性描述通信信道在不同频率的信号通过以后，其波形发生变化的特性，频率特性分为幅频特性和相频特性。幅频特性指不同频率信号通过信道后，其幅值受到不同衰减的特性；相频特性指不同频率的信号通过信道后，其相角发生不同程度改变的特性。理想信道的频率特性应该是对不同频率产生均匀的幅频率特性和线性相频特性，而实际信道的频率特性并非理想。因此，通过信道后的波形会产生畸变。如果信号的频率在信道带宽范围内，则传输的信号基本不失真，否则，信号的失真将较严重，信道频率特性不理想是由于传输线路并非理想线路造成的。实际的传输线路存在电阻、电感、电容，由它们组成分布参数系统。由于电感、电容的阻抗随频率而变，故信号的各次谐波的幅值衰减不同，其相角变化也不尽相同。当然，信道的频率特性不仅与介质相关，而且和中间通信设备的电气特性有关。

6.8.2 通信方式与同步方式

通信方式如图 6–73 所示。

（1）单工通信：传送的信息始终是一个方向，而不进行与此相反方向的传送。

（2）半双工通信：信息流可在两个方向上传输，但同一时刻只限于一个方向传输。半双工通信采用二线制线路。

（3）全双工通信：能同时作双向通信。它相当于把两个相反方向的单工通信方式组合在一起。因此全双工通信一般采用四线制结构。

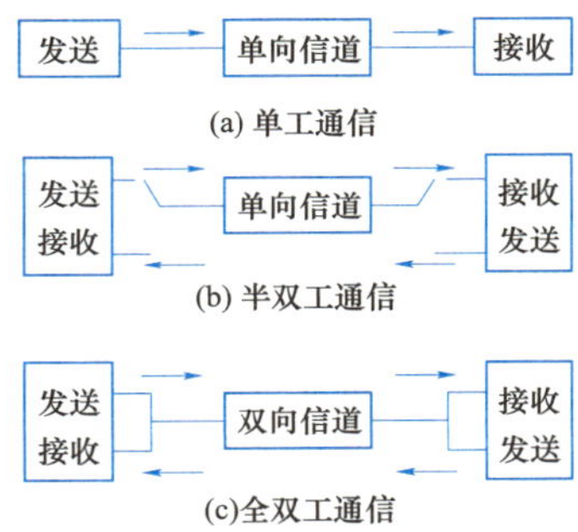

图 6–73 通信方式

接收端要按发送端所发送的每个码元的重复频率及起止时间来接收数据。接收端要校准自己的时间和重复频率和发送端一致，这一过程称为同步过程。

按传输信息的基本组织单位，又将同步分为位同步、字符同步和帧同步。

（1）位同步：每个比特（位）必须在收发两端保持同步，即为比特（位）同步。一般在接收端从接收信号中提取位同步信号，如图 6–74 所示，因为在接收信号码元 1 和 0 的极性变化中，就包含了同步信息。在同步方式中采用奇校验方法，以保证在每个字符中至少出现一个代码转换点。

外同步：发送端发送数据时同时发送同步时钟信号，接收方用同步信号来锁定自己的时钟脉冲频率。

自同步：通过特殊编码（如曼彻斯特编码），这些数据编码信号包含了同步信号，接收方从中提取同步信号来锁定自己的时钟脉冲频率。

（2）字符同步：以字符为边界实现字符的同步接收，也称为起止式或异步制。每个字符的传输需要：1 个起始位，5～8 个数据位，1～2 个停止位（字符同步传输方式如图 6–75 所示）。在计算机通信中常用的异步方式中，并不要求收发两端在传送代码的每一比特（位）时都同步。

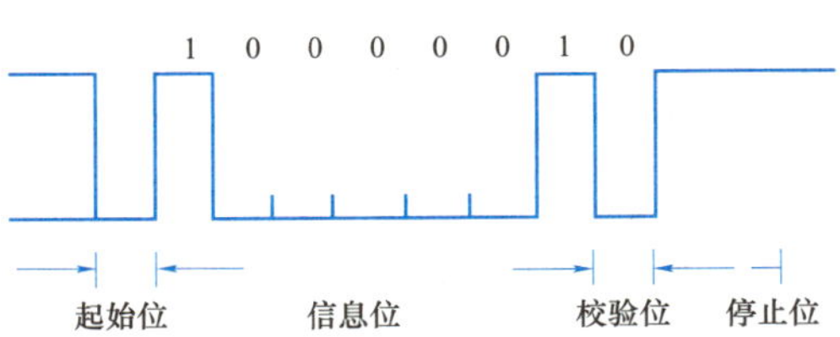

图 6–74 位同步传输方式

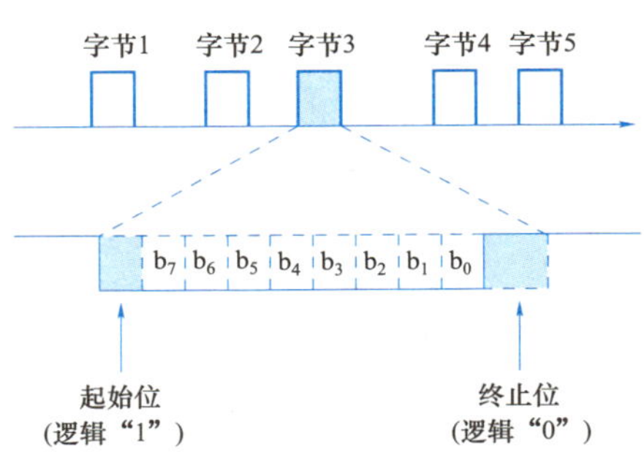

图 6–75 字符同步传输方式

① 起始位起到使该字符内各比特能同步的作用，各字符互不同步，字符的间隔是任意的。

② 在异步方式中，一般采用偶校验方式。缺点是线路效率低，在低速系统中获得了广泛应用。

（3）帧同步。数据帧是一种按事先约定将数据信息组织成组的形式，是数据链路中的传输单位，为包含数据和控制信息的数据块。

根据识别一个帧的起始和结束的方式，帧同步可分为面向字符和面向比特的两种同步方式，面向字符的同步方式可以同步字符（SYN，16H）来标识一个帧的开始，适用于数据为字符类型的帧。面向字符同步方式如图 6-76 所示。

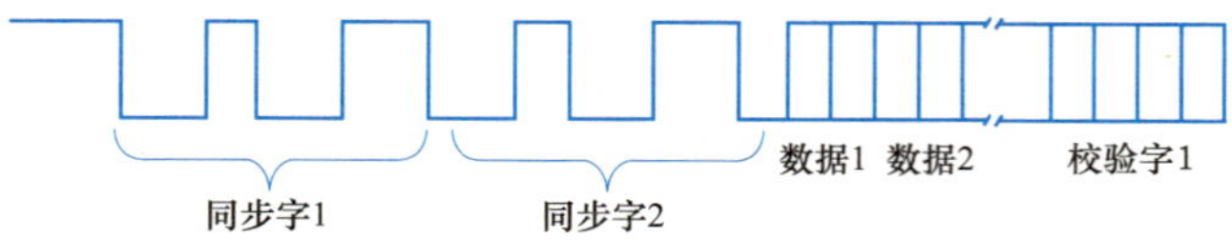

图 6-76　面向字符同步方式

面向比特的同步方式可以特殊位序列（7EH，即 01111110）来标识一个帧的开始，适用于任意数据类型的帧。面向比特同步方式如图 6-77 所示。

帧头	控制域	数据域	校验域	帧尾

图 6-77　面向比特同步方式

字符同步与帧同步各有特点，具体比较如下：

① 字符同步传输以字符为单位，帧同步传输以字符块为单位；

② 字符同步传输进行每个字符的同步，但字符间不同步；

③ 帧同步方式效率高于字符同步方式（传送控制位较少）。

6.8.3　网络拓扑结构

如图 6-78 所示，网络的拓扑结构是指网络中节点的互连形式，星形、环状、总线和树状较为常见。

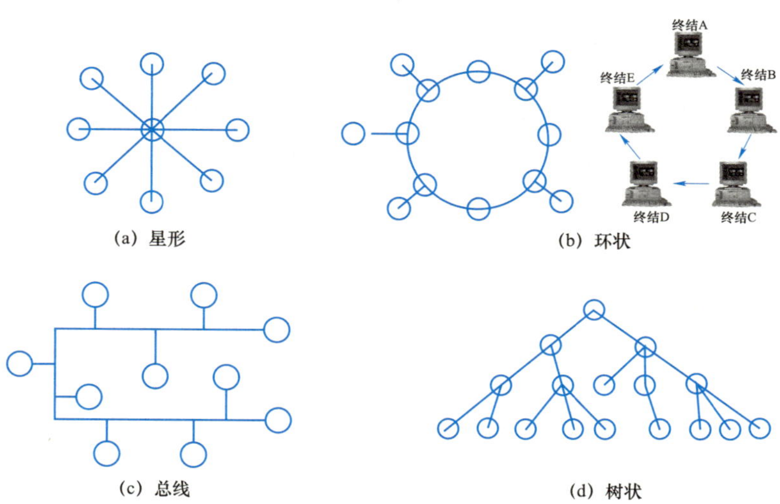

图 6-78　网络拓扑结构

（1）星形：每个站通过点—点连接到中央节点，任何两站之间的通信都通过中央节点进行。

（2）环状：网络中有许多中继器进行点—点链路连接，构成一个封闭的环路。一般采用分布控制，每个站有存取逻辑和收发控制。

（3）总线：传输介质是一条总线，工作站通过相应硬件接口接至总线上。一个站发送数据，所有其他站都能接收。因为所有节点共享一条传输链路，一次只允许一个站发信息，需有某种存取控制方式，确定下一个可以发送的站。

（4）树状：树状拓扑是总线拓扑的扩展形式，树状结构非常适合于分主次、分等级的层次型管理系统。

星形拓扑结构是用一个节点作为中心节点，其他节点直接与中心节点相连构成的网络。中心节点可以是文件服务器，也可以是连接设备。

星形拓扑结构优点如下。

① 控制简单。任何一站点只和中央节点相连接，因而介质访问控制方法简单，致使访问协议也十分简单。易于网络监控和管理。

② 故障诊断和隔离容易。中央节点对连接线路可以逐一隔离进行故障检测和定位，单个连接点的故障只影响一个设备，不会影响全网。

③ 方便服务。中央节点可以方便地对各个站点提供服务和网络重新配置。

星装拓扑结构缺点如下。

① 需要耗费大量的电缆，安装、维护的工作量也骤增。

② 中央节点负担重，形成“瓶颈”，一旦发生故障，则全网受影响。

③ 各站点的分布处理能力较低。

环状结构是封闭的，不便于扩充；可靠性低，一个节点故障，将会造成全网瘫痪；维护难，对分支节点故障定位较难。

总线结构的网络特点如下：结构简单，可扩充性好。当需要增加节点时，只需要在总线上增加一个分支接口便可与分支节点相连，当总线负载不允许时还可以扩充总线；使用的电缆少，安装容易；使用的设备相对简单，可靠性高；维护难，分支节点故障查找难。

① 组网费用低：不需要另外的互联设备，直接通过一条总线进行连接，所以组网费用较低。

② 这种网络因为各节点是共用总线带宽的，所以在传输速度上会随着接入网络的用户的增多而下降。

③ 网络用户扩展较灵活：需要扩展用户时只需要添加一个接线器即可，但所能连接的用户数量有限。

④ 维护较容易：单个节点失效不影响整个网络的正常通信。但是如果总线一断，则整个网络或者相应主干网段就断了。

⑤ 这种网络拓扑结构的缺点是一次仅能一个端用户发送数据，其他端用户必须等待至获得发送权。

树状结构是分级的集中控制式网络，与星形相比，它的通信线路总长度短，成本较低，节点易于扩充，寻找路径比较方便，但除了叶节点及其相连的线路外，任意节点或其相连的线路故障都会使系统受到影响。

① 优点：易于扩充。树状结构可以延伸出很多分支和子分支，这些新节点和新分支都能容易地加入网内。故障隔离较容易。如果某一分支的节点或线路发生故障，很容易将故障分

支与整个系统隔离开来。

② 缺点：各个节点对根节点的依赖性太大。如果根发生故障，则全网不能正常工作。

6.8.4 网络传输介质与访问控制方式

1. 常用传输介质

传输介质是网络中连接收发双方的物理通路，也是通信中实际传送信息的载体。网络中常用的传输介质有双绞线、同轴电缆、光导纤维电缆、无线，等等。

（1）双绞线：螺旋结构排列的两根或四根绝缘线组成。一对线可以作为一条通信线路，可以用于点—点连接，也可用于多点连接。最大距离可达 15 km；用于 10 Mbps 局域网时，与集线器的距离最大为 100 m。

（2）同轴电缆：由内导体、绝缘层及外部保护层等组成，如图 6–79 所示。同轴介质的特性参数由内、外导体及绝缘层的电参数和机械尺寸决定。

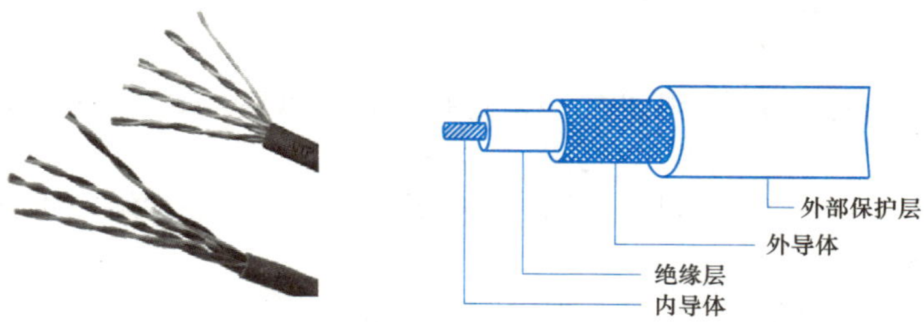

图 6–79　同轴电缆结构

（3）光纤：光导纤维通过内部的全反射来传输一束经过编码的光信号。光纤不受外界电磁干扰与噪声的影响，能在长距离、高速率传输中保持低误码率。光纤传输信号过程如图 6–80 所示。

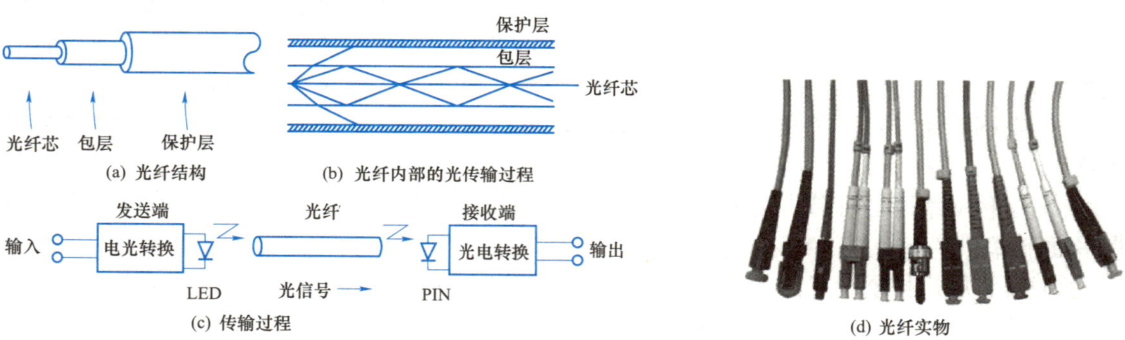

图 6–80　光纤传输信号过程

2. 介质访问控制方式

为了解决在同一时间有几个设备同时争用传输介质，需有某种介质访问控制方式，以便协调各设备访问介质的顺序，在设备之间交换数据。

（1）随机访问介质方式：常用的争用总线技术为带有冲突检测的载波侦听多路存取（CSMA/CD）。载波侦听 CSMA 的控制方案是先听再讲。一个站要发送，首先需监听总线，以决定介质上是否存在其他站的发送信号。如果介质是空闲的，则可以发送。如果介质是忙的，则等待一定间隔后重试。

（2）有控制的访问介质方式：令牌方式是一种按一定顺序在各站点传递令牌（token）的方法。谁得到令牌，谁才有发报权。令牌访问原理可用于环形网络，构成令牌环形网；也可用于总线网，构成令牌总线网络。

3. 差错控制

CRC 码检错方法（见图 6-81）：将要发送的数据比特序列当作一个多项式 $f(x)$ 的系数，在发送方用收发双方预先约定的生成多项式 $G(x)$ 去除，求得一个余数多项式。将余数多项式加到数据多项式之后发送到接收端。接收端同样地生成多项式 $G(x)$ 去除接收数据多项式 $f'(x)$，得到计算余数多项式。如果计算余数多项式与接收余数多项式相同，则表示传输无差错。CRC 和帧检验序列 FCS 并不是同一概念，CRC 是一种检测方法，而 FCS 是添加在数据后的冗余码，检错方法可选 CRC，也可不选。

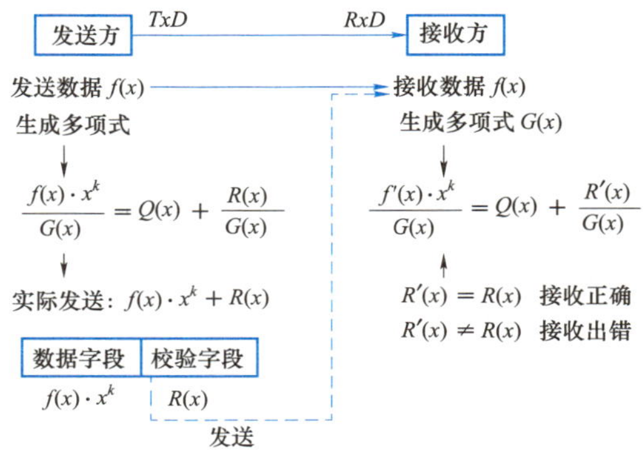

图 6-81　CRC 码检错方法

6.8.5　开放系统互连参考模型

现代网络采用分层的体系结构方法，就是将网络按照功能分成一系列的层次，每一层完成一个特定的功能。相邻层中的高层直接使用低层提供的服务来实现本层的功能，同时它又向它的上层提供服务。网络分层的好处是：各层之间相对独立，其功能实现的具体细节对外是不可见的（“透明”），相邻层间的交互通过接口处规定的服务原语（交互时所要交换的一些必要信息）进行。这样每一层的功能易于实现和维护。而当某一层需要改动时，只要不改变它与上、下层的接口规则，其他层次都不受影响，因此具有很大的灵活性。这种思维模式与面向对象的程序设计是一致的，一层就是一个对象，服务实现的细节完全封装在层内，因此，各层之间具有很强的独立性。

1978 年，国际标准化组织（ISO）建立了一个“开放系统互连”分技术委员会，起草了“开放系统互连基本参考模型”的建议草案。原则是将相似的功能集中在同一层内，功能差别较大时则分层处理，每层只对相邻的上、下层定义接口。第 1～3 层功能称为低层功能（LLF），即通信传送功能，这是网络与终端均需具备的功能。第 4～7 层功能称为高层功能（HLF），即通信处理功能，通常需由终端来提供。OSI 参考模型如图 6-82 所示。

物理层：提供用于建立、保持和断开物理连接的机械的、电气的、功能的和过程的条件。

数据链路层：该层对连接相邻的通路进行差错控制、数据成帧、同步控制等。

网络层：规定了网络连接的建立、维持和拆除的协议。通过路由选择和中继功能，实现两个系统之间的连接。

传输层：完成开放系统之间的数据传送控制。其主要功能是开放系统之间数据的收发确认。

会话层：依靠传输层以下的通信功能使数据传送功能在开放系统间有效地进行。

表示层：把应用层提供的信息变换为能够共同理解的形式，提供字符代码、数据格式、控制信息格式、加密等的统一表示。

应用层：实现应用进程（如用户程序、终端操作员等）之间的信息交换。

TCP/IP 协议是一系列网络协议的总和，是构成网络通信的核心骨架，定义了设备如何连入因特网，以及数据如何在它们之间进行传输。

网络传输协议如图 6-83 所示。

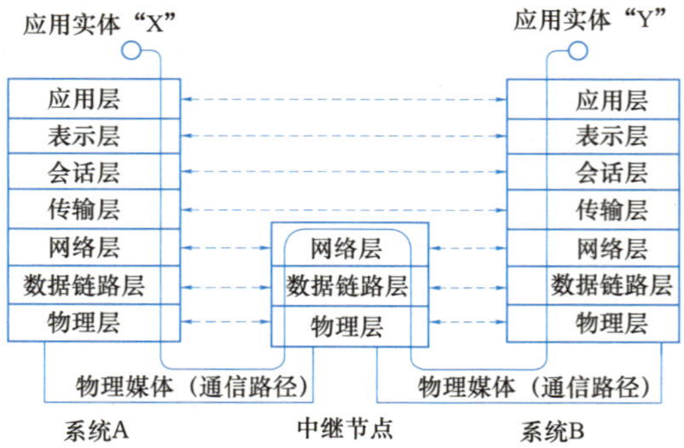

图 6-82　OSI 参考模型

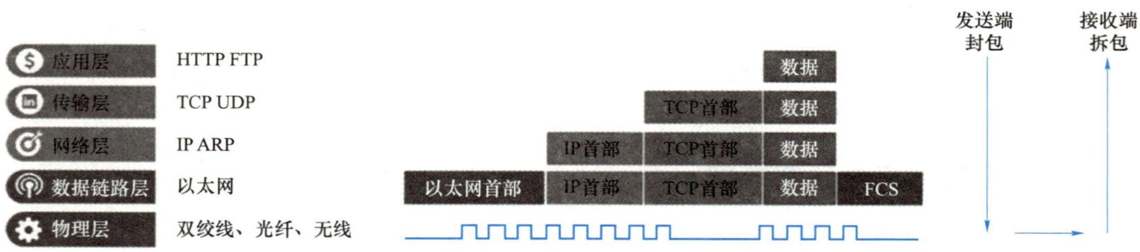

图 6-83　网络传输协议

OSI 参考模型与现场总线通信模型的区别如下。

（1）现场总线面向控制，单个节点的信息量不大，信息传输的任务相对比较简单，但实时性、快速性的要求较高。

（2）为满足实时性要求，也为了实现工业网络的低成本，现场总线的通信模型大都在 OSI 模型的基础上进行简化。

开放系统互连模型如图 6-84 所示。

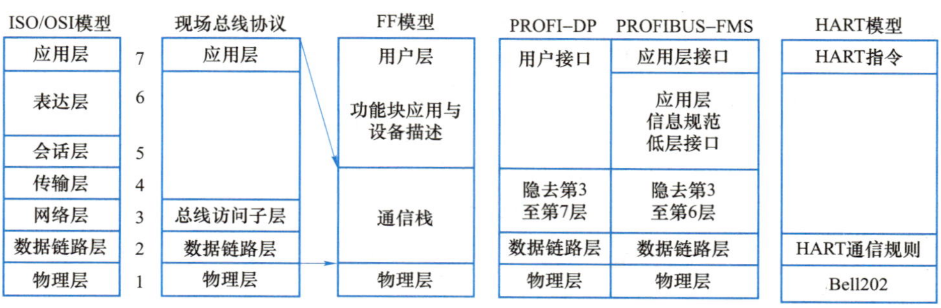

图 6-84　开放系统互连模型

6.8.6　典型现场总线-CAN

CAN（controller area network）总线由德国 BOSCH 公司为汽车监测、控制系统设计，之后形成了国际标准 ISO11898，并已被公认为几种最有前途的现场总线之一。由于 CAN 总线本身的特点，其应用范围目前已不再局限于汽车行业，而向过程工业、机械工业、纺织机械、农用机械、机器人、数控机床、医疗器械及传感器等领域发展。

1. CAN 总线的特点

CAN（controller arba network）总线属于总线式串行通信网络，具有突出的可靠性、实时性和灵活性。

多种方式工作，网络上任一节点均可在任意时刻主动地向网络上其他节点发送信息，而不分主从。节点信息分成不同的优先级，可满足不同的实时要求，高优先级的数据最多可在 134 μs 内得到传输，采用非破坏性总线仲裁技术，当多个节点同时向总线发送信息时，优先级较低的节点会主动地退出发送，而最高优先级的节点可不受影响地继续传输数据，从而极大地节省了总线冲突仲裁时间。只需通过报文滤波即可实现点对点、一点对多点及全局广播等几种方式传送接收数据，无需专门的“调度”。直接通信距离最远可达 10 km（速率 5 kbps 以下）；通信速率最高可达 1 Mbps（此时通信距离最长为 40 m）。节点数主要取决于总线驱动电路，目前可达 110 个；报文标识符可达 2 032 种（CAN2.0A 协议），而扩展标准（CAN2.0B 协议）的报文标识符几乎不受限制。采用短帧（8 字节）结构，传输时间短，受干扰概率低，具有极好的检错效果。CAN 的每帧信息都有 CRC 校验及其他检错措施，保证了数据出错率极低。通信介质可为双绞线、同轴电缆或光纤，选择灵活。CAN 节点在错误严重的情况下具有自动关闭输出功能，以使总线上其他节点的操作不受影响。

2. 技术规范

1）CAN 的分层结构

CAN 的分层结构遵循 ISO/OSI 标准模型，结构可划分为两层：数据链路层和物理层。而数据链路层包括逻辑链路控制子层 LLC 和媒体访问控制子层 MAC。在 CAN 协议规范 2.0A 的版本中，数据链路层的 LLC 和 MAC 子层的服务和功能被描述为“目标层”和“传送层”。CAN 的分层结构和功能如图 6−85 所示。

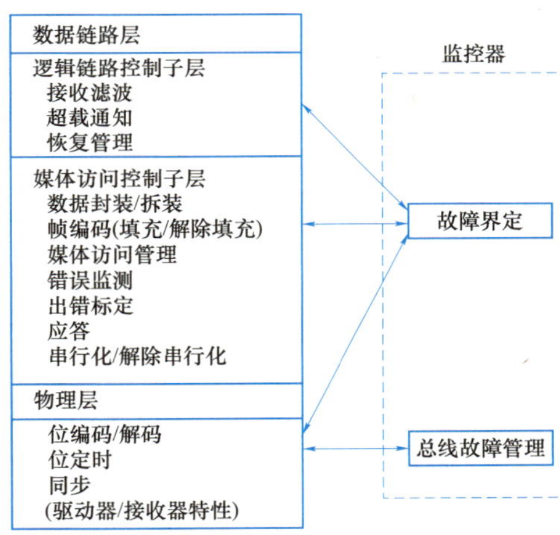

图 6−85 CAN 的分层结构和功能

LLC 子层的主要功能是：为数据传送和远程数据请求提供服务，确认由 LLC 子层接收的报文实际已被接收，并为恢复管理和通知超载提供信息。在定义目标处理时，存在许多灵活性。MAC 子层的功能主要是传送规则，也即控制帧结构、执行仲裁、错误检测、出错标定和故障界定。MAC 子层也要确定，为开始一次新的发送，总线是否开放或者是否马上开始接收。位定时特性也是 MAC 子层的一部分。MAC 子层特性不存在修改的灵活性。物理层的功能是有关全部电气特性在不同节点间实际传送。在一个网络内，物理层的所有节点必须是相同的，然而，在选择物理层时存在很大的灵活性。

CAN 技术规范 2.0B 定义了数据链路中的 MAC 子层和 LLC 子层的一部分，并描述与 CAN 有关的外层。物理层定义信号怎样进行发送，因而，涉及位定时、位编码和同步的描述。在这部分技术规范中，未定义物理层中的驱动器/接收器特性，以便允许根据具体应用，对发送媒体和信号电平进行优化。

MAC 子层是 CAN 协议的核心。它描述由 LLC 子层接收到的报文和对 LLC 子层发送的认可报文。MAC 子层可响应报文帧、仲裁、应答、错误检测和标定。MAC 子层由称为故障界定的一个管理实体监控，它具有识别永久故障或短暂扰动的自检机制。LLC 子层的主要功能是报文滤波、超载通知和恢复管理。

2）报文传送和帧结构

在进行数据传送时，发出报文的单元称为该报文的发送器。该单元在总线空闲或丢失仲裁前恒为发送器。如果一个单元不是报文发送器，并且总线不处于空闲状态，则该单元为接收器。对于报文发送器和接收器，报文的实际有效时刻是不同的。对于发送器而言，如果帧结束末尾一直未出错，则对于发送器报文有效。如果报文受损，将允许按照优先权顺序自动重发。为了能同其他报文进行总线访问竞争，总线一旦空闲，重发送立即开始。对于接收器而言，如果直到帧结束的最后一位一直未出错，则对于接收器报文有效。

构成一帧的帧起始、仲裁场、控制场、数据场和 CRC 序列均借助位填充规则进行编码。当发送器在发送的位流中检测到 5 位连续的相同数值时，将自动地在实际发送的位流中插入一个补码位。数据帧和远程帧的其余位场采用固定格式，不进行填充，出错帧和超载帧同样是固定格式，也不进行位填充。

报文传输：总线上的信息以不同格式的报文发送，但长度有限制。当总线开放时，任何连接单元均可开始发送一个新报文。报文传送由 4 种不同类型的帧表示和控制。

（1）数据帧：携带数据由发送器至接收器。

数据帧由 7 个不同的位场（域）组成，即帧起始、仲裁场、控制场、数据场、CRC 场、应答场和帧结束。数据场长度可为 0。CAN2.0A 数据帧的组成如图 6–86 所示。

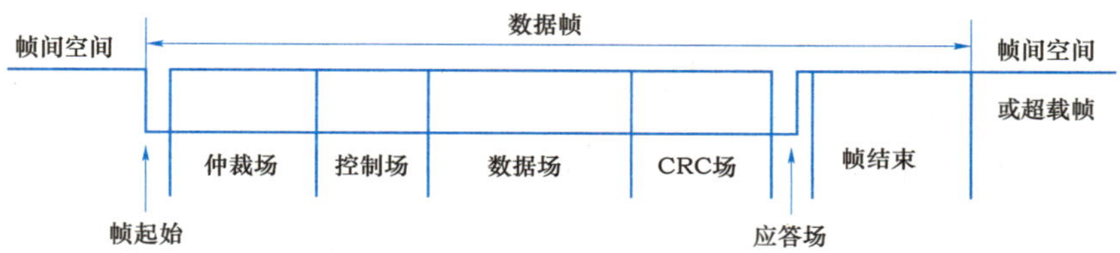

图 6–86　CAN2.0A 数据帧的组成

在 CAN2.0B 中存在两种不同的帧格式，具有 11 位标识符的帧称为标准帧，而包括 29 位标识符的帧称为扩展帧。标准帧和扩展格式的数据帧结构如图 6–87 所示。

域	长度	描述
帧起始	1位	帧的起始，由1个显性位组成，只有总线处于空闲状态，才允许发送
仲裁场	12位	决定了当总线上两个或是多个节点争夺总线时的优先权
控制场	6位	包括4位数据长度、2位保留位
数据场	0~64位	包含了0到8字节的数据，每个字节8位，首先发送最高有效位
CRC场	16位	循环冗余码校验，以及用来进行错误检测
应答场	2位	长度为2个位，任何一个已经正确接收到消息的控制器在每一条消息的末端发送一个应答位，发送器检查消息是否存在应答位，如果没有就重发消息
帧结束	7位	7个隐性位

图 6–87　标准帧和扩展格式的数据帧结构

仲裁场：11 位标识符+1 位远程发送请求位 RTR 组成（以标准格式为例）。

控制场：2 个保留位（显位）+4 个长度位。

CRC 场：15 位 CRC 序列+1 位 CRC 界定符（隐位）。

CAN 数据帧图示如图 6–88 所示。

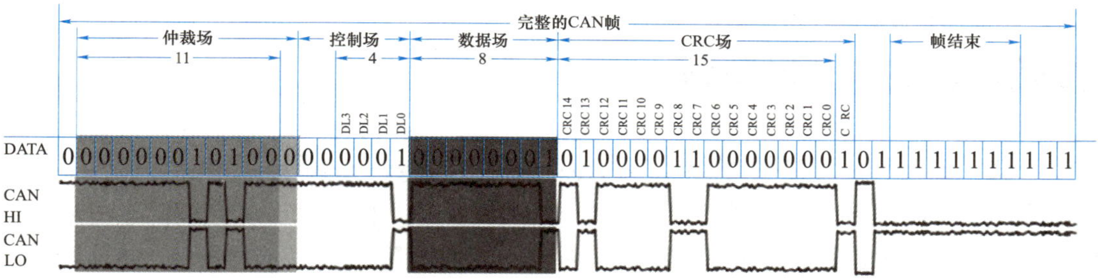

图 6-88　CAN 数据帧图示

（2）远程帧：通过总线单元发送，以请求发送具有相同标识符的数据帧。

远程帧由 6 个不同分位场组成：帧起始、仲裁场、控制场、CRC 场、应答场和帧结束。

同数据帧相反，远程帧的 RTR 位是隐性位。远程帧不存在数据场。DLC 的数据值是没有意义的，它可以是 0～8 中的任何数值。

（3）错误帧：由检测出总线错误的任何单元发送。

错误帧由两个不同场组成，第一个场由来自各帧的错误标志叠加得到，后随的第二个场是出错界定符。

（4）超载帧：用于提供当前的和后续的数据帧的附加延迟。

超载帧包括两个位场：超载标志和超载界定符，存在两种导致发送超载标志的超载条件：一个是要求延迟下一个数据帧或远程帧的接收器的内部条件；另一个是在间歇场检测到显性位。由前一个超载条件引起的超载帧起点，仅允许在期望间歇场的第一位时间开始，而由后一个超载条件引起的超载帧在检测到显性位的后一位开始。在大多数情况下，为延迟下一个数据帧或远程帧，两种超载帧均可产生。

（5）帧间空间：数据帧和远程帧同前面的帧相同，不管是何种帧（数据帧、远程帧、出错帧或超载帧均以称为帧间空间的位场分开。相反，在超载帧和出错帧前面没有帧间空间，并且多个超载帧前面也不被帧间空间分隔。帧间空间包括间歇场和总线空闲场，对于前面已经发送报文的“错误认可”站还有暂停发送场。

间歇场由 3 个隐性位组成。间歇期间，不允许启动发送数据帧或远程帧，它仅起标注超载条件的作用。

总线空闲周期可为任意长度。此时，总线是开放的，因此任何需要发送的站均可访问总线。在其他报文发送期间，暂时被挂起的待发报文紧随间歇场从第一位开始发送。此时总线上的显性位被理解为帧起始。

暂停发送场是指：各站发完一个报文后，在开始下一次报文发送或认可总线空闲之前，它紧随间歇场后送出 8 个隐性位。如果其间开始一次发送，本站将变为报文接收器。

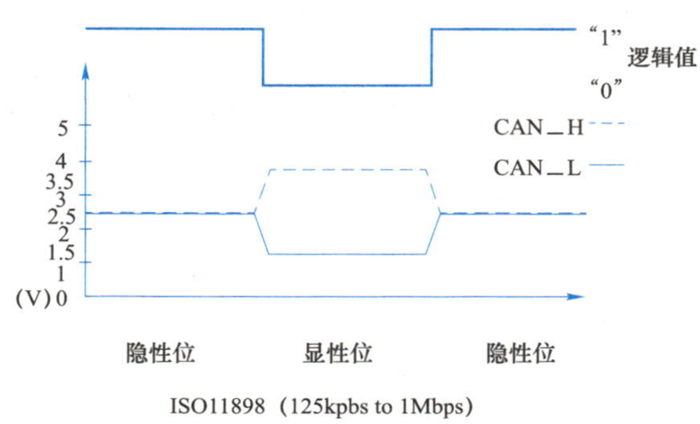

图 6-89　CAN 总线的逻辑电位

3）CAN 总线的位数值表示、仲裁方法与通信距离

CAN 总线的逻辑电位如图 6-89 所示。

CAN 总线采用不归零码位填充技术，也就是说 CAN 总线上的信号有两种不同的信号状态，分别是显性的逻辑 0 和隐性的逻辑 1，信号每一次传输完后不需要返回到逻辑 0（显性）的电平。

状态	逻辑	电压范围
显性（Dominant）	0	CAN_H-CAN_L>0.9
隐性（Recessive）	1	CAN_H-CAN_L<0.5

图 6-90　不归零码位填充技术

当总线上同时出现发送显性和隐性位时，其结果是总线的数值呈现出显性。图 6-90 中的 V_{CAN_H} 和 V_{CAN_L} 为 CAN 总线收发器与总线之间的两接口引脚，信号是以两线之间的“差分”电压形式出现。在隐性状态，V_{CAN_H} 和 V_{CAN_L} 被固定在平均电压的附近，差值小于 0.5。在总线空闲或者隐性位期间，发送隐性位。显性位以大于最小阈值的差分电压表示。

仲裁的过程：只要总线空闲，总线上任何节点都可以发送报文，如果有两个或两个以上的节点开始传送报文，那么就会存在总线访问冲突的可能。但是 CAN 总线使用了标识符的逐位仲裁方法解决了这个问题。

CAN2.0 规范规定，数据帧或远程中的位字段帧起始、仲裁场、控制场、数据场和 CRC 场都需要通过比特填充的方法编码。每当发送器在要发送的比特流中检测到相同值的五个连续比特时，则自动在实际发送的比特流中插入一个相反的比特位，这种方法被称为位填充。

竞争总线过程如图 6-91 所示。

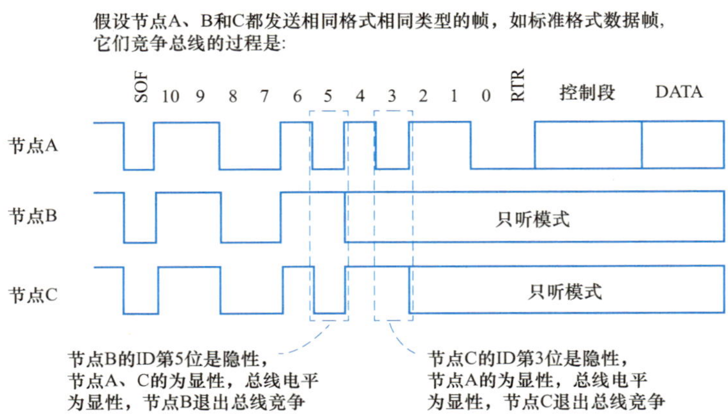

图 6-91　竞争总线过程

CAN 总线使用的是电导线，传输的是差分电信号，差分电信号虽抗干扰能力强，但是有传输距离的限制，大体来说其通信长度和总线的波特率有关。当导线传输信号的距离过长时，信号会因环境问题（比如电磁、电场所干扰）以及导线本身的阻抗问题出现信号失真。

波特率与传输距离的对应关系如图 6-92 所示。

位速率/kbps	1000	500	250	125	100	50	20	10	5
最大距离/m	40	130	270	530	620	1300	3300	6700	10000

图 6-92　波特率与传输距离的对应关系

4）CAN 总线的实现方法

SJA1000 是一种可应用于汽车和一般工业环境中的 CAN 控制器。它是飞利浦公司的 PCA82C200 CAN 控制器的替代产品。它除了基本的 BasicCAN 工作模式外，还增加了一种新的工作模式 PeliCAN，这种模式支持有很多新特点的 CAN2.0B 协议。CAN 控制的实现方法如图 6-93 所示。

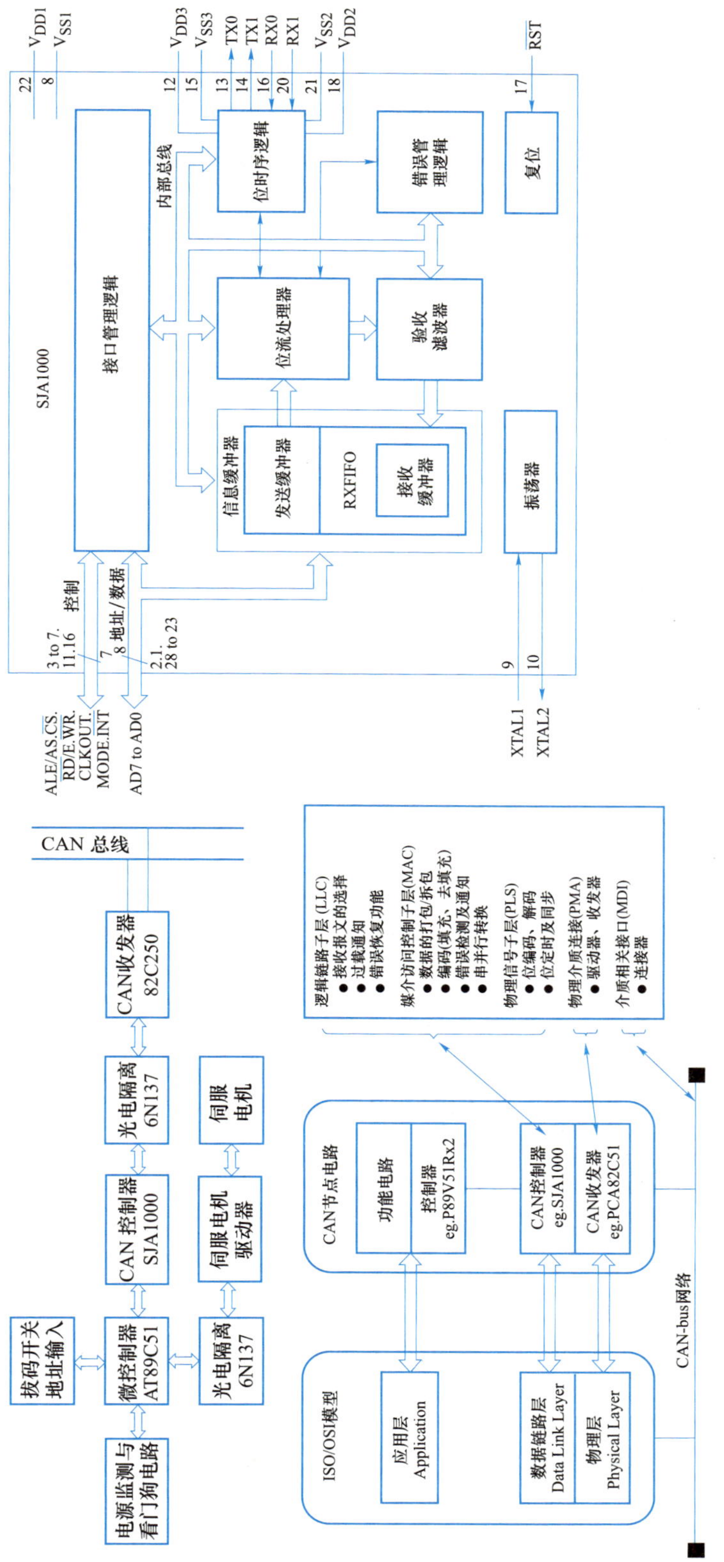

图 6–93 CAN 控制的实现方法

SJA1000 具有以下特点：

（1）与 PCA82C200CAN 控制器引脚和电气兼容。

（2）PCA82C200 模式（即默认的 BasicCAN 模式）。

（3）扩展的接收缓冲器（64 字节、先进先出 FIFO）。

（4）与 CAN 2.0B 协议兼容（PCA82C200 兼容模式中的无源扩展结构）。

（5）同时支持 11 位和 29 位标识符。

（6）位速率可达 1Mbit/s。

（7）PeliCAN 模式扩展功能：

① 可读/写访问的错误计数器。

② 可编程的错误报警限制。

③ 最近一次错误代码寄存器。

④ 对每一个 CAN 总线错误的中断。

⑤ 具有详细位号（bit position）的仲裁丢失中断。

⑥ 单次发送（无重发）。

⑦ 只听模式（无确认、无激活的出错标志）。

⑧ 支持热插拔（软件位速率检测）。

⑨ 接收过滤器扩展（4B 代码，4B 屏蔽）。

⑩ 自身信息接收（自接收请求）。

⑪ 24 MHz 时钟频率。

⑫ 可以和不同微处理器接口。

⑬ 可编程的 CAN 输出驱动器配置。

⑭ 增强的温度范围（−40℃～+125℃）。

（8）内部结构。

① 接口管理逻辑（IML）。

接口管理逻辑解释来自 CPU 的命令，控制 CAN 寄存器的寻址，向主控制器提供中断信息和状态信息。

② 发送缓冲器（TXB）。

发送缓冲器是 CPU 和 BSP（位流处理器）之间的接口，能够存储发送到 CAN 网络上的完整报文。缓冲器长 13 个字节，由 CPU 写入，BSP 读出。

③ 接收缓冲器（RXB，RXFIFO）。

接收缓冲器是接收过滤器和 CPU 之间的接口，用来接收 CAN 总线上的报文，并储存接收到的报文。接收缓冲器（RXB，13B）作为接收 FIFO（RXFIFO，64B）的一个窗口，可被 CPU 访问。CPU 在此 FIFO 的支持下，可以在处理报文的时候接收其他报文。

④ 接收过滤器（ACF）。

接收过滤器把其中的数据和接收的标识符相比较，以决定是否接收报文。在纯粹的接收测试中，所有的报文都保存在 RXFIFO 中。

⑤ 位流处理器（BSP）。

位流处理器是一个在发送缓冲器、RXFIFO 和 CAN 总线之间控制数据流的序列发生器。它还执行错误检测、仲裁、总线填充和错误处理。

⑥ 位时序逻辑（BTL）。

位时序逻辑监视串行 CAN 总线，并处理与总线有关的位定时。在报文开始，由隐性到显性的变换同步 CAN 总线上的位流（硬同步），接收报文时再次同步下一次传送（软同步）。BTL 还提供了可编程的时间段来补偿传播延迟时间、相位转换和定义采样点，以及每一位的采样次数。

⑦ 错误管理逻辑（EML）。

EML 负责传送层中调制器的错误界定。它接收 BSP 的出错报告，并将错误统计数字通知 BSP 和 IML。

5）传输介质

CAN 通信介质可以是双绞线、同轴电缆或光导纤维。如图 6–94 所示，两条扭在一起的导线称为双绞线，两条导线分别为 CAN–High 和 CAN–Low 线，或简称 CAN–H 和 CAN–L。

（1）传输距离远、传输质量高。由于在双绞线收发器中采用了先进的处理技术，极好地补偿了双绞线对视频信号幅度的衰减以及不同频率间的衰减差，保持了原始图像的亮度和色彩以及实时性，在传输距离达到 1 km 或更远时，图像信号基本无失真。如果采用中继方式，传输距离会更远。

（2）布线方便、线缆利用率高。一对普通电话线就可以用来传送视频信号。另外，楼宇大厦内广泛铺设的 5 类非屏蔽双绞线中任取一对就可以传送一路视频信号，无须另外布线，即使是重新布线，5 类缆也比同轴缆容易。此外，一根 5 类缆内有 4 对双绞线，如果使用一对线传送视频信号，另外的几对线还可以用来传输音频信号、控制信号、供电电源或其他信号，提高了线缆利用率，同时避免了各种信号单独布线带来的麻烦，减少了工程造价。

（3）抗干扰能力强。双绞线能有效抑制共模干扰，即使在强干扰环境下，双绞线也能传送极好的图像信号。而且，使用一根缆内的几对双绞线分别传送不同的信号，相互之间不会发生干扰。

（4）可靠性高、使用方便。利用双绞线传输视频信号，在前端要接入专用发射机，在控制中心要接入专用接收机。这种双绞线传输设备价格便宜，使用起来也很简单，无需专业知识，也无太多的操作，一次安装，长期稳定工作。

（5）价格便宜，取材方便。由于使用的是目前广泛使用的普通 5 类非屏蔽电缆或普通电话线，购买容易，而且价格也很便宜，给工程应用带来极大的方便。

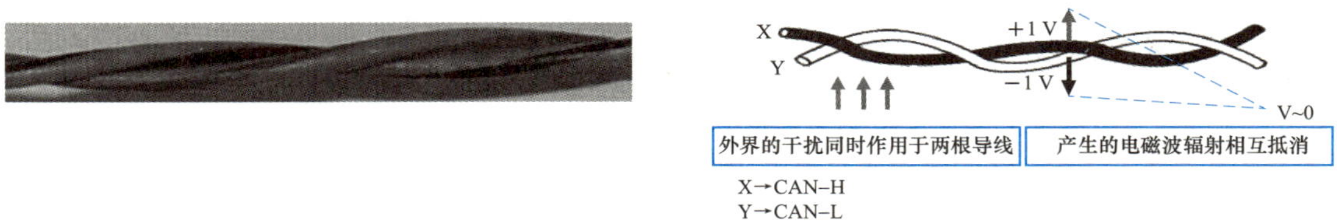

图 6–94　CAN 总线双绞线结构

思　考　题

1. 工业控制计算机的基本要求是什么？
2. 常用的工业控制计算机都有哪些类型？
3. 试分析 PLC 的组成结构，其与普通计算机有什么区别？
4. 试设计一个三相异步电机启停控制的 PLC 控制系统，画出系统的硬件原理图，并写出 PLC 控制程序。

5. PID 控制算法中各个环节的含义和功能分别是什么？
6. 计算机控制系统设计时需要考虑哪些方面的因素？
7. 试分析 A/D 转换接口应用于什么场合，实现什么功能？
8. 试分析光电耦合器驱动接口和继电器输出接口有什么相同和不同之处？
9. 阐述现场总线通信的构成，通信设备完成一次总线操作包含哪些环节？
10. CAN 总线的位数值如何表示？进行报文传送时主要有几种类型的帧表示和控制？

第 7 章

机电一体化系统设计和应用

学习要点

理解机电一体化产品开发流程和设计思想等，掌握机电一体化产品概念设计的流程和创新方法，理解机电一体化系统的设计评价，了解机电一体化系统的动态设计方法，掌握机电一体化系统数学模型的建模与系统仿真的方法。

思政要点

机电一体化系统中各个部件和模块相互联系、配合与协调，组成完整的系统结构，并由计算机系统协调及控制，完成机械运动、能量流动和力传递等各项相关任务。基于该系统结构的程序性和任务性，在机电一体化机电系统的设计与研究上应该站在“系统”的角度，要有明确的目标，要有发展的眼光，要有正确的思想和科学的方法，才能实现有效的设计，也只有这样才能实现远大的理想和目标。

引言

机电一体化系统设计是从系统工程观点出发，应用机械、微电子技术等关键技术，使机械、电子有机融合，实现系统或产品整体最优的设计过程。它要求设计者应以系统的、整体的观点来综合考虑设计过程中的诸多技术问题。为避免不必要的经济损失，设计机电一体化系统应遵循一定的科学原则。

7.1 机电一体化系统设计概述

7.1.1 机电一体化系统设计流程

机电一体化产品覆盖面很广，在系统构成上有着不同的层次，但在系统设计上是否有着共同的规律呢？答案是肯定的，机电一体化系统的总体设计包括市场调研、产品构思、方案设计与评价、详细设计、质量规划与控制、制造工艺规划、样机试制、正式生产、用户意见反馈、修改与完善等阶段。机电一体化系统设计流程如图 7-1 所示。

机电一体化系统主要设计过程可分为五个阶段：产品规划、概念设计、详细设计、设计

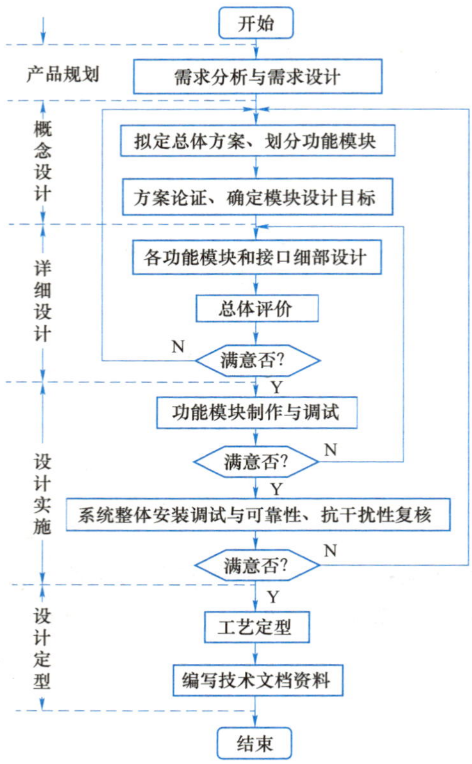

图 7-1　机电一体化系统设计流程

实施和设计定型阶段。

第一阶段：产品规划阶段。产品规划要求进行需求分析、需求设计、可行性分析，确定设计参数及制约条件，最后给出详细的设计任务书，并依此作为设计、评价和决策的依据。

第二阶段：概念设计阶段。由于需求是以产品的功能来体现的，产品的功能与设计间是因果关系，概念设计是根据系统的总功能要求和组成系统的功能要素进行总功能分解，划分出各功能模块，确定模块间的逻辑关系；然后对各功能模块的输入/输出关系进行分析，确定功能模块的技术参数和控制策略、系统的外观造型和总体结构；最后以技术文件的形式交付设计组讨论、审定。由于体现同一功能的产品可以有多种多样的工作原理，一项设计通常有几种不同的设计方案，每一种方案都有其优点和缺点，所以在概念设计阶段应对不同的方案进行整体评价，选择综合指标最优的设计方案。

因此，这一阶段的最终目标就是在功能分析的基础上，通过构想设计理念、创新构思、搜索探求、优化筛选取得较理想的工作原理方案。

第三阶段：详细设计阶段。该阶段根据设计目标，对各功能模块进行细部设计，绘制相应的工程图；对于有过程控制要求的系统应建立各要素的数学模型，确定控制算法；计算各功能模块之间接口的输入/输出参数，确定接口设计的任务归属；然后以功能模块为单元，根据接口参数的要求对信号检测及转换模块、机械传动及工作机构、控制计算机、功率驱动及执行元件等功能模块进行选型、组配和设计；最后对所做的设计进行整体技术经济性评价，挑选出综合性能指标最优的设计。该阶段的工作量较大，既包括机械、电气、电子、控制与计算机软件等系统的设计，又包括总装图和零件图的绘制，应该尽量应用各种 CAD 工具，以提高工效。设计应尽量模块化和结构化，以利于在改进或产品换代时提供参考。

第四阶段：设计实施阶段。在这一阶段中首先根据机械、电气图纸和算法文件，制造、装配和编制各功能模块；然后进行模块的调试；最后进行系统整体的安装调试，复核系统的可靠性及抗干扰性。

第五阶段：设计定型阶段。这个阶段的主要任务是对调试成功的系统进行工艺定型，整理出设计图纸、软件清单、零部件清单、元器件清单及调试记录等；编写设计说明书，为产品投产时的工艺设计、材料采购和销售提供详细的技术档案资料。

纵观系统的设计流程，设计过程的各阶段均贯穿着围绕产品设计的目标所进行的“基本原理—总体布局—细部结构”三次循环设计，每一阶段均构成一个循环体：即以产品的规划和讨论为中心的可行性设计循环，以产品的最佳方案为中心的概念性设计循环和以产品性能和结构优化为中心的技术性设计循环。

7.1.2 设计思想、类型、准则

1. 设计思想

机电一体化技术是利用微电子技术赋予机械系统以“智能”，使其具有更高的自动化程度，最大限度地发挥机械能力的一种技术。为获得系统（产品）的最佳性能，一方面要求设计机械系统时应选择与控制系统的电气参数相匹配的机械系统参数，同时也要求设计控制系统时，应根据机械系统的固有结构参数来选择和确定电气参数，综合应用机械技术与微电子技术，使二者紧密结合、相互协调和相互补充，充分体现机电一体化的优越性。

机电一体化系统（产品）的设计思想通常有以下三种：机电互补法、融合法（结合法）和组合法。综合运用机械技术和微电子技术各自的特长，设计出最佳的机电一体化系统（产品）。

1）机电互补法

机电互补法也可称为取代法，是利用通用或专用电子部件取代传统机械产品中的复杂机械功能部件或功能子系统。如用可编程序控制器（PLC）或微型计算机来取代机械式变速机构等；用步进电机来代替某些条件下的凸轮机构；用电子式传感器（光电开关、磁尺等）取代机械挡块、行程开关等，可大大提高检测精度、灵敏度。总之，用电子技术的长处来弥补机械技术的不足，达到简化机械结构、提高系统性能的目的。

2）融合法

融合法（结合法）是将各组成要素有机结合为一体，构成专用或通用的功能部件（子系统），要素之间机电参数的有机匹配比较充分。例如将电子凸轮、电子齿轮作为产品应用在机电一体化系统中，就是结合法的具体应用。

3）组合法

组合法是将结合法制成的功能部件（子系统）、功能模块，像搭积木那样组合成各种机电一体化系统（产品）。例如将工业机器人各自由度（伺服轴）的执行元件、运动机构、检测传感元件和控制器等组成机电一体化的功能部件（或子系统），用于不同的关节，可组成工业机器人的回转、伸缩和俯仰等各种功能模块系列，从而组合成结构和用途不同的工业机器人。在新产品研发及设备的机电一体化改造中，应用这种方法可以缩短设计与研制周期、节约工装设备费用，且有利于生产管理、使用和维修。

2. 设计类型

机电一体化系统（产品）的设计类型一般可分为开发性设计、适应性设计和变型设计三种。

（1）开发性设计。在工作原理、结构等完全未知的情况下，没有参照产品，应用成熟的科学技术或经过试验证明是可行的新技术，设计出质量和性能方面满足目的要求的新产品，这是一种完全创新的设计。最初的录像机、摄像机、电视机的设计就属于开发性设计。

（2）适应性设计。在总的方案原理基本保持不变的情况下，对现有产品进行局部更改，或用微电子技术代替原有的机械结构，或为了进行微电子控制对机械结构进行局部适应性设计，以使产品的性能和质量增加某些附加价值。例如电子式照相机采用电子快门、自动曝光代替手动调整，使其小型化、智能化；汽车的电子式汽油喷射装置代替原来的机械控制汽油喷射装置，电子式缝纫机使用计算机控制就属于适应性设计。

（3）变型设计。在已有产品的基础上，针对原有缺点或新的工作要求，从工作原理、功能结构、执行机构类型和尺寸等方面进行一些变异，设计出新产品以适应市场需要，增强市场竞争力。这种设计也可包括在基本型产品的基础上，工作原理保持不变，开发出不同参数、不同尺寸和不同功能和性能的变型系列产品。

3. 设计准则

设计准则主要考虑“人、机、材料、成本”等因素，而产品的可靠性、实用性与完善性设计最终归结于：在保证功能与适当寿命的前提下不断降低成本。产品成本的高低，70%取决于设计阶段。因此，在设计阶段可以从新产品和现有产品改型两方面采取措施，一是从用户需求出发降低使用成本，二是从制造厂的立场出发降低设计与制造成本。

7.2 机电一体化系统的概念设计

机电一体化系统设计的任务就是根据客观要求，通过创造性思维活动，借助人类已经掌握的各种信息资源（科学技术知识），经过判断和决策，设计出具有特定功能的机电一体化装置、系统或产品，以满足人们的生活和生产需求。

市场调查与预测是产品开发成败的关键性一步。通过市场调查广泛收集信息，认真研究需求内容，做出需求分析；再针对用户的需求进行理论抽象，对市场未来的不确定因素和条件做出预计、测算和判断，为企业提供决策依据，即需求设计。在对市场需求与企业自身资源优势进行充分分析后，企业决策层最终形成适合自身特点的产品开发规划。因此，产品规划的主要工作是进行需求分析和需求设计，以明确设计任务。

7.2.1 需求分析

机电一体化产品设计是涉及多学科、多专业的复杂系统工程。开发一种新型的机电一体化产品，要消耗大量的人力、物力、财力，因此，要想开发出市场对路的产品，对市场进行需求调查是非常关键的。

需求分析的过程如图 7–2 所示。

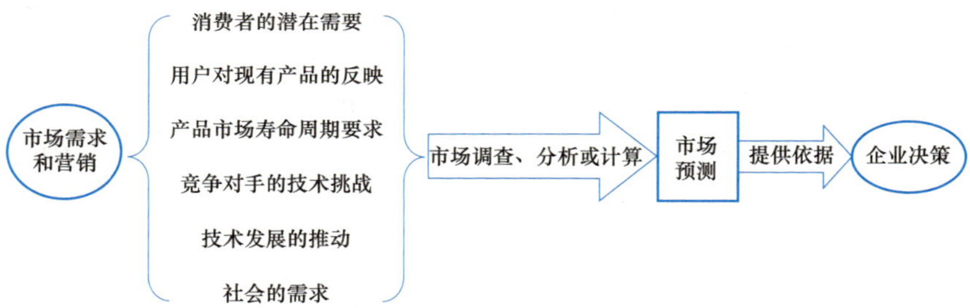

图 7–2 需求分析的过程

从产品与技术开发方面看，市场与用户的需求是形成一项设计任务的主要推动力量。市场调查就是运用科学的方法，系统地、全面地收集有关市场需求和营销方面的有关资料，在市场调查的基础上，通过定性的经验分析或定量的科学计算，对市场未来的不确定因素和条件做出预测，为企业提供依据。市场调查的内容很广泛，主要包括消费者的潜在需要、用户对现有产品的反映、产品市场寿命周期要求、竞争对手的技术挑战、技术发展的推动和社会的需求等。

1. 消费者的潜在需要

各种消费阶层、各种消费群体都会有潜在的需要，挖掘、发现这种需要，创造一种产品予以满足，是产品创新设计出发点。20 世纪 50 年代，日本的安藤百福看到忙碌的人们在饭店前排长队焦急地等待吃热面条，而煮一次面条需要 20 分钟左右的时间。于是他经过努力创造出一种用开水一泡就可以吃的方便面条，这一发明不仅解决了煮面时间长的问题，从而也引发了一个巨大的方便食品市场。随着社会进步与发展，人们迫切需要加强信息交流，今天通信技术及产品之所以能取得巨大的成功，其主要原因是有巨大的市场需求。

2. 用户对现有产品的反映

现有产品的市场反映，特别是用户的批评和期望，是企业必须关注和应迅速做出改进的重点。产品需要不断地进行改进设计，特别是处于失望期的产品更是如此。当年波音 737 客机推入市场后，甚至是通过对几次空难事故的分析，发现客机存在的问题，并做出相应的改进设计，促进了波音 747、波音 757 客机的问世。

3. 产品市场寿命周期要求

当已有产品进入市场寿命周期的不同的阶段后，产品必须不断地进行自我调整，适应市场不断变化的要求。现在一种新产品在市场上的稳定期仅有 3～5 年，制造商必须不断进行改进，推出新机型，或为已有机型增添新内容，保持自己的市场占有率。

4. 竞争对手的技术挑战

市场上竞争对手的产品状态和水平是企业情报工作的重心。美国福特汽车公司建有庞大的实验室，能同时解体 16 辆轿车。每当竞争对手的新车一上市，便马上采购，并在 10 天之内解体完毕，研究对方技术特点，特别是对领先于自己企业的技术做出详尽的分析。使自己的产品始终保持技术领先地位。在 20 世纪 80 年代，日本照相机企业间的竞争给人们留下深刻印象，当时两家著名公司分别推出一种时间自动和一种光圈自动的照相机，由于各具优点，双方都很快吸取了对方照相机的特点，双方又都推出了同时具备两种自动功能的照相机，以及全自动的照相机。当时已经知道多家企业都在研究自动测距技术，都想以新技术压倒对方。而到今天，自动测距的照相机已成为人们熟悉的性能，竞争又在数码方面展开，其清晰度快速提高，价格快速下降，胶卷照相机基本退出市场。

5. 技术发展的推动

新技术、新材料、新工艺对市场上原有产品具有很大的冲击。例如电视机行业，数字电视技术已经在替代传统的电视技术。如果企业盲目在老技术水平上再扩大生产传统模拟电视，必将在市场竞争中处于被动地位。我国机床行业正因为在数控技术应用上落后于国外一步，导致今天中国机床行业的困境。

6. 社会的需求

市场是社会的组成部分，很多政治、军事和社会学问题都通过市场，对产品提出需求。日本开发的经济型轿车，起初并不引人注目，但到石油危机爆发时，这类轿车成为全世界用户的抢手货，使日本汽车工业产量一跃成为世界第一。目前，环境保护问题已成为全世界共同关注的问题，很多会给环境造成污染的产品的发展受到限制，而像电动汽车、无氟冰箱、静音空调等绿色新产品则被不断设计开发出来。

为掌握市场形势和动态，必须进行市场调查和预测，除对现有产品征求用户反映外，还应通过调查和预测为新产品开发建立决策依据。上述几方面是市场调查的主要内容，并在市场调查中相互联系、不可分割、同时进行。

7.2.2 需求设计

需求设计是指在新产品开发的整个生命周期内，从分析用户需求到以详细技术说明书的形式来描述满足用户需求产品的过程。即根据系统的用途及主要需求来确定系统的性能参数或技术指标。因此，需求设计是连接市场和企业的一个桥梁。

机电一体化的主要技术指标是能够基本反映该系统的概貌与特征的一些项目。因此技术

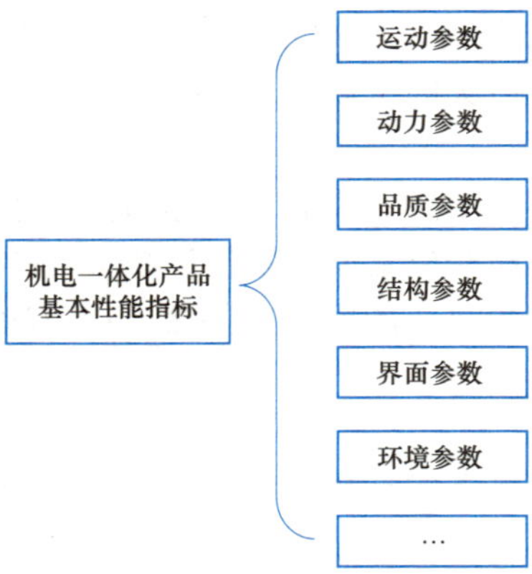

图 7-3　机电一体化产品的基本性能指标

指标既是设计的基本依据，又是检验成品质量的基本依据。机电一体化产品的基本性能指标如图 7-3 所示。

运动参数：表征机器工作部件的运动轨迹，行程，速度和加速度，方向和起、止点位置正确性的指标。

动力参数：表征机器为完成工艺动作应输出的动力大小的指标，如力、力矩和功率等。

品质参数：表征运动参数和动力参数品质的指标，例如运动轨迹和行程的精度（如重复定位精度）、运动行程和方向可变性，运动速度的高低与稳定性，力和力矩的可调性或恒定性，灵敏度和可靠性等。

结构参数：表征机器空间几何尺寸、结构、外观造型。

界面参数：表征机器的人机对话方式和功能。

环境参数：表征机器工作的环境，如温度、湿度、输入电源等。

由于机电一体化系统所代表的设备与产品广泛分布在各个领域，所以不同系统的主要性能参数或技术指标的内容将会有很大的差异。

概念设计是系统设计的前期工作过程，其结果是产生概念产品方案。但是，概念设计不局限于方案设计，它应包括设计人员对设计任务的理解，设计灵感的表达，设计理念的发挥。概念设计还应充分体现设计人员的智慧和经验。因此，概念设计前期工作中应充分发挥设计人员的形象思维，而在后期工作中将较多的注意力集中在构思功能结构、选择工作原理和确定原理方案等环节，与传统的方案设计无较大区别。

概念设计由于涉及内容广泛，可实现更大范围内的创新和发明。例如，很多汽车展览会展示了概念车，它就是用样车的形式体现设计者的设计理念和设计思想、展示汽车设计的方案。又如，一座闻名于世的建筑，它的建筑效果图就体现出建筑师的设计理念和建筑功能的表达，是属于概念设计的范畴。

以上分析可见，概念设计包容了方案设计的内容，但是比方案设计更加广泛、深入。同时，应看到概念设计的核心是创新设计，概念设计是广泛意义上的创新设计。

Palh 和 Beitz 在 1984 年出版的专著《Engineering Design》（工程设计）中，对概念设计表述为：“在确定任务之后，通过抽象化，拟定功能结构，寻求适当的作用原理及其组合等，确定基本求解途径，得出求解方案，这一部分设计工作叫作概念设计。”

1. 概念产品

基于市场化的、面向企业的概念产品是产品总体特征、性能、结构、尺寸形状的描述和实现，具体包括：产品的功能信息、原理信息、简单的装配结构、简单的零部件形状信息、基本的可制造与可装配信息、市场竞争力与成本信息、可服务与维修信息，但不要求有详细精确的尺寸、形状、制造和装配信息，可通过功能性、原理可行性或进行动态仿真等手段验证其主要性能特征。

图 7-4　概念车（丰田 mtrc 概念车）

图 7-4 所示的概念车不是即将投产的车型，它仅是向人们展示设计人员新颖、独特、超前的构思而已。概念车还处在创意、试验阶段，很可能永远不投产。因为不是大批量生产的商品车，每一辆概念车都可以更多地摆脱生产制造水平方面的束缚，

尽情地甚至夸张地展示自己的独特魅力。

概念产品是用以评估、验证产品对目标市场的适应性和符合产品需求说明书的满意度，也是用以制定、实施产品后续开发过程即生产、营销、服务等计划的技术基础。

2. 概念设计的内涵

在提出概念设计后的几十年来，人们对概念设计的研究日益增加、不断深入，使概念设计的内涵更加广泛和深刻。

（1）在设计理念上融入了设计师的智慧和经验结晶的、崭新的设计哲理和创新灵感，使概念设计更具创新性。

（2）在设计内容上更加广泛，根据产品生命周期各个阶段的要求进行市场需求分析、功能分析、确定功能工作原理、功能载体选择和方案组成等。可见，概念产品是概念设计的最终结果，概念设计全过程的好坏才是概念产品设计的关键。

（3）在设计方法上更加全面地融合各种现代设计方法，寻求全局最优方案，同时使设计过程更具有创新性。

总之，概念设计是方案全面创新的一个设计阶段，它集成了设计师的智慧和灵感、先进设计方法的应用，还包括设计资料和数据库广泛采纳、多学科专业知识的综合运用等。

3. 概念设计的基本特征

如图 7–5 所示，概念设计具有创新性、多样性、层次性的基本特征。

图 7–5　概念设计的基本特征

1）创新性

创新是概念设计的灵魂，只有创新才有可能得到结构新颖、性能优良、价格低廉的富有竞争力的机电一体化产品。产品创新的核心在于构思创新产品概念。产品的概念发展与产品的设计是产品创新中具有决定性作用的阶段，从分析市场开始发展为概念产品是产品概念设计过程的主要任务与内容。概念设计阶段的创新体现在采用新的物理原理，使主功能发生根本性的变化，开发新产品。例如，激光加工机床、微波炉等。采用创新思维和技术成果。新思路、新构思通常与新技术、新能源、新材料、新工艺等联系密切。如石英电子钟表是用石英晶体振荡器控制的电磁摆来代替机械游丝摆制成的，采用碳纤维增强的复合材料可以做成自行车的车架和工业机器人的手臂等。

2）多样性

概念设计的多样性主要体现在设计步骤的多样化和设计结果的多样化。不同功能的定义、功能分解和工作原理等，会产生完全不同的设计思路和设计方法，从而在功能载体的设计上产生完全不同的解决方案。例如，采用机械传动原理或石英振荡原理分别产生机械式手表和石英手表，两种结果完全不同。

3）层次性

概念设计的层次性体现在两个方面。一方面，概念设计分别作用于功能层和载体结构层，并完成由功能层向结构层的映射。另一方面，在功能层和结构层中也有自身的层次关系。例如功能分解就是将功能从一个层次向下一个层次推进。例如“自行车”的功能是代步，而自行车的子功能之一“控制行进方向”则是由“车把”来完成的。

7.2.3 概念设计的过程

产品概念设计将决定性地影响产品创新过程中后续的产品详细设计、产品生产开发、产品市场开发及企业经营战略目标的实现。在机电一体化系统设计过程中，概念设计是整个设计的关键，不同的工作原理构思直接导致设计方案的迥异。例如在烹饪食物时若利用微波进入物质内部，引起物质内部分子激烈运动，互相摩擦而发热的原理设计出了微波炉，利用电磁波引起铁磁性锅体产生涡流而发热的原理设计出电磁炉，而传统的燃气灶是利用明火进行加热。好的原理构思通常是机电产品创新设计思想的主要来源，可影响产品的结构、性能、工艺和成本，关系到产品的技术水平及竞争能力。

概念设计过程的步骤及采用的方法如图 7-6 所示，首先是将设计任务抽象化，确定出系统的总功能，抓住本质，扩展思路，寻找解决问题的多种方法；然后将总功能分解为子功能，直到分解到不能再分解的功能元，形成功能树；接着寻找子功能（功能元）的解，并将原理解进行组合，形成多种原理解设计方案，对众多方案还要进行评价决策，最终选定最佳方案形成概念产品。

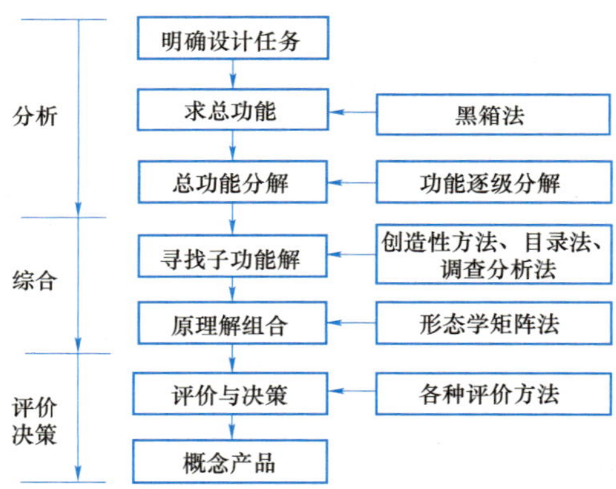

图 7-6　概念设计过程的步骤及采用的方法

1. 产品的功能设计

功能是指产品的效能、用途和作用，对具体产品来说，人们购置和使用的是产品功能。比如，运输工具的功能是运物载客；电动机的功能是将电能转换为机械能；减速器的功能是传递转矩、变换转速；机床的功能是把坯料变成零件等。

功能分析是概念设计的出发点，是产品设计的第一道工序。产品的结构如同人体结构，人有头部、脚、腹、四肢等解剖结构件，机器有齿轮、轴、连杆、螺钉、机架等组合结构件：人有消化、呼吸、血液循环等功能件，机器有动力、传动、执行、控制等功能件。机电一体化产品的常规设计是从结构件开始，而功能分析是从对产品结构的思考转为对它的功能思考，从而做到不受现有结构的束缚，以便形成新的设计构思，提出创造性方案。

产品的功能设计步骤如图 7-7 所示，首先确定需求抽象得出总功能，再进行功能分解，最后建立功能结构图并确定功能结构。

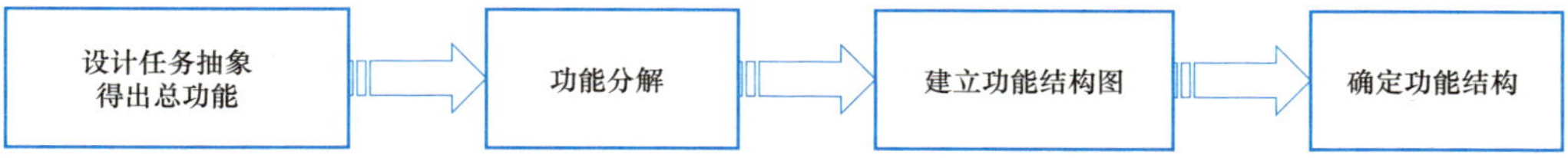

图 7–7　产品的功能设计步骤

1）设计任务抽象化——确定总功能

在设计任务书中，列出了许多要求，在设计任务抽象过程中，要确定产品总功能，抓住本质，突出重点。淘汰次要条件，将定量参数改为定性描述，对主要部分充分地扩展，只描述任务，不涉及具体解决办法。例如，采煤机抽象为物料分离和移位的设备；载重汽车抽象为长距离运输物料的工具；洗碗机抽象为除去餐具上污垢的装置。

通过问题抽象化获得的功能定义能扩大解的范围，放开视野，寻求更为理想的设计方案。如砸开核桃壳取出果仁的功能描述，若用“砸”则已暗示了解法，而较抽象的表达才可能得到思路更开阔的解答，设计任务抽象化实例如表 7–1 所示。

表 7–1　设计任务抽象化实例

功能分析	解法构思
砸壳 ↓ 适度抽象化 桃仁与壳分离	逆向思维： 外部加压： 砸：利用重力 夹：利用杆作用（核桃夹子） 压：螺旋压力机 冲击：水力冲击 射击：把核桃当作“枪弹”射向硬靶 侧向思维： 使壳变脆：冷冻法让壳变脆易碎 把壳溶解：溶解壳而不溶解桃仁 内部加压： 钻孔：向外壳内充气撑破外壳 整体加压：外压骤减，内压撑破外壳（专利发明）

工程设计中常用的抽象方法是“黑箱法”。求解设计系统的总功能时，将待求系统看作“黑箱”，黑箱与外界条件的关系如图 7–8 所示，分析和比较系统输入/输出的物料流、能量流、信息流的差别和关系，从而反映系统的总功能，然后探求系统的机理和结构，逐步使“黑箱”透亮，直到完成方案拟定。

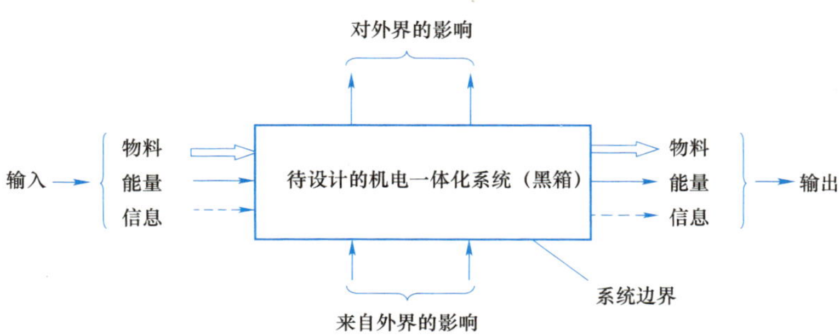

图 7–8　黑箱与外界条件的关系

能量流是机电一体化系统中存在于能量变换与传递的整个过程中，系统完成特定工作过程所需的能量形态变化和实现动作过程所需的动力。能量的类型有：机械能、电能、化学能、热能、太阳能、光能、核能和生物能等。图 7–9 所示为内燃机的能量流，它是将化学能转换成电能，电能又进一步转化成机械能。

物料流是机电一体化系统完成特定工作过程中工作的对象和载体，物料的形式有固体、液体和气体。图 7–10 表示金属切削机床的物料流，输入工件的毛坯、切削冷却液，输出制成的工件及切削冷却液废液。

图 7–9　内燃机的能量流

图 7–10　金属切削机床的物料流

信息流是反映信号、数据的检测、传输、变换和显示的过程，其功能是实现机电一体化系统工作过程的操纵、控制，以及对某些信息实现传输、变换和显示。信息流对于系统实现有序、有效的工作过程是必不可少的。信息种类是多种多样的，如测量值、数据、指示值、控制信号、图形、波形等任何形式的信号。图 7–11 表示“全自动”照相机及其主要信息流。

图 7–11　“全自动”照相机及其主要信息流

任何一台机器的主要特征是从能量流、物料流、信息流中体现出来的，要设计一台新机器首先应从剖析能量流、物料流和信息流着手，构思各种可供选择的能量流、物料流和信息流，就可得到许多种新机器的方案。

以 CNC 齿轮测量中心的设计为例，阐述产品的功能设计。CNC 齿轮测量中心是由计算机控制的一种多功能、全自动、智能化的测量仪器，可以对齿轮、复杂刀具、蜗轮、蜗杆、凸轮轴等工件的大多数精度指标进行检测。它集先进的计算机技术、微电子技术、精密机械制造技术、高精度仿真技术、信息处理技术和精密测量理论与技术于一体，代表了齿轮测量技术的先进水平。图 7–12 为 CNC 齿轮测量中心的黑箱示意图，图中左边为输入量，右边为输出量，下边为外界环境对系统的影响因素，上边表示该测量中心对外部环境的影响。输入量有能量、未知几何参数的工件、含有测量要求的信息等三种形式，而输出量则为测量结果信息，该中心的总功能是测量回转工件的几何尺寸。

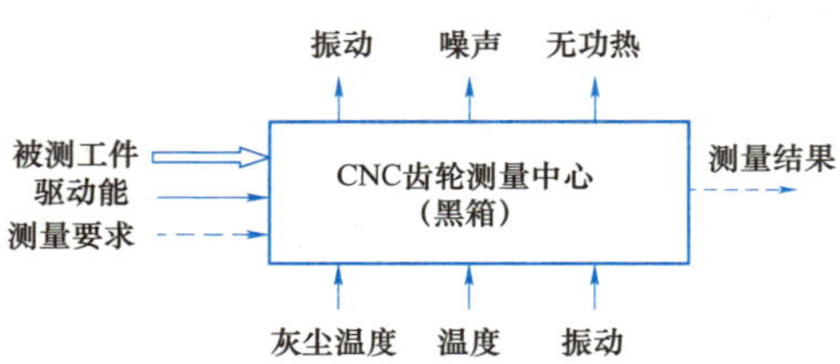

图 7–12　CNC 齿轮测量中心的黑箱示意图

2）总功能的分解

对于所设计的产品对象来说，产品的整体功能是由不同组成部分相互协调共同完成的。因此，产品总功能可以分解为子功能和多级子功能，它们按确定的功能结合起来，建立功能分解图（见图 7–13）。这样既可显示各功能元、子功能与总功能之间的关系，又可通过各功能元之间的有机组合求系统方案。常用的设计策略如下。

（1）减少机械传动部件，使机械结构简单化，体积减小，提高系统动态响应性能和运动精度。

（2）注意选用标准、通用的功能模块，避免功能模块在低水平上的重复设计，提高系统在模块级上的可靠性，加快设计开发的速度。

（3）充分运用硬件功能软件化原则，使硬件的组成最简化，使系统智能化。

（4）以计算机系统为核心的设计策略。

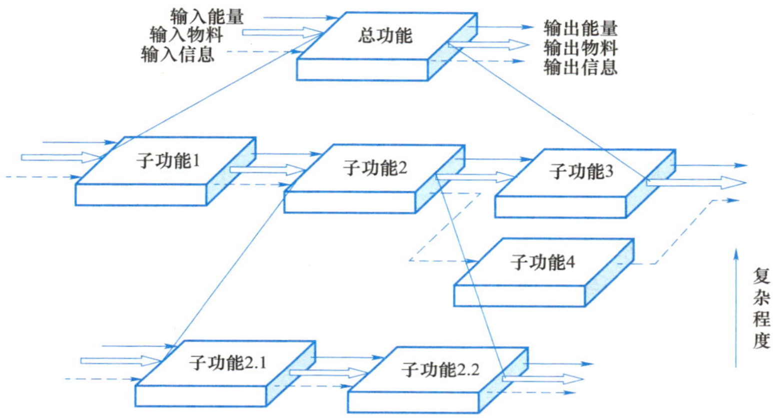

图 7-13　功能分解图

将总功能分解成复杂程度较低的子功能，并找出各子功能的原理方案。如果有些子功能还是太复杂，则可进一步分解为较低层次的子功能，分解到最后的基本功能单元，称为功能元。前级功能元是后级功能元的目的功能，后级功能元是前级功能元的手段功能。另外，同一层次的功能单元组合起来，应能满足上一层功能的要求，最后合成的整体功能可满足系统的要求。

3）确定功能结构

在功能分解中要求同级子功能相互协调组合起来应能满足上一级子功能的要求，最后组合起来应能满足总功能，这种功能的分解与组合关系称为功能结构。

功能分解图都是由以下三种基本结构形式组成：串联（链状）结构、并联（平行）结构和环形结构（反馈连接）。

（1）串联结构，又称顺序结构。反映了分功能之间的因果关系或时间、空间顺序关系，基本形式如图 7-14（a）所示，如台虎钳的施力与夹紧两个分功能就是串联关系，如图 7-14（b）所示。

(a) 基本形式　(b) 台虎钳的施力与夹紧两个分功能的串联关系　(c) 台虎钳实物

图 7-14　串联结构原理及台虎钳实物

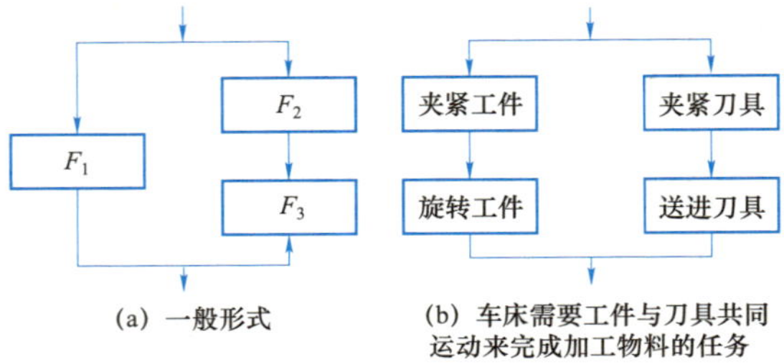

图 7-15 并联结构原理

（2）并联结构，又称选择结构，几个分功能作为手段共同完成一个目的，或同时完成某些分功能后才能继续执行下一个分功能。则这几个分功能处于并联关系，其一般形式如图 7-15（a）所示。例如车床需要工件与刀具共同运动来完成加工物料的任务，如图 7-15（b）所示。

（3）环形结构，又称循环结构，是输出反馈为输入的结构。图 7-16（a）为循环结构按逻辑条件分析；满足一定条件而循环进行的结构如图 7-16（b）所示。

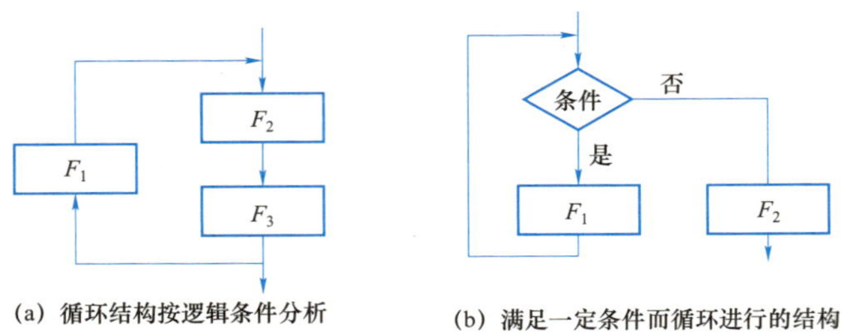

图 7-16 环形结构原理

在实际设计时，建立系统功能结构可以从系统功能分解出发，分析功能关系和逻辑关系。首先从上层子功能的结构考虑，建立该层功能结构的雏形，再逐层向下细化，最终得到完善的功能结构图，CNC（数控机床）齿轮测量中心的功能分解如图 7-17 所示。

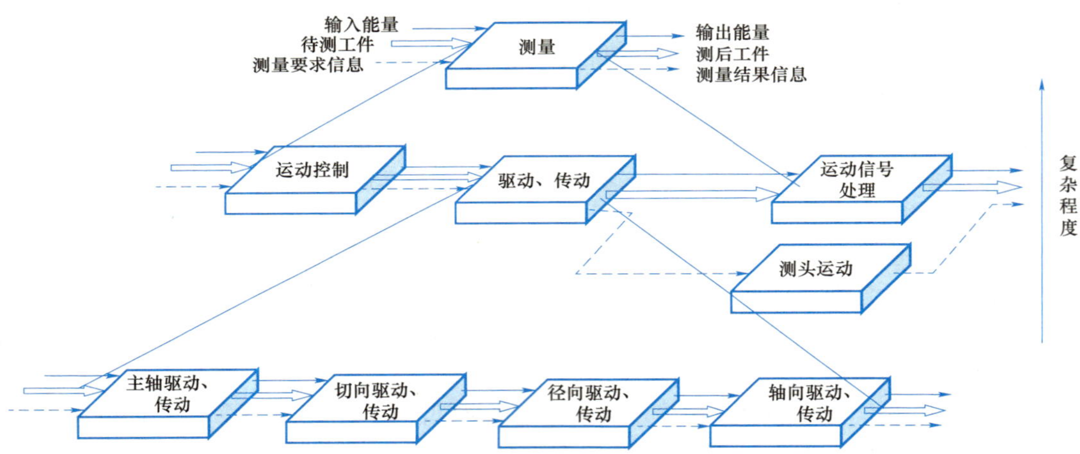

图 7-17 CNC（数控机床）齿轮测量中心的功能分解

CNC 测量中心系统研制过程中，各子系统设计时需采用大量的先进技术。各子系统间既各有分工又密切关联，相互制约。图 7-18 所示为 CNC 齿轮测量中心系统原理，其运动测量系统完成的自动测量过程，可通过计算机控制，三个直线运动轴（R 向、T 向、Z 向）和一个旋转运动轴（θ），在各自的伺服系统驱动下实现联动。根据被测工件的参数，使三个直线运动轴上的测微仪，相对随旋转坐标轴转动的工件产生所需要的测量运动。在整个测量过程中，计算机采集存储测微仪的偏移量和同一时刻各运动轴的实际坐标值，经过数据处理，与被测项目的理论值比较，得出测量结果。

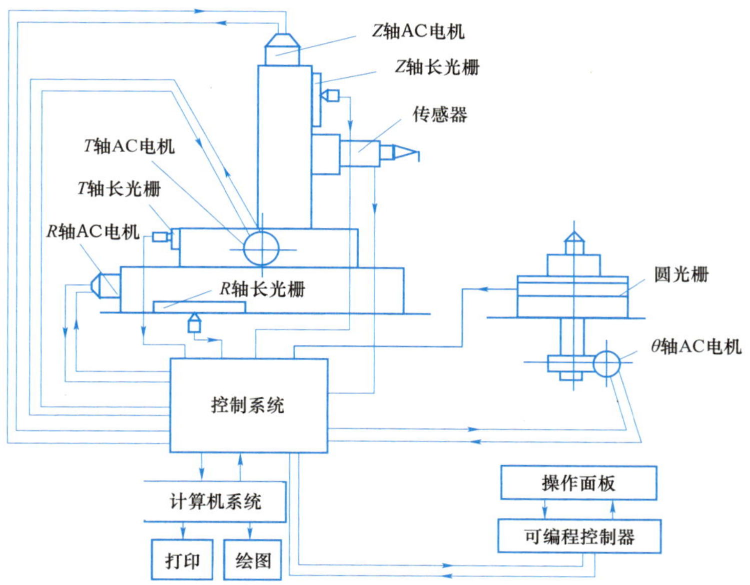

图 7-18　CNC 齿轮测量中心系统原理

根据 CNC 齿轮测量中心的“黑箱”，将总功能逐级分解，得第一层功能结构图，如图 7-19 所示。该系统是由许多小系统组成的，如运动控制系统、运动驱动系统、运动传动系统、运动测量系统、工件安装系统、测头系统和信号处理系统等。分别单独绘制各子系统的功能结构图，CNC 齿轮测量中心第二层功能结构之一——驱动与传动子系统的结构如图 7-20 所示。对于第二层功能结构中的功能部分可以进一步细分，例如 CNC 齿轮测量中心第三层功能结构之一——*T* 向系统的功能结构如图 7-21 所示。

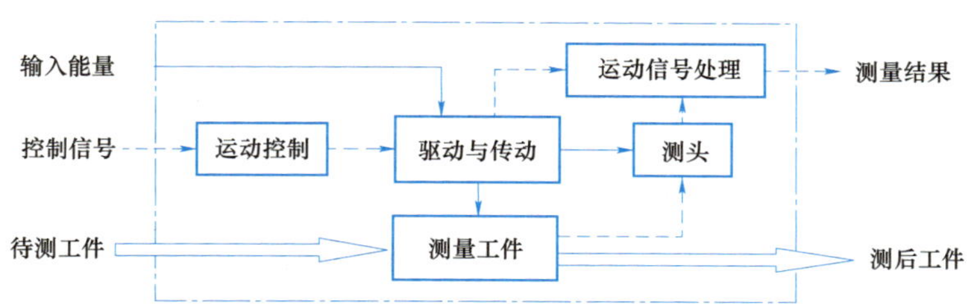

图 7-19　CNC 齿轮测量中心功能结构示例

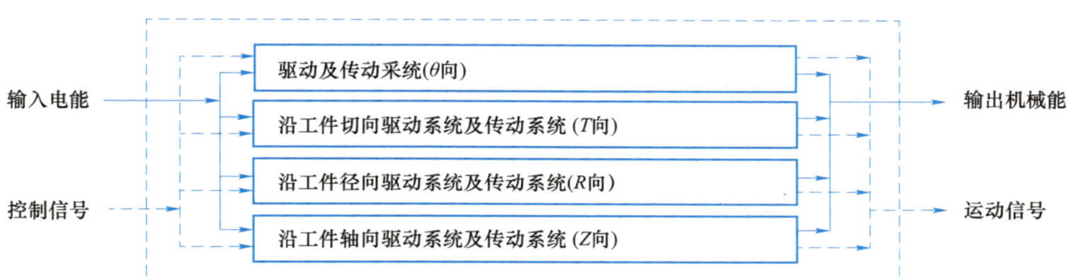

图 7-20　CNC 齿轮测量中心第二层功能结构之一 ——驱动与传动子系统的结构

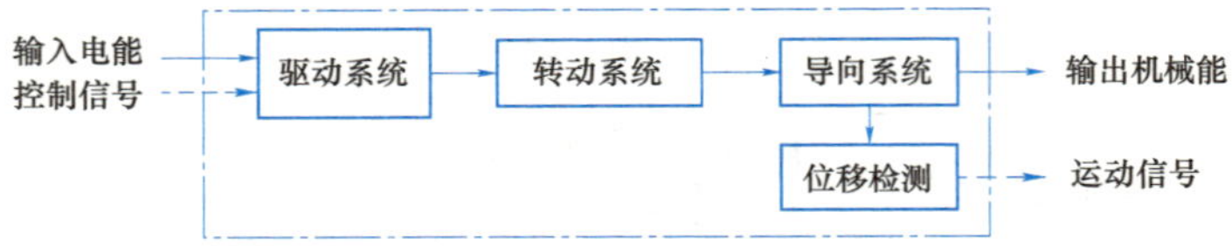

图 7-21　CNC 齿轮测量中心第三层功能结构之一 ——*T* 向系统的功能结构

2. 产品的原理方案设计

产品的原理方案设计就是子功能求解，寻找实现子功能的基本原理。如果对每个子功能都找出了相应的物理效应和确定了功能载体，就可组成具体的设计方案。

在理清机电一体化系统的总功能、子功能和功能元之间的关系后，尚需进一步解决怎样实现这些功能的问题，即子功能或功能元的求解问题。同一种物理效应可以实现多项功能，如杠杆效应可以实现力的放大、缩小、换向等功能；同样，一项功能可以由多种物理效应来实现。所以在寻找物理效应时，应针对子功能的要求尽可能多提出几项物理效应，应综合运用机、电、液、光等多种学科的知识，运用发散性思维方式寻求先进、实用的科学原理和物理效应，并进一步确定实现该效应的功能载体。这样，便可开阔思路并有助于评价决策，获得最佳设计方案。

如图 7-22 所示，洗衣机的主功能是清洁衣物，因去污功能基本原理的求解途径不同而设计出不同类型的洗衣机：如根据洗衣桶与衣物之间的相对运动产生洗涤作用的原理设计的各种机械式的洗衣机（如波轮式、滚动式和搅拌式洗衣机）；而气泡型洗衣机是利用气泡泵向装有衣物、洗涤剂和水的洗衣桶内注入大量微细气泡，气泡上升破裂产生振荡使洗衣桶内的衣物纤维振动从而产生洗涤作用；而利用臭氧的氧化作用使衣物污垢脱落并起到杀菌作用设计出臭氧式洗衣机。

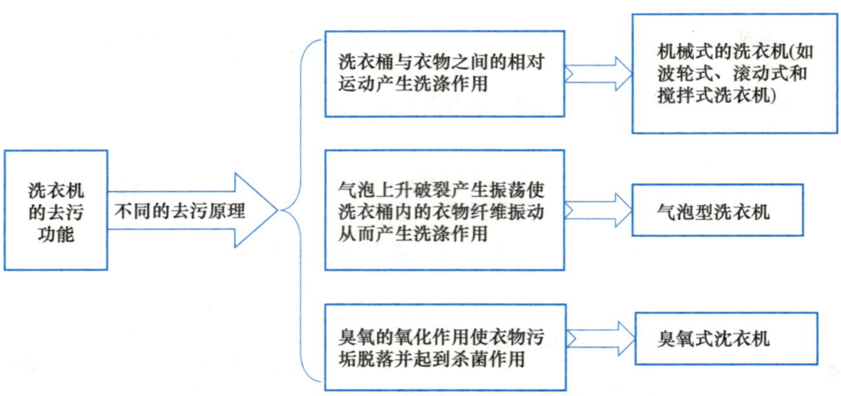

图 7-22　不同去污原理设计出的洗衣机

以图 7-21 所示的 CNC 齿轮测量中心第三层功能结构之一 ——*T* 向系统的功能结构中的 *T* 向导向系统为例，其主要功能有两个：导向、位移检测。可得出 CNC 齿轮测量中心的驱动及传动子系统的设计方案如表 7-2 所示，能组合出方案数为：$N=6\times5\times4\times6=720$。不同的组合可以得到不同的方案。

表 7–2　CNC 齿轮测量中心的驱动及传动子系统的设计方案

子功能	功能元解					
	1	2	3	4	5	6
A：导向	滑动导轨	滚动导轨	液体静压导轨	气体静压导轨		
B：位移检测	激光检测器	光栅尺	磁栅尺	感应同步器	线纹尺	码尺
C：传动	齿轮传动	齿形带传动	蜗轮传动	丝杠传动	齿轮齿条传动	
D：驱动	交流伺服电机	直流伺服电机	步进电机	直线电机	液动马达	气动马达

齿轮测量中心的主轴和导轨是影响仪器测量精度的关键部件，通过多种方案比较主轴和导轨均采用气体静压主轴及气体静压导轨，具有精度高、运动灵活平稳等特点，为实现高精度测量提供了保证。

CNC 齿轮测量中心机械本体如图 7–23 所示，它由底座、花岗石平台、横梁、直线导轨、滑架、主轴、测微仪及上顶尖柱等部分组成。花岗石平台安装在底座上，其台面为设计调整的基准面，边缘为 R 向导轨；R 向滑架布置在平台两侧，与横梁相连；T 向导轨安装在横梁上，T 向导轨上的移动支架用于支撑 Z 向导轨，Z 向滑架可沿 Z 向导轨滑动，在 Z 向滑架上装有测微仪；立式旋转主轴，安装在花岗石平台上，上顶尖柱安装于主轴侧旁，起装夹工件作用。

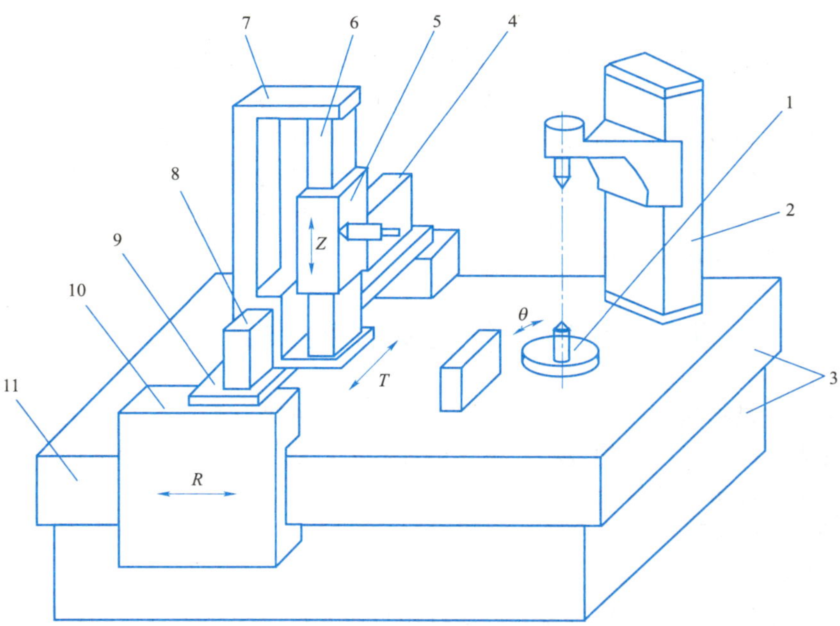

1—主轴；2—上顶尖柱；3—底座；4—测微仪；5—Z 向滑架；6—Z 向导轨；
7—支架；8—T 向导轨；9—横梁；10—R 向滑块；11—花岗石平台

图 7–23　CNC 齿轮测量中心机械本体

齿轮测量中心数控系统的主要功能是接收计算机的指令，控制机械部件实现所要求的测量运动，并实时将测头及各坐标轴的测量数据传递给计算机。这样的数控系统不同于加工机床上使用的数控系统，机床用数控系统是将测量单元采样的数据作为反馈信息。齿轮测量中心主要用于形状误差和位置误差的检测，其机械系统与计算机的连接采用串行接口或标准的8位并行接口。为满足齿轮测量中心高精度、密集采点和高速度的要求，数控系统应具有数据输入通道多、数据总线宽的特点。

电气逻辑控制包括操作台键识别、指示灯状态控制、机械行程限程、关键部件监控、自动保护功能及异常状态处理等，这些逻辑功能由可编程控制器完成，提高了系统可靠性及灵活性。对于异常状态直接用电气逻辑完成停机功能，不经过计算机和数控系统。

齿轮测量中心有两种结构布局方案：一种是卧式结构，一种是立式结构，考虑到以后随着软件功能的开发，要测量齿轮以外的其他多种类型的工件，如采用立式结构，无论工件大小、无论工件有无定位芯棒，立式结构均能适用，有利于齿轮测量中心产品规格的系列化。

CNC 齿轮测量中心的上顶尖立柱在工作台上的布局位置，突破了一般齿轮测量仪和国外齿轮测量中心对称布局的模式，将立柱布置在工作台的角上，既保证了 R 向的移动行程，又为操作者装卸工件提供了较大的操作空间，并且使整体布局于规整对称中出现了变化。

应当指出，原理方案设计过程是个动态优化过程，需要不断补充新信息，因此原理方案设计过程是一个反复修改的过程。必要时原理方案设计阶段也可以安排模型和样机试验。

3. 设计方案的评价与筛选

产品的概念设计过程是一个复杂的、不完全确定的、创造性的设计推理过程，它表现为一连串相连的问题求解活动。它的一个重要环节是概念产品方案的评价，它是产品概念设计过程决策的重要依据。由于系统问题解的结合可以获得多种、有时可多达几十种初步设计方案，应对这些方案进行评价与筛选，找到较优的方案。

具体采用的方法大致有：绘出方案原理图、整机总体布局草图、主要零部件草图。为在空间占用量、重量、所用材料、制造工艺、成本和运行费用等方面进行比较提供数据；进行运动学、动力学和强度方面的粗略计算，以便定量地反映初步设计方案的工作特性；进行必要的原理试验，分析确定主要的设计参数，验证设计原理的可行性；对于大型、复杂设备，可制作模型，以获得比较全面的技术数据。初选后的初步设计方案进行具体化后，可对它们进行技术经济评价，做出最后决策。

7.3 机电一体化系统的设计评价

设计评价一般是指按照明确目标测定对象的属性，并把它变成主观效用（满足主体要求的程度）的行为，即明确价值的过程。在这个过程中，我们要对评价的事物与一定的对象进行比较，从而决定该事物的价值。

1. 系统评价的内涵

1）系统评价的目的与任务

系统的评价是根据预定的系统目的，通过调查研究，应用科学合理的程序与方法，对被评价系统的经济、技术或综合性的价值做出判定，从多个方案中选择其中技术上先进、经济上合理、建设上可行的系统最优方案。因此，评价的目的是决策，决策需要评价。

在方案设计阶段，进行系统评价主要是对该方案在各方面能产生的后果及其影响进行评价，以便提供决策所需的定性及定量的信息资料。

在系统的运行阶段，进行系统评价主要是对系统现状进行分析和评价，以便弄清问题，对现状心中有数，有效地改进工作，及时调整方向，抓住机会，进行合理的决策。

在系统方案完成以后，进行系统评价主要是定量地掌握系统已经达到的目标及与预定目标的差距，为下一步决策或其他系统的开发设计工作提供信息。

系统的评价对于决策的有效性关系极大，正确的评价可以使决策获得成功，取得较好的效益；错误的评价会导致决策失败，付出沉重的代价。

2）评价的内容

（1）技术评价。系统的开发、设计及运行的根本目的是实现特定的功能，以便为人们提供物质和精神的财富，或是带来生活的便利。技术评价就是评定该系统方案是否达到预定目标。系统结构的合理性、先进性、适用性、属性的完善性等，都属于技术评价。

（2）经济评价。经济评价主要是评价系统方案的经济效益，例如投入产出比、性能价格比、成本费用分析、资金占用分析等经济可行性分析。

（3）综合评价。对机电一体化系统（产品）的综合评价主要是对其实现功能的结构、性能进行评价。机电一体化的目的是提高产品（或系统）的附加价值，而附加价值的高低必须以衡量产品性能和结构质量的各种定量指标为依据。具体设计时，常采用不同的设计方案来实现产品的目的功能、规格要求、性能指标。因此，必须对这些方案的价值进行综合评价，从中找出最佳方案，以便决策者做出决策。

2. 系统评价的原则、步骤

1）系统评价的原则

（1）客观性原则。客观性一方面是指参加评价的人员应站在客观立场，实事求是地进行资料收集、方法选择及对其评价结果做客观解释。客观性的另一方面是指评价资料应当真实、可靠和正确。

（2）可比性原则。可比性原则指被评价的方案之间在基本功能、基本属性及强度上要有可比性。例如将一台洗衣机和一台电视机放在一起进行对比评价，就很难指出两者之间的优劣；而一台石英电暖器和一台充油式电暖器之间就较容易从技术指标、经济性及适用性等诸方面进行比较，做出合理的评价。

（3）合理性原则。合理性原则指所选择的评价指标应当正确反映预定的评价目的，要符合逻辑、有科学依据。

（4）整体性原则。整体性原则指评价指标应当相互关联、相互补充，形成一个有机的整体，能从多侧面综合反映评价方案。如果片面强调某一方面指标，就可能歪曲系统的真实情况，诱导决策者做出错误的决策。

2）系统评价的常用方法

价值是评价者根据评价目的及自身的观点、环境等前提条件对评价对象是否满足某种需要而做出的定量或定性的估量。因而，有些价值量可以使用绝对尺度进行度量，例如成本、利润等经济指标；很多价值量只具有相对性，例如技术先进性等。因此在技术评价时，往往采用定性分析和定量计算相结合。常见的方法有德尔菲法（专家评价法）、评分法、层次分析法及模糊综合评价方法等。常常采用多种方法对同一系统方案进行评价，以便更客观、更合理地反映被评价系统。

3）系统评价的步骤

（1）明确系统评价的目的。尽管系统评价的总目的都是为了更好地向决策者提供尽可能合理的综合性的有用信息，但是对于具体的系统而言，其评价的目的仍然有所不同，因而评价的要求及侧重点也有所差异。一般来讲，系统评价主要有以下几个目的：一是找出系统的主要问题，促进系统更优；二是对参与评价的若干系统方案的价值进行综合评价，提供优先度信息，以便决策者合理抉择；三是当已经做了决策之后，为使决策者能被有关单位及人员理解、支持和执行，通过系统评价提供系统的利弊得失等重要资料，以便澄清事实、协调行动；四是为了总结经验，积累资料，以便以后开发设计出更优的系统。

（2）分析系统、熟悉系统。要详细了解系统的基本功能、基本属性及与环境协调的程度。参与评价的各系统在定性分析的基础上，应详尽收集该系统的有关资料数据，对系统现状做到心中有数，并对未来尽可能进行准确预测。

（3）建立评价指标体系。在对系统有了较为深入、全面的了解之后，应根据系统特点及评价目的选择若干评价指标。评价指标应对系统评价目的的各个主要方面都有所反映。当评价系统比较复杂、评价指标数量较多时，评价指标体系应当具有层状结构，以便清楚地体现评价指标与评价目的之间、评价指标与评价指标之间的相互关系，以利于评价指标的权重计算。

（4）确定评价尺度。对于直接与被评价系统相关联的评价指标，应当确定评价尺度，将被评价系统的某种属性划分为若干个（通常为 9 级或 5 级）状态并给定每种状态的分值及内涵的说明。

（5）确定评价方法。应根据系统特点、评价目的及资料的完备程度选用适当的评价方法，通常应当定性与定量相结合，既有数据，又有文字甚至图形说明。

（6）计算评价值。对所采用方案进行逐项评价，得出各单项评价指标值。

（7）综合评价。综合评价有两个方面的含义：一方面，应综合各个评价指标的价值量及权重，计算评价方案的综合价值量；另一方面，应采用多种评价方法对评价系统进行全面的综合评价，分析各种评价方法的优缺点，对评价结果作综合比较说明，以供决策者科学合理地决策。

7.4 机电一体化系统的动态设计

机电一体化系统动态设计是指为了实现一个特定目标，在占有一定信息和经验的基础上，根据客观条件与环境的可能，借助一定的科学方法，从各种可供选择的方案中，选出作为实现特定目标的最佳方案的活动。早期的设计决策活动主要借助于决策者个人的才智和经验。由于运筹学、系统理论、信息理论、控制论的相继问世，以及计算机广泛运用于设计的决策活动，为决策从经验到科学提供了现代的理论、方法和手段，使得决策由定性分析进入定量化阶段。

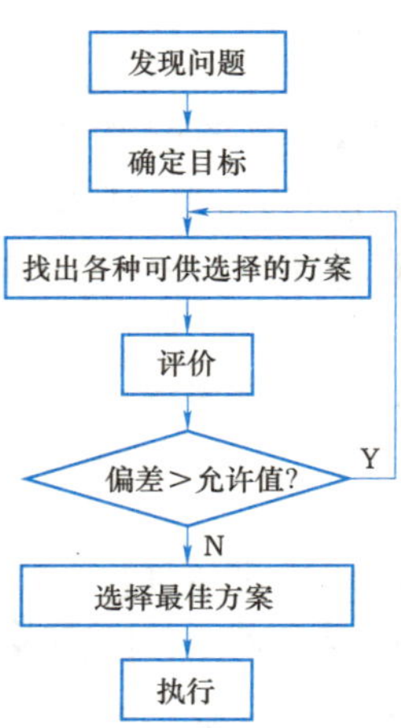

图 7-24　决策的过程

机电一体化系统动态设计的决策活动一般具有以下特点。

（1）具有无法控制的自然状态，例如竞争对象所采取的策略、市场需求，施工中的晴天或雨天等均属于无法控制的各种状态。

（2）应尽量回避毫无选择余地的所谓“选择”，否则无法实现最佳方案。

（3）机电一体化系统动态设计的决策活动是多学科协同，多目标权衡，不确定性应对，动态迭代，数据与经验融合，时变适应的综合过程。

机电一体化系统动态设计的决策过程随情况不同而异，但一般遵循的步骤为：发现问题、确定目标、找出各种可供选择的方案、对每个方案进行评价、选择最佳方案、执行，如图 7-24 所示。

（1）发现问题。发现问题、提出问题是系统分析的起点，也是决策的起点，并作为决策的前提和确定目标的依据。

（2）确定目标。目标是根据需要与可能来确定期望达到的结果，因此建立目标必须切合实际，也即经过努力可以争取达到。

（3）制定方案。根据目标，依据主客观条件，设计出供决策者选择的可实现目标的各种方案。设计方案须遵循三条原则：可行性、客观性、详尽性。

（4）评价与决策。通常最终选出一个最佳方案。一般选择用最低代价、最短时间、以最佳效果实现既定目标的那个方案，但有时也会在权衡各种因素后选择风险性较小的方案。

（5）反馈。当实际实施的结果与目标给定值之间产生偏差，就需要及时将这方面的信息输送到决策系统，以便对原方案进行修正。

7.5　机电一体化系统的建模与仿真

机电一体化系统分析与设计的步骤，通常是在确定系统的技术要求的基础上，首先建立系统的数学模型，然后对该模型进行仿真，根据仿真结果分析系统的动静态性能，通过对比模型仿真的结果与性能指标要求，进行系统的反复校核设计，最后完成该机电一体化系统。可见，机电一体化系统的建模是系统分析与设计的基础，仿真是系统分析与设计的重要手段。

7.5.1　机电一体化系统的建模

系统模型是对系统的特征与变化规律的一种定量抽象，是人们认识事物的一种手段（或工具）。系统模型一般包括物理模型、数学模型和描述模型三种类型。

物理模型：物理模型就是根据相似原理，把真实系统按比例放大或缩小制成的模型，其状态变量与原系统完全相同。这种模型多用于土木建筑、水利工程、船舶、飞机等制造方面。例如，造船工程师需在设计过程中用比实船小得多的模型在水池中进行各种试验，以取得必要的数据和了解所要设计船的各种性能。

数学模型：数学模型是一种用数学方程（或信号流程图、结构图等）来描述系统性能的模型，如果其参数中不含时间因素，则为静态模型；如与时间有关则为动态模型。数学模型是系统仿真的基础，也是系统仿真中首先要解决的问题。随着计算机与微电子技术的飞速发展，人们越来越多地采用数学模型在计算机（数字的或模拟的）上进行仿真实验研究。

描述模型：描述模型是一种抽象的（无实体的），不能或很难用数学方法描述的，而只能用语言（自然语言或程序语言）描述的系统模型。例如，在模糊（Fuzzy）控制系统中，人们对控制对象的描述就是一组基于“经验”的 if–then–else 语句的描述。

机电一体化系统中的变量大都是一些具体的物理量，如电压、电流、压力、温度、速度、位移等。若这些物理量是随时间连续变化的，则称其系统为连续系统；如果系统中物理量是随时间断续变化的，如计算机控制、数字控制、采样控制等，则称为离散（或采样）系统。采用计算机仿真来分析和设计机电一体化系统，首要问题是建立能够合理地描述系统中各物理量变化的运动学方程，并根据仿真需要，抽象为不同表达形式的系统数学模型。根据系统数学描述方法的不同，可建立不同形式的系统数学模型，当前的数学模型建模方法，主要有机理模型法、统计模型法和混合模型法。

1. 机理模型法

所谓机理模型（解析模型），实际上就是采用由一般到特殊的推理演绎方法，对已知结构、参数的物理系统运用相应的物理定律或定理，经过合理分析简化而建立起来的描述系统各物理量动、静态变化性能的数学模型。

因此，机理模型法，主要是通过理论分析推导方法建立系统模型。根据确定元件或系统行为所遵循的自然机理，如常用的物质不灭定律（用于液位、压力调节等）、能量守恒定律（用于温度调节等）、牛顿第二定律（用于速度、加速度调节等）、基尔霍夫定律（用于电气网络），等等，对系统各种运动规律的本质进行描述，包括质量、能量的变换和传递等过程，从而建立起变量间相互制约又相互依存的精确的数学关系。通常情况下，是给出微分方程形式或其派生形式——状态方程、传递函数等。

在建模过程中，必须对机电一体化系统进行深入的分析研究，善于提取本质、主流方面的因素，忽略一些非本质、次要的因素，合理确定对系统模型准确度有决定性影响的物理变量及其相互作用关系，适当舍弃对系统性能影响微弱的物理变量和相互作用关系，避免出现冗长、复杂、烦琐的公式方程堆砌。最终目的是要建造出既简单清晰，又具有相当精度，基本反映实际物理量变化的机电一体化系统模型。

建立机理模型还应注意所研究系统模型的线性化问题。大多数情况下，实际机电一体化系统由于种种因素的影响，都存在非线性现象，如机械传动中的死区间隙、电气系统中磁路饱和等，严格地说都属于非线性系统，只是其非线性程度有所不同。在一定条件下，可以通过合理的简化、近似，用线性系统模型近似描述非线性系统。其优点在于可利用线性系统许多成熟的计算分析方法和特性，使机电一体化系统的分析、设计更为简单方便，易于使用，但也应指出，线性化处理方法并非对所有机电一体化系统都适用，对于包含本质非线性环节的系统需要采用特殊的研究方法。

2. 统计模型法

所谓统计模型法，就是采用由特殊到一般的逻辑、归纳方法，根据一定数量的在系统运行过程中实测、观察的物理数据，运用统计规律、系统辨识等理论合理估计出反映系统各物理量相互制约关系的数学模型。其主要依据是来自系统的大量实测数据，因此又称为实验测定法。

当对所研究系统的内部结构和特性尚不清楚，甚至无法了解时，系统内部的机理变化规律就不能确定，通常称为“黑箱”或“灰箱”问题，机理模型法也就无法应用。而根据所测到的系统输入、输出数据，采用一定方法进行分析及处理来获得数学模型的统计模型法正好适应这种情况。通过对系统施加激励，观察和测取其响应，了解其内部变量的特性，并建立能近似反映同样变化的模拟系统的数学模型，就相当于建立起实际系统的数学描述（方程、曲线或图表等）。

频率特性法是研究控制系统的一种应用广泛的工程实用方法。其特点在于通过建立系统频率响应与正弦输入信号之间的稳态特性关系，不仅可以反映系统的稳态性能，而且可以用来研究系统的稳定性和暂态性能；可以根据系统的开环频率特性，判别系统闭环后的各种性能；可以较方便地分析系统参数对动态性能的影响，并能大致指出改善系统性能的途径。

频率特性物理意义十分明确，对稳定的系统或元件、部件都可以用实验方法确定其频率特性，尤其对一些难以列写动态方程、建立机理模型的系统，有特别重要的意义。

系统辨识法是现代控制理论中常用的技术方法，它也是依据观察到的输入与输出数据来估测动态系统的数学模型的，但输出响应不局限于频率响应，阶跃响应或脉冲响应等时间响应都可作为反映系统模型动态特性的重要信息，且确定模型的过程更依赖于各种高效率的最优算法，以及如何保证所测取数据后可靠性等理论问题。图 7–25 所示为系统辨识方法求解系统数学模型的原理。因其在实践中能得到很好的运用，故已被广泛接受，并逐渐发展成为较成熟且日臻完善的一门学科。

应当注意，由于对系统了解得不很清楚，主要靠实验测取数据确定数学模型的方法受数据量不充分、数据精度不一致、数据处理方法不完善等局限性影响，所得的数学模型的准确度只能满足一般工程需要，难以达到更高精度的要求。

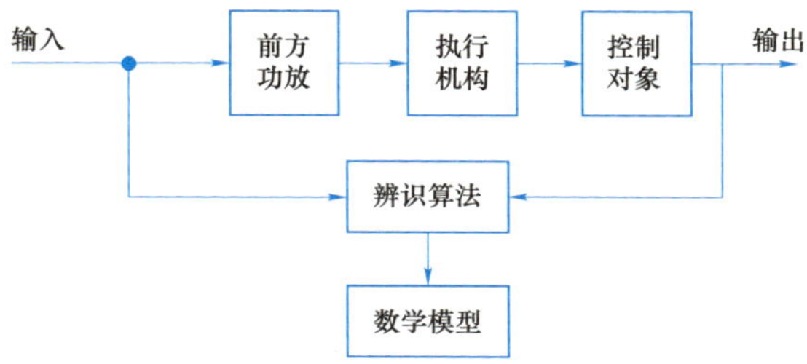

图 7–25　系统辨识方法求解系统数学模型的原理

3. 混合模型法

除以上两种方法外，机电一体化系统还有这样一类问题，即对其内部结构和特性有部分了解，但又难以完全用机理模型法表述出来，这时需结合一定的实验方法确定另外一部分不甚了解的结构特性，或是通过实际测定来求取模型参数。一般是首先根据被辨识系统的已有知识，用演绎法确定或选择系统模型的结构；然后，根据试验观测所得到的数据，估计出被辨识系统的未知参数值。这种方法是机理模型法和统计模型法的结合，故称混合模型法。实际使用中它可能比前两者都用得多，是一种很好的理论推导与实验分析相结合的方法与手段。

机电一体化系统的建模是一个理论性与实践性都很强的问题，是影响数字仿真结果的首要因素，鉴于本节的篇幅有限，此处不再展开讨论。

经典控制理论中，常用系统输入—输出的微分方程或传递函数表示各物理量之间的相互制约关系，被称为系统的外部描述或输入—输出描述；现代控制理论中，通过设定系统的内部状态变量，建立状态方程来表示各物理量之间的相互制约关系，这称为对系统的内部描述或状态描述。连续系统的数学模型通常可由高阶微分方程或一阶微分方程组的形式表示；而离散系统的数学模型是由高阶差分方程或一阶差分方程组的形式表示。如所建立的微分或差分方程为线性的，且各系数均为常数，则称为线性定常系统的数学模型；如果方程中存在非线性变量，或方程中存在随时间变化的系数，则称为非线性系统或时变系统数学模型。本节主要讨论线性定常连续系统数学模型的几种表示形式。需要注意的是，同一描述对象的不同数学模型形式之间是可以相互转换的。

1. 微分方程

设线性定常系统输入、输出量是单变量，分别为 $u(t)$、$y(t)$，则两者间的关系总可以描述为线性常系数高阶微分方程形式

$$a_0y^n + a_1y^{n-1} + \cdots + a_{n-1}y' + a_ny = b_0u^m + \cdots + b_mu \tag{7–1}$$

式中：y^j——$y(t)$的 j 阶导数，$y^j = \dfrac{d^jy(t)}{dt^j}$，$j$=0，1，…，$n$；$u^i = \dfrac{d^iu(t)}{dt^i}$，$i$=0，1，…，$m$；

a_j——$y(t)$及其各阶导数的系数，j=0，1，…，n；

b_i——$u(t)$及其各阶导数的系数，i=0，1，…，m；

n——系统输出变量导数的最高阶次；

m——系统输入变量导数的最高阶次，通常总有 $m \leqslant n$。

微分方程模型是连续系统其他数学模型表达形式的基础，以下讨论的模型表达形式都是以此为基础发展而来的。

2. 状态方程

当系统输入、输出为多变量时，可用向量分别表示为 $\boldsymbol{U}$、$\boldsymbol{Y}$，由现代控制理论可知，总可以通过系统内部变量之间的转换设立状态向量 X，将系统表达为状态方程形式：

$$\begin{cases}\dot{\boldsymbol{X}} = \boldsymbol{AX} + \boldsymbol{BU} \\ \boldsymbol{Y} = \boldsymbol{CX} + \boldsymbol{DU}\end{cases} \tag{7-2}$$

$\boldsymbol{U}$ 为输入向量（m 维）；$\boldsymbol{Y}$ 为输出向量（n 维）。

应当指出，系统状态方程的表达形式不是唯一的。通常可根据不同的仿真分析要求而建立不同形式的状态方程，如能控标准型、能观标准型、约当型等。

在 MATLAB 中，用指令 ss() 可以对式（7–2）建立一个状态方程模型，调用格式为 sys=ss（A，B，C，D）。

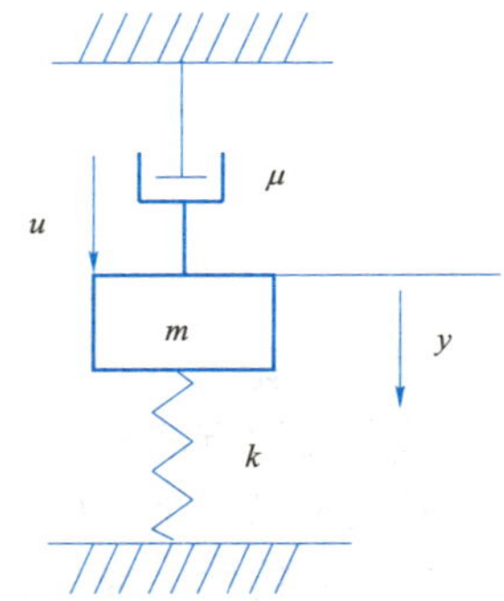

图 7–26　质量—弹簧—阻尼器系统

例 7.1： 已知质量—弹簧—阻尼器系统如图 7–26 所示，其中质量为 8 kg，弹簧系数为 3 N/m，阻尼器系数为 0.2 N · s/m，用 MATLAB 建立状态方程模型。

解： 该系统的动力学模型具有如下形式

$$m\ddot{y}(t) + \mu\dot{y}(t) + ky(t) = ku(t)$$

设

$$x_1 = y$$
$$x_2 = \dot{x}_1$$
$$\boldsymbol{X} = [x_1, x_2]^{\mathrm{T}}$$

可以得到该系统的状态空间模型：

$$\begin{bmatrix}\dot{x}_1 \\ \dot{x}_2\end{bmatrix} = \begin{bmatrix}0 & 1 \\ -\dfrac{k}{m} & -\dfrac{\mu}{m}\end{bmatrix}\begin{bmatrix}x_1 \\ x_2\end{bmatrix} + \begin{bmatrix}0 \\ \dfrac{k}{m}\end{bmatrix}u$$

$$y = [1 \quad 0]\begin{bmatrix}x_1 \\ x_2\end{bmatrix}$$

显然该系统中矩阵 D=0。系统的 MATLAB 编程如下：

```
m=8; mu=3; k=0.2;
A= [0, 1; -k/m, -mu/m];
B= [0, k/m] ';
C= [1 0];
D=0;
sys=ss (A, B, C, D)
```

系统显示为：

```
a =
          x1       x2
   x1      0        1
   x2  -0.025  -0.375
```

```
b =
          u1
   x1      0
   x2  0.025

c =
       x1  x2
   y1   1   0

d =
       u1
   y1   0

Continuous-time model.
```

3. 传递函数

将式（7–1）在零初始条件下，两边同时进行拉氏变换，则有：

$$\left(a_0 s^n + \cdots + a_{n-1}s + a_n\right)\boldsymbol{Y}(s) = \left(b_0 s^m + \cdots + b_{m-1}s + b_m\right)\boldsymbol{U}(s)$$

输出拉氏变换 $\boldsymbol{Y}(s)$与输入拉氏变换 $\boldsymbol{U}(s)$之比

$$\boldsymbol{G}(s) = \frac{\boldsymbol{Y}(s)}{\boldsymbol{U}(s)} = \frac{b_0 s^m + \cdots + b_{m-1}s + b_m}{a_0 s^n + \cdots + a_{n-1}s + a_n} \tag{7–3}$$

称为系统的传递函数。

在 MATLAB 中，用 tf（）指令可以建立一个连续系统的传递函数模型，其调用格式为 sys=tf（num，den）。

例 7.2： 用 MATLAB 建立系统传递函数模型：$\boldsymbol{G}(s) = \dfrac{s+3}{s^3+2s^2+s+3}$。

```
num= [1 3];
den= [1 2 1 3];
sys=tf（num，den）
```

显示为：

```
Transfer function:
      s + 3
---------------------
s^3 + 2 s^2 + s + 3
```

如果将式（7–3）中分子、分母有理多项式分解为因式连乘形式，则有：

$$G(s) = K\frac{\prod_{i=1}^{m}(s-z_i)}{\prod_{j=1}^{n}(s-p_j)} = K\frac{(s-z_1)(s-z_2)\cdots(s-z_m)}{(s-p_1)(s-p_2)\cdots(s-p_n)} \tag{7–4}$$

式中：K——系统的零极点增益；

z_i，i=1，2，…，m，——系统的零点；

P_j，j=1，2，…，n，——系统的极点。z_i、p_j 可以是实数，也可以是复数。

因此，称式（7-4）为单输入—单输出系统传递函数的零极点模型形式。

在 MATLAB 中，用 zpk（）指令可以建立一个连续系统的零极点模型，其调用格式为 sys=zpk（z，p，k）。

例 7.3： 用 MATLAB 建立零极点模型：$G(s)=\dfrac{5(s+3)}{(s+4)(s+2)(s+0.3)}$。

```
z= [-3]; p= [-4-2-0.3]; k=5;
sys=zpk（z，p，k）
显示为：

Zero/pole/gain:
      5 （s+3）
------------------------
（s+4） （s+2） （s+0.3）
```

建立数学模型就是（以一定的理论为依据）把系统的行为概括为数学的函数关系，包括以下内容。

（1）确定模型的结构，建立系统的约束条件，确定系统的实体、属性与活动。

（2）测取有关的模型数据。

（3）运用适当理论建立系统的数学描述，即数学模型。

（4）检验建立的数学模型的准确性。

机电一体化系统数学模型的建立是否得当，将直接影响以此为依据的仿真分析与设计的准确性、可靠性，因此必须予以充分重视，以采用合理的方式和方法。

7.5.2 机电一体化系统的仿真

1. 系统仿真的定义

实际的机电一体化系统都有一定的规模和复杂度。在进行项目的设计和规划时，往往需要对项目的合理性、经济性等品质加以评价；在系统实际运行前，也希望对项目的实施结果加以预测，以便选择正确、高效的运行策略或提前消除设计中的缺陷，最大限度地提高实际系统的运行水平。采用仿真技术可以省时、省力、经济地达到上述目的。

系统仿真就是通过对系统模型的实验分析去研究一个存在或设计中的系统，这里的系统是指由相互联系和制约的各个部分组成的具有一定功能的整体。

2. 仿真的分类与性能特点

当仿真所采用的模型是物理模型时，称为（全）物理仿真；是数学模型时，称为数学仿真。由于数学仿真基本上是通过计算机来实现，所以数学仿真也称为计算机仿真。另外，用已研制出来的系统中的实际部件或子系统代替部分数学模型所构成的仿真称为半物理仿真。一般来说，计算机仿真较之半物理、全物理仿真在时间、费用和方便性上都具有明显的优点，是一种经济、快捷与实用的仿真方法。而半物理、全物理仿真有实物介入，具有较高的可信度、较好的实时性等特点，但是，仿真系统具有构成复杂、造价高、准备时间长等缺点。

图 7-27 所示为计算机仿真、半物理仿真、全物理仿真的关系及其在机电一体化系统研究

与开发各阶段的应用。由于计算机仿真具有上述优点，除了必须采用半物理仿真、全物理仿真才能满足要求的情况外，一般来说都应尽量采用计算机仿真。因此，计算机仿真得到了越来越广泛的应用。本章重点讨论基于数学模型的数值仿真问题，即计算机仿真问题。

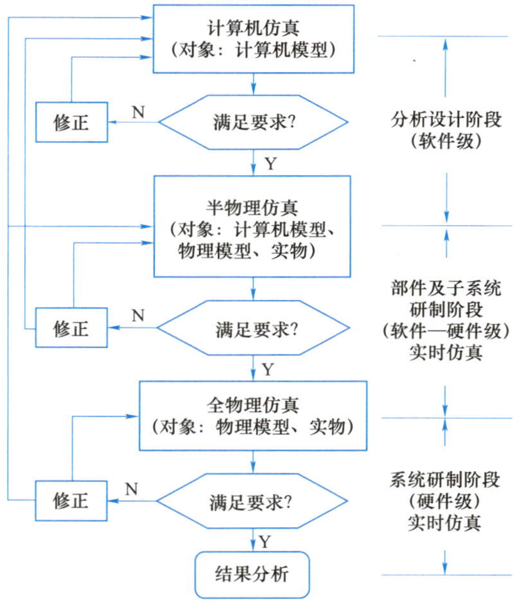

图 7–27　计算机仿真、半物理仿真、全物理仿真的关系及其在机电一体化系统研究与开发各阶段的应用

3. 计算机仿真的基本内容

由于数学仿真是在计算机上进行的，所以视计算机的类型及仿真系统的组成不同，计算机仿真又可分为模拟仿真（采用的是模拟计算机）、数字仿真（采用的是数字计算机）等类型。但是，计算机仿真的基本内容却是相同的。通常情况下，计算机仿真包括三个基本要素，即实际系统、数学模型与计算机。联系这三个要素则有如下三个基本活动，即模型建立、仿真实验与结果分析。计算机仿真的基本内容如图 7–28 所示。由图可见，将实际系统抽象为数学模型，称为一次模型化，它还涉及系统的辨识技术问题，统称为建模问题；将数学模型转换为可在计算机上运行的仿真技术问题，称为二次模型化，统称为仿真实验。综上所述，仿真是建立在模型这一基础之上的，对于计算机仿真要完善建模、仿真实验及结果分析体系，以使仿真技术成为机电一体化系统分析、设计与研究的有效工具。

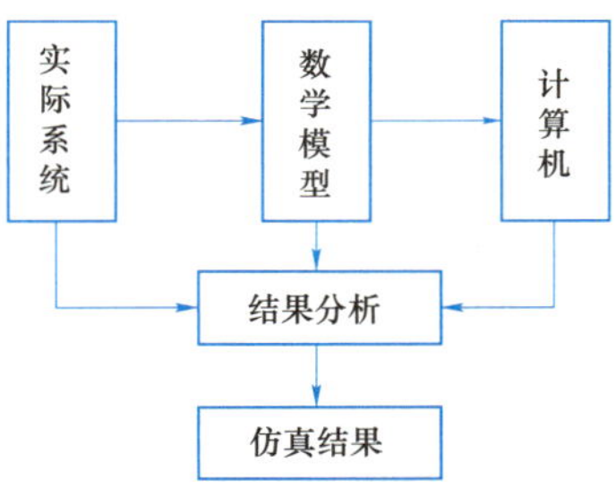

图 7–28　计算机仿真的基本内容

机电一体化系统计算机仿真是建立在机电一体化系统数学模型基础之上的一门技术。机电一体化系统属多学科交叉领域，为通过仿真手段进行分析和设计，首先需要用数学形式描述各类系统的运动规律，即建立它们的数学模型。模型确定之后，还必须寻求合理的求解数学模型的方法，即数值算法，才能得到正确的仿真结果。

思　考　题

1. 机电一体化系统设计主要分为哪几个阶段？
2. 机电一体化系统设计的主要设计思想有哪些，请举例说明。
3. 概念设计的基本特征有哪些？
4. 产品功能设计中的功能结构图是由哪几种基本结构形式组成的？
5. 简要叙述设计评价的概念。
6. 简要概括系统评价的步骤。
7. 机电一体化系统动态设计的决策过程一般遵循的步骤有哪些？
8. 简要阐述当前主要的数学模型的建模方法。
9. 简要叙述系统仿真的概念。
10. 试论述仿真的分类与性能特点。

参考文献

[1] 孙卫青，李建勇．机电一体化技术．2 版．北京；科学出版社，2009.
[2] 陈荷娟．机电一体化系统设计．北京：北京理工大学出版社，2008.
[3] 高安邦．机电一体化系统设计实例精解．北京：机械工业出版社，2008.
[4] 梁景凯，盖玉先．机电一体化技术与系统．北京：机械工业出版社，2010.
[5] 张建民，郝娟．机电一体化系统设计．6 版．北京：高等教育出版社，2024
[6] 张立勋，黄筱调，王亮．机电一体化系统设计．北京：高等教育出版社，2007.
[7] 吴晓苏，范超毅．机电一体化技术与系统．北京：机械工业出版社，2009.
[8] 俞竹青，金卫东．机电一体化系统设计．北京：电子工业出版社，2011.
[9] 于金，赵树国，李跃中．机电一体化系统设计及实践．北京：化学工业出版社，2008.
[10] 张秋菊，王金娥，訾斌．机电一体化系统设计．北京：科学出版社出版，2016.
[11] 赵先仲．机电系统设计．北京：机械工业出版社，2011.
[12] 丁金华，王学俊，魏鸿磊．机电一体化系统设计．北京：清华大学出版社，2019.
[13] 冯浩，汪建新，赵书尚，等．机电一体化系统设计．3 版．武汉：华中科技大学出版社，2020.
[14] 曾励，竺志大．机电一体化系统设计．2 版．北京：高等教育出版社，2020.
[15] 戴夫德斯·谢蒂，理查德 A. 科尔克．机电一体化系统设计（原书第 2 版）．薛建彬，朱如鹏译．北京：机械工业出版社，2016.
[16] 尚涛，唐新星，艾学忠．机电控制系统设计．北京：化学工业出版社，2006.
[17] 郑堤，唐可洪．机电一体化技术与系统．北京：高等教育出版社，2010.
[18] 徐明刚，张从鹏．智能机电装备系统设计与实例．北京：化学工业出版社，2022.
[19] 刘宏新．机电一体化技术．2 版．北京：机械工业出版，2023.
[20] 齐龙，傅隆生．机电一体化技术与应用．北京：机械工业出版社，2024.
[21] 秦大同，谢里阳．现代机械设计手册：机电系统设计．北京：化学工业出版社出版，2013.
[22] 薛龙，王伟，曹莹瑜．机电系统设计．北京：机械工业出版社，2021.